软件开发视频大讲堂

HTML5 从入门到精通

（第 3 版）

明日科技　编著

清华大学出版社

北　京

内 容 简 介

《HTML5从入门到精通（第3版）》内容系统全面，详尽地讲解了HTML和HTML5的新功能与新特性，技术新颖，几乎所有知识点均以多个实例进行讲解，方便读者动手实践，不仅能满足读者全面而系统地学习理论知识的要求，还能满足读者需要充分实践的需求。全书共分3篇25章，包括HTML基础，HTML文件基本标记，设计网页文本内容，使用列表，超链接，使用图像，表格的应用，层——<div>标签，编辑表单，多媒体页面，HTML5的开发和新特性，HTML5与HTML4的区别，HTML5的结构，HTML5中的表单，文件与拖放，多媒体播放，绘制图形，SVG的使用，数据存储，离线应用程序，使用Web Workers处理线程，通信API，获取地理位置信息，响应式网页设计，旅游信息网前台页面等内容。所有知识都结合具体实例进行介绍，涉及的程序代码给出了详细的注释，可以使读者轻松领会HTML语言程序开发的精髓，快速提高开发技能。

另外，本书除了纸质内容外，配书资源包中还给出了海量开发资源库，主要内容如下：

☑ 微课视频讲解：总时长14小时，共85集   ☑ 技术资源库：700个标签、代码、术语
☑ 界面资源库：539个按钮、图标和颜色代码   ☑ 面试资源库：369道面试题目
☑ 能力测试题库：138道测试题目   ☑ PPT电子课件

本书可作为软件开发入门者的自学用书，也可作为高等院校相关专业的教学参考书，还可供开发人员查阅、参考。

图书在版编目（CIP）数据

HTML5从入门到精通 / 明日科技编著. —3版. —北京：清华大学出版社，2019（2023.9重印）
（软件开发视频大讲堂）
ISBN 978-7-302-53584-3

Ⅰ. ①H… Ⅱ. ①明… Ⅲ. ①超文本标记语言-程序设计 Ⅳ. ①TP312.8

中国版本图书馆CIP数据核字（2019）第180543号

责任编辑：贾小红
封面设计：刘　超
版式设计：文森时代
责任校对：马子杰
责任印制：丛怀宇

出版发行：清华大学出版社
    网　　　址：http://www.tup.com.cn，http://www.wqbook.com
    地　　　址：北京清华大学学研大厦A座   邮　　编：100084
    社 总 机：010-83470000   邮　　购：010-62786544
    投稿与读者服务：010-62776969，c-service@tup.tsinghua.edu.cn
    质量反馈：010-62772015，zhiliang@tup.tsinghua.edu.cn
印 装 者：北京同文印刷有限责任公司
经　　销：全国新华书店
开　　本：203mm×260mm   印　　张：35.75   字　　数：978千字
版　　次：2012年9月第1版 2019年10月第3版   印　　次：2023年9月第8次印刷
定　　价：89.80元

产品编号：080598-01

如何使用本书开发资源库

在学习《HTML5 从入门到精通（第 3 版）》时，配合随书资源包中提供了"Java Web 开发资源库"系统，可以帮助读者快速提升编程水平和解决实际问题的能力。本书和 Java Web 开发资源库配合学习流程如图 1 所示。

图 1　本书与开发资源库配合学习流程图

打开资源包中的"开发资源库"文件夹，运行"Java Web 开发资源库.exe"程序，即可进入"Java Web 开发资源库"系统，主界面如图 2 所示。

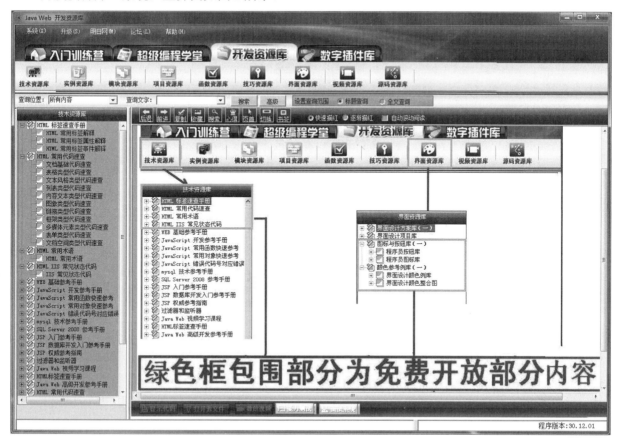

图 2　Java Web 开发资源库主界面

在学习本书的过程中，可以选择技术资源库和界面资源库的相应内容，全面提升个人综合编程技能和解决实际开发问题的能力，为成为软件开发工程师打下坚实的基础。具体技术资源库和界面资源库目录如图 3 所示。

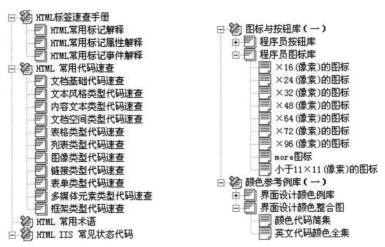

图 3　技术资源库和界面资源库目录

对于数学逻辑能力和英语基础较为薄弱的读者，或者想了解个人数学逻辑思维能力和编程英语基础的用户，本书提供了数学及逻辑思维能力测试和编程英语能力测试，如图 4 所示。

图 4　数学及逻辑思维能力测试和编程英语能力测试目录

万事俱备，该到软件开发的主战场上接受洗礼了。面试资源库提供了大量国内外软件企业的常见面试真题，同时还提供了程序员职业规划、程序员面试技巧、虚拟面试系统等精彩内容，是程序员求职面试的绝佳指南。面试资源库的具体内容如图 5 所示。

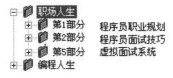

图 5　面试资源库具体内容

前 言

Preface

丛书说明： "软件开发视频大讲堂"丛书（第 1 版）于 2008 年 8 月出版，因其编写细腻，易学实用，配备海量学习资源和全程视频等，在软件开发类图书市场上产生了很大反响，绝大部分品种在全国软件开发零售图书排行榜中名列前茅，2009 年多个品种被评为"全国优秀畅销书"。

"软件开发视频大讲堂"丛书（第 2 版）于 2010 年 8 月出版，第 3 版于 2012 年 8 月出版，第 4 版于 2016 年 10 月出版。十年锤炼，打造经典。丛书迄今累计重印 500 多次，销售 250 多万册。不仅深受广大程序员的喜爱，还被百余所高校选为计算机、软件等相关专业的教学参考用书。

"软件开发视频大讲堂"丛书（第 5 版）在继承前 4 版所有优点的基础上，进一步修正了疏漏，优化了图书内容，更新了开发环境和工具，并根据读者建议替换了部分学习视频。同时，提供了从"入门学习→实例应用→模块开发→项目开发→能力测试→面试"等各个阶段的海量开发资源库，使之更适合读者学习、训练、测试。为了方便教学，还提供了教学课件 PPT。

从 HTML5 正式推出以来，它受到了世界各大浏览器的热烈欢迎与支持。根据世界上各大 IT 界知名媒体评论，新的 Web 时代，HTML5 的时代马上就要到来。

本书内容

本书中所讲 HTML4 的内容，能在所有浏览器中运行，在讲解 HTML5 新增内容时，由于新增内容所支持的浏览器不同，所以在运行时所用的浏览器亦不同，读者在具体运行实例时，请使用其所支持的浏览器运行，这样才能保证实例的运行效果。

本书提供了从 HTML 到 HTML5 的所有知识，共分 3 篇，大体结构如下图所示。

第 1 篇：HTML 基础知识。 本篇通过 HTML 基础，标记，列表，超链接，图像与表格，层标签，表单与多媒体页面等内容的介绍，并结合大量的图示、实例、录像等，使读者快速掌握 HTML，并为以后深入学习 HTML5 奠定坚实的基础。

第 2 篇：HTML5 高级应用。 本篇对 HTML5 中新增的语法与标记方法、新增元素、新增 API 以及这些元素与 API 目前为止受到了哪些浏览器的支持等进行了详细的介绍。在对它们进行介绍的同时将其与 HTML4 中的各种元素与功能进行了对比，以帮助读者更好地理解为什么要使用 HTML5、使用 HTML5 的好处。

第 3 篇：HTML5 项目实战。 本篇详细讲解了如何在一个用 HTML5 语言编写而成的页面中综合运用 HTML5 中新增的各种结构元素，如何对这些结构元素综合使用 CSS 样式。

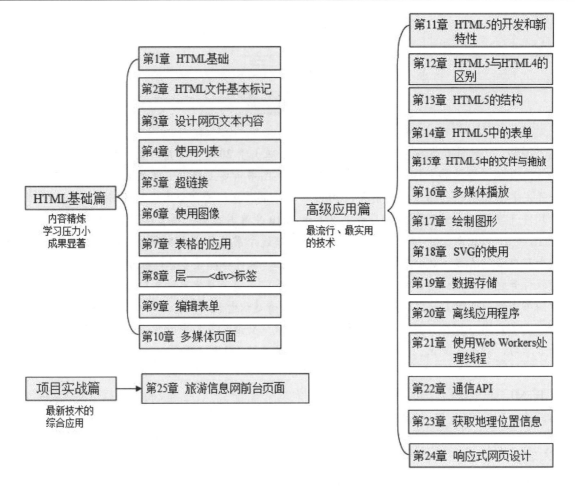

本书特点

☑ **技术新颖，讲解细致**：全面、细致地展示 HTML 的基础知识，同时讲解在未来 Web 时代中备受欢迎的 HTML5 的新知识，让读者能够真正学习到 HTML5 最实用、最流行的技术。

☑ **微课视频，讲解详尽**：为便于读者直观感受程序开发的全过程，书中大部分章节都配备了教学微视频，使用手机扫描正文小节标题一侧的二维码，即可观看学习，能快速引导初学者入门，感受编程的快乐和成就感，进一步增强学习的信心。

☑ **实例典型，轻松易学**：通过例子学习是最好的学习方式之一，本书通过一个知识点、一个例子、一个结果、一段评析、一个综合应用的模式，透彻详尽地讲述了实际开发中所需的各类知识。

☑ **精彩栏目，贴心提醒**：本书根据需要在各章使用了很多"注意""说明"等小栏目，让读者可以在学习过程中更轻松地理解相关知识点及概念，并轻松地掌握个别技术的应用技巧。

☑ **应用实践，随时练习**：书中几乎每章都提供了"习题"，让读者能够通过对问题的解答重新回顾、熟悉所学的知识，举一反三，为进一步学习做好充分的准备。

读者对象

- ☑ 初学编程的自学者
- ☑ 大、中专院校的老师和学生
- ☑ 做毕业设计的学生
- ☑ 程序测试及维护人员
- ☑ 编程爱好者
- ☑ 相关培训机构的老师和学员
- ☑ 初、中级程序开发人员
- ☑ 参加实习的"菜鸟"程序员

读者服务

学习本书时，请先扫描封底的权限二维码（需要刮开涂层）获取学习权限，然后即可免费学习书中的所有线上线下资源。本书所附赠的各类学习资源，读者可登录清华大学出版社网站（www.tup.com.cn），在对应图书页面下获取其下载方式。也可扫描图书封底的"文泉云盘"二维码，获取其下载方式。

为了方便解决本书疑难问题，读者朋友可加我们的企业 QQ：4006751066（可容纳 10 万人），也可以登录 www.mingrisoft.com 留言，我们将竭诚为您服务。

致读者

本书由明日科技 Web 程序开发团队策划并组织编写，明日科技是一家专业从事软件开发、教育培训以及软件开发教育资源整合的高科技公司，其编写的教材既注重选取软件开发中的必需、常用内容，又注重内容的易学、方便以及相关知识的拓展，深受读者喜爱。其编写的教材多次荣获"全行业优秀畅销品种""中国大学出版社优秀畅销书"等奖项，多个品种长期位居同类图书销售排行榜的前列。

在编写本书的过程中，我们始终本着科学、严谨的态度，力求精益求精，但错误、疏漏之处在所难免，敬请广大读者批评指正。

感谢您购买本书，希望本书能成为您编程路上的领航者。

"零门槛"编程，一切皆有可能。

祝读书快乐！

编　者
2019 年 6 月

V

目　录

Contents

第 1 篇　HTML 基础

第 2 篇 HTML5 高级应用

XIII

第 3 篇　HTML5 项目实战

HTML 基础

　　本篇通过对 HTML 基础、标记、列表、超链接、图像与表格、层标记、表单与多媒体页面等内容的介绍，并结合大量的图示、实例、录像等，使读者快速掌握 HTML，并为以后深入学习 HTML5 奠定坚实的基础。

第 1 章

HTML 基础

（ 📹 视频讲解：25分钟 ）

Internet 的飞速发展推动了越来越多网站的创建，当我们浏览这些网站的时候，看到的是丰富的影像、文字、图片，这些内容都是通过一种名为 HTML 的语言表现出来的。对于网页设计和制作人员，尤其是开发动态网站的编程人员来讲，制作网页的时候，如果不涉及 HTML 语言，几乎是不可能的。

通过阅读本章，您可以：

▶▶ 了解 HTML 的基本概念以及发展史

▶▶ 掌握 HTML 的基本结构

▶▶ 掌握 HTML 文件的编写方法

▶▶ 熟悉 HTML 文件的编写方法

▶▶ 熟悉如何利用浏览器浏览 HTML 文件

1.1　HTML 的基本概念

视频讲解

WWW（World Wide Web，万维网）是一种建立在 Internet 上的、全球性的、交互的、多平台的、分布式的信息资源网络。它采用 HTML 语言描述超文本（Hypertext）文件。这里所说的超文本指的是包含有链接关系的文件，并且包含了多媒体对象的文件。

WWW 有 3 个基本组成部分，分别是 URL（统一资源定位器）、HTTP（超文本传输协议）和 HTML（超文本标识语言）。

URL（Universal Resource Locators）提供在 Web 上进入资源的统一方法和路径，使得用户所要访问的站点具有唯一性，这就相当于我们每个人只有一个身份证号一样。它说明了链接所指向的每个文件的类型及其准确位置。

HTTP（Hypertext Transfer Protocol）超文本传输协议是一种网络上传输数据的协议，专门用于传输以"超文本"（Hypertext）或"超媒体"（Hypermedia）的形式提供的信息。

HTML 语言（Hypertext Markup Language，中文通常称为超文本置标语言或超文本标记语言）是一种文本类、解释执行的标记语言，它是 Internet 上用于编写网页的主要语言。用 HTML 编写的超文本文件称为 HTML 文件。

要把信息发布到全球，就必须要使用能够被大众接受的语言，也就是使用一种大多数计算机能够识别的出版语言。在 WWW 上，通常使用的发布语言是 HTML，即超文本标识语言。

HTML 语言是一种简易的文件交换标准，有别于物理的文件结构，它旨在定义文件内的对象和描述文件的逻辑结构，而并不定义文件的显示。由于 HTML 所描述的文件具有极高的适应性，所以特别适合于 WWW 的出版环境。

HTML 是纯文本类型的语言，使用 HTML 编写的网页文件也是标准的纯文本文件。我们可以用任何文本编辑器，例如 Windows 的"记事本"程序打开它，查看其中的 HTML 源代码，也可以在用浏览器打开网页时，通过相应的"查看/源文件"命令查看网页中的 HTML 代码。HTML 文件可以直接由浏览器解释执行，而无须编译。当用浏览器打开网页时，浏览器读取网页中的 HTML 代码，分析其语法结构，然后根据解释的结果显示网页内容，正是因为如此，网页显示的速度同网页代码的质量有很大的关系，保持精简和高效的 HTML 源代码是十分重要的。

1.2　HTML 发展史与 HTML5

1.2.1　HTML 的发展历史

HTML 的历史可以追溯到很久以前。1993 年 HTML 首次以因特网草案的形式发布。20 世纪 90 年代的人见证了 HTML 的高速发展，从 2.0 版，到 3.2 版和 4.0 版，再到 1999 年的 4.01 版。随着 HTML

的发展，W3C（万维网联盟）掌握了对 HTML 规范的控制权。

然而，在快速发布了这 4 个版本之后，业界普遍认为 HTML 已经"无路可走"了，对 Web 标准的焦点也开始转移到了 XML 和 XHTML，HTML 被放在次要位置。不过在此期间，HTML 体现了顽强的生命力，主要的网站内容还是基于 HTML 的。为能支持新的 Web 应用，同时克服现有的缺点，HTML 迫切需要添加新功能，制定新规范。

致力于将 Web 平台提升到一个新的高度，一小组人在 2004 年成立了 WHATWG（Web Hypertext Application Technology Working Group，Web 超文本应用技术工作组）。他们创立了 HTML5 规范，同时开始专门针对 Web 应用开发新功能——这被 WHATWG 认为是 HTML 中最薄弱的环节。Web2.0 这个新词也就是在那个时候被发明的。Web2.0 实至名归，开创了 Web 的第二个时代、旧的静态网站逐渐让位于需要更多特性的动态网站和社交网站——这其中的新功能真的是数不胜数。

2006 年，W3C 又重新介入 HTML，并于 2008 年发布了 HTML5 的工作草案。2009 年，XHTML2 工作组停止工作。又过一年，也就到了现在。因为 HTML5 能解决非常实际的问题，所以在规范还没有具体订下来的情况下，各大浏览器厂家就已经按捺不住了，开始对旗下产品进行升级以支持 HTML5 的新功能。这样，得益于浏览器的实验性反馈，HTML5 规范也得到了持续地完善，HTML5 以这种方式迅速融入对 Web 平台的实质性改进中。

1.2.2　HTML 4.01 和 XHTML

XHTML（extensible Hyper Text Markup Language，扩展的超文本标记语言），XHTML 和 HTML 4.01 具有很好的兼容性，而且 XHTML 是更严格、更纯净的 HTML 代码。

在早期的 HTML 发展历史中，由于 HTML 从未执行严格的规范，而且各浏览器对各种错误的 HTML 极为宽容，这就导致了 HTML 显得极为混乱。所以 W3C 组织制订了 XHTML，它的目标是逐步取代原有的 HTML。简单地说，XHTML 就是最新版本的 HTML 规范。

我们习惯上认为 HTML 也是一种结构化文档，但实际上 HTML 的语法非常自由，再加上各浏览器对各种 HTML 错误的宽容，所以才有如下 HTML 代码。

```
<html>
<head>
<title>混乱的 HTML 文档</title>
<body>
<hl>混乱的 HTML 文档
```

上面代码中的<html>、<head>、<body>和<h1>4 个标签都没有正确结束，这显然违背了结构化文档的规则，但使用浏览器来浏览这个文档时，依然可以看到浏览效果，这就是 HTML 不规范的地方。而 XHTML 致力于消除这种不规范，XHTML 要求 HTML 文档首先必须是一份 XML 文档。

XML 文档是一种结构化文档，它有如下 4 条基本规则。

☑　整个文档有且仅有一个根元素。

☑　每个元素都由开始标签和结束标签组成（例如<a>和</a>就是开始标签和结束标签），除非使用空元素语法（例如
就是空元素语法）。

☑ 元素与元素之间应该合理嵌套。例如\<a>\<b>HTML5 从入门到精通\</b>\</a>，可以很明确地看出\<b>元素是\<a>元素的子元素，这就是合理嵌套；但\<a>\<b>HTML5 从入门到精通\</a>\</b>这种写法就比较混乱，也就是所谓的不合理嵌套。

☑ 元素的属性必须有属性值，而且属性值应该用引号（单引号或双引号）引起来。

通常，计算机里的浏览器可以应对各种不规范的 HTML 文档，但现在很多浏览器运行在移动电话和手持设备上，它们就没有能力来处理那些不规范的标记语言。

为此，W3C 建议使用 XML 规范来约束 HTML 文档，将 HTML 和 XML 的长处加以结合，从而得到现在和未来都能使用的标记语言：XHTML。

XHTML 可以被所有的支持 XML 的设备读取，在其余的浏览器升级至支持 XML 之前，XHTML 强制 HTML 文档具有更加良好的结构，保证这些文档可以被所有的浏览器解释。

1.2.3　从 XHTML 到 HTML5

虽然 W3C 努力为 HTML 制订规范，但由于绝大部分编写 HTML 页面的人并没有接受过专业训练，他们对 HTML 规范、XHTML 规范也不是很了解，所以他们制作的 HTML 网页绝大部分都没有遵守 HTML 规范。大量调查表明，即使在一些比较正规的网站中，也很少有网站能通过验证。例如 2008 年，一项 Alexa 关于全球 500 强网站的调查表明，仅有 6.57%的网站能通过 HTML 规范验证。如果把那些名不见经传的小网站考虑在内，整个互联网上就几乎都是不符合规范的 HTML 页面。

虽然互联网上绝大部分 HTML 页面都是不符合规范的，但各种浏览器却可以正常解析并显示这些页面，在这样的情况下，HTML 页面的设计制作者甚至感觉不到遵守 HTML 规范的意义。于是出现了一种非常尴尬的局面：一方面，W3C 组织极力地呼吁大家应该制作遵守规范的 HTML 页面；另一方面，HTML 页面制作者却根本不太理会这种呼吁。

现有的 HTML 页面大量存在如下 4 种不符合规范的内容。

☑ 元素的标签名大小写混杂的情况。比如\<p>HTML5\</P>，这个\<p>元素的开始标签和结束标签采用了大小写不匹配的字符。

☑ 元素没有合理结束的情况。比如只有\<p>标签，没有\</p>结束标签。

☑ 元素中使用了属性，但没有指定属性值的情况。比如\<input type="text" disabled>。

☑ 为元素的属性指定属性值时没有使用引号的情况。比如\<input type=text>。

可能是出于"存在即是合理"的考虑，WHATWG 组织开始制订一种"妥协式"的规范：HTML5。既然互联网上大量存在上面 4 种不符合规范的内容，而且制作者从来也不打算改进这些页面，因此 HTML5 干脆承认它们是符合规范的。

由于 HTML5 规范不严格，因此 HTML5 甚至不再提供文档类型定义（DTD）。到 2008 年，WHATWG 的努力终于被 W3C 认可，W3C 已经制订了 HTML5 草案。

虽然到目前为止，W3C 依然没有正式发布 HTML5 规范，但大量浏览器厂商和市场都已经开始承认 HTML5，谷歌（Google）在很多地方都开始使用 HTML5。

1.3 迎接新的 Web 时代

自从 2010 年 HTML5 正式推出以来，它就以一种惊人的速度被迅速地推广，就连微软也因此为下一代 IE9 浏览器做了标准上的改进，使其能够支持 HTML5。关于各主流浏览器对于 HTML5 所表现出来的欢迎和支持情况，以及为什么 HTML5 会如此受欢迎，我们将在后面几节中做详细介绍。目前业界全体都在朝着 HTML5 的方向迈进，HTML5 的时代马上就要到来了。

1.3.1 部分代替了原来的 JavaScript

HTML5 增加了一些非常实用的功能，这些功能可以部分代替 JavaScript，而这些功能只要通过为标签增加一些属性即可。

例如，打开一个页面后立即让某个单行文本框获得输入焦点，在 HTML5 之前，可能需要通过 JavaScript 来实现。代码如下。

```
<form>
<p><label>用户名：<input name="search" type="text" id="search"></label></p>
<script type="text/javascript">
     document.getElementById("search").focus();
</script>
</form>
```

上面的代码片段通过 JavaScript 来完成这个功能，但在 HTML5 中则只需要设置一个属性即可。如果使用 HTML5，则可以把上面的代码改为如下形式。

```
<form>
<p><label>用户名：<input name="search" autofocus></label></p>
</form>
```

在这个示例中，我们可以看到，在 HTML4 中使用了一段 JavaScript 代码，在 HTML5 中并没有使用，取而代之的是一个在 HTML5 中新出现的属性。

把两个代码片段放在一起进行对比，不难发现使用 HTML5 之后简洁多了。除了这里示范的 autofocus 可用于自动获得焦点之外，HTML5 还支持其他一些属性，比如一些输入校验的属性，以前都必须通过 JavaScript 来完成，但现在都只要一个 HTML5 属性即可。

1.3.2 更明确的语义支持

在 HTML5 之前，如果要表达一个文档结构，可能只能通过<div>元素来实现。例如，我们来看一个在 HTML4 中的一种页面结构，代码如下。

```
<div id="header">...</div>
<div id="nav">...</div>
<div class="article">
...
</div>
<div id="aside">...</div>
<div id="footer">...</div>
```

在上面的页面结构中，所有的页面元素都采用<div>元素来实现，不同<div>元素的 id 不同，不同 id 的<div>元素代表不同含义，但这种采用<div>布局的方式导致缺乏明确的语义，因为所有内容都是<div>元素。

HTML5 则为上面的页面布局提供了更明确的语义元素，此时可以将上面的代码片段改为如下形式。

```
<header>...</header>
<nav>...</nav>
<article>
...
</article>
<aside>...</aside>
<footer>...</footer>
```

在这个示例中，我们可以看到，在 HTML4 中常见的用 div 来划分页面结构的方法，到了 HTML5 中也被一种新出现的标签替代了。这些标签可以提供更加清晰的语义。

除此之外，以前的 HTML 可能会通过<em>这样的元素来表示"被强调"的内容，但到底是哪一种强调，HTML 却无法表达；HTML5 则提供了更多支持语义的强调元素，例如：

```
<time>2014-10-10</time>
<mark>被标记的文本</mark>
```

上面的第一个<time>元素用于强调被标记的内容是日期或时间，而<mark>元素则用于强调被标记的文本。HTML5 新增的这两个元素比<em>元素提供了更丰富的语义。

1.3.3　增强了 Web 应用程序功能

一直以来，HTML 页面的功能被严格地限制着：客户端从服务器下载 HTML 页面数据，浏览器负责呈现这些 HTML 页面数据。出于对客户机安全性的考虑，以前的 HTML 在安全性方面确实做得足够安全。

当 HTML 页面做得太安全之后，我们就需要通过 JavaScript 等其他方式来增加 HTML 的功能。换句话来说，HTML 对 Web 程序而言功能太单一了，比如上传文件时想同时选择多个文件都不行，前端开发者不得不通过 Flash、JavaScript 等各种技术来克服这个困难。为了弥补这种不足，HTML5 规范增加了不少新的 API，而各种浏览器正在努力实现这些 API 功能，在未来的日子里，使用 HTML5 开发 Web 应用将会更加轻松。

1.3.4　HTML5 的目标

HTML5 的目标主要是为了能够创建更简单的程序，书写出更简洁的代码。例如，为了使 Web 应用程序的开发变得更加容易，HTML5 中提供了很多 API。为了使 HTML 代码变得更简洁，在 HTML5 中开发出了新的属性、新的元素等。总体来说，HTML5 为下一代 Web 平台提供了许许多多新的功能。

先来了解一下在 HTML5 中究竟提供了哪些革命性的新功能。

首先，在 HTML5 之前，有很多功能必须要使用 JavaScript 等脚本语言才能实现，比如前面例子中提到，在运行页面时经常使用的让文本框获得光标焦点的功能。如果使用 HTML5，同样的功能只要使用元素的属性标签就可以实现了。这样的话，整个页面就变得非常清楚直观，容易理解。因此，Web 设计者可以放心大胆地使用这些 HTML5 中新增的属性标签。由于 HTML5 中提供了大量的这种可以替代脚本的属性标签，使得开发出来的界面语言也变得更加简洁易懂。

不但如此，HTML5 使页面的结构也变得更加清楚。之前使用的 div 标签也不再使用了，而是使用前面第二个示例中所提到的更加语义化的结构标签。这样，书写出来的界面结构就会显得非常清晰，页面中的各个部分要展示什么内容也会让人一目了然。

虽然 HTML5 宣称的立场是"非革命性的发展"，但是它所带来的功能是让人渴望的，使用它所进行的设计也是很简单的，因此，它深受 Web 设计者与开发者的欢迎。

1.4　各浏览器对 HTML5 的支持

HTML5 被说成是划时代也好，具有革命性也好，如果不能被业界承认并且大面积地推广使用，这些都是没有意义的。事实上，今后 HTML5 被正式地、大规模地投入应用的可能性是相当高的。

通过对 IE、谷歌、Firefox、Safari、Opera 等主流浏览器的发展策略的调查，发现它们都在支持 HTML5 上采取了一定的措施。

☑　微软

2010 年 3 月 16 日，微软公司在拉斯维加斯举行的 MIX10 技术大会上宣布已推出 IE9 浏览器开发者预览版。微软称，IE9 开发完成后，将会更好地支持 CSS3、SVG 和 HTML5 等互联网浏览通用标准。

☑　谷歌

2010 年 2 月 19 日，谷歌 Gears 项目经理伊安-费特通过博客宣布，谷歌将放弃对 Gears 浏览器插件项目的支持，以此重点开发 HTML5 项目。据费特表示，目前，在谷歌看来，Gears 面临的主要问题是，该应用与 HTML5 的诸多创新非常相似，而且谷歌一直积极发展 HTML5 项目。因此，只要谷歌不断以加强新网络标准的应用功能为工作重点，那么为 Gears 增加新功能就无太大意义了。目前，多种浏览器将会越来越多地为 GMail 及其他服务提供更多脱机功能方面的支持，因此 Gears 面临的需求也在日益下降，这是谷歌做出上述调整的重要原因。

☑　Mozilla

2010 年 7 月，Mozilla 基金会发布了即将推出的 Firefox4 浏览器的第一个早期测试版。在该版本中的 Firefox 浏览器中进行了大幅改进，包括新的 HTML5 语法分析器，以及支持更多 HTML5 形式的控制等。从官方文档来看，Firefox 4 对 HTML5 是完全级别的支持，包括在线视频、在线音频等多种应用。

　　☑　苹果

2010 年 6 月 7 日，苹果公司在开发者大会的会后发布了 Safari5，这款浏览器至少支持 10 个以上的 HTML5 新技术，包括全屏幕播放、HTML5 视频、HTML5 地理位置、HTML5 切片元素、HTML5 的可拖动属性、HTML5 的形式验证、HTML5 的 Ruby、HTML5 的 Ajax 历史和 WebSocket 字幕。

　　☑　Opera

2010 年 5 月 5 日，Opera 软件公司首席技术官 Håkon Wium Lie 先生在访华之际，接受了中国软件资讯网等少数几家媒体的采访。号称"CSS 之父"的 Håkon Wium Lie 认为，HTML5 与 CSS3 将是全球互联网发展的未来趋势，目前包括 Opera 在内的诸多浏览器厂商，纷纷在研发 HTML5 相关产品，Web 的未来属于 HTML5。从 Opera 10 开始，Opera 对 HTML5 的支持就十分出色。

　　以上证据表明，目前这些浏览器都纷纷地朝着支持 HTML5、结合 HTML5 的方向迈进着，因此 HTML5 已经被广泛地推行开来了。

　　在 HTML5 以前，各浏览器对 HTML 和 JavaScript 的支持很不统一，这样就造成了同一个页面在不同浏览器中的表现不同。HTML5 的目标是详细分析各浏览器所具有的功能，并以此为基础制订一个通用规范，要求各浏览器能支持这个通用标准。

　　就目前的形势来看，各浏览器厂商对 HTML5 都抱着极大的热情，尤其是微软因为对 HTML5 的支持不够积极，导致 IE（Internet Explorer）市场份额下滑的事实，更成为各浏览器厂商的前车之鉴。如果各浏览器都能统一地遵守 HTML5 规范，以后前端程序员开发 HTML+CSS+JavaScript 页面时将会变得更加轻松。

1.5　HTML5 要解决的 3 个问题

　　HTML5 的出现，对于 Web 来说意义是非常重大的。因为它的意图是想要把目前存在的各种问题一并解决掉，它是一个企图心比较强的 HTML 版本。那么，到底 Web 上存在哪些问题，HTML5 又打算怎么解决呢？

　　☑　浏览器之间的兼容性很低

　　首先要提到的就是，Web 浏览器之间的兼容性是非常低的。在某个 Web 浏览器上可以正常运行的 HTML/CSS/JavaScript 等 Web 程序，在另一个 Web 浏览器上就不正常了的事情是非常常见的。

　　如果用一句话来描述这个问题的原因，可以说是"规范不统一"。规范不统一，没有被标准化，是出现这个问题的主要原因。

　　在 HTML5 中，这个问题将得到解决。HTML5 的使命是详细分析各浏览器所具有的功能，然后以此为基础，要求这些浏览器所有内部功能都要符合一个通用标准。

　　如果各浏览器都符合通用标准，然后以该标准为基础来编写程序，那么程序在各 Web 浏览器都能正常运行的可能性就大大提高了，这对于 Web 开发者和设计者都是一件令人可喜的事情。而且，今后开发者开发出来的 Web 功能只要符合通用标准，Web 浏览器也都是很愿意封装该功能的。

　　☑　文档结构不够明确

　　第二个问题是，在之前的 HTML 版本中，文档的结构不够清晰和明确。例如，为了要表示"标题""正文"，之前一般都是用 div 元素。但是，严格说来，div 不是一个能把文档结构表达得很清楚的元素，使用了过多的 div 元素的文章，阅读时不仔细研究，是很难看出文档结构的。而且，对于搜索引擎或屏幕阅读器等程序来说，过多使用了 div 元素，那么这些程序就连"从哪到哪算是重要的正文"，"这个 ul 元素是表示导航菜单，还是表示项目列表"等对于结构分析来说最基本的问题的答案也都不知道。

　　在 HTML5 中，为了解决这个问题，追加了很多与结构相关的元素。不仅如此，还结合了包括微格式、无障碍应用在内的各种各样的周边技术。

　　☑　Web 应用程序的功能受到了限制

　　最后一个问题是，HTML 与 Web 应用程序的关系十分薄弱。Web 应用程序的特征是先从网络下载，然后忠实运行，因此应该对会威胁到用户安全的功能进行限制。

　　目前安全性的保障方面已做到了，但对于 Web 应用程序来说，一直以来 HTML 真正所做出的贡献是很少的，比如就连上传文件时想同时选择一个以上的文件都做不到。

　　为了弥补这方面的不足，HTML5 已经开始提供各种各样 Web 应用上的新 API，各浏览器也在快速地封装着这些 API，HTML5 已经使丰富 Web 应用的实现变成了可能。

1.6　HTML 的基本结构

1.6.1　HTML 文件的编写方法

　　☑　HTML 标签

　　一个 HTML 文件是由一系列的元素和标签组成的。元素是 HTML 文件的重要组成部分，例如 title（文件标题）、img（图像）及 table（表格）等。元素名不区分大小写。HTML 用标签来规定元素的属性和它在文件中的位置。

　　HTML 的标签分单独出现的标签和成对出现的标签两种。

　　大多数标签成对出现，是由首标签和尾标签组成的。首标签的格式为<元素名称>，尾标签的格式为</元素名称>。其完整语法如下。

<元素名称>要控制的元素</元素名称>

　　成对标签仅对包含在其中的文件部分发生作用，例如<title>和</title>标签用于界定标题元素的范围，也就是说，<title>和</title>标签之间的部分是此 HTML 文件的标题。

　　单独标签的格式为<元素名称>，其作用是在相应的位置插入元素，例如
标签便是在该标签所在位置插入一个换行符。

说明

在每个 HTML 标签，大写、小写和混写均可。例如<HTML>、<html>和<Html>，其结果都是一样的。

在每个 HTML 标签中，还可以设置一些属性，控制 HTML 标签所建立的元素。这些属性将位于所建立元素的首标签，因此，首标签的基本语法如下。

<元素名称　属性 1="值 1" 属性 2="值 2"... >

而尾标签的建立方式则为：

</元素名称>

因此，在 HTML 文件中某个元素的完整定义语法如下。

<元素名称　属性 1="值 1" 属性 2="值 2"...>元素资料</元素名称>

说明

语法中，设置各属性所使用的 """" 可省略。

☑　元素的概念

当用一组 HTML 标签将一段文字包含在中间时，这段文字与包含文字的 HTML 标签被称之为一个元素。

由于在 HTML 语法中，每个由 HTML 标签与文字所形成的元素内，还可以包含另一个元素。因此，整个 HTML 文件就像是一个大元素，包含了许多小元素。

在所有 HTML 文件，最外层的元素是由<html>标签建立的。在<html>标签所建立的元素中，包含了两个主要的子元素，这两个子元素是由<head>标签与<body>标签所建立的。<head>标签所建立的元素的内容为文件标题，而<body>标签所建立的元素内容为文件主体。

☑　HTML 文件结构

在介绍 HTML 文件结构之前，先来看一个简单的 HTML 文件及其在浏览器上的显示结果。

下面开始编写一个 HTML 文件，使用文件编辑器，例如 Windows 自带的记事本。

```
<html>
<head>
<title>文件标题</title>
</head>
<body>
文件正文
</body>
</html>
```

运行效果如图 1.1 所示。

从上述代码中可以看出 HTML 文件的基本结构如图 1.2 所示

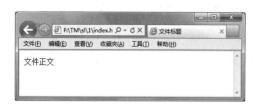

图 1.1　HTML 示例

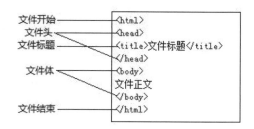

图 1.2　HTML 文件的基本结构

其中，<head>与</head>之间的部分是 HTML 文件的文件头部分，用以说明文件的标题和整个文件的一些公共属性。<body>与</body>之间的部分是 HTML 文件的主体部分，下面介绍的标签，如果不加特别说明，均是嵌套在这一对标签中使用的。

1.6.2　文件开始标签<html>

在任何的一个 HTML 文件里，最先出现的 HTML 标签就是<html>，它用于表示该文件是以超文本标识语言（HTML）编写的。<html>是成对出现的，首标签<html>和尾标签</html>分别位于文件的最前面和最后面，文件中的所有文件和 HTML 标签都包含在其中。例如：

```
<html>
文件的全部内容
</html>
```

该标签不带任何属性。

事实上，现在常用的 Web 浏览器（例如 IE）都可以自动识别 HTML 文件，并不要求有<html>标签，也不对该标签进行任何操作。但是，为了提高文件的适用性，使编写的 HTML 文件能适应不断变化的 Web 浏览器，还是应该养成使用这个标签的习惯。

1.6.3　文件头部标签<head>

习惯上，把 HTML 文件分为文件头和文件主体两个部分。文件主体部分就是在 Web 浏览器窗口的用户区内看到的内容，而文件头部分用来规定该文件的标题（出现在 Web 浏览器窗口的标题栏中）和文件的一些属性。

<head>是一个表示网页头部的标签。在由<head>标签所定义的元素中，并不放置网页的任何内容，而是放置关于 HTML 文件的信息，也就是说它并不属于 HTML 文件的主体。它包含文件的标题、编码方式及 URL 等信息。这些信息大部分是用于提供索引、辨认或其他方面的应用。

写在<head>与</head>中间的文本，如果又写在<title>标签中，表示该网页的名称，并作为窗口的名称显示在这个网页窗口的最上方。

如果 HTML 文件并不需要提供相关信息时，可以省略<head>标签。

1.6.4　文件标题标签\<title>

每个 HTML 文件都需要有一个文件名称。在浏览器中，文件名称作为窗口名称显示在该窗口的最上方。这对浏览器的收藏功能很有用。如果浏览者认为某个网页对自己很有用，今后想经常阅读，可以选择 IE 浏览器 "收藏" 菜单中的 "添加到收藏夹" 命令将它保存起来，供以后调用。网页的名称要写在\<title>和\</title>之间，并且\<title>标签应包含在\<head>与\</head>标签之中。

HTML 文件的标签是可以嵌套的，即在一对标签中可以嵌入另一对子标签，用来规定母标签所含范围的属性或其中某一部分内容，嵌套在\<head>标签中使用的主要有\<title>标签。

1.6.5　文件主体标签\<body>

\<body>标签是成对出现的。网页中的主体内容应该写在\<body>和\</body>之间，而\<body>标签包含在\<html>标签里面。

1.6.6　编写文件的注意事项

在编写文件时，要注意以下事项。

（1）"<" 和 ">" 是任何标记的开始和结束。元素的标记要用这对尖括号括起来，并且结束的标记总是在开始的标记前加一个斜杠。

（2）标记与标记之间可以嵌套，如：

```
<H2><CENTER>初识 HTML 文件</CENTER></H2>
```

（3）在源代码中不区分大小写，如以下几种写法都是正确并且相同的标记。

```
<HEAD>
<head>
<Head>
```

（4）任何回车和空格在源代码中不起作用。为了代码清晰，建议不同的标记之间回车编写。

（5）HTML 标记中可以放置各种属性，如：

```
<h2 align="center">HTML 初露端倪</h2>
```

其中 align 为属性，center 为属性值，元素属性出现元素的<>内，并且和元素名之间有一个空格分割，属性值可以直接书写，也可以使用""括起来。如下面的两种写法都是正确的。

```
<h2 align="center">HTML 初露端倪</h2>
<h2 align=center>HTML 初露端倪</h2>
```

（6）如果希望在源代码中添加注释，便于阅读，可以以 "<!--" 开始，以 "--!>" 结束。如下代码。

```
<!----------------------------------------!>
<!--     文件范例：1-2.htm        --!>
<!-- 文件说明：第一个 HTML 文件--!>
<!----------------------------------------!>
```

注释语句只出现在源代码中，而不会在浏览器中显示。

视频讲解

1.7　编写第一个 HTML 文件

1.7.1　HTML 文件的编写方法

编写 HTML 文件主要有如下 3 种方法。

☑　手工直接编写

由于 HTML 语言编写的文件是标准的 ASCII 文本文件，所以我们可以使用任何的文本编辑器来打开并编写 HTML 文件，如 Windows 系统中自带的记事本。

☑　使用可视化软件

Microsoft 公司的 Frontpage、Macromedia 公司的 Dreamweaver、Adobe 公司的 Golive 等软件均可以可视化的方式进行网页的编辑制作。

☑　由 Web 服务器一方实时动态生成

这需要进行后端的网页编程来实现，如 ASP、PHP 等，一般情况下都需要数据库的配合。

1.7.2　手工编写页面

图 1.3　记事本

下面先使用记事本来编写第一个 HTML 文件。步骤如下。

（1）选择"开始/程序/附件/记事本"命令，打开记事本程序，如图 1.3 所示。

（2）在记事本中直接输入下面的 HTML 代码。

```html
<html>
<head>
<title>简单的 HTML 文件</title>
</head>
<body text="blue">
<h2 align="center">HTML 初露端倪</h2>
<hr>
<p>让我们一起体验超炫的 HTML 旅程吧</p>
</body>
</html>
```

（3）输入代码后，记事本中显示出代码的内容，如图 1.4 所示。

（4）选择记事本菜单中的"文件/保存"命令，弹出如图 1.5 所示的"另存为"对话框。

图 1.4　显示了代码的记事本　　　　　　　　　　图 1.5　"另存为"对话框

（5）在对话框中选择存盘的文件夹，然后在"保存类型"中选择"所有文件"，在"编码"中选择 ANSI，这里将"文件名"设置为 1-2.htm，然后单击"保存"按钮。

（6）最后关闭记事本，回到存盘的文件夹，双击如图 1.6 所示的 1-2.htm 文件，可以在 IE 浏览器中看到最终页面效果，如图 1.7 所示。

图 1.6　保存出的 htm 文件　　　　　　　　图 1.7　页面效果

1.7.3　使用 Dreamwaver 制作页面

Adobe Dreamweaver CS5.5 是一个全面的专业工具集，可用于设计并部署极具吸引力的网站和 Web 应用程度并提供强大的编辑环境以及功能强大且基于标准的 WYSIWYG 设计表面。Adobe Dreamweaver CS5.5 新版本使用了最新的技术加入了多屏幕预览、jQuery 集成、CSS3/HTML5 支持、尖端的实时视图渲染、移动 UI 构件、FTPS 支持、智能编码协助集成 FLV 内容等全新功能。下面以 Adobe Dreamweaver CS5.5 中文版为例，说明使用可视化网页编辑软件制作页面的方法。步骤如下。

（1）选择"开始/所有程序/Adobe Dreamweaver CS5.5"命令，启动软件的主程序，其主界面如图 1.8 所示。

（2）Dreamweaver 工作区使读者可以查看文档和对象属性。工作区还将许多常用操作放置于工具栏中，使读者可以快速更改文档。Dreamweaver CS5.5 工作区布局如图 1.9 所示。

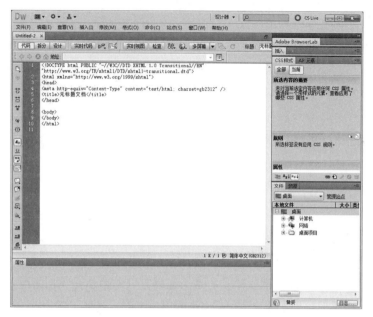

图 1.8　Adobe Dreamweaver CS5.5 主界面

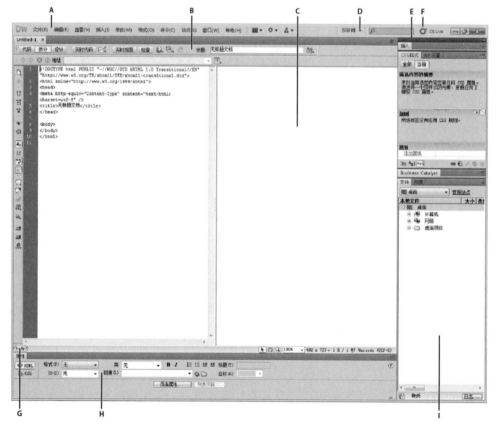

图 1.9　Dreamweaver CS5.5 工作区布局

☑ A——应用程序栏：应用程序窗口顶部包含一个工作区切换器、几个菜单（仅限 Windows）以及其他应用程序控件。

☑ B——文档工具栏：包含一些按钮，它们提供各种"文档"窗口视图（如"设计"视图和"代码"视图）的选项、各种查看选项和一些常用操作（如在浏览器中预览）。

☑ C——文档窗口：显示用户当前创建和编辑的文档。

☑ D——工作区切换器：通过下拉列表可以选择不同的工作区，如编辑器。

☑ E——面板组：帮助用户监控和修改工作。例如，"插入"面板、"CSS 样式"面板和"文件"面板。若要展开某个面板，可双击其选项卡。

☑ F——CS Live：Adobe Dreamweaver CS5.5 相关服务。

☑ G——标签选择器：位于"文档"窗口底部的状态栏中。显示环绕当前选定内容的标签的层次结构。单击该层次结构中的任何标签可以选择该标签及其全部内容。

☑ H——属性检查器：用于查看和更改所选对象或文本的各种属性。每个对象具有不同的属性。在"编码器"工作区布局中，"属性"检查器默认是不展开的。

☑ I——文件面板：用于管理文件和文件夹，无论它们是 Dreamweaver 站点的一部分还是位于远程服务器上。"文件"面板还使用户可以访问本地磁盘上的全部文件，非常类似于 Windows 资源管理器（Windows）或 Finder（Macintosh）。

（3）如图 1.10 所示，单击文档工具栏中的"拆分"按钮，在这种视图下，编辑窗口被分割成左右两部分，左侧显示的是源代码视图，右侧是可视化视图，这样可以在选择和编辑源代码的时候及时地在可视化视图中看到效果。这两部分是互相联系，密不可分的，在代码视图中所做的任何修改都会影响设计视图，反之亦然。

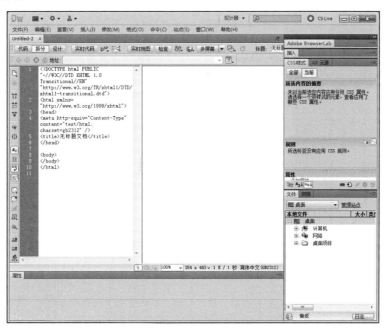

图 1.10　代码视图和设计视图

（4）在如图 1.11 所示的位置输入"让我们一起体验超炫的 HTML 旅程吧"作为页面的正文。

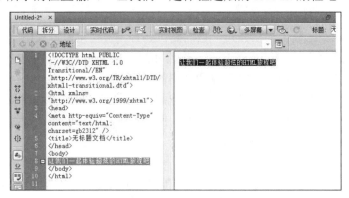

图 1.11　输入正文

（5）在如图 1.12 所示的位置输入"HTML 初露端倪"作为页面的标题。

图 1.12　输入标题

（6）选择"文件/保存"命令，在如图 1.13 所示的对话框中选择存储位置，将文件命名成 1-1.html，然后单击"保存"按钮。

图 1.13　保存页面

（7）双击 1-1.html 文件，可以在浏览器中直接看到效果，如图 1.14 所示。

图 1.14　1-1.html 页面效果

1.7.4　使用 WebStorm 制作页面

WebStorm 是 Jetbrains 公司旗下的一款 JavaScript 开发工具，软件支持不同浏览器的提示，还包括所有用户自定义的函数。代码补全包含了所有流行的库，如 jQuery、YUI、Dojo 等，并且使用 WebStorm 不止可以编辑 JavaScript 代码，还可以编写和修改 HTML 以及 CSS 代码。正因如此，WebStorm 受到广大 JavaScript 开发者的喜爱。下面介绍 WebStorm 的下载和使用。

1．下载与安装

（1）首先打开浏览器，在浏览器地址栏中输入网址 https://www.jetbrains.com/webstorm/ 进入 WebStorm 官方下载页面，如图 1.15 所示。在该页面中，选择符合自己电脑系统的 WebStorm，然后单击 DOWNLOAD 按钮即可开始下载。

图 1.15　WebStorm 官方下载页面

（2）下载完成以后，页面中会弹出对话框，询问是否保留所下载的 WebStorm，单击"保留"按钮即可将 WebStorm 安装包保留至本地，如图 1.16 所示。

（3）双击打开本地的 WebStorm 的安装包，开始安装 WebStorm，如图 1.17 所示，单击 Next 按钮进行下一步，进入如图 1.18 所示的页面，在该页面中单击 Browse 按钮选择安装路径，选择完成以后，再次单击 Next 按钮进入下一项。

（4）如图 1.19 所示为安装选项页面，为了方便以后打开 WebStorm，可以在电脑桌面中新建快捷方式，新建时，只需在第一项中选择符合自己电脑系统类型的快捷方式，然后单击 Next 按钮进行进入下一步，选择开始菜单文件夹页面，如图 1.20 所示，选择默认的 JetBrains 即可，单击 Install 按钮进行下一步。

图 1.16　保存 WebStorm 安装包至本地

图 1.17　开始安装 WebStorm

图 1.18　选择安装路径

图 1.19　添加快捷方式

图 1.20　选择开始菜单文件夹

（5）选择完开始菜单文件夹以后，进入 WebStorm 安装页面，如图 1.21 所示。安装完成以后，Next 按钮会变成可单击的状态，单击该按钮，进入如图 1.22 所示的提示用户安装完成的页面，单击 Finish 按钮即可。

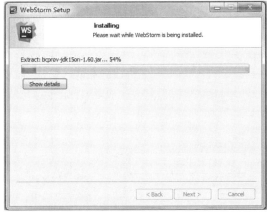

图 1.21　安装 WebStorm

图 1.22　安装完成

2．WebStorm 的使用

（1）双击打开 WebStorm，打开页面如图 1.23 所示，打开后的页面如图 1.24 所示，单击第一项 Create New Project 按钮可以新建一个项目。

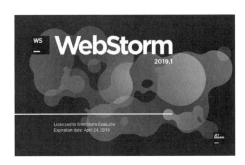

图 1.23　打开 WebStorm

图 1.24　创建新的项目文件

（2）如图 1.25 所示为选择新建项目文件的路径的页面，读者也可以单击右侧文件夹的图标选择已有的文件夹，然后单击 Create 按钮即可成功创建一个项目，如图 1.26 所示，接下来需要创建 HTML 文件，创建方法是，右击项目名称，然后在弹出的快捷菜单中选择 New/HTML File 命令进入为 HTML 文件命名页面。

（3）如图 1.27 所示为新建的 HTML5 文件命名页面，为文件命名时，其扩展名可以省略，输入名称以后，单击 OK 按钮，进入如图 1.28 所示的页面，在该页面中，读者可以在<title>标签中修改网页的标题，在<body>标签中添加网页的正文，例如本实例中，修改网页的标题为"我的第一个 HTML5 页面"，并且添加网页正文内容为"明天你好"，代码编写完成以后，单击右侧 Google chrome 浏览器的图标，即可在谷歌浏览器中运行本实例。

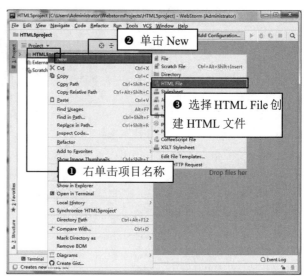

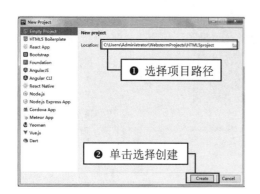

图 1.25 选择新建项目文件路径

图 1.26 创建 HTML 文件

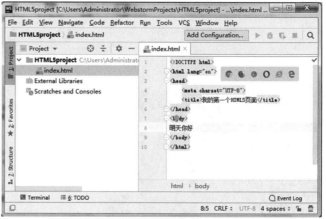

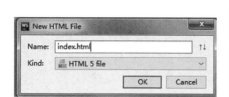

图 1.27 为 HTML 文件命名

图 1.28 代码编写页面

1.7.5 使用浏览器浏览 HTML 文件

不同公司有不同的浏览器，最著名的是微软公司的 IE 浏览器。使用浏览器最核心的功能就是查看我们编写的 HTML 文件效果，并可以查看其他网站页面的源代码。下面我们将以 IE 浏览器为例来讲解使用 IE 浏览器浏览 HTML 的过程。

（1）启动 IE 浏览器后，打开刚才所建立的 HTML 文件。

（2）选择"文件/打开"命令，然后在弹出的"打开"对话框中单击"浏览"按钮，如图 1.29 所示，找到硬盘中存放的网页文件，然后单击"打开"按钮，如图 1.30 所示。这样，浏览器就能够显示编写网页的页面效果了。

图 1.29　"打开"对话框　　　　　　　图 1.30　选择要打开的文件

1.7.6　HTML 开发的明日图书网

明日图书网的前台网页制作就是应用 HTML 编写完成的。下面我们来具体看一下明日图书网的前台网页实现的源文件。查看源文件的步骤如下。

（1）打开浏览器，在地址栏输入 http://www.mingribook.com，然后按 Enter 键。

（2）页面显示了明日图书网的首页面。

（3）选择浏览器主菜单中的"查看/源文件"命令，如图 1.31 所示

图 1.31　选择"查看/源文件"命令

（4）这样，就会自动打开记事本来显示页面的源文件，如图 1.32 所示。

图 1.32　页面的源文件

1.8　小　　结

本章主要介绍了 HTML 的基本概念以及其发展史，重点介绍了 HTML 的基本结构并详细介绍了如何编写 HTML 的代码。

希望读者能好好学习本章，有一个扎实的基础，为以后的学习做一个好的铺垫。

1.9　习　　题

选择题

1. HTML 文档的树状结构中，（　　）标签为文档的根节点，位于结构中的最顶层。

    A．<HTML>　　　　B．<HEAD>　　　　C．<BODY>　　　　D．<TITLE>

2. 下面关于设计网站的结构的说法错误的是（　　）。

    A．按照模块功能的不同分别创建网页，将相关的网页放在一个文件夹中

    B．必要时应建立子文件夹

C．尽量将图像和动画文件放在一个大文件夹中

D．当地网站和远程网站最好不要使用相同的结构

3．下列关于 CSS 样式和 HTML 样式的不同之处说法正确的是（　　）。

A．HTML 样式只影响应用它的文本和使用所选 HTML 样式创建的文本

B．CSS 样式只可以设置文字字体样式

C．HTML 样式可以设置背景样式

D．HTML 样式和 CSS 样式相同，没有区别

4．为了标识一个 HTML 文件应该使用的 HTML 标记是（　　）。

A．<p>< / p>　　　　　　　　　B．<boby>< / body>

C．<html>< / html>　　　　　　　D．<table>< / table>

5．如果站点服务器支持安全套接层（SSL），那么连接到安全站点上的所有 URL 开头是（　　）。

A．HTTP　　　B．HTTPS　　　C．SHTTP　　　D．SSL

判断题

6．HTML 是 HyperText Markup Language（超文本标记语言）的缩写。超文本使网页之间具有跳转的能力，是一种信息组织的方式，使浏览者可以选择阅读的路径，从而可以不需要顺序阅读。（　　）

7．在源代码窗口可以看到 html 文件是标准的 ASCII 文件，它是包含了许多被称为标签（tag）的特殊字符串的普通文本文件。（　　）

填空题

8．HTML 网页文件的标记是<html></html>，网页文件的主体标记是<body></body>，标记页面标题的标记是_____。

9．创建一个 HTML 文档的开始标记符是_____；结束标记符是_____。

10．严格来说，_____并不是一种编程语言，而只是一些能让浏览器看懂的标记。

第 2 章

HTML 文件基本标记

（ 📹 视频讲解：43 分钟 ）

本章介绍 HTML 的各种基本标记，这些都是一个完整的网页必不可少的。通过它们可以了解网页的基本结构及其工作原理。

通过阅读本章，您可以：

▶▶ 掌握 HTML 头部标记

▶▶ 掌握标题标记<title>

▶▶ 掌握基底网址标记<base>

▶▶ 掌握元信息标记<meta>

▶▶ 掌握页面的主体标记

▶▶ 熟练各种标记的应用

视频讲解

2.1　HTML 头部标记

在 HTML 语言的头元素中，一般需要包括标题、基底信息、元信息等。HTML 的头元素是以<head>为开始标记，以</head>为结束标记的。一般情况下，CSS 和 JavaScript 都定义在头元素中的，而定义在 HTML 语言头部的内容往往不会在网页上直接显示。它用于包含当前文档的相关信息。

常用的头部标记内容如表 2.1 所示。

表 2.1　头部标记

标　　记	描　　述
<base>	当前文档的 URL 全称（基底网址）
<basefont>	设定基准的文字字体、字号和颜色
<title>	设定显示在浏览器左上方的标题内容
<isindex>	表明该文档是一个可用于检索的网关脚本，由服务器自动建立
<meta>	有关文档本身的元信息，例如用于查询的关键字，用于获取该文档的有效期等
<style>	设定 CSS 层叠样式表的内容
<link>	设定外部文件的链接
<script>	设定页面中程序脚本的内容

<head>与</head>之间的内容不会在浏览器的文档窗口显示，但是，其间的元素有特殊重要的意义。下面就来分别介绍这些标记的作用。

2.2　标题标记<title>

HTML 文件的标题显示在浏览器的标题栏，用以说明文件的用途。每个 HTML 文档都应该有标题，在 HTML 文档中，标题文字位于<title>和</title>标记之间。<title>和</title>标记位于 HTML 文档的头部，即位于<head>和</head>标记之间。

语法

<title>…</title>

语法解释

标记内部就是标题的内容

实例代码

```
<!DOCTYPE html>
<html>
<head>
```

```
<meta charset="utf-8">
<title>简单的 HTML 文件</title>
</head>
<body text="blue">
<h2 align="center">HTML 初露端倪</h2>
<hr>
<p>让我们一起体验超炫的 HTML 旅程吧</p>
</body>
</html>
```

上面的代码中的粗体显示的就是页面的标题。保存页面后在 IE 中打开，可以看到浏览器的标题栏中显示了刚才设置的标题"简单的 HTML 文件"，效果如图 2.1 所示。

图 2.1　HTML 页面的标题

视频讲解

2.3　元信息标记<meta>

meta 元素提供的信息是用户不可见的，它不显示在页面中，一般用来定义页面信息的名称、关键字、作者等。在 HTML 中，meta 标记不需要设置结束标记，在一个尖括号内就是一个 meta 内容，而在一个 HTML 头页面中可以有多个 meta 元素。meta 元素的属性有两种：name 和 http-equiv，其中 name 属性主要用于描述网页，以便于搜索引擎机器人查找、分类。下面根据功能的不同分别介绍元信息标记的使用方法。

2.3.1　设置页面关键字

设置页面关键字是为了向搜索引擎说明这一网页的关键词，从而帮助搜索引擎对该网页进行查找和分类，它可以提高被搜索到的几率，一般可设置不止一个关键字，之间用逗号隔开。但是由于很多搜索引擎在检索时会限制关键字数量，因此在设置关键字时不要过多，应"一击即中"。

语法

```
<meta name="keyname" content="具体的关键字">
```

语法解释

在该语法中，name 为属性名称，这里是 keyname，也就是设置网页的关键字属性，而在 content 中则定义了具体的关键字的内容。

实例代码

```
<!DOCTYPE html>
<html>
<head>
<title>设置页面关键字</title>
<meta name="keyword" content="html,元信息,关键字">
</head>
<body>
</body>
</html>
```

在该实例中设定了"html""元信息""关键字"这 3 个词语作为该页面的关键字。

2.3.2　设置页面描述

设置页面描述也是为了便于搜索引擎的查找，它用来描述网页的主题等，与关键字一样，设置的页面描述也不会在网页中显示出来。

语法

```
<meta name="description" content="对页面的描述语言">
```

语法解释

在该语法中，name 为属性名称，这里设置为 description，也就是将元信息属性设置为页面描述，在 content 中定义具体的描述语言。

实例代码

```
<!DOCTYPE html>
<html>
<head>
<meta charset="utf-8">
<title>设置页面描述</title>
<meta name="keyword" content="html,元信息,关键字">
<meta name="description" content="关于 HTML 使用的网站">
</head>
<body>
</body>
</html>
```

在该实例中，设置了"关于 HTML 使用的网站"为网页的描述。

2.3.3　设置编辑工具

现在有很多编辑软件都可以制作网页，在源代码的头页面中可以设置网页编辑工具的名称。与其他 meta 元素相同，编辑工具也只是在页面的源代码中可以看到，而不会显示在浏览器中。

语法

```
<meta name="generator" content="编辑软件的名称">
```

语法解释

在该语法中，name 为属性名，设置为 generator，也就是设置编辑工具，在 content 中定义具体的编辑器名称。

实例代码

```
<!DOCTYPE html>
<html>
<head>
<title>设置编辑工具</title>
<meta name="keyword" content="html,元信息,关键字">
<meta name="description" content="关于 HTML 使用的网站">
<meta name="generator" content="Adobe Dreamweaver CS5.5">
</head>
<body>
</body>
</html>
```

在这一实例中，以 Adobe Dreamweaver CS5.5 作为网页的编辑工具。

2.3.4　设定作者信息

在页面的源代码中，可以显示页面制作者的姓名及个人信息。这可以在源代码中保留作者希望保留的信息。

语法

```
<meta name="author" content="作者的姓名">
```

语法解释

在该语法中，name 为属性名，设置为 author，也就是设置作者信息，在 content 中定义具体的信息。

实例代码

```
<!DOCTYPE html>
<html>
```

```
<head>
<title>设定作者信息</title>
<meta name="keyword" content="html,元信息,关键字">
<meta name="description" content="关于 HTML 使用的网站">
<meta name="generator" content=" Adobe Dreamweaver CS5.5">
<meta name="author" content="李小米">
</head>
<body>
</body>
</html>
```

在这一实例中，将作者的姓名"李小米"添加到了网页的源代码中。

2.3.5　限制搜索方式

网页可以通过在 meta 中的设置来限制搜索引擎对页面的搜索方式。

语法

```
<meta name="robots" content="搜索方式">
```

语法解释

在该语法中，搜索方式的值和其所对应的含义如表 2.2 所示。

表 2.2　content 值与其对应的含义

content 的值	描　　述
All	表示能搜索当前网页及其链接的网页
Index	表示能搜索当前网页
Nofollow	表示不能搜索与当前网页链接的网页
Noindex	表示不能搜索当前网页
None	表示不能搜索当前网页及与其链接的网页

实例代码

```
<!DOCTYPE html>
<html>
<head>
<title>限制搜索方式</title>
<meta name="robots" content="index">
</head>
<body>
</body>
</html>
```

2.3.6　设置网页文字及语言

在网页中还可以通过语句来设定语言的编码方式。这样，浏览器就可以正确地选择语言，而不需要手动选取。

语法

第一种方法：<meta http-equiv="Content-Type" content="text/html; charset=字符集类型">
第二种方法：<meta http-equiv="Content-Language" content="语言">

语法解释

在该语法中，http-equiv 用于传送 HTTP 通信协议的标头，也就是设定标头属性的名称，而在 content 中才设具体的属性值。其中 charset 设置了网页的内码语系，也就是字符集的类型，charset 往往设置为 utf-8，此外还有 BIG5、GB2312、shift-Jis、Euc、Koi8 等字符集。如果采用第二种方法，则简体中文的设置为：

<meta http-equiv="Content-Language" content="zh_CN">

当然，上述为 HTML4 版本中设置网页编码的方式，而在 HTML5 中，设置网页编码格式更加简单化，直接在<meta>标签中通过 charset 属性中设置编码格式即可，其语法如下：

<meta charset="utf-8">

关于 HTML5 与 HTML4 的区别，在后面的章节中会有具体介绍，此处不再赘述。本书中所有实例将使用 HTML5 中的方式设置网页编码方式。

2.3.7　设置网页的定时跳转

在浏览网页时经常会看到一些欢迎信息的界面，在经过一段时间后，这一页面会自动转到其他页面中，这就是网页的跳转。使用 HTTP 代码就可以很轻松地实现这一功能。

语法

<meta http-equiv="refresh" content="跳转时间;url=链接地址">

语法解释

在该语法中，refresh 表示网页的刷新，而在 content 中设定刷新的时间和刷新后的地址，时间和链接地址之间用分号相隔。默认情况下，跳转时间是以秒为单位的。

实例代码

```
<!DOCTYPE html>
<html>
```

```
<head>
<title>设置网页的定时跳转</title>
<meta charset="utf-8">
<meta http-equiv="refresh" content="3;url=http://www.mingribook.com">
</head>
<body>
您好，本页在 3 秒之后将自动跳转到明日图书网
</body>
</html>
```

运行程序，效果如图 2.2 所示。在 3 秒之后，网页自动跳转到了明日图书网站，如图 2.3 所示。

图 2.2　运行自动跳转的页面

图 2.3　跳转后的页面

2.3.8　设定有效期限

在某些网站上会设置网页的到期时间，一旦过期则必须到服务器上重新调用。

语法

```
<meta http-equiv="expires" content="到期的时间">
```

语法解释

在该语法中，到期的时间必须是 GMT 时间格式，即星期，日 月 年 时 分 秒，这些时间都使用英文和数字进行设定。

实例代码

```
<!DOCTYPE html>
<html>
<head>
<title>设置有效期限</title>
<meta charset="utf-8">
<meta http-equiv="expires" content="Wed, 14 september 2011 16:20:00 GMT ">
</head>
<body>
</body>
</html>
```

在实例中设置了网页的到期时间为 2011 年 9 月 14 日 16:20。

2.3.9 禁止从缓存中调用

使用网页缓存可以加快浏览器网页的速度，因为缓存将曾经浏览过的页面暂存在电脑中，当用户下次打开同一个网页内容时，即可快速浏览该网页，省去读取同一网页的时间。但是如果网页的内容经常频繁地更新，网页制作者希望用户随时都能查看到最新的网页内容，则可以通过 meta 语句禁用页面缓存。

语法

```
<meta http-equiv="cache-control" content="no-cache">
<meta http-equiv="pragma" content=" no-cache ">
```

语法解释

在该语法中，cache-control 和 pragma 都可以用来设定缓存的属性，而在 content 中则是真正禁止调用缓存的语句。

实例代码

```
<!DOCTYPE html>
<html>
<head>
<meta charset="utf-8">
<title>禁止从缓存中调用</title>
```

```
<meta http-equiv="cache-control" content="no-cache">
<meta http-equiv="pragma" content=" no-cache ">
</head>
<body>
</body>
</html>
```

2.3.10 删除过期的 cookie

如果网页过期，则删除存盘的 cookie。

语法

```
<meta http-equiv="set-cookie" content="到期的时间">
```

说明

在该语法中，到期的时间同样是 GMT 时间格式。

实例代码

```
<!DOCTYPE html>
<html>
<head>
<meta charset="utf-8">
<title>删除过期的 cookie</title>
<meta http-equiv="set-cookie" content=" Wed, 14 september 2011 16:20:00 GMT">
</head>
<body>
</body>
</html>
```

在实例中，设置了网页的到期时间为 2011 年 9 月 14 日 16:20，也就是这个时候删除存盘的 cookie。

2.3.11 强制打开新窗口

强制网页在当前窗口中以独立的页面显示，可以防止自己的网页被别人当作一个 frame 页调用。

语法

```
<meta http-equiv="windows-target" content="_top">
```

语法解释

在该语法中，windows-target 表示新网页的打开方式，而 content 中设置_top 则代表打开的是一个独立页面。

实例代码

```
<!DOCTYPE html>
<html>
<head>
<title>强制打开新窗口</title>
<meta charset="utf-8">
<meta http-equiv="windows-target" content="_top">
</head>
<body>
</body>
</html>
```

2.3.12　设定建立网站的日期

通过设置可以设定网站建立的日期。

语法

```
<meta name="build" content="网站建立的日期">
```

语法解释

在该语法中，build 表示要设定网站建立的日期，在 content 中定义网站建立的具体时间。

实例代码

```
<!DOCTYPE html>
<html>
<head>
<meta charset="utf-8">
<title>设定网站建立日期</title>
<meta name="build" content="2008.08.08">
</head>
<body>
</body>
</html>
```

在实例中，设置了网页的建立时间为 2008 年 8 月 8 日。

2.3.13　设定网页版权信息

通过设置可以说明网页的版权信息。

语法

```
<meta name="copyright" content="网页版权信息">
```

语法解释

在该语法中，copyright 表示要设定网页的版权信息，在 content 中定义网页版权的具体信息。

实例代码

```
<!DOCTYPE html>
<html>
<head>
<meta charset="utf-8">
<title>设定网页版权</title>
<meta name="copyright" content="明日科技">
</head>
<body>
</body>
</html>
```

在实例中，设置了网页的版权信息，网页版权为明日科技。

2.3.14　设定联系人的邮箱

通过设置可以设定联系人的邮箱。

语法

```
<meta name="reply-to" content="邮箱地址">
```

语法解释

在该语法中，reply-to 表示要设定网站联系人的邮箱，在 content 中定义网站联系人的具体的邮箱地址。

实例代码

```
<!DOCTYPE html>
<html>
<head>
<meta charset="utf-8">
<title>设定网站联系人邮箱</title>
<meta name="reply-to" content="mingrisoft@mingrisoft.com">
</head>
<body>
</body>
</html>
```

在实例中，设置了网站的联系人邮箱地址为 mingrisoft@mingrisoft.com。

2.4 基底网址标记<base>

URL 路径是一种互联网地址的表示法，在这个数据里可以包括以何种协议连接、要连接到哪一个地址、连接地址的端口（Port）号以及服务器（Server）里页面的完整路径和页面名称等信息。在 HTML 中，URL 路径分为两种形式：绝对路径和相对路径。绝对路径是将服务器上磁盘驱动器名称和完整的路径写出来，同时也会表现出磁盘上的目录结构；相对路径是相对于当前 HTML 文档所在目录或站点根目录的路径。

HTML 页面通过基底网址把当前 HTML 页面中所有的相对 URL 转换成绝对 URL。一般情况下，通过基底网址标记<base>设置 HTML 页面的绝对路径，那么在页面中的链接地址只需设置成相对地址即可，当浏览器浏览页面时，会通过<base>标记将相对地址附在基底网址的后面，从而转换成绝对地址。

例如，在 HTML 页面的头部定义基底网址如下。

```
<base href="http://www.mingribook.com/html">
```

在页面主体中设置的某一个相对地址，如下：

```
<a href="../html/book.html">
```

当使用浏览器浏览时，这个链接地址就变成如下的绝对地址：

http://www.mingribook.com/html/book.html

因此，在 HTML 页面中设置基底标记时不应该多于一个，而且要将其放置在头部以及任何包含 URL 地址的语句之前。

语法

```
<base href="链接地址" target="新窗口的打开方式">
```

语法解释

在该语法中，"链接地址"就是要设置的页面的基底地址，而"新窗口的打开方式"可以设置为不同的效果，其属性值及含义如表 2.3 所示。

表 2.3　链接窗口的打开方式

属　性　值	打　开　方　式
_parent	在上一级窗口打开，一般常用在分帧的框架页中
_blank	在新窗口打开
_self	在同一窗口打开，可以省略
_top	在浏览器的整个窗口打开，忽略任何框架

实例代码

```
<!DOCTYPE html>
```

```
<html>
<head>
<meta charset="utf-8">
<base href="http://www.mingribook.com" target="_blank">
<title>基底网址标记</title>
</head>
<body>
<a href="../1-2.htm">打开一个相对地址</a>
</body>
</html>
```

运行该程序,当鼠标移动到链接文字上面时,可以看到在 IE 的状态栏中显示出其完整的链接地址,它是由代码中设置的基底地址加上程序中的相对地址组成的,如图 2.4 所示。

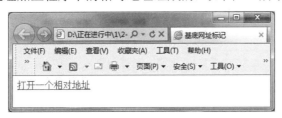

图 2.4　设置基底地址

2.5　页面的主体标记<body>

网页的主体部分以<body>标记标志它的开始,以</body>标志它的结束。在网页的主体标记中有很多的属性设置如表 2.4 所示。

表 2.4　<body>元素的属性

属　　性	描　　述
text	设定页面文字的颜色
bgcolor	设定页面背景的颜色
background	设定页面的背景图像
bgproperties	设定页面的背景图像为固定,不随页面的滚动而滚动
link	设定页面默认的链接颜色
alink	设定鼠标正在单击时的链接颜色
vlink	设定访问过后的链接颜色
topmargin	设定页面的上边距
leftmargin	设定页面的左边距

下面就来分别介绍这些属性的应用。

2.5.1　设置文字颜色——text

<body>元素的 text 属性可以改变整个页面默认文字的颜色。在没有对文字进行单独定义颜色时，这个属性将对页面中所有的文字产生作用。

语法

```
<body text="颜色代码">
```

语法解释

在该语法中，text 的属性值与设置页面背景色相同，也就是说该属性设置也和在页面的主体标记放置在一起。

实例代码

```
<!DOCTYPE html>
<html>
<head>
<meta charset="utf-8">
<title>设置页面文字颜色</title>
</head>
<body text="#0000FF">
设定页面的文字颜色为蓝色
</body>
</html>
```

运行这段代码，实现的效果如图 2.5 所示。

图 2.5　设置页面文字颜色为蓝色

2.5.2　背景颜色属性——bgcolor

<body>元素的 bgcolor 属性用来设定整个页面的背景颜色。与文字颜色相似，也是使用颜色名称或者十六进制值来表现颜色效果。

语法

```
<body bgcolor="颜色代码">
```

语法解释

该语法中的 body 就是页面的主体标记，也就是说设置页面的颜色要和页面的主体标记放置在一起。

实例代码

```
<!DOCTYPE html>
<html>
<head>
<meta charset="utf-8">
<title>设置页面文字颜色</title>
</head>
<body bgcolor="#0000FF" text="#FFFFFF">
设定页面的背景为蓝色，文字的颜色为白色
</body>
</html>
```

运行这段代码，可以看到打开的页面背景色为#0000FF 蓝色，文字的颜色为#FFFFFF 白色，效果如图 2.6 所示。

图 2.6　设置页面的背景颜色为蓝色

2.5.3　背景图像属性——background

页面中可以使用 jpg 或 gif 图片来表现。这些图片可以作为页面的背景图，通过<body>语句中 background 属性来实现。它与向网页中插入图片不同，放在网页的最底层，文字和图片等都位于它的上面。文字、插入的图片等会覆盖背景图片。在默认情况下，背景图片在水平方向和垂直方向上会不断重复出现，直到铺满整个网页。

语法

```
<body background="文件链接地址"　bgproperties="背景图片固定属性">
```

语法解释

文件的链接地址可以是相对地址，也就是本机上图片文件的存储位置，也可以设置为网上的图片资料，如 http://www.mingribook.com/book.jpg。在默认情况下，用户可以省略 bgproperties 属性，这时图片会按照水平和垂直的方向不断重复出现，直到铺满整个页面，如果将 bgproperties 属性设置为 fixed，那么当滚动页面时，背景图像也会跟着移动，这相对浏览者来说，就是总停留在相同的位置上。

【例 2.1】　下面以实例说明背景图片的设置与显示效果。

（1）设置一个图片文件作为网页的背景，在默认情况下不设置 bgproperties 属性，此时图片将在

41

水平和垂直方向平铺图像，如图 2.7 所示。（**实例位置：资源包\TM\sl\2\1**）

实例代码

```
<!DOCTYPE html>
<html>
<head>
<meta charset="utf-8">
<title>背景图片</title>
</head>
<body background="images/1.jpg">
</body>
</html>
```

运行这段代码，可以看到如图 2.7 所示的效果，图像在水平和垂直方向平铺。

图 2.7　平铺图像作为背景

（2）如果希望图片不重复显示，一般情况下需要借助 CSS 样式，这里简单介绍一下，在后面的章节中将详细介绍 CSS 的相关内容。

对于网页背景的样式设置，一般在头部标记中添加 style 标记，代码如下。

```
<!DOCTYPE html>
<html>
<head>
<meta charset="utf-8">
<title>背景图片不重复出现</title>
```

```
<style type="text/css">
      body{background-repeat:no-repeat}
</style>
</head>
<body background="images/1.jpg">
</body>
</html>
```

在这段代码中，background-repeat 的值设置为 no-repeat，也就是不重复，运行效果如图 2.8 所示。

图 2.8　背景图像单独显示

如果在这段代码中，将 background-repeat 的值设置为 repeat-x，则背景图片值在水平方向平铺，效果如图 2.9 所示。相反，如果设置为 repeat-y，则只在垂直方向平铺。

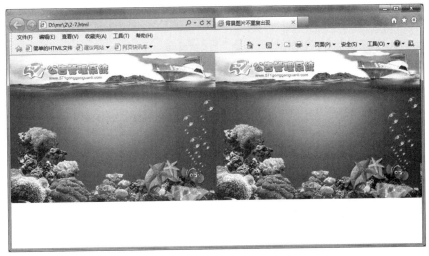

图 2.9　背景图像水平平铺效果

（3）除了设置背景是否重复之外，在网页中还可以设置背景图片是否随拖动条的拖动而变化。这一属性是通过 bgproperties 参数来设定的，将 bgproperties 的值设置为 fixed，背景图片会固定在页面上静止不动。代码如下。

```html
<!DOCTYPE html>
<html>
<head>
<meta charset="utf-8">
<title>背景图片</title>
<style type="text/css">
        body{background-repeat:no-repeat}
</style>
</head>
<body background="images/1.jpg" bgproperties="fixed" text="#00FFCC">
1 行金樽清酒斗十千<br/>
2 行玉盘珍羞直万钱<br/>
3 行停杯投箸不能食<br/>
4 行拔剑四顾心茫然<br/>
5 行欲渡黄河冰塞川<br/>
6 行将登太行雪满山<br/>
7 行闲来垂钓碧溪上<br/>
8 行忽复乘舟梦日边<br/>
9 行 行路难 行路难<br/>
10 行多歧路 今安在<br/>
11 行长风破浪会有时<br/>
12 直挂云帆济沧海<br/>
</body>
</html>
```

运行这段代码后的效果如图 2.10 所示。当拖动滚动条时，会发现只有文字在动，而背景却是静止不动的，如图 2.11 所示。

图 2.10　运行代码的效果

图 2.11　拖动滚动条的效果

2.5.4　设置链接文字属性——link

在网页创建中，除了文字、图片，超链接也是最常用的一种元素。超链接中以文字链接最多，在默认情况下，浏览器以蓝色作为超链接文字的颜色；访问过的文字则变为暗红色。用户在创作网页时，可以通过 link 参数修改链接文字的颜色。

语法

```
<body link="颜色代码">
```

语法解释

这一属性的设置与前面几个设置颜色的参数类似，都是与 body 标签放置在一起，表明它对网页中所有未单独设置的元素起作用。

【例 2.2】　下面通过实例设置未访问的链接文字的颜色。(**实例位置：资源包\TM\sl\2\2**)

代码如下。

```
<!DOCTYPE html>
<html>
<head>
<meta charset="utf-8">
<title>页面的链接文字</title>
</head>
<body text="#6699FF" link="#FF0000">
<center>
设置文字的链接效果
<br /><br />
<a href="http://www.mingribook.com">链接文字</a>
<br /><br />
</center>
</body>
</html>
```

运行这段代码，可以看到链接文字的颜色已经不是默认的蓝色，而是设置成了红色，如图 2.12 所示。

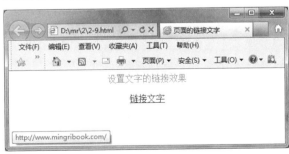

图 2.12　设置链接文字的颜色

在上面的代码中，添加正在访问的文字颜色设置。这一属性需要用到 alink 参数，添加后的代码如下。

```
<!DOCTYPE html>
<html>
<head>
<meta charset="utf-8">
<title>页面的链接文字</title>
</head>
<body text="#6699FF" link="#FF0000" alink="#99FF00">
<center>
设置文字的链接效果
<br /><br />
<a href="http://www.mingribook.com">链接文字<a/>
<br/><br/>
<a href="http://www.mrbccd.com">正在访问的链接</a>
</center>
</body>
</html>
```

运行这段代码之后，单击链接文字"正在访问的链接"，会发现按下鼠标时，文字颜色变成了绿色，如图 2.13 所示。

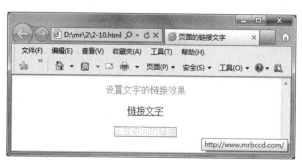

图 2.13　设置正在访问的文字颜色

在上面的代码中，继续使用 vlink 参数设置访问后的文字链接颜色，实现的代码如下。

```
<!DOCTYPE html>
<html>
<head>
<meta charset="utf-8">
<title>页面的链接文字</title>
<meta http-equiv="Content-Type" content="text/html; charset=gb2312">
</head>
<body text="#6699FF" link="#FF0000" alink="#99FF00" vlink="#CCCCCC">
<center>
设置文字的链接效果
<br/><br/>
<a href="http://www.mingribook.com">链接文字</a>
<br/><br/>
```

```
<a href="2-11.html">访问后的链接</a>
</center>
</body>
</html>
```

运行这段代码之后，当单击"访问后的链接"文字链接后，于此同时也就完成了页面的跳转（这里设置的是跳转回本页），这时会看到访问过得链接文字颜色变成了灰色，如图 2.14 所示。

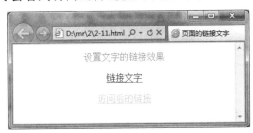

图 2.14　设置访问后的文字链接颜色

2.5.5　设置边距——margin

在网页的制作过程中，还可以定义页面的空白，也就是内容与浏览器边框之间的距离。其中包括上边框和左边框，设定合适的边距可以防止网页外观过于拥挤。

语法

```
<body topmargin=上边距的值  leftmargin=左边距的值>
```

语法解释

在默认情况下，边距的值是以像素为单位的。

实例代码

```
<!DOCTYPE html>
<html>
<head>
<meta charset="utf-8">
<title>设置边距</title>
</head>
<body topmargin="60" leftmargin="50">
设置页面的上边距为 60 像素
<br/>
设置页面的左边距为 50 像素
</body>
</html>
```

运行此段代码，可以看到设置边距前后的对比效果，设置边距前的效果如图 2.15 所示，设置自定义边距效果如图 2.16 所示。

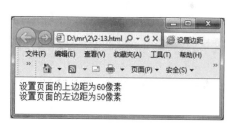

图 2.15　默认的页面效果

图 2.16　设置边距的效果

2.6　页面的注释标记——<!--　-->

在网页中，除了以上这些基本元素外，还包含一种不显示在页面中的元素，那就是代码的注释文字。适当的注释可以帮助用户更好地了解网页中各个模块的划分，也有助于以后对代码的检查和修改。给代码加注释，是一种很好的编程习惯。

语法

```
<!--注释的文字-->
```

语法解释

注释文字的标记很简单，只需要在语法中"注释的文字"的位置上添加需要的内容即可。

2.7　实例演练——创建基本的 HTML 网页

【例 2.3】　本节中创建一个基本的 HTML 网页，在这个 HTML 网页中完成对明日科技公司的简介。（**实例位置：资源包\TM\sl\2\3**）

具体步骤如下。

（1）创建一个 html 文件，将其命名成 slyl.html。

（2）在<title>...</title>标签中定义文件的标题为"明日科技公司简介"。

（3）在页面的主题标记内，设置页面的背景图片、文字的颜色为黑色，上边距、左右边距都设置成 10 像素。其实现的代码如下。

```
<body background="images/1.png" text="#333333" topmargin="10" leftmargin="10" rightmargin="10">
吉林省明日科技有限公司是一家以计算机软件技术为核心的高科技型企业，公司创建于 1999 年 12 月，是专业的
应用软件开发商和服务提供商。多年来始终致力于行业管理软件开发、数字化出版物开发制作、计算机网络系统
综合应用、行业电子商务网站开发等领域，涉及生产、管理、控制、仓储、物流、营销、服务等行业。公司拥有
```

软件开发和项目实施方面的资深专家和学习型技术团队，公司的开发团队不仅是开拓进取的技术实践者，更致力于成为技术的普及和传播者，并以软件工程为指导思想建立了软件研发和销售服务体系。公司基于长期研发投入和丰富的行业经验，本着"让客户轻松工作，同客户共同成功"的奋斗目标，努力发挥"专业、易用、高效"的产品优势，竭诚为广大用户提供优质的产品和服务。

企业宗旨：为企业服务，打造企业智能管理平台，改善企业的管理与运作过程，提高企业效率，降低管理成本，增强企业核心竞争力。为企业快速发展提供源动力。

企业精神：博学、创新、求实、笃行

公司理念：以高新技术为依托，战略性地开发具有巨大市场潜力的高价值的产品。

公司远景：成为拥有核心技术和核心产品的高科技公司，在某些领域具有领先的市场地位。

核心价值观：永葆创业激情、每一天都在进步、容忍失败，鼓励创新、充分信任、平等交流。
</body>

（4）通过 CSS 样式的 style 标记，去除重复的背景图。其实现的代码如下。

```
<style type="text/css">
body{background-repeat:no-repeat}
</style>
```

本例的运行效果如图 2.17 所示。

图 2.17　明日科技公司简介

2.8　小　　结

本章主要对 HTML 文件的主体标记中的功能进行了详细的介绍，包括 HTML 头部标记、标题标记、元信息标记、基底网址标记、页面的注释标记。对标记中的主要属性以实例的形式进行详细的介绍。这些标记和属性是 HTML 的基石，要想建立 HTML 的大厦，就要好好地学好本章的内容。

2.9 习　　题

选择题

1. 设置链接颜色使用哪种标记？（　　　）
   A．<body bgcolor=?>　　　　　　　　　B．<body text=?>
   C．<body link=?>　　　　　　　　　　　D．<body vlink=?>

2. HTML 语言中，设置背景颜色的代码是（　　　）。
   A．<body bgcolor=?>　　　　　　　　　B．<body text=?>
   C．<body link=?>　　　　　　　　　　　D．<body vlink=?>

3. 在 HTML 中，（　　　）不是链接的目标属性。
   A．self　　　　　　B．new　　　　　　C．blank　　　　　　D．top

4. 在网页中，必须使用（　　　）标记来完成超链接。
   A．<a>…</a>　　　　　　　　　　　　　B．<p>…</p>
   C．<link>…</link>　　　　　　　　　　D．<li>…</li>

5. 用 HTML 标记语言编写一个简单的网页，网页最基本的结构是（　　　）。
   A．<html> <head>…</head> <frame>…</frame> </html>
   B．<html> <title>…</title> <body>…</body> </html>
   C．<html> <title>…</title> <frame>…</frame> </html>
   D．<html> <head>…</head> <body>…</body> </html>

6. 若要是设计网页的背景图形为 bg.jpg，以下标记中，正确的是（　　　）。
   A．<body background="bg.jpg">　　　　B．<body bground="bg.jpg">
   C．<body image="bg.jpg">　　　　　　　D．<body bgcolor="bg.jpg">

判断题

7. 超链接：是一种标记，形象的说法就是单击网页中的这个标记能够加载另一个网页，这个标记可以做在文本上也可以做在图像上。（　　　）

8. HTML 的颜色属性值中，Black 的代码是""#f00000""。（　　　）

填空题

9. 头部标记是指_____。

10. 元信息标记是_____。

第 3 章

设计网页文本内容

（ ◼ 视频讲解：28 分钟）

  在网页创作中，文字是最基本的元素之一。增加文字的易读性，让浏览者在短时间内阅读更多的文字、理解更多的信息，同时也能为文字设置视觉上的效果，从而达到网页创作者所追求的目标。

  通过阅读本章，您可以掌握：

▶▶ **标题文字的建立**

▶▶ **设置文字格式**

▶▶ **设置段落格式**

▶▶ **水平线标记**

▶▶ **其他文字标记**

视频讲解

3.1　标题文字的建立

在浏览器中的正文部分，可以显示标题文字，所谓标题文字就是以某种固定的字号显示文字。HTML 文档中的标题文字分别用来指明页面上的 1～6 级标题。

3.1.1　标题字标记<H>

标题文字共包含 6 种标记，每一种的标题在字号上有明显的区别，从 1 级～6 级依次减小。

语法

```
1 级标题：<h1>...</h1>
2 级标题：<h2>...</h2>
依次下去，到 6 级标题。
```

语法解释

在该语法中，1 级标题使用最大的字号表示，6 级标题使用的是最小的字号。

【例 3.1】　实例代码。（实例位置：资源包\TM\sl\3\1）

```html
<!DOCTYPE html>
<html>
<head>
<meta charset="utf-8">
<title>标题文字的效果</title>
</head>
<body>
<h1>1 级明日科技</h1>
<h2>2 级明日科技</h2>
<h3>3 级明日科技</h3>
<h4>4 级明日科技</h4>
<h5>5 级明日科技</h5>
<h6>6 级明日科技</h6>
</body>
</html>
```

运行这段代码可以看到网页中 6 种不同大小的标题文字，如图 3.1 所示。

图 3.1　标题文字的效果

3.1.2　标题文字的对齐方式——align

默认情况下，标题文字是左对齐的。而在网页制作的过程中，可以实现标题文字的编排设置。对于文字标题的属性设置中，最常用的就是关于对齐方式的设置，这就需要使用 align 参数来进行设置。

语法

align=对齐方式

语法解释

在该语法中，align 属性需要设置在标题标记的后面，标题文字的对齐属性如表 3.1 所示。

表 3.1　标题文字的对齐方式

属 性 值	含　义
left	左对齐
center	居中对齐
right	右对齐

【例 3.2】　实例代码。（**实例位置：资源包\TM\sl\3\2**）

```
<!DOCTYPE html>
<html>
<head>
<meta charset="utf-8"><title>标题文字的对齐效果</title>
</head>
<body>
<h1>古诗介绍</h1>
<h2 align="center">作者颜真卿</h2>
<h3 align="left">三更灯火五更鸡,正是男儿读书时</h3>
<h4 align="right">黑发不知勤学早,白首方悔读书迟</h4>
</body>
</html>
```

运行这段代码，可以看到不同对齐方式的标题效果，如图 3.2 所示。

图 3.2　标题文字的对齐效果

视频讲解

3.2 设置文字格式

除了标题文字外，在网页中普通的文字信息更是不可缺少的。而多种多样的文字效果可以使网页变得更加绚丽。

在网页的编辑中，可以直接在文字的主体部分输入文字，这些文字会显示在页面中。这是 HTML 语言编辑中最简单的事情，只需要在<body>标记和</body>标记之间输入相应的文字即可。设置不同的文字效果的属性位于文字格式标记<font>中，下面将逐一进行讲解各种文字格式的设置方式。

3.2.1 设置文字字体——face

在 HTML 语言中，可以通过 face 属性设置文字的不同字体效果。设置的字体效果必须在浏览器安装了相应的字体后才可以正确浏览，否则这些特殊字体会被浏览器中的普通字体所代替。因此，在网页中尽量减少使用过多的特殊字体，以免在用户浏览时无法看到正确的效果。由于浏览器默认情况下都包含了宋体、黑体等几种基本字体，因此网页的创建者应该注意在设计网页时，多利用这几种字体。

语法

```
<font face="字体 1,字体 2,... ">应用了该字体的文字</font>
```

语法解释

在该语法中，face 属性的值可以是 1 个或者多个。默认情况下，使用第 1 种字体进行显示；如果第 1 种字体不存在，则使用第 2 种字体进行代替，以此类推。如果设置的几种字体在浏览器中都不存在，则会以默认字体显示。

【例 3.3】 实例代码。（**实例位置：资源包\TM\sl\3\3**）

```html
<!DOCTYPE html>
<html>
<head>
<meta charset="utf-8">
<title>不同字体的显示效果</title>
</head>
<body>
<font face="华文彩云">登山则情满于山</font><br /><br />
<font face="隶书">观海则意溢于海</font>
</body>
</html>
```

运行这段代码，可以看到几种不同的字体效果，如图 3.3 所示。

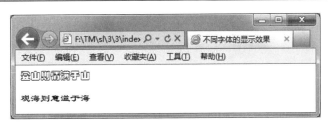

图 3.3　设置不同的文字字体

3.2.2　设置字号——size

HTML 页面中的文字可以使用不同的字号表现。字号指的是字体的大小，它没有一个相对的大小标准，其大小只是相对于默认字体而言。除了使用标题文字标记设置固定大小的字号之外，HTML 语言提供了<font>标记 size 属性来设置普通文字的字号。

语法

<font size="文字字号"></font>

语法解释

在该语法中，文字的字号可以设置 1～7，也可以是+1～+7 或者是-1～－7。这些字号并没有一个固定的大小值，而是相对于默认文字大小来设定的，默认文字的大小与 3 号字相同，而数值越大，文字也越大。

【例 3.4】　实例代码。（实例位置：资源包\TM\sl\3\4）

```
<!DOCTYPE html>
<html>
<head>
<meta charset="utf-8">
<title>设置不同的文字大小</title>
</head>
<body>
<font size="1">1 号字体的效果</font><br/>
  <font size="2">2 号字体的效果</font><br/>
  <font size="3">3 号字体的效果</font><br/>
  <font size="4">4 号字体的效果</font><br/>
  <font size="5">5 号字体的效果</font><br/>
  <font size="6">6 号字体的效果</font><br/>
  <font size="7">7 号字体的效果</font><br/>
  <font size="+2">默认字号+2，也就是 5 号字体的效果</font><br/>
  <font size="-1">默认字号-1，即 2 号字体的效果</font><br/>
</body>
</html>
```

运行这段代码，可以看到文字的大小变化，其效果如图 3.4 所示。

图 3.4　设置不同的字号

3.2.3　设置文字颜色——color

在 HTML 页面中，还可以通过不同的颜色表现不同的文字效果。丰富的字符颜色毫无疑问能够极大增强文档的表现力。

语法

```
<font color="颜色代码"></font>
```

语法解释

与网页背景色的设置类似，颜色代码页是十六进制的。

【例 3.5】　实例代码。（实例位置：资源包\TM\sl\3\5）

```
<!DOCTYPE html>
<html>
<head>
<meta charset="utf-8">
<title>设置不同的文字颜色</title>
</head>
<body>
<font face="隶书" size="+4" color="#0066FF">明日科技</font><br/>
<font face="宋体"size="+5" color="#FFCC66">编程词典</font><br/>
<font face="华文楷体"size="+3" color="#99FF00">数字化出版的领导者</font><br/>
</body>
</html>
```

运行这段代码，可看到不同色彩的文字效果，如图 3.5 所示。

图 3.5　设置不同的文字颜色

3.2.4　粗体、斜体、下画线——strong、em、u

在浏览网页时，还常常可以看到一些特殊效果的文字，例如粗体字、斜体字以及下画线文字。而这些文字效果也可以通过设置 HTML 语言的标记来实现。

语法

```
<strong>粗体的文字</strong>
<em>斜体字</em>
<u>带下画线的文字</u>
```

语法解释

这几种效果的语法类似，只是标记不同。粗体的效果也可以通过标记<b>来实现；斜体字也可以使用标记<I>或者<cite>表示。

【例 3.6】　实例代码。（实例位置：光盘\TM\sl\3\6）

```
<!DOCTYPE html>
<html>
<head>
<meta charset="utf-8">
<title>设置不同的文字效果</title>
</head>
<body>
<strong>明日科技</strong><b>是数字化</b>的<cite>倡导者</cite>
</body>
</html>
```

运行这段代码，可以看到不同的样式效果，且使用不同的标记也可以达到相同的效果，如图 3.6 所示。

图 3.6　设置文字的不同样式

3.2.5　上标与下标——sup、sub

除了设置不同的文字效果之外，有时候在网页中还需要一种特殊的文字效果，即上标和下标，这在显示公式时常常会出现，而在 HTML 语言中，也可以通过标记轻松进行设置。

语法

```
<sup>...</sup>    上标标记
```

_{...}　　下标标记

语法解释

在该语法中，上标标记和下标标记的使用方法基本相同，只需要将文字放在标记中间即可。

【例 3.7】　实例代码。（实例位置：光盘\TM\sl\3\7）

```
<!DOCTYPE html>
<html>
<head>
<meta charset="utf-8">
<title>上标与下标的效果</title>
</head>
<body>
在方程式中应用上标的效果<br/>
X<sup>3</sup>+9X<sup>2</sup>-3=0<br/><br/>
在文字中应用下标的效果<br/>
3X<sub>1</sub>+2X<sub>2</sub>=10
</body>
</html>
```

运行这段代码，可以看到如图 3.7 所示的效果。

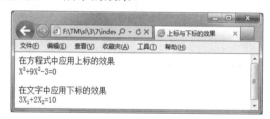

图 3.7　设置文字的上标与下标

3.2.6　设置删除线——strike

在网页中可以通过 strike 参数对文字添加删除线效果。

语法

<strike>文字</strike>或<s>文字</s>

语法解释

这两种标记都可以创建删除线效果，使用起来也很简单，只要把需要设置成删除线效果的文字设置在标记中间即可。

【例 3.8】　实例代码。（实例位置：资源包\TM\sl\3\8）

```
<!DOCTYPE html>
<html>
<head>
```

```
<meta charset="utf-8">
<title>文字的删除线效果</title>
</head>
<body>
正常的文字效果<br />
在文字上使用 s 标记来添加删除线<br />
<s>删除文字的效果</s><br/><br/>
在文字上使用 strike 标记来添加删除线<br />
<strike>删除文字的效果</strike>
</body>
</html>
```

运行这段代码，可以看到如图 3.8 所示的效果。

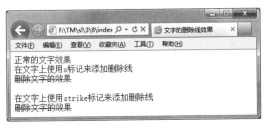

图 3.8　删除线效果

3.2.7　等宽文字标记——code

等宽文字标记常用于英文效果，使用该标记可以实现网页中字体的等宽效果。使用等宽效果能够使页面显得更加整齐。

语法

```
<code>文字</code>
<samp>文字</samp>
```

语法解释

在该语法中的这两种标记都可以实现文字的等宽显示，而在应用时只要把需要等宽显示文字的放置在标记中间即可。

【例 3.9】　实例代码。（**实例位置：资源包\TM\sl\3\9**）

```
<!DOCTYPE html>
<html>
<head>
<meta charset="utf-8">
<title>设置等宽文字</title>
</head>
<body>
下面将显示两段相同的英文效果，突出等宽文字与普通英文文字的对比效果。<br/><br/>
```

```
<!--下面这段英文使用了正常的效果显示-->
普通英文效果<br/>
A day without sunshine is like night.<br/><br/>
<!--下面这段英文使用了等宽效果的效果显示-->
等宽文字效果<br/>
<code>A day without sunshine is like night.</code>
</body>
</html>
```

运行这段代码，可以看到如图 3.9 所示的效果。

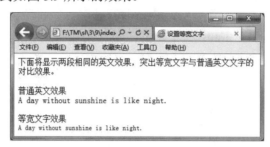

图 3.9　等宽文字的效果

3.2.8　空格——

一般情况下，在网页中输入文字时，如果在段落开始增加了空格，在使用浏览器进行浏览时往往看不到这些空格。这主要是因为在 HTML 文件中，浏览器本身会将两个句子之间的所有半角空白仅当作一个来看待。如果需要保留空格的效果，一般需要使用全角空格符号，或者通过空格码来代替。下面将介绍如何应用空格码来输入保留文字中的空格效果。

语法

语法解释

在网页中可以有多个空格，一个 只代表一个半角空格，多个空格则可以多次使用这一符号。

【例 3.10】　实例代码。（**实例位置：资源包\TM\sl\3\10**）

```
<!DOCTYPE html>
<html>
<head>
<meta charset="utf-8">
<title>输入空格符号</title>
</head>
<body>
在段落开始输入空格符号的效果：<br/>
    空格在网页排版中常常被应用到，使用空格符号在文字的前方输入几个空格，就可以
```

```
实现首行缩进的效果。<br/><br/>
在文字的中间不使用空格符号，直接输入 6 个半角空格的效果：<br/>
别裁伪体亲风雅，        转益多师是汝师<br/><br/>
使用空格符号的效果：<br/>
别裁伪体亲风雅,      转益多师是汝师<br/>
</body>
</html>
```

运行这段代码，可以清楚地看到不管在两个句子间输入多少个半角空格，其中仅有一个半角的空格符会被接受，其余多出的空格符将被忽略掉。而输入空格代码则可以完整地保留空格的效果，如图 3.10 所示。

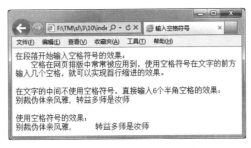

图 3.10　在网页中输入空格

3.2.9　其他特殊符号

除了空格以外，在网页的创作过程中，还有一些特殊的符号也需要使用代码进行代替。一般情况下，特殊符号的代码由前缀 "&"、字符名称和后缀 ";" 组成。使用方法与空格符号类似，具体如表 3.2 所示。

表 3.2　特殊符号的表示

特 殊 符 号	符 号 代 码	说　　明
"	&quot;	引号
<	&lt;	左尖括号
>	&gt;	右尖括号
×	&times;	乘号
§	&sect;	小节符号
©	&copy;	版权所有的符号
®	&reg;	已注册的符号
™	&trade;	商标符号

说明

在需要输入这些特殊符号的位置处，使用相应的代码代替即可。

视频讲解

3.3 设置段落格式

文字属性的设定我们已经做了介绍，文字的组合就是段落，在文本编辑窗口中，输入完一段文字后，按下 Enter 键后就生成了一个段落。在 HTML 中可以通过标记实现段落的效果，下面具体介绍和段落相关的一些标记。

3.3.1 段落标记——p

在 HTML 语言中，段落通过<p>标记来表示。

语法

```
<p>段落文字</p>
```

语法解释

可以使用成对的<p>标记来包含段落，也可以使用单独的<p>标记来划分段落。

【例 3.11】 实例代码。（实例位置：资源包\TM\sl\3\11）

```
<!DOCTYPE html>
<html>
<head>
<meta charset="utf-8">
<title>输入段落文字</title>
</head>
<body>
<p>张而不弛,文武弗能也;</p>
弛而不张,文武弗为也,一张一弛,文武之道也。<p>
</body>
</html>
```

运行这段代码，可以看到两种方法的段落标记都可以成功地将文字分段。效果如图 3.11 所示。

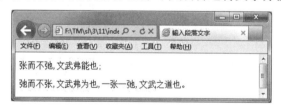

图 3.11　段落效果

3.3.2 取消文字换行标记——nobr

如果浏览器中单行文字的宽度过长，浏览器会自动将该文字换行显示，如果希望强制浏览器不换行显示，可以使用相应的标记。

语法

`<nobr>不换行显示的文字</nobr>`

语法解释

在标记之间的文字在显示的过程中不会自动换行。

【例 3.12】　实例代码。（实例位置：资源包\TM\sl\3\12）

```
<!DOCTYPE html>
<html>
<head>
<meta charset="utf-8">
<title>文字不换行显示</title>
</head>
<body>
<!--当浏览器宽度不够时，文本内容会自动换行显示-->
World Wide Web（万维网WWW）是一种建立在 Internet 上的、全球性的、交互的、多平台的、分布式的信息资
源网络。它采用 HTML 语言描述超文本（Hypertext）文件。这里所说的超文本指的是包含有链接关系的文件，并
且包含了多媒体对象的文件。<p>
<!--下面这段文字不会自动换显示，当浏览器宽度不够时，会出现滚动条-->
<p><nobr>World Wide Web（万维网 WWW）是一种建立在 Internet 上的、全球性的、交互的、多平台的、分布
式的信息资源网络。它采用 HTML 语言描述超文本（Hypertext）文件。这里所说的超文本指的是包含有链接关系
的文件，并且包含了多媒体对象的文件。</nobr></p>
</body>
</html>
```

运行这段代码，可以看到强制文字不换行的效果，如图 3.12 所示。

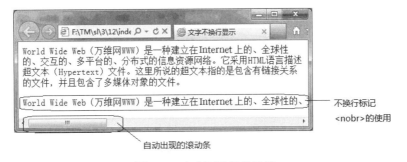

图 3.12　文字不换行的效果

3.3.3　换行标记——br

段落与段落之间是隔行换行的，文字的行间距过大，这时可以使用换行标记来完成文字的紧凑换行显示。

语法

```
<br>
```

语法解释

一个
标记代表一个换行，连续的多个标记可以多次换行。

【例 3.13】 实例代码。（实例位置：资源包\TM\sl\3\13）

```
<!DOCTYPE html>
<html>
<head>
<meta charset="utf-8">
<title>文字的换行</title>
</head>
<body>
龚自珍<br/><br/>
九州生气恃风雷,万马齐暗究可哀。<br/>
我劝天公重抖擞, 不拘一格降人才。<br/>
</body>
</html>
```

运行这段代码，可以看到使用换行标记的效果，如图 3.13 所示。

图 3.13　文字的换行

3.3.4　保留原始排版方式标记——pre

在网页创作中，一般是通过各种标记对文字进行排版的。但是在实际应用中，往往需要一些特殊的排版效果，这样使用标记控制起来会比较麻烦。解决的方法就是保留文本格式的排版效果，例如空格、制表符等。如果要保留原始的文本排版效果，则需要使用<pre>标记。

【例 3.14】 实例代码。（实例位置：资源包\TM\sl\3\14）

```
<!DOCTYPE html>
<html>
<head>
<meta charset="utf-8">
<title>保留原始排版方式</title>
</head>
<body>
<p>下面是原始文字的排版效果</p>
```

```
<pre>
                m            mm                  rrrrrrrr
            mmmm         mm mm              rrr    rrr
         mm   mm       mm   mm            rrr   rrr
        mm    mm     mm    mm           rrr rrr
        mm    mm    mm    mm           rrr    rrr
        mm      mmm         mm         rrr     rrrr
</pre>
</body>
</html>
```

运行这段代码，可以看到运行效果和文本中的效果相同，如图 3.14 所示。

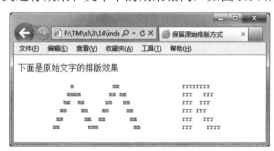

图 3.14　保留原始的排版效果

3.3.5　居中对齐标记——center

对于段落来说，和普通文字类似，有时候也需要将段落居中。在 HTML 语言中提供了专门的标记。

语法

```
<center>文字</center>
```

语法解释

在标记之间的文字会自动居中显示。

【**例 3.15**】　实例代码。（**实例位置：资源包\TM\sl\3\15**）

```
<!DOCTYPE html>
<html>
<head>
<meta charset="utf-8">
<title>文字的居中对齐</title>
</head>
<body>
<center>
<p>汉乐府《长歌行》</p>
百川东到海,何时复西归? <br/>
少壮不努力,老大徒伤悲。
```

```
</center>
</body>
</html>
```

运行这段代码，可以看到这首古诗居中显示，如图 3.15 所示。

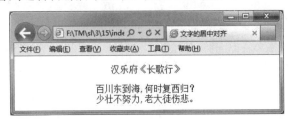

图 3.15　段落的居中显示

3.3.6　向右缩进标记——blockquote

使用<blockquote>标记可以实现页面文字的段落缩进。这一标记也是每使用一次，段落就缩进一次，可以嵌套使用，以达到不同的缩进效果。

语法

```
<blockquote>文字</blockquote>
```

语法解释

在该标记之间的文字会自动缩进。

【例 3.16】　实例代码。（**实例位置：资源包\TM\sl\3\16**）

```
<!DOCTYPE html>
<html>
<head>
<meta charset="utf-8">
<title>段落的缩进效果</title>
</head>
<body>
《荀子》
<blockquote>不登高山</blockquote>
<blockquote><blockquote>不知天之高也</blockquote></blockquote>
<blockquote><blockquote><blockquote>不临深溪</blockquote></blockquote></blockquote>
<blockquote><blockquote><blockquote><blockquote>
不知地之厚也</blockquote></blockquote></blockquote></blockquote>
</body>
</html>
```

在上面的代码中，多次嵌套使用了<blockquote>标记，运行这段代码效果如图 3.16 所示。

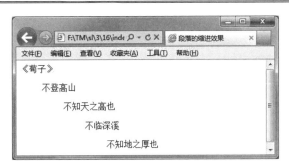

图 3.16　段落的缩进效果

视频讲解

3.4　水平线标记

水平线用于段落与段落之间的分隔，使文档结构清晰明白，使文字的编排更整齐。水平线自身具有很多属性，如宽度、高度、颜色、排列对齐等。在 HTML 文档中经常会用到水平线，合理使用水平线可以获得非常好的效果。一篇内容繁杂的文档，如果合理放置几条水平线，就会变得层次分明，便于阅读。

3.4.1　添加水平线——hr

语法

```
<hr>
```

语法解释

在网页中输入一个<hr>标记，就添加了一条默认样式的水平线。

【例 3.17】　实例代码。（实例位置：资源包\TM\sl\3\17）

```
<!DOCTYPE html>
<html>
<head>
<meta charset="utf-8">
<title>添加水平线</title>
</head>
<body>
<center><h4>编程词典个人版</h4></center>
<hr>
编程词典个人版是一套学、查、用为一体的数字化学习编程软件。科学的学习模式、系统的学习方案，实现快速学习、快速提高，真正做到理论与实践相结合。海量的数据资源，帮助您解决在学习编程语言中遇到的问题。丰富的实战资源，包括视频、应用范例、模块和项目源码，既能够作为学习的资料，也可以应用到实战中。
</body>
</html>
```

运行代码，可以看到在网页中出现了一条水平线，如图 3.17 所示。

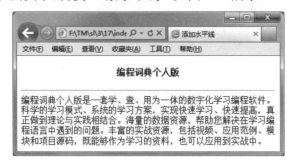

图 3.17　添加水平线

3.4.2　设置水平线宽度与高度属性——width、height

在默认情况下，在网页中插入的水平线是 100% 的宽度，1 像素的高度。而在实际创建网页时，可以对水平线的宽度和高度进行设置。

语法

```
<hr width=水平线宽度　height=水平线高度>
```

语法解释

在该语法中，水平线的宽度值可以是确定的像素值，也可以是窗口的百分比。而水平线的高度值则只能是像素数。如果在创建水平线时只设置一个参数，那么另外一个参数则会取默认值。

【例 3.18】 实例代码。（**实例位置：资源包\TM\sl\3\18**）

```
<!DOCTYPE html>
<html>
<head>
<meta charset="utf-8">
<title>设置水平线大小</title>
</head>
<body>
<center>
<font face="隶书" size="+4">醉花阴</font>
<hr width="130">
<font size="+3">李清照</font>
</center>
<hr width="85%" size="3">
<p>    薄雾浓云愁永昼，瑞脑消金兽。<br/>
    佳节又重阳，玉枕纱厨，半夜凉初透<br />
    东篱把酒黄昏后，有暗香盈袖<br />
    莫道不销魂，帘卷西风，人比黄花瘦。</p>
<hr size="5">
</body>
```

```
</html>
```

运行这段代码，可以看到 3 条高度和宽度不等的水平线效果，如图 3.18 所示

图 3.18　设置水平线宽度和高度

3.4.3　设置水平线的颜色——color

为了使水平线更美观，同整体页面更协调，我们可以设置水平线的颜色。

语法

```
<hr color="颜色代码">
```

语法解释

颜色代码是十六进制的数值。

【例 3.19】　实例代码。（**实例位置：资源包\TM\sl\3\19**）

```
<!DOCTYPE html>
<html>
<head>
<meta charset="utf-8">
<title>设置水平线的颜色</title>
</head>
<body>
<center><font face="隶书" size="+5" color="#0066FF">吉林省明日科技有限公司</center>
<hr width="220" size="3" color="#FFCC00">
<p>
吉林省明日科技有限公司是一家以计算机软件技术为核心的高科技型企业，公司创建于 1999 年 12 月，是专业的
应</p>
<!—省略部分代码—>
<p><strong>企业宗旨</strong>：为企业服务，打造企业智能管理平台，改善企业的管理与运作过程，提高企业
效率，降低管理成本，增</p>
<p>强企业核心竞争力。为企业快速发展提供源动力。</p>
<p><strong>企业精神</strong>：博学、创新、求实、笃行</p>
<p><strong>公司理念</strong>：以高新技术为依托，战略性地开发具有巨大市场潜力的高价值的产品。</p>
```

```
<p ><strong>公司远景</strong>：成为拥有核心技术和核心产品的高科技公司，在某些领域具有领先的市场地位。
</p>
<p ><strong>核心价值观</strong>：永葆创业激情、每一天都在进步、容忍失败，鼓励创新、充分信任、平等交
流。</p>
<hr size="5" color="#33FFFF">
</body>
</html>
```

运行这段代码，可以看到颜色和大小不同的两条水平线，而这两条水平线将文章的主体映衬得更加醒目，如图 3.19 所示

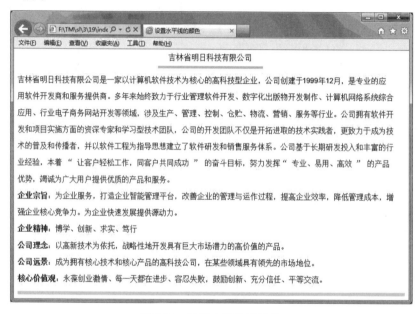

图 3.19　设置水平线的颜色

3.4.4　设置水平线的对齐方式——align

通过前面几个实例可以看到，水平线在默认情况下是居中对齐的。如果希望水平线左对齐或右对齐，就需要使用 align 参数。

语法

```
<hr align=对齐方式>
```

语法解释

在该语法中对齐方式可以有 3 种，包括 left、center 和 right。其中，center 的效果与默认效果相同。
【例 3.20】　实例代码。（实例位置：**资源包\TM\sl\3\20**）

```
<!DOCTYPE html>
<html>
```

```
<head>
<meta charset="utf-8">
<title>设置水平线对齐方式</title>
</head>
<body>
<font face="隶书" size="+3" color="#FF6600">苏轼</font>
<hr width="130" color="#996600" align="left">
古之立大事者,不惟有超士之才,亦必有坚忍不拔之志。
<p align="right">大家要牢记啊!
<hr size="2"　width="120" color="#FF99CC" align="right">
</body>
</html>
```

运行这段代码，可以看到分别位于左边和右边的不同效果的水平线，如图 3.20 所示。

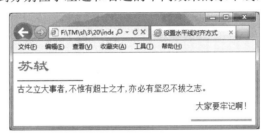

图 3.20　设置水平线的对齐方式

3.4.5　去掉水平线阴影——noshade

在默认情况下，水平线是空心带阴影的立体效果，通过设置 noshade 参数可以将水平线的阴影去掉。

语法

```
<hr noshade>
```

【例 3.21】　实例代码。（**实例位置：资源包\TM\sl\3\21**）

```
<!DOCTYPE html>
<html>
<head>
<meta charset="utf-8">
<title>去掉水平线的阴影</title>
</head>
<body>
<center>
<font face="隶书" size="+3" color="#00FF00">老子</font></center>
<hr width="130" size="4" >
<p align="center">信言不美,美言不信。善者不辩,辩者不善</p>
<hr size="3" noshade="noshade"/>
</body>
</html>
```

运行代码，可以看到如图 3.21 所示的效果，上面的水平线是空心带阴影的立体效果，而下面的水平线是通过 noshade 参数将阴影去除掉的水平线。

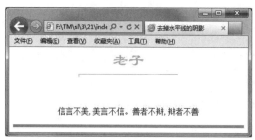

图3.21　去掉水平线的阴影效果

3.5　其他文字标记

3.5.1　文字标注标记——ruby

在网页中可以通过添加对文字的标注来说明网页中的某段文字。

语法

```
<ruby>
    被说明的文字
    <rt>
    文字的标注
    </rt>
</ruby>
```

语法解释

在这段代码中，被说明的文字就是网页中需要添加标注的那段文字，而文字的标注则是真正的说明文字。

【例 3.22】　实例代码。（**实例位置：资源包\TM\sl\3\22**）

```
<!DOCTYPE html>
<html>
<head>
<meta charset="utf-8">
<title>添加文字标注</title>
</head>
<body>
<ruby>
有情芍药含春泪,无力蔷薇卧晓枝。<br /><br />
<rt>
作者秦观
</rt>
```

```
</ruby>
</body>
</html>
```

运行这段代码，可以在古诗的上面看到标注文字"作者秦观"，如图 3.22 所示。

图3.22　添加标注文字

说明

在默认情况下，标注文字很小，但是在 HTML 中也可以像设置其他文字一样调整标注文字的各种属性，包括大小、颜色等。

3.5.2　声明变量标记——var

在使用网页讲解某些知识时，为了统一地突出变量，常常将其设置为斜体。而在 HTML 中也提供了一种标记，用于专门设置变量的效果。

语法

`<var>变量</var>`

语法解释

在标记之间的文字就以声明变量的效果显示。

【例 3.23】　实例代码。（实例位置：资源包\TM\sl\3\23）

```
<!DOCTYPE html>
<html>
<head>
<meta charset="utf-8">
<title>声明变量标记</title>
</head>
<body>
<p>所谓的定义变量就是给变量赋值。</p>
定义变量的格式为：<br>
变量名：数值或者表达式的值。<br>
其中符号 ":=" 是定义符，又称赋值符。<br>
<p>例如定义变量<var>x</var>的值为<var>y+6</var>,可以表示为：</p>
<p><var>x</var>:=<var>y</var>+6
</body>
</html>
```

运行这段代码，可以看到如图 3.23 所示的效果。

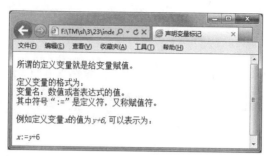

图3.23　声明变量

3.5.3　忽视 HTML 标签标记——plaintext、xmp

忽视 HTML 标签标记主要是用来使 HTML 标签失去作用，而直接显示在页面中。这一标记在实际中应用并不多。

语法

<plaintext>或<xmp>

语法解释

这两个标记中的任何一个如果加入 HTML 代码中，都会使 HTML 标记失去作用，一般放置在 <body>标记之后。

【例 3.24】　实例代码。（实例位置：资源包\TM\sl\3\24）

```
<!DOCTYPE html>
<html>
<head>
<meta charset="utf-8">
<title>忽视 HTML 标签标记</title>
</head>
<body>
<plaintext>
<!--作者管子-->
<p>一年之计,莫如树谷;十年之计,莫如树木;终身之计,莫如树人。</p>
</body>
</html>
```

运行程序的效果如图 3.24 所示。

图3.24　忽视HTML标签的作用

3.5.4　设置地址文字标记<address>

<address>标记可定义一个地址（如电子邮件地址）。我们可以使用它来定义地址、签名或者文档的作者身份等信息。该标记主要用于英文字体的显示。

语法

<address>文字</address>

在标记间的文字就是地址等内容。

【例 3.25】　实例代码。（实例位置：资源包\TM\sl\3\25）

```
<!DOCTYPE html>
<html>
<head>
<meta charset="utf-8">
<TITLE>页面的地址文字</TITLE>
</head>
<body>
    <p>这是一本内容详尽的 HTML 书籍</p>
    有任何技术问题请访问：<address>www.mrbook.com</address>
</body>
</html>
```

运行结果如图 3.25 所示。

图 3.25　设置地址文字标记

说明

　　<address></address>标记对中的内容通常被显示为斜体。大多数浏览器会在<address>标记的前后添加一个换行符，如果有必要，还可以在地址文本的内容添加额外的换行符。

3.6　小　　结

　　本章主要讲解了如何设置文字以及段落。文字是网页设计最基础的部分，一个标准的文字页面可以起到传达信息的作用。通过本章的学习，读者可以设置文字格式、段落格式以及水平线标记。在熟悉和掌握了各个知识点后，读者可以在 HTML 中设置个性的文字样式。

3.7 习 题

选择题

1. HTML 文本显示状态代码中，表示（   ）。
   A．文本加注下标
   B．文本加注上标
   C．文本闪烁
   D．文本或图片居中
2. 创建最小的标题的文本标签是（   ）。
   A．<pre></pre>
   B．<h1></h1>
   C．<h6></h6>
   D．<b></b>
3. 创建黑体字的文本标签是（   ）。
   A．<pre></pre>
   B．<h1></h1>
   C．<h6></h6>
   D．<b></b>
4. 设置水平线高度的 HTML 代码是（   ）。
   A．<hr>
   B．<hr size=?>
   C．<hr width=?>
   D．<hr noshade>
5. 在 HTML 中，下面是段落标签的是（   ）。
   A．<HTML>…</HTML>
   B．<HEAD>…</HEAD>
   C．<BODY>…</BODY>
   D．<P>…</P>
6. HTML 代码<hr width=? >表示（   ）。
   A．设置水平线的高度
   B．设置水平线的宽度
   C．创建一个没有阴影的水平线
   D．创建任意水平线

判断题

7. HTML 的段落标志中，标注文本以原样显示的是<PRE></PRE>。（   ）
8. HTML 中，空格的代码为" "。（   ）
9. 标识<b>无须</b>标识。（   ）

填空题

10. 要设置一条 1 像素粗的水平线，应使用的 HTML 语句是_____。

第 4 章

使用列表

（ 📹 视频讲解：33分钟 ）

列表（List）是一种非常实用的数据排列方式，它以条列的模式来显示数据，使读者能够一目了然。在 HTML 中有 3 种列表，分别是无序列表（Unordered Lists）、有序列表（Ordered Lists）和定义列表（Definition Lists）。

通过阅读本章，您可以：

▶▶ 了解 3 种列表的设计

▶▶ 掌握定义列表标记——dl

▶▶ 掌握菜单列表标记——menu

▶▶ 掌握目录列表——dir

▶▶ 熟练列表的高级应用

▶▶ 了解列表的嵌套

视频讲解

4.1 列表的标记

列表分为两种类型，一是有序列表，一是无序列表。前者用项目符号来标记无序的项目，而后者则使用编号来记录项目的顺序。

所谓有序，指的是按照数字或字母等顺序排列列表项目，如图 4.1 所示的列表。

所谓无序，是指以●、○、▽、▲等开头的，没有顺序的列表项目，如图 4.2 所示的列表。

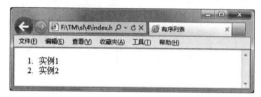

图 4.1　有序列表

图 4.2　无序列表

关于列表的主要标记，如表 4.1 所示。

表 4.1　列表的主要标记

标　　记	描　　述
<ul>	无序列表
<ol>	有序列表
<dir>	目录列表
<dl>	定义列表
<menu>	菜单列表
<dt><dd>	定义列表的标记
<li>	列表项目的标记

视频讲解

4.2 使用无序列表

在无序列表中，各个列表项之间没有顺序级别之分，它通常使用一个项目符号作为每个列表项的前缀。无序列表主要使用<ul><dir><dl><menu><li>几个标记和 type 属性。

4.2.1 无序列表标记——ul

无序列表的特征在于提供一种不编号的列表方式，而在每一个项目文字之前，以符号作为分项标识。

语法

```
<ul>
    <li>第 1 项</li>
```

```
    <li>第 2 项</li>
        …
</ul>
```

语法解释

在该语法中，使用<ul></ul>标记表示这一个无序列表的开始和结束，而<li>则表示这是一个列表项的开始。在一个无序列表中可以包含多个列表项。

【例 4.1】　实例代码。（实例位置：资源包\TM\sl\4\1）

```
<!DOCTYPE html>
<html>
<head>
<meta charset="utf-8"><title>创建无序列表</title>
</head>
<body>
    <font size="+3" color="#0066FF">编程词典的模式分类：</font><br/><br/>
    <ul>
        <li>入门模式</li>
        <li>初级模式</li>
        <li>中级模式</li>
    </ul>
</body>
</html>
```

运行这段代码，可以看到窗口中建立了一个无序列表，该列表共包含 3 个列表项，如图 4.3 所示。

图 4.3　创建无序列表

4.2.2　设置无序列表的类型——type

默认情况下，无序列表的项目符号是●，而通过 type 参数可以调整无序列表的项目符号，避免列表符号的单调。

语法

```
<ul type=符号类型>
    <li>第 1 项</li>
    <li>第 2 项</li>
        …
</ul>
```

语法解释

在该语法中，无序列表其他的属性不变，type 属性则决定了列表项开始的符号。它可以设置的值有 3 个，如表 4.2 所示。其中 disc 是默认的属性值。

表 4.2　无序列表的符号类型

类　型　值	列表项目的符号
disc	●
circle	○
square	■

【例 4.2】　实例代码。（实例位置：资源包\TM\sl\4\2）

```
<!DOCTYPE html>
<html>
<head>
<meta charset="utf-8">
<title>创建无序列表</title>
</head>
<body>
    <font size="+3" color="#00FF99">明日科技部门分布：</font><br/><br/>
    <ul type="circle">
        <li>图书开发部</li>
        <li>软件开发部</li>
        <li>质量部</li>
        <li>财务部</li>
    </ul>
    <hr color="#3300FF" size="2" />
    <font size="+3" color="#00FFFF">图书开发部分布：</font><br/><br/>
    <ul type="disc">
    <li>PHP 部</li>
        <li>ASP.NET 部</li>
        <li>C#</li>
        <li>JAVA</li>
    </ul>
</body>
</html>
```

运行这段代码，可以看到除了默认的列表项符号之外，显示了另外一种列表项目符号的效果，如图 4.4 所示。

无序列表的类型定义也可以在<li>项中，其语法是<li type=符号类型>，这样定义的结果是对单个项目进行定义，实例代码如下。

```
<!DOCTYPE html>
<html>
<head>
```

```
<meta charset="utf-8">
<title>创建无序列表</title>
</head>
<body>
    <font size="+3" color="#00FF99">明日科技部门分布：</font><br/>
    <ul>
        <li type="circle">图书开发部</li>
        <li type="disc">软件开发部</li>
        <li type="square">质量部</li>
    </ul>
</body>
</html>
```

运行这段代码，效果如图 4.5 所示。

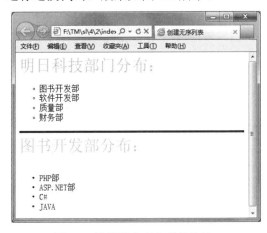

图 4.4　设置无序列表项目符号　　　　　　　　　　图 4.5　设置不同的项目符号

视频讲解

4.3　使用有序列表

有序列表使用编号，而不是项目符号来编排项目。列表中的项目采用数字或英文字母开头，通常各项目间有先后的顺序性。在有序列表中，主要使用<ol>和<li>两个标记以及 type 和 start 两个属性。

4.3.1　有序列表标记——ol

有序列表中，各个列表项使用编号而不是符号来进行排列。列表中的项目通常都有先后顺序性，一般采用数字或者字母作为顺序号。

语法

```
<ol>
    <li>第 1 项</li>
```

```
    <li>第 2 项</li>
    <li>第 3 项</li>
        …
</ol>
```

语法解释

在该语法中，<ol>和</ol>标记标志着有序列表的开始和结束，而<li>标记表示这是一个列表项的开始，默认情况下，采用数字序号进行排列。

【**例 4.3**】 实例代码。（实例位置：资源包**\TM\sl\4\3**）

```
<!DOCTYPE html>
<html>
<head>
<meta charset="utf-8">
<title>创建有序列表</title>
</head>
<body>
<font size="+4" color="#CC6600">江雪</font><br />
<ol>
    <li>千山鸟飞绝</li>
    <li>万径人踪灭</li>
    <li>孤舟蓑笠翁</li>
    <li>独钓寒江雪</li>
</ol>
</body>
</html>
```

运行这段代码，可以看到序列前面包含了顺序号，如图 4.6 所示。

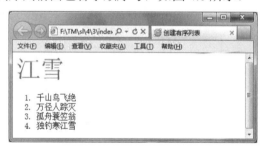

图 4.6　有序列表

4.3.2　有序列表的类型——type

默认情况下，有序列表的序号是数字的，通过 type 属性可以调整序号的类型，例如将其修改成字母等。

82

语法

```
<ol type=序号类型>
    <li>第 1 项</li>
    <li>第 2 项</li>
    <li>第 3 项</li>
    …
</ol>
```

语法解释

在该语法中，序号类型可以有 5 种，如表 4.3 所示。

表 4.3　有序列表的序号类型

type 取值	列表项目的序号类型
1	数字 1,2,3,4,…
a	小写英文字母 a,b,c,d,…
A	大写英文字母 A,B,C,D,…
i	小写罗马数字 i,ii,iii,iv,…
I	大写罗马数字 I,II,III,IV,…

【例 4.4】　实例代码。（实例位置：资源包\TM\sl\4\4）

```
<!DOCTYPE html>
<html>
<head>
<meta charset="utf-8">
<title>创建有序列表</title>
</head>
<body>
<font size="+3" color="#00FFCC">测试：你懂得享受生活吗？</font><br /><br />
家里装修完毕，又新添置一套高级音响，你会把豪华漂亮的音响放在哪里?<br />
<ol type="A">
    <li>卧室</li><br />
    <li>客厅</li><br />
    <li>餐厅</li><br />
    <li>浴室</li><br />
</ol>
<hr size="2" color="#0099FF">
<ol type="I">
    <li>卧室:喜欢拥有自己的私人空间，生活的快乐更多来自于内心世界</li><br />
    <li>客厅:喜欢热闹，异性缘佳</li><br />
    <li>餐厅:享受亲情，家庭始终放在你的第一位，任何快乐的事，你都希望能和家人一起分享。</li><br />
    <li>浴室:对生活细节极度迷恋，生活即享受的观点早已深入你心。</li><br />
</ol>
</body>
</html>
```

运行这段代码，可以实现有序列表的不同类型的序号排列，如图 4.7 所示。

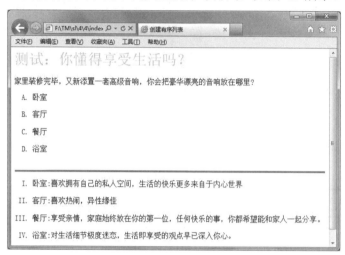

图 4.7　有序列表的类型

4.3.3　有序列表的起始数值——start

默认情况下，有序列表的列表项是从数字 1 开始的，通过 start 参数可以调整起始数值。这个数值可以对数字起作用，也可以作用于英文字母或者罗马数字。

语法

```
<ol start=起始数值>
    <li>第 1 项</li>
    <li>第 2 项</li>
    <li>第 3 项</li>
        …
</ol>
```

语法解释

在该语法中，不论列表编号的类型是数字、英文字母还是罗马数字，起始数值只能是数字。

【例 4.5】　实例代码。（**实例位置：资源包\TM\sl\4\5**）

```
<!DOCTYPE html>
<html>
<head>
<meta charset="utf-8">
<title>有序列表的起始值</title>
</head>
<body>
<font size="4" color="#00FFFF">长春的旅游景点：</font><br />
<ol start="3">
    <li>长春净月潭国家森林公园</li><br />
```

```
    <li>长春伪满皇宫博物院</li><br />
    <li>长影世纪城</li><br />
</ol>
<hr size="4" color="#3300FF">
<font size="+3" color="#0099FF">每周的安排</font><br />
<ol type="A" start="4">
    <li>周四煮一顿大餐</li><br />
    <li>周五看一场电影</li><br />
    <li>周六回家陪父母吃饭</li><br />
</ol>
</body>
</html>
```

运行这段代码，效果如图 4.8 所示，其中定义了不同的起始编号。

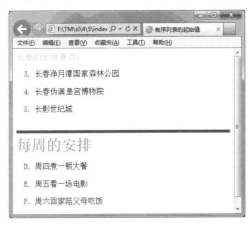

图 4.8　设置有序列表的起始编号

另外，还可以动态地设置列表编号。在下面的实例中，通过<ol>元素创建一个图书销量排名列表，并添加选项列表中的内容。再添加一个设置开始值的文本框和一个"确定"按钮，将数值填入文本框中，单击"确定"按钮，将以文本框中的值为列表项开始编号，显示图书销量排名。

【例 4.6】　实例代码。（实例位置：**资源包\TM\sl\4\6**）

```
<html>
<meta http-equiv="content-type" content="text/html;charset=gb2312">
<head>
<title>ol 列表的使用</title>
<link href="Css/css1.css" rel="stylesheet" type="text/css">
<script type="text/javascript" async="true">
    function click1(){
        var num=document.getElementById("te").value;
        var div=document.getElementById("list");
        div.setAttribute("start",num);
    }
</script>
</head>
<body>
```

```
    <h3>各类图书销量排名</h3>
    <ol id="list">
        <li>HTML5 自学视频教程</li>
        <li>JavaScript 自学视频教程</li>
        <li>PHP 自学视频教程</li>
    </ol>
    <h5>设置开始值</h5>
    <input type="text" id="te" class="tt" style="width:60px" />
    <input type="button" value="确定" class="bb" onClick="click1();">
</body>
</html>
```

运行结果如图 4.9 和图 4.10 所示。

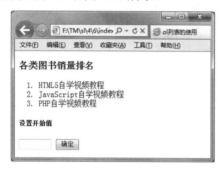 

图 4.9 <ol>列表的使用　　　　　　　图 4.10 对列表项重新开始编号

视频讲解

4.4 定义列表标记——dl

在 HTML 中还有一种列表标记，称为定义列表（Definition Lists）。不同于前两种列表，它主要用于解释名词，包含两个层次的列表，第一层次是需要解释的名词，第二层次是具体的解释。

语法

```
<dl>
    <dt>名词 1<dd>解释 1
    <dt>名词 2<dd>解释 2
    <dt>名词 3<dd>解释 3
            …
</dl>
```

语法解释

在该语法中，<dl>标记和</dl>标记分别定义了定义列表的开始和线束，<dt>后面就是要解释的名称，而在<dd>后面则添加该名词的具体解释。作为解释的内容在显示时会自动缩进，有些像字典中的词语解释。

【例 4.7】 实例代码。（实例位置：资源包\TM\sl\4\7）

```
<!DOCTYPE html>
<html>
<head>
<meta charset="utf-8">
<title>创建定义列表</title>
</head>
<body>
<font color="#00FFCC">如果可以让你有一种超能力,你会想要有哪一种?</font><br />
<ol type="A">
    <li>穿越时光术</li><br />
    <li>隐形透明术</li><br />
    <li>神秘读心术</li><br />
    <li>青春不老术</li><br />
</ol>
<hr color="#00FFCC" size="3"/>
<dl>
    <dt>A:穿越时光术</dt><dd>你的时间都浪费在发呆、胡思乱想、做白日梦:这类型的人个性很被动,想法
天马行空,可是都只限于想而不实际行动。</dd><br />
    <dt>B:隐形透明术</dt><dd>你的时间都浪费在看电视、上网瞎看一通:这类型的人个性内向不喜欢跟人有实
际上的接触,凡事都跟人保持距离,不喜欢成为注目的焦点,宁愿躲在一边自己做自己的事情,但是都跟正事无
关。</dd><br />
    <dt>C:神秘读心术</dt><dd>你的时间都浪费在打牌、讲电话、闲聊八卦:这类型的人好奇心很强,喜欢吸收
不同的信息,包括八卦,是一个小型的广播电台,而且很喜欢到处哈拉,常常跟朋友讲八卦讲到电话线都快烧掉
了,要注意,你的电话费可能常常会暴增喔!</dd><br />
    <dt>D:青春不老术</dt><dd>你的时间都浪费在逛街、照镜子、保养身材:这类型的人非常的自恋,他认为把
自己打扮的美美的是一件很开心的事情,而且认为自己真的就是这么的美丽,永远保持美貌感觉是很棒的,根据
很多统计喜欢自拍、喜欢照镜子…等等,这类型的占蛮多数的。</dd><br />
</dl>
</body>
</html>
```

运行这段代码,可以实现如图 4.11 所示的定义列表效果。

另外,在定义列表中,一个<dt>标记下可以有多个<dd>标记作为名词的解释和说明,下面就是一个在<dt>标记下有多个<dd>标记的实例。

【例 4.8】 实例代码。(实例位置:资源包\TM\sl\4\8)

```
<!DOCTYPE html>
<html>
<meta charset="utf-8">
<head>
 <title>定义列表</title>
</head>
<body>
    <h2>网站开发图书</h2>
    <dl>
        <dt>
        <u>网站前台</u>
        <dd>HTML 网页制作
        <dd>JavaScript 网页特效
```

```
        <dd>HTML5 自学视频教程
        <dd>CSS3 从入门到精通
        <dt>
        <u>网站后台</u>
        <dd>PHP 网站开发
        <dd>Java Web 网站开发
        <dd>PHP 开发实战宝典
        <dd>asp.net 开发实战大全
        <dt>
        <u>数据库</u>
        <dd>MySQL 数据库编程
        <dd>Oracle 数据库从入门到精通
        <dd>ACCESS 数据库基础教程
        <dd>SQL Server 2008 数据库基础
    </dl>
</body>
</html>
```

其运行结果如图 4.12 所示。

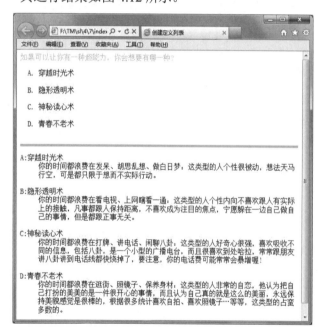

图 4.11　定义列表

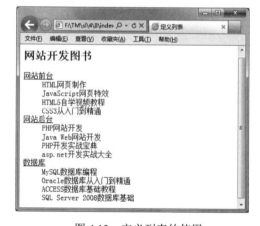

图 4.12　定义列表的使用

视频讲解

4.5　菜单列表标记——menu

　　菜单列表主要用于设计单列的菜单列表。菜单列表在浏览器中的显示效果和无序列表是相同的，因此它的功能也可以通过无序列表来实现。

语法

```
<menu>
    <li>列表项 1</li>
    <li>列表项 2</li>
    <li>列表项 3</li>
        …
</menu>
```

语法解释

在该语法中，<menu>和</menu>标志着菜单列表的开始和结束。

【例 4.9】 实例代码。（**实例位置：资源包\TM\sl\4\9**）

```
<!DOCTYPE html>
<html>
<head>
<meta charset="utf-8">
<title>创建菜单列表</title>
</head>
<body>
<font size="+3" color="#3300FF">本章中介绍的列表主要包括：</font><br />
<menu>
    <li>无序列表</li>
    <li>有序列表</li>
    <li>定义列表</li>
    <li>菜单列表</li>
    <li>目录列表</li>
</menu>
</body>
</html>
```

运行这段代码，效果如图 4.13 所示。

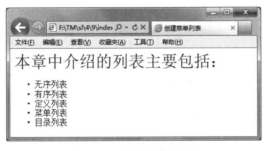

图 4.13 菜单列表的效果

视频讲解

4.6 目录列表——dir

目录列表用于显示文件内容的目录大纲，通常用于设计一个压缩窄列的列表，用于显示一系列的列表内容，例如字典中的索引或单词表中的单词等。

语法

```
<dir>
    <li>列表项 1</li>
    <li>列表项 2</li>
    <li>列表项 2</li>
        …
</dir>
```

语法解释

在目录列表中，使用<dir>作为目录列表的声明，使用<li>作为每一个项目的起始。

【例 4.10】 实例代码。（**实例位置：资源包\TM\sl\4\10**）

```
<!DOCTYPE html>
<html
<head>
<meta charset="utf-8">
<title>建立目录列表</title>
</head>
<body>
<font size="+2" color="#FF9900">文学世界：</font>
<dir>
    <li>散文精选</li>
    <li>小说天地</li>
    <li>诗词歌赋</li>
</dir>
</body>
</html>
```

运行这段代码，效果如图 4.14 所示。

图 4.14　目录列表

4.7　设置列表文字的颜色

在创建列表时，可以单独设置列表中文字的颜色。这里可以直接对文字进行颜色设置。

语法

```
<li><font color="颜色代码">列表项</font></li>
```

语法解释

在该语法中，列表项的颜色就变成了设置后的颜色。也可以在列表中进行整体颜色的设置。

【例 4.11】　实例代码。（实例位置：资源包\TM\sl\4\11）

```
<!DOCTYPE html>
<html>
<head>
<meta charset="utf-8">
<title>设置列表文字的颜色</title>
</head>
<body>
<font size="+5" color="#666666">金庸名著</font>
<ul><font color="#0066CC">
    <li>雪山飞狐</li>
    <li>天龙八部</li>
    <li>射雕英雄传</li>
    <li>倚天屠龙记</li>
    </font>
</ul>
<hr color="#00FFCC" size="3"/>
<font size="+5" color="#666666">琼瑶小说</font>
<ul>
    <li><font color="#9966FF">青青河边草</font></li>
    <li><font color="#9966FF">梅花三弄</font></li>
    <li><font color="#9966FF">烟雨濛濛</font></li>
    <li><font color="#9966FF">还珠格格</font></li>
</ul>
</body>
</html>
```

运行这段代码，效果如图 4.15 所示。

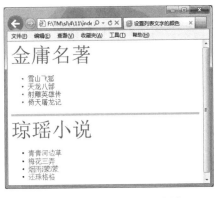

图 4.15　设置列表文字的颜色

91

视频讲解

4.8 使用嵌套列表

嵌套列表指的是多于一级层次的列表，一级项目下面可以存在二级项目、三级项目等。项目列表可以进行嵌套，以实现多级项目列表的形式。

4.8.1 定义列表的嵌套

定义列表是一种两个层次的列表，用于解释名词的定义，名词为第一层次，解释为第二层次，并且不包含项目符号。

语法

```
<dl>
    <dt>名词一</dt>
<dd>解释 1</dd>
<dd>解释 2</dd>
<dd>解释 3</dd>
    <dt>名词二</dt>
<dd>解释 1</dd>
<dd>解释 2</dd>
<dd>解释 3</dd>
    …
</dl>
```

语法解释

在定义列表中，一个<dt>标记下可以有多个<dd>标记作为名词的解释和说明，以实现定义列表的嵌套。

【例 4.12】 实例代码。（实例位置：资源包\TM\sl\4\12）

```
<IDOCTYPE html>
<html>
<head>
<meta charset="utf-8">
<title>定义列表嵌套</title>
</head>
<body>
<font color="#00FF00" size="+2">古诗介绍</font><br /><br/>
<dl>
    <dt>赠孟浩然</dt><br/>
    <dd>作者：李白</dd><br/>
    <dd>诗体：五言律诗</dd><br/>
    <dd>吾爱孟夫子，   风流天下闻。<br/>
         红颜弃轩冕，   白首卧松云。<br/>
         醉月频中圣，   迷花不事君。<br/>
         高山安可仰？   徒此揖清芬。<br/>
```

```
    </dd>
    <dt>蜀相</dt><br/>
    <dd>作者：杜甫</dd><br/>
    <dd>诗体：七言律诗</dd><br/>
    <dd>丞相祠堂何处寻？ 锦官城外柏森森， <br/>
    映阶碧草自春色， 隔叶黄鹂空好音。<br/>
    三顾频烦天下计， 两朝开济老臣心。<br/>
    出师未捷身先死， 长使英雄泪满襟。<br/>
    </dd>
</body>
</html>
```

运行这段代码，效果如图 4.16 所示。

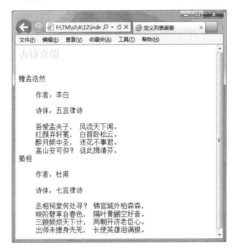

图 4.16　定义列表的嵌套

4.8.2　无序列表和有序列表的嵌套

最常见的列表嵌套模式就是有序列表和无序列表的嵌套，可以重复地使用<ol>和<ul>标记组合实现。

【例 4.13】　实例代码。（实例位置：**资源包\TM\sl\4\13**）

```
<!DOCTYPE html>
<html>
<head>
<meta charset="utf-8">
<title>有序与无序列表的嵌套</title>
</head>
<body>
<font color="#3333FF" size="+2">轻松一刻：心理测试</font>
    <ul type="square">
        <li><font size="+1" color="#FF9900">Question：当你赶路累了,一好心的女巫说送你到以下哪或者谁家
里休息</font></li>
    </ul>
```

```
<ol type="1">
    <li>红磨坊</li><br/>
    <li>七个小矮人</li><br/>
    <li>美人鱼</li><br/>
    <li>一休</li><br/>
    <li>饼屋</li><br/>
    <li>茱利叶</li><br/>
    <li>附近亲戚家</li><br/>
    <li>不理她</li><br/>
</ol>
<ul type="square">
    <li><font size="+1" color="#FF9900">Answer：</font></li>
</ul>
<ol type="1">
    <li>花心</li><br/>
    <li>纯情</li><br/>
    <li>对爱充满幻想</li><br/>
    <li>心如止水</li><br/>
    <li>实在</li><br/>
    <li>渴望浪漫悲壮的爱情</li><br/>
    <li>顺从父母之命媒妁之言</li><br/>
    <li>暂时不想谈恋爱</li><br/>
</ol>
</body>
</html>
```

运行这段代码，效果如图 4.17 所示。

图 4.17　有序列表与无序列表的嵌套

94

4.8.3 有序列表之间的嵌套

有序列表之间的嵌套就是有序列表的列表项同样是一个有序列表，在<ol>标记中可以重复地使用<ol>标记来实现有序列表的嵌套。

【例 4.14】 实例代码。（**实例位置：资源包\TM\sl\4\14**）

```
<!DOCTYPE html>
<html>
<meta charset="utf-8">
<head>
  <title>有序列表的嵌套</title>
</head>
<body>
<h2>HTML5 基础教程</h2>
<ol type="A">
    <li>第一篇</li>
    <ol type="1">
        <li>第一章
            <ol type="I">
                <li>第一节</li>
                <li>第二节</li>
                <li>第三节</li>
                <li>第四节</li>
            </ol>
        </li>
        <li>第二章</li>
        <li>第三章</li>
    </ol>
    <li>第二篇</li>
    <ol type="1">
        <li>第四章
            <ol type="I">
                <li>第一节</li>
                <li>第二节</li>
                <li>第三节</li>
            </ol>
        </li>
        <li>第五章</li>
        <li>第六章</li>
    </ol>
</ol>
</body>
</html>
```

运行结果如图 4.18 所示。

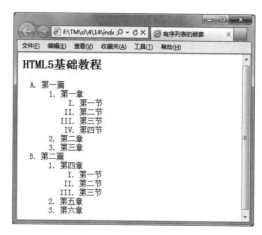

图 4.18　有序列表的嵌套

4.9　小　　结

本章主要介绍了 3 种列表，并以实例的形式对 3 种列表进行了详细介绍。读者学习完本章后，可以对 HTML 的列表有一个详细的了解。熟练地掌握这 3 种列表，可以对网页的布局有一定的帮助。列表是一种非常实用的数据排列方式，它以条列的模式显示数据，使用户能够一目了然。

4.10　习　　题

选择题

1. 下列 HTML 标记中，属于非成对标记的是（　　）。

　 A．<li>　　　　　　　　B．<ul>　　　　　　　　C．<P>　　　　　　　　D．<font>

2. 下面的标记表示的是无序列表的是（　　）。

　 A．<li>与</li>　　　　　B．<dl>与</dl>　　　　　C．<ul>与</ul>　　　　D．以上都不是

3. 有序列表的起始数值是（　　）。

　 A．type　　　　　　　　B．start　　　　　　　　C．Lists　　　　　　　D．以上都是

4. 下面是菜单列表的标记是（　　）。

　 A．dl　　　　　　　　　B．ul　　　　　　　　　C．menu　　　　　　　D．以上都不是

5. 能用于显示文件内容的目录大纲的标记是（　　）。

　 A．dl　　　　　　　　　B．ul　　　　　　　　　C．dir　　　　　　　　D．li

第 **5** 章

超链接

（ 📹 视频讲解：21 分钟 ）

超链接（HyperLink）是 HTML 文件中，可供连接至其他网络节点的网状架构中不可缺少的大功臣，由于它的存在，我们才能将位于世界各地的 HTML 文件连接起来，而 Client（使用者）因此才能依据超链接标签中所指定的 URL（Universal Resource Locator）连接至 Server（服务器）。

通过阅读本章，您可以：

▶▶ 了解超链接的基本知识

▶▶ 掌握超链接的写法

▶▶ 掌握超链接的建立

▶▶ 熟悉超链接目标的设置

▶▶ 熟悉传输协议

▶▶ 掌握内部链接

▶▶ 掌握书签链接

▶▶ 掌握外部链接

视频讲解

5.1 超链接的基本知识

5.1.1 超链接

超链接是网页页面中最重要的元素之一。一个网站是由多个页面组成的，页面之间依据链接确定相互的导航关系。链接能使浏览者从一个页面跳转到另一个页面，实现文档互联、网站互联。

超文本链接（hypertext Link）通常简称为超链接（Hyperlink），或者简称为链接（Link）。链接是 HTML 的一个最强大和最有价值的功能。链接是指文档中的文字或者图像与另一个文档、文档的一部分或者一幅图像链接在一起。

5.1.2 绝对路径

绝对路径就是主页上的文件或目录在硬盘上的真正路径。使用绝对路径定位链接目标文件比较清晰，但是有两个缺点：一是需要输入更多的内容，二是如果该文件被移动了，就需要重新设置所有的相关链接。例如在本地测试网页时链接全部可用，但是到了网上就不可用了。这就是路径设置的问题。例如设置路径为 D:\mr\5\5-1.html，在本地可以找到该路径下的文件，但是到了网站上该文件便不一定在该路径下了，所以就会出问题。

5.1.3 相对路径

相对路径是最适合网站的内部链接的。只要是属于同一网站之下的，即使不在同一个目录下，相对路径也非常适合。文件相对地址是书写内部链接的理想形式。只要是处于站点文件夹之内，相对地址可以自由地在文件之间构建链接。这种地址形式利用的是构建链接的两个文件之间的相对关系，不受站点文件夹所处服务器位置的影响。因此这种书写形式省略了绝对地址中的相同部分。这样做的优点是：站点文件夹所在服务器地址发生改变时，文件夹的所有内部链接都不会出问题。

相对路径的使用方法如下。

☑ 如果链接到同一目录下，则只需输入要链接文档的名称，如 5-1.html。

☑ 要链接到下一级目录中的文件，只需先输入目录名，然后加"/"，再输入文件名，如 mr/5-2.html。

☑ 如果链接到上一级目录中的文件，则先输入"../"，再输入目录名、文件名，如../ ../mr/5-2.html。

除了绝对路径和相对路径之外，还有一种称为根目录。根目录常常在大规模站点需要放置在几个服务器上，或者一个服务器上同时放置多个站点时使用。其书写形式很简单，只需要以"/"开始，表示根目录，之后是文件所在的目录名和文件名，如/mr/5-1.html。

视频讲解

5.2 超链接的建立

5.2.1 超链接标记的基本语法

超链接的语法根据其链接对象的不同而有所变化，但都是基于<A>标记的。

语法

<A href="文件名">链接元素</A>或<A href="URL">链接元素</A>

语法解释

在该语法中，链接元素可以是文字，也可以是图片或其他页面元素。其中 href 是 hypertextreference 的缩写。通过超链接的方式可以使各个网页之间连接起来，使网站中众多的页面构成一个有机整体，使访问者能够在各个页面之间跳转。超链接可以是一段文本、一幅图像或其他网页元素，当在浏览器中单击这些对象时，浏览器可以根据指示载入一个新的页面或者转到页面的其他位置。

下面具体讲解各种超链接的创建方法。

5.2.2 建立文本超链接

在网页中，文本超链接是最常见的一种。它通过网页中的文件和其他的文件进行链接。

语法

<A href="链接地址">链接文字</A>

语法解释

在该语法中，链接地址可以是绝对地址，也可以是相对地址。

【例 5.1】 实例代码。（**实例位置：资源包\TM\sl\5\1**）

```
<!DOCTYPE html>
<html>
<head>
<meta charset="utf-8">
<title>文本链接</title>
</head>
<body>
    <center><h3>中国古城介绍：西安古城</h3></center>
    <a href="5-1-2.html">下一篇：荆州古城</a><br /><br />
    西安，古称"长安""京兆"。是举世闻名的世界四大古都之一，是中国历史上建都
时间最长、建都朝代最多、影响力最大的都城，是中华民族的摇篮、中华文明的发祥地、中华文化的代表，有着
```

```
"天然历史博物馆"的美誉。<br />
    西安，在《史记》中被誉为"金城千里，天府之国"，是中华民族的发祥之地，由周
文王营建，建成于公元前 12 世纪，先后有 21 个王朝和政权建都于此，是 13 朝古都，中国历史上的四个最鼎盛
的朝代周、秦、汉、唐均建都西安。西安高陵杨官寨遗址发现，将中国城市历史推进到了 6000 年前的新石器时代
晚期，同时确定了西安是世界历史上第一座城市。
</body>
</html>
```

运行效果如图 5.1 所示。

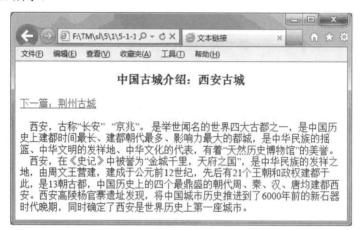

图 5.1　文件链接的页面效果

在图 5.1 中有一个文本链接"下一篇：荆州古城"，它链接到了当前目录下的 5-1-2.html 文件。该
文件的实例代码如下。

```
<!DOCTYPE html>
<html>
<head>
<meta charset="utf-8">
<title>文本链接</title>
</head>
<body>
    <center><h3>中国古城介绍：荆州古城</h3></center>
    <a href="5-1-1.html">上一篇：西安古城</a><br /><br />
    荆州古城，又称江陵城，是我国历史文化名城、全国重点文物保护单位之一，是楚文
化的发祥地之一，是著名的三国古战场，历史上"刘备借荆州""关羽大意失荆州"等脍炙人口的
三国故事都发生在这里。荆州古城地处连东西贯南北的交通要塞，历来均为兵家必争之地，荆州城屡毁屡建，现
在的荆州古城最后一次修建是在清朝顺治三年（1646 年），依原址而建，保存至今，是"我国南方不可多得的完
璧"。<br />
    荆州古城总面积 4.6 平方公里，分为三层，最外层为水城、中间是砖城，里面是土城，
水城（护城河）全长 10500 米，宽 30 米，水深 4 米，西通太湖，东连长湖，与古运河相连；城墙四周原有东门
（寅宾门）、小东门（公安门、水门）、北门（拱极门）、小北门（远安门）、西门（安澜门）、南门（南纪门）
6 座城门，除小东门外，其他五座城门都由两道门组成，有瓮城，建国后，又新开 3 座城门，分别是新东门、新
```

南门、新北门，均无瓮城，原来 6 座城门上都有城门楼，分别是宾阳楼、望江楼、朝宗楼、景龙楼、九阳楼、曲江楼等，其中以曲江楼和景龙楼最为出名。
    荆州古城不仅三国遗迹遍布，而且文化底蕴丰厚，历史、神话传说众多，尤其是《三国演义》故事的广泛流传，使得荆州古城名扬四海，享誉海外，是三国旅游线上的著名景点。
</body>
</html>

运行效果如图 5.2 所示。

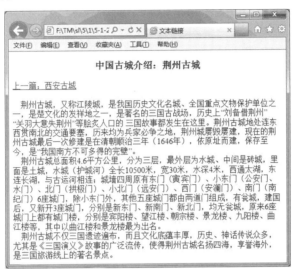

图 5.2　打开的链接页面

在这个页面中同样有一个"上一篇：西安古城"的链接，单击该链接，页面将转到 5-1-1.html 文件。

5.2.3　设置超链接的目标窗口

在创建网页的过程中，有时候并不希望超链接的目标窗口将原来的窗口覆盖，比如在打开新的窗口时，主页面的窗口仍保留在原处。这时可以通过 target 参数设置目标窗口的属性。

语法

<A href="链接地址" target=目标窗口的打开方式>链接元素</A>

语法解释

在该语法中，target 参数的取值有 4 种，如表 5.1 所示。

表 5.1　target 参数的取值说明

target 值	目标窗口的打开方式
_parent	在上一级窗口打开，常在分帧的框架页面中使用
_blank	新建一个窗口打开
_self	在同一窗口打开，与默认设置相同
_top	在浏览器的整个窗口打开，将会忽略所有的框架结构

在表 5.1 中提到的框架是一种页面结构。

【例 5.2】　实例代码。（**实例位置：资源包\TM\sl\5\2**）

```
<!DOCTYPE html>
<html>
<head>
<meta charset="utf-8">
<title>目标窗口的打开方式</title>
</head>
<body>
    <center><h2>鲁迅作品介绍</h2></center>
    <hr size="4" color="#FF0000" />
    <font size="+4">《呐喊》</font><br /><br />
作者：鲁迅 著<br />
钱理群 王得后 选编<br />
出版社：浙江文艺出版社<br />
出版日期：2007 年 10 月<br />
ISBN：978－7－5339－0441－8<br />
字数：316 千字<br />
定价：19.50 元<br />
<a href="5-2-2.html" target="_blank">内容简介</a>
</body>
</html>
```

设置这段代码的文件名为 5-2-1.html，在这段代码中包含一个超链接文本"内容简介"，单击该文本可以打开 5-2-2.html 文件。该文件中的代码如下。

```
<!DOCTYPE html>
<html>
<head>
<meta charset="utf-8">
<title>目标窗口的打开方式</title>
</head>
<body>
    <center><h2>内容简介</h2></center>
    <font size="+4">《呐喊》</font><br /><br />
    本集出版收小说十五篇，作于 1918 年至 1922 年间，1923 年 8 月由北京新潮出
版社，列为该社"文艺丛书"之一。1926 年 10 月第三次印刷时起，改由北京北新书局出版，列入作者所编的"乌
合之众"。1930 年 1 月第十三次印刷时，作者抽去其中的《不周山》一篇（后改名为《补天》，收入《故事新编》）
此后印行的版本均从 1930 年版。
</body>
</html>
```

运行文件 5-2-1.html，如图 5.3 所示。单击窗口中的"内容简介"超链接，可以在一个新的窗口打开文件 5-2-2.html，如图 5.4 所示。

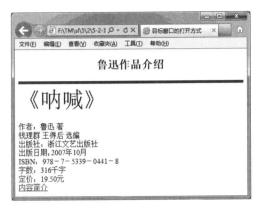

图 5.3 页面初始运行效果

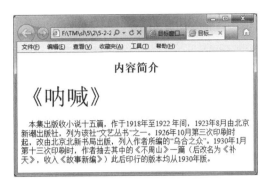

图 5.4 在一个新的窗口打开文件

5.3 内 部 链 接

所谓内部链接，指的是在同一个网站内部，不同的 HTML 页面之间的链接关系。在建立网站内部链接时，要考虑到使链接具有清晰的导航结构，使用户方便地找到所需要内容的 HTML 文件。

【例 5.3】 下面通过一个实例说明在一个网站中内部链接的实现方式。在本实例中共包含 3 个文件，分别为 5-3.html、5-3-1.html 和 5-3-2.html。其中，5-3.html 作为一个起始页面，另外两个文件放置在与 5-3.html 文件同级的 film 文件夹中。本实例通过 3 个文件的互相链接说明在网站内部进行链接的方法。(实例位置：资源包\TM\sl\5\3)

文件 5-3.html 的代码如下。

```
<!DOCTYPE html>
<html>
<head>
<meta charset="utf-8">
<title>内部链接的实现</title>
</head>
<body>
    <center><h2>中国古城介绍</h2></center>
    <hr size="2" color="#FF0000" />
    <font size="+4">西安古城</font><br /><br />
    世界历史名城，华夏精神故乡，中国第一古都—西安。<br /><br />
    <a href="5-3-1.html">详细介绍</a><br />
    <hr size="2" color="#FF0000" />
    <font size="+4">大理古城</font><br /><br /><br />
    大理历史深远，素有"文献名邦"美名。大理古城位于风光绮丽的苍山之麓，始建于明洪武十五年，是中国二十四个历史文化名城之一。<br /><br />
    <a href="5-3-2.html">详细介绍</a>
</body>
</html>
```

在该文件中包含了两个链接，一个是"西安古城"的详细介绍链接，另一个是"大理古城"的介绍链接。这两个文件都位于文件夹 film 中，在连接时需要在链接地址中加入目录和文件名称。

"西安古城"的介绍文件 5-3-1.html 的代码如下。

```
<!DOCTYPE html>
<html>
<head>
<meta charset="utf-8">
<title>内部链接的实现</title>
</head>
<body>
<center><h3>西安古城</h3></center>
    西安，古称"长安""京兆"。是举世闻名的世界四大古都之一，是中国历史上建都
时间最长、建都朝代最多、影响力最大的都城，是中华民族的摇篮、中华文明的发祥地、中华文化的代表，有着
"天然历史博物馆"的美誉。<br />
    西安，在《史记》中被誉为"金城千里，天府之国"，是中华民族的发祥之地，由周
文王营建，建成于公元前 12 世纪，先后有 21 个王朝和政权建都于此，是 13 朝古都，中国历史上的四个最鼎盛
的朝代周、秦、汉、唐均建都西安。西安高陵杨官寨遗址发现，将中国城市历史推进到了 6000 年前的新石器时代
晚期，同时确定了西安是世界历史上第一座城市。<br /><br />
<a href="../5-3.html">返回</a>      
<a href="5-3-2.html">下一个文化古城介绍</a>
</body>
</html>
```

初始页面 5-3.html 则位于该文件的上一级目录中，在链接时需要在文件名前添加"../"。而古城"大
理古城"的介绍页与 5-3-1.html 位于同一目录中，是同级文件，在链接时只需要将链接地址设置为该文
件名 5-3-1.html 即可。文件 5-3-2.html 的代码如下。

```
<!DOCTYPE html>
<html>
<head>
<meta charset="utf-8">
<title>内部链接的实现</title>
</head>
<body>
<center><h3>大理古城</h3></center>
    大理历史深远，素有"文献名邦"美名。大理古城位于风光绮丽的苍山之麓，始建于
明洪武十五年，是中国二十四个历史 文化名城之一。<br />
    至今已有 600 多年的历史。它面临洱海，背靠苍山，至今仍保持着纵横交错、棋盘格
局式的街道和雄伟壮观的南北城楼，城楼上"文献名邦"四个大字格外引人注目。最初东西南北各有城门，上有
城楼，后毁。城内民居石墙青瓦、门窗雕龙画凤，显得古雅质朴。城西北的崇圣寺三塔和城西南的弘圣寺塔，苍
山脚下的元世祖平云南碑和一年一度的三月街，更使古城显得别有一番情趣。　　　　大理还是白族的主要聚居地。
多彩的民俗风情，"三坊一照壁四合五天井"的建筑特色，都为人们探寻南诏古国打开了一叶窥秘之窗。<br /><br
/>
<a href="../5-3.html">返回</a>      
<a href="5-3-1.html">下一个文化古城介绍</a>
</body>
</html>
```

运行初始文件 5-3.html，会看到页面中包含两个链接文本，如图 5.5 所示。

单击其中一个"详细介绍"的链接可以打开下一级内容。在这里单击"详细介绍"，可以打开如

图 5.6 所示的古城详细介绍的窗口。

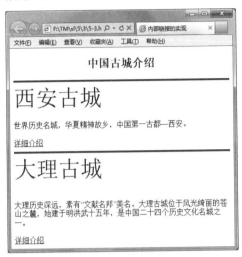

图 5.5 初始窗口的链接效果

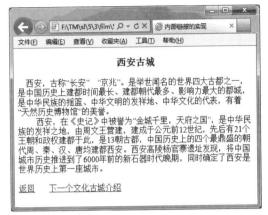

图 5.6 西安古城介绍窗口

在该窗口中包含了两个链接，单击文本"返回"可以返回到初始页面 5-3.html 中；单击文本"下一个文化古城介绍"可以直接打开另外一个古城介绍的窗口，如图 5.7 所示。

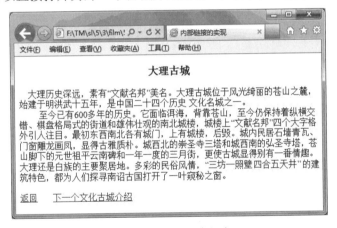

图 5.7 大理古城的介绍窗口

5.4 书 签 链 接

视频讲解

在浏览页面时，如果页面的内容较多，页面过长，浏览时需要不断地拖动滚动条，很不方便，如果要寻找特定的内容，就更加不方便。这时如果能在该网页或另外一个页面上建立目录，浏览者只要单击目录上的项目就能自动跳到网页相应的位置进行阅读，这样无疑是最方便的事，并且还可以在页面中设定诸如"返回页首"之类的链接。这就称为书签链接。

建立书签链接分为两步，一是建立书签，二是为书签制作链接。

5.4.1 建立书签

书签可以与链接文字在同一页面，也可以在不同的页面。但是实现网页内部的书签链接，都需要先建立书签。通过建立书签才能对页面的内容进行引导和跳转。

语法

```
<A name="书签名称">文字</A>
```

语法解释

在该语法中，书签名称就是对于后面要跳转所创建的书签，而文字则是设置链接后跳转的位置。

【例 5.4】 实例代码。（实例位置：资源包\TM\sl\5\4）

```
<!DOCTYPE html>
<html>
<head>
<meta charset="utf-8">
<title>定义书签</title>
</head>
<body>
<h3>性格测试：公园里看书测试你性格。</h3>
<hr size="3" color="#FF0000" />
<a name="answerA">选择 A：雷阵雨</a><br />
    雷阵雨，是会淋湿书本、头发，令人感觉不太舒服的事物。故选此答案的人，是想回
避此种情况，显示是属于自我防卫本能比较强的人。你的不安比别人强一倍，对可能威胁到自我的危机相当敏感。
因此，一旦察觉自己身处危机的状况时，通常会力争上游、发挥潜力。倘若陷入低潮的话，也能化危机为转机，
及早摆脱困境。<br /><br />
<hr size="3" color="#FF0000" />
<a name="answerA">选择 B：午睡</a><br />
    午睡，显示乐观的潜在心理。此种人的循环性气质很强，容易受当场的气氛感染。一
旦感觉情绪低落时，可以借着运动、休闲来变换心情，或是改变工作、生活环境，让自己轻松一下。如此一来，便
能摆脱困境。重新出发。万一遇到极度低潮的状况，换个新工作或是改变根本的环境，都是不错的主意。<br /><br />
<hr size="3" color="#FF0000" />
<a name="answerA">选择 C：改念别科</a><br />
    改念别科，表示可能性或上进心。此种人原本提升自我的欲望就很强。因此，当陷入
低潮时，可以去找德高望重的人开导，不然就是阅读名人传记，接受精神上的刺激。因为这样可以激发上进心，
不会被一点小小的挫折击垮。<br /><br />
</body>
</html>
```

在这段代码中，定义了 3 个书签，分别命名为 answerA、answerB 和 answerC。运行这段代码，效果如图 5.8 所示。

可以看到，在浏览器中并不能看到定义的书签，但是它实际上已经存在了。此时就可以定义书签链接了。

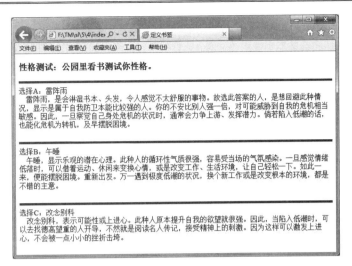

图 5.8 定义书签

5.4.2 链接到同一页面的书签

下面就可以为刚才制作的书签添加链接内容了。在代码的前面增加链接文字和链接地址就能够实现同页面的书签链接。

语法

<A href="#书签的名称">链接的文字</A>

语法解释

在该语法中，书签的名称就是刚才所定义的书签名，也就是 name 的赋值。而#则代表这是书签的链接地址。

【例 5.5】 实例代码。(实例位置：资源包\TM\sl\5\5)

```
<!DOCTYPE html>
<html>
<head>
<meta charset="utf-8">
<title>定义书签</title>
</head>
<body>
<h3>性格测试：公园里看书测试你性格。</h3>
夏天，一位年轻人坐在公园的椅子上看书，看样子像是考生，只见他在看一本像是英文的参考书。突然，他合上
书本——你认为他为什么合上书本呢?请从以下几个备选答案中选一个与你想像中较接近的：<br /><br />
<a href="#answerA">A:雷阵雨</a><br /><br />
<a href="#answerB">B:午睡</a><br /><br />
<a href="#answerC">C:改念别科</a><br /><br />
<hr size="3" />
<a name="answerA">选择 A：雷阵雨</a><br />
```

```
    雷阵雨，是会淋湿书本、头发，令人感觉不太舒服的事物。故选此答案的人，是想回
避此种情况，显示是属于自我防卫本能比较强的人。你的不安比别人强一倍，对可能威胁到自我的危机相当敏感。
因此，一旦察觉自己身处危机的状况时，通常会力争上游、发挥潜力。倘若陷入低潮的话，也能化危机为转机，
及早摆脱困境。<br /><br />
<hr size="3" color="#FF0000" />
<a name="answerB">选择 B：午睡</a><br />
    午睡，显示乐观的潜在心理。此种人的循环性气质很强，容易受当场的气氛感染。一
旦感觉情绪低落时，可以借着运动、休闲来变换心情，或是改变工作、生活环境，让自己轻松一下。如此一来，
便能摆脱困境。重新出发。万一遇到极度低潮的状况，换个新工作或是改变根本的环境，都是不错的主意。<br /><br />
<hr size="3" color="#FF0000" />
<a name="answerC">选择 C：改念别科</a><br />
    改念别科，表示可能性或上进心。此种人原本提升自我的欲望就很强。因此，当陷入
低潮时，可以去找德高望重的人开导，不然就是阅读名人传记，接受精神上的刺激。因为这样可以激发上进心，
不会被一点小小的挫折击垮。<br /><br />
</body>
</html>
```

运行这段代码，可以看到 3 个文字链接，如图 5.9 所示。

在页面中单击其中的一个链接文本，页面将会跳转到该链接的书签所在位置。单击"A:雷阵雨"，
跳转后的页面效果如图 5.10 所示。

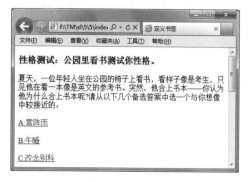

图 5.9　建立书签和链接的页面效果

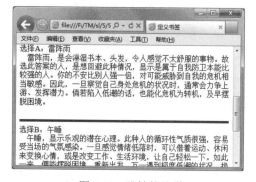

图 5.10　跳转的效果

单击页面中的"C:改念别科"，页面跳转到书签 answerC 所在的位置，如图 5.11 所示。

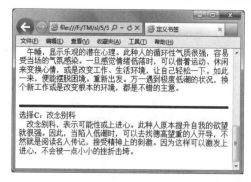

图 5.11　跳转到书签所在位置

5.4.3　链接到不同页面的书签

书签链接不但可以链接到同一页面，也可以在不同页面中设置。

语法

```
<A href="链接的文件地址#书签的名称" >链接的文字</A>
```

语法解释

在该语法中，与同一页面的书签链接不同的是，需要在链接的地址前增加文件所在的位置。

下面设置一个单独的链接页面，使其链接到前面定义的书签页面。

【例 5.6】　实例代码。（实例位置：资源包\TM\sl\5\6）

```
<!DOCTYPE html>
<html>
<head>
<meta charset="utf-8">
<title>定义书签</title>
</head>
<body>
<h3>性格测试：公园里看书测试你性格。</h3>
 &amp;夏天，一位年轻人坐在公园的椅子上看书，看样子像是考生，只见他在看一本像是英文的参考书。突然，他合上书本——你认为他为什么合上书本呢?请从以下几个备选答案中选一个与你想象中较接近的：<br /><br />
<a href="5-6-1.html#answerA">选择 A：雷阵雨</a><br /><br />
<a href="5-6-1.html#answerB">选择 B：午睡</a><br /><br />
<a href="5-6-1.html#answerC">选择 C：改念别科</a><br /><br />
</body>
</html>
```

运行这段代码，效果如图 5.12 所示。

单击其中的某个链接，例如"选择 C：改念别科"，就可以直接链接到书签所在的位置即 5-6-1.html，如图 5.13 所示。

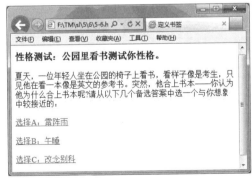

图 5.12　运行效果

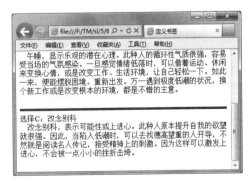

图 5.13　链接的效果

5.5 外部链接

所谓外部链接，指的是跳转到当前网站外部，与其他网站中页面或其他元素之间的链接关系。这种链接在一般情况下需要书写绝对的链接地址。

制作外部链接时，使用 URL 统一资源定位符来定位万维网信息，这种方式可以简洁、明了、准确地描述信息所在的地点。

最常见的 URL 格式是"http://"，其他格式如表 5.2 所示。

表 5.2 绝对地址的设置格式

格　式	表示的含义
http://	采用 WWW 服务进入万维网站点
ftp://	通过 FTP 访问文件传输服务器
telnet://	启动 Telnet
mailto://	直接启动邮件系统 E-mail

5.5.1 通过 HTTP 协议

网页中最常使用 HTTP 协议进行外部链接的是在设置友情连接时。

语法

```
<A href="http://...">链接文字</A>
```

语法解释

在该语法中，http:// 表明这是关于 HTTP 协议的外部链接，而在其后则输入网站的网址即可。

【例 5.7】 实例代码。（实例位置：资源包\TM\sl\5\7）

```
<!DOCTYPE html>
<html>
<head>
<meta charset="utf-8">
<title>链接到外部网站</title>
</head>
<body>
<a href="http://www.mingribook.com">链接到明日图书网</a>
</body>
</html>
```

运行这段代码，可以实现如图 5.14 所示的页面效果。

单击"点击进入明日图书网"的文字后，将打开明日图书网的首页，如图 5.15 所示。

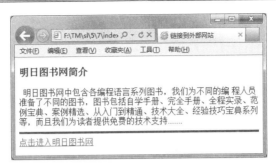

图 5.14 设置外部链接的页面

图 5.15 明日图书网首页

5.5.2 通过 FTP

Internet 上资源丰富，通过文件传输协议 FTP，就可以足不出户地获得各种免费软件和其他文件。FTP 即"文件传输协议"。协议是使计算机与计算机之间能够相互通信的语言。FTP 使文件和文件夹能够在 Internet 上公开传输。在某些情况下，用户需要从网络计算机管理员处获得许可才能登录并访问计算机上的文件。但是通常用户会发现可以使用 FTP 访问某个网络或服务器，而不需要拥有该计算机的账户，也不必是授权的密码持有人。这些匿名 FTP 服务器可包含能够通过 FTP 公开获得的广泛数据。

语法

```
<A href="FTP://">文字链接<A>
```

语法解释

在该语法中，ftp://表明这是关于 FTP 协议的外部链接，而在其后则输入网站的网址即可。

实例代码

```
<!DOCTYPE html>
<html>
<head>
<meta charset="utf-8">
<title>链接 FTP 服务器</title>
</head>
<body>
链接 FTP 服务器的链接
<hr size="2">
<a href="ftp://221.8.65.74">编程词典个人版更新地址</a>
</body>
</html>
```

运行这段代码，可以实现如图 5.16 所示的页面效果。

在页面中包含一个文本链接，它所链接的地址就是一个 FTP 网址。而设置的 target 参数则决定了在打开的新页面中进行链接。打开的效果如图 5.17 所示。

图 5.16 设置 FTP 链接的页面

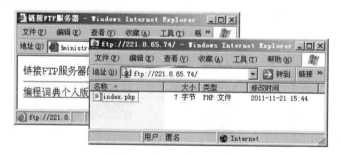

图 5.17 打开的 FTP 地址

5.5.3 发送 E-mail

在网络中，很多拥有个人网页的朋友都喜欢在网站的醒目位置处写上自己的电子邮件地址，这样网页浏览者一旦单击一下由 mailto 组成超链接后，就能自动打开当前计算机系统中默认的电子邮件客户端软件，如 Outlook Express、Foxmail 等。其实这是通过 mailto 标签来实现的。

语法

```
<A href="mailto:电子邮件地址">链接文字</A>
```

语法解释

在该语法的电子邮件地址后还可以增加一些参数，如表 5.3 所示。

表 5.3 mailto 标签的参数

参 数	表示的含义	语 法
CC	抄送收件人	<A href="mailto:电子邮件地址? CC=电子邮件地址">链接文字</A>
Subject	电子邮件主题	<A href="mailto:电子邮件地址? Subject =主题文字">链接文字</A>
BCC	暗送收件人	<A href="mailto:电子邮件地址? BCC =电子邮件地址">链接文字</A>
Body	电子邮件内容	<A href="mailto:电子邮件地址? Body =邮件内容">链接文字</A>

这些参数可以没有，也可以同时设置几个。在带有多个参数时，需要使用&符号对参数进行分隔。

实例代码

```
<!DOCTYPE html>
<html>
<head>
<meta charset="utf-8">
<title>链接 mail 服务器</title>
</head>
<body>
链接 mail 服务器的链接
<hr size="2">
<A href="mailto:mingrisoft@mingrisoft.com">明日编程词典注册信息发送</A>
</body>
</html>
```

运行这段代码，效果如图 5.18 所示。单击"明日编程词典注册信息发送"后，打开了系统默认的电子邮件软件 Outlook Express 发送邮件，如图 5.19 所示。

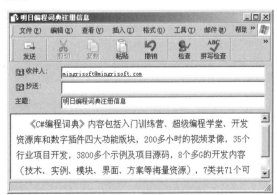

图 5.18 电子邮件链接

图 5.19 发送电子邮件

5.5.4　下载文件

如果希望制作下载文件的链接，只需在链接地址处输入文件所在的位置即可。当浏览器用户单击链接后，浏览器会自动判断文件的类型，以便做出不同情况的处理，

语法

```
<A href="文件所在地址">链接文字</A>
```

语法解释

在文件所在地址中设置文件的路径，可以是相对地址，也可以是绝对地址。

【例 5.8】　实例代码。（实例位置：**资源包\TM\sl\5\8**）

```
<!DOCTYPE html>
<html>
<head>
<meta charset="utf-8">
<title>文件下载</title>
</head>
<body>
<h4>最新浏览器下载</h4><br /><br />
<a href="Opera_11.52.1000_XiaZaiBa.exe">最新的 Opera 浏览器下载</a>
</body>
</html>
```

运行这段代码，效果如图 5.20 所示。

单击页面中的"最新的 Opera 浏览器下载"，可以打开如图 5.21 所示的提示对话框。

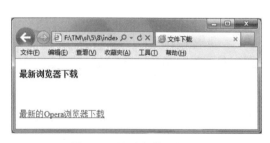

图 5.20　设置文件下载页面

图 5.21　文件下载的提示对话框

在该对话框中可以单击"保存"按钮，并选择另存为，将弹出如图 5.22 所示的对话框。在对话框中设置相应的存储位置，单击"保存"按钮即可实现文件的保存。

图 5.22 "另存为"对话框

5.6 其他链接

除了常见的内部链接、外部链接、书签链接等，在页面中还可以使用脚本链接和空链接。

5.6.1 脚本链接

在链接语句中，可以通过脚本来实现 HTML 语言完成不了的功能。下面以 JavaScript 脚本为例说明脚本链接的使用。

语法

```
<A href=" JavaScript:...">文字链接<A>
```

语法解释

在 JavaScript:后面编写的就是具体的脚本。

实例代码

```
<!DOCTYPE html>
<html>
<head>
<meta charset="utf-8">
<title>脚本链接/title>
</head>
<body>
<a href="javascript:window.close()">关闭窗口</a>
</body>
</html>
```

运行这段代码，效果如图 5.23 所示。

图 5.23　脚本链接

当单击"关闭窗口"链接后，弹出如图 5.24 所示的对话框，单击"是"按钮后浏览器窗口将关闭。

图 5.24　是否关闭窗口

5.6.2　空链接

在链接中，可以通过#符号实现空链接。所谓空链接，是指指向链接后，鼠标变成手形，但单击链接后，仍然停留在当前页面。

语法

```
<A href="#">文字链接</A>
```

语法解释

实现空链接。

实例代码

```
<!DOCTYPE html>
<html>
<head>
<meta charset="utf-8">
<title>空链接</title>
</head>
<body>
<a href="#">空链接</a>
```

```
</body>
</html>
```

运行这段代码,运行效果如图 5.25 所示。单击链接后,仍然停留在当前页面。

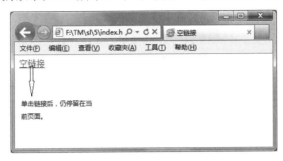

图 5.25 空链接

5.7 小 结

链接是一个网站的灵魂。在 HTML 语言中创建链接非常方便,但超链接的原理对于一个网站却至关重要。理解一些关于链接的基本概念和原理,不仅有助于 HTML 链接标记的使用,而且对于其他网页制作软件的使用,以及对于高层次的网页编程等都有很大的帮助。本章是从超链接的理论讲起,介绍 3 种地址形式:绝对路径、文件相对路径和根目录相对地址。然后介绍如何创建各种不同形式的链接。

5.8 习 题

选择题

1. 创建一个位于文档内部位置的链接的代码是(   )。
   A. `<a href="#NAME"></a>`   B. `<a name="NAME"></a>`
   C. `<a href="mailtEMAIL"></a>`   D. `<a href="URL"></a>`
2. HTML 代码 `<a name="NAME"></a>` 表示(   )。
   A. 创建一个超链接   B. 创建一个自动发送电子邮件的链接
   C. 创建一个位于文档内部的链接点   D. 创建一个指向位于文档内部的链接点
3. 下面关于绝对地址与相对地址的说法错误的是(   )。
   A. 在 HTML 文档中插入图像其实只是写入一个图像链接的地址,而不是真的把图像插入文档中
   B. 使用相对地址时,图像的链接起点是此 HTML 文档所在的文件夹
   C. 使用相对地址时,图像的位置是相对于 Web 的根目录
   D. 如果要经常进行改动,推荐使用绝对地址
4. 下列关于绝对路径的说法正确的一项是(   )。
   A. 绝对路径是被链接文档的完整 URL,不包含使用的传输协议

B．使用绝对路径需要考虑源文件的位置

C．在绝对路径中，如果目标文件被移动，则链接同时可用

D．创建外部链接时，必须使用绝对路径

5．在"属性"面板的"目标"框中的_blank 表示（ ）。

A．将链接文件在上一级框架页或包含该链接的窗口中打开

B．将链接文件在新的窗口中打开

C．将链接文件载入相同的框架或窗口中

D．将链接文件载入整个浏览器属性窗口中，将删除所有框架

6．下列关于在一个文档中可以创建的链接类型，说法不正确的是（ ）。

A．链接到其他文档或文件（如图形、影片、PDF 或声音文件）的链接

B．命名锚记链接，此类链接可跳转至文档内的特定位置

C．电子邮件链接，此类链接可新建一个收件人地址已经填好的空白电子邮件

D．空链接和脚本链接，此类链接能够在对象上附加行为，但不能创建执行 JavaScript 代码的链接

7．下面哪一项的电子邮件链接是正确的？（ ）。

A．xxx.com.cn   B．xxx@.net   C．xxx@com   D．xxx@xxx.com

判断题

8．建立锚点链接时必须在锚点前加#。（ ）

9．FTP 协议是指超文本传输协议。（ ）

第 *6* 章

使用图像

（ 📹 视频讲解：33 分钟）

　　万维网（World Wide Web）与其他网络类型（如 FTP）最大的不同就在于它在网页上可呈现丰富的色彩及图像。用户可以在网页中放入自己的照片；可以放入公司的商标；还可以把图像作为一个按钮来链接到另一个网页，这就让网页变得丰富多彩了。

　　通过阅读本章，您可以：

▶▶ 了解图像格式

▶▶ 掌握图像的添加

▶▶ 掌握图像属性的设计

▶▶ 掌握图像的超链接

▶▶ 熟练各种图像的应用

视频讲解

6.1　图片的基本格式

今天看到的丰富多彩的网页，都是因为有了图像的作用。当前万维网上流行的图像格式以 GIF 及 JPEG 为主，另外还有一种名为 PNG 的文件格式，也被越来越多地应用在网络中。以下分别对这 3 种图像格式的特点进行介绍。

GIF 格式

GIF 格式采用 LZW 压缩，是以压缩相同颜色的色块来减少图像大小的。由于 LZW 压缩不会造成任何品质上的损失，而且压缩效率高，再加上 GIF 在各种平台上都可使用，所以很适合在互联网上使用，但 GIF 只能处理 256 色。

GIF 格式适合于商标、新闻式的标题或其他小于 256 色的图像。要想将图像以 GIF 的格式存储，可参考下面范例的方法。

LZW 压缩是一种能将数据中重复的字符串加以编码制作成数据流的一种压缩法，通常应用于 GIF 图像文件的格式。

JPEG 格式

对于照片之类全彩的图像，通常都以 JPEG 格式来进行压缩，也可以说，JPEG 格式通常用来保存超过 256 色的图像格式。JPEG 的压缩过程会造成一些图像数据的损失，所造成的"损失"是剔除了一些视觉上不容易觉察的部分。如果剔除适当，视觉上不但能够接受，而且图像的压缩效率也会提高，使图像文件变小；反之，剔除太多图像数据，则会造成图像过度失真。

PNG 格式

PNG 图像格式是一种非破坏性的网页图像文件格式，它提供了将图像文件以最小的方式压缩却又不造成图像失真的技术。它不仅具备了 GIF 图像格式的大部分优点，而且还支持 48-bit 的色彩，更快的交错显示，跨平台的图像亮度控制，更多层的透明度设置。

视频讲解

6.2　添加图像——img

有了图像文件之后，就可以使用 img 标记将图像插入网页中，从而达到美化页面的效果。

语法

```
<img src="图像文件的地址">
```

语法解释

在该语法中，src 参数用来设置图像文件所在的路径，这一路经可以是相对路径，也可以是绝对路径。

【例 6.1】　实例代码。（**实例位置：资源包\TM\sl\6\1**）

```
<!DOCTYPE html>
<html>
<head>
```

```
<meta charset="utf-8">
<title>插入图像文件</title>
</head>
<body>
    <h3>编程词典，精彩无限</h3>
      编程词典个人版是一套学、查、用为一体的数字化学习编程软件。科学的学习模式、系统的学
习方案，实现快速学习、快速提高，真正做到理论与实践相结合。海量的数据资源，帮助您解决在学习编程语言
中遇到的问题。丰富的实战资源，包括视频、应用范例、模块和项目源码，既能够作为学习的资料，也可以应用
到实战中。
<br />
    <!--在该页面中居中插入一张编程词典的图片-->
    <center>
        <img src="images/1.jpg" />
    </center>
</body>
</html>
```

运行这段代码，可以看到页面中插入了图片，如图 6.1 所示。如果不通过
标记进行换行操作，那么图片不会自动换行。

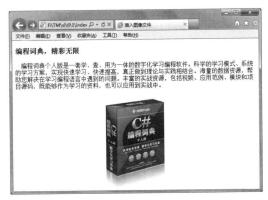

图 6.1　插入图片的效果

视频讲解

6.3　设 置 图 像 属 性

在网页中直接插入图片时，图像的大小和原图是相同的，而在实际应用时可以通过各种图像属性的设置调整图像的大小、分辨率等内容。

6.3.1　图像高度——height

通过 height 属性可以设置图片显示的高度，默认情况下，改变高度的同时，其宽度也会等比例进行调整。

语法

```
<img src="图像文件的地址" height=图像的高度>
```

语法解释

在该语法中，图像的高度单位是像素。

【**例 6.2**】 实例代码。（**实例位置：资源包\TM\sl\6\2**）

```
<!DOCTYPE html>
<html>
<head>
<meta charset="utf-8">
<title>设置图像高度</title>
</head>
<body>
    <h3>编程词典，精彩无限</h3>
      编程词典个人版是一套学、查、用为一体的数字化学习编程软件。科学的学习模式、系统的学
习方案，实现快速学习、快速提高，真正做到理论与实践相结合。海量的数据资源，帮助您解决在学习编程语言
中遇到的问题。丰富的实战资源，包括视频、应用范例、模块和项目源码，既能够作为学习的资料，也可以应用
到实战中。
<br />
    <!--在该页面中居中插入一张编程词典的图片-->
    <center>
        <!--默认的图片大小-->
        <img src="images/1.jpg" />
        <!--设置图片的高度为 160 像素-->
        <img src="images/1.jpg" height="160"/>
    </center>
</body>
</html>
```

运行这段代码，可以看到设置了高度的图片大小改变的效果，如图 6.2 所示。

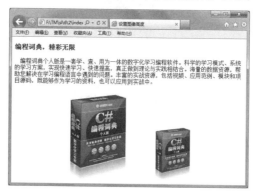

图 6.2　调整图片的高度

6.3.2　图像宽度——width

图像宽度的属性与图像高度类似，同样是用来调整图像大小的。

语法

```
<img src="图像文件的地址" width=图像的宽度>
```

122

语法解释

在该语法中，图像的宽度单位是像素。如果在使用属性的过程中，只设置了高度或宽度，则另一个参数会等比例变化。如果同时设置两个属性，且缩放比例不同的情况下，图像很可能会变形。

【例6.3】 下面通过实例说明同时设置两个属性的效果。（**实例位置：资源包\TM\sl\6\3**）

```
<!DOCTYPE html>
<html>
<head>
<meta charset="utf-8">
<title>设置图像高度和宽度</title>
</head>
<body>
    <h3>编程词典，精彩无限</h3>
      编程词典个人版是一套学、查、用为一体的数字化学习编程软件。科学的学习模式、系统的学
习方案，实现快速学习、快速提高，真正做到理论与实践相结合。海量的数据资源，帮助您解决在学习编程语言
中遇到的问题。丰富的实战资源，包括视频、应用范例、模块和项目源码，既能够作为学习的资料，也可以应用
到实战中。
<br />
    <!--在该页面中居中插入两张编程词典的图片-->
    <center>
        <!--设置图片的宽度为160-->
        <img src="images/1.jpg" width="160"/>
        <!--同时设置图片的高度和宽度-->
        <img src="images/1.jpg" height="100" width="120"/>
    </center>
</body>
</html>
```

运行这段代码，可以看到设置了宽度的图片大小改变的效果，如图6.3所示。在该图中，第一张图片只设置了图像的宽度，因此它被等比例缩小。而第二张图片中，同时设置了图片的高度和宽度，而且缩小的比例不同，因此造成了图片被压扁的效果。

图6.3 设置图像的大小

6.3.3 图像边框——border

在默认情况下，页面中插入的图像是没有边框的，可以通过border属性为图像添加边框。

123

语法

```
<img src="图像文件的地址" border="图像边框的宽度">
```

语法解释

在该语法中，src 是图像文件的地址，是不可缺少的。border 的单位是像素。

【例 6.4】　实例代码。（实例位置：资源包\TM\sl\6\4）

```
<!DOCTYPE html>
<html>
<head>
<meta charset="utf-8">
<title>设置图像边框</title>
</head>
<body>
    <h3>编程词典，精彩无限</h3>
    <hr size="2" />
      编程词典个人版是一套学、查、用为一体的数字化学习编程软件。科学的学习模式、系统的学
习方案，实现快速学习、快速提高，真正做到理论与实践相结合。海量的数据资源，帮助您解决在学习编程语言
中遇到的问题。丰富的实战资源，包括视频、应用范例、模块和项目源码，既能够作为学习的资料，也可以应用
到实战中。
<br />
    <!--在该页面中居中插入两张编程词典的图片-->
    <center>
        <!--不设置图片的边框的图片-->
        <img src="images/1.jpg" />
        <!--同时设置图片的高度和宽度设置图片的边框为 3 像素-->
        <img src="images/1.jpg"   border="3"/>
    </center>
</body>
</html>
```

运行这段代码，效果如图 6.4 所示。可以看到在右侧图像的周围添加了边框的效果，边框的宽度为
3 像素。

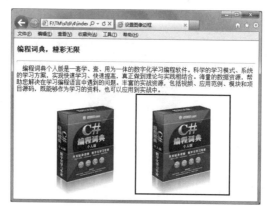

图 6.4　设置图像的边框

6.3.4 图像水平间距——hspace

如果不使用
标记或者<p>标记进行换行显示，那么添加的图像会紧跟在文字之后。而图像与文字之间的水平距离是可以通过 hspace 参数进行调整的。通过调整间距，可以使文字和图像的排版不那么拥挤，看上去更加协调。

语法

```
<img src="图像文件的地址" hspace="水平间距">
```

语法解释

在该语法中，src 是图像文件的地址，是不可缺少的。水平间距 hspace 属性的单位是像素。

【例 6.5】 实例代码。（实例位置：资源包\TM\sl\6\5）

```
<!DOCTYPE html>
<html>
<head>
<meta charset="utf-8">
<title>设置图像的水平间距</title>
</head>
<body>
    <h3>请选择您喜欢的头像：</h3>
    <hr size="2" />
    <!--在页面中居中插入 2 行图片-->
    <!--不设置图片水平间距的效果-->
    人物头像<img src="images/01.jpg" border="2" />
            <img src="images/02.jpg" border="2" />
            <img src="images/03.jpg" border="2" />
            <img src="images/04.jpg" border="2" />
    <br /><br />
    <!--设置图片的水平间距为 20 像素-->
    另外一组人物头像<img src="images/8.gif" border="2"    hspace="20"/>
                    <img src="images/9.gif" border="2"    hspace="20"/>
                    <img src="images/10.gif" border="2"   hspace="20"/>
                    <img src="images/11.gif" border="2"   hspace="20"/>
</body>
</html>
```

运行代码的效果如图 6.5 所示，其中第一组人物头像没有设置水平间距，图片和文字紧紧连在一起；在第二组头像设置了 20 像素的间距，图像与文字就显得不那么拥挤了。

图 6.5 设置图像的水平间距

6.3.5 图像垂直间距——vspace

图像和文字之间的距离是可以调整的，这个属性用来调整图像和文字之间的上下距离。此功能非常有用，有效地避免了网页上文字图像拥挤的排版。其单位默认为像素。

语法

```
<img src="图像文件的地址" vspace="垂直间距">
```

语法解释

在该语法中，vspace 属性的单位是像素。

【例 6.6】 实例代码。（实例位置：资源包\TM\sl\6\6）

```html
<!DOCTYPE html>
<html>
<head>
<meta charset="utf-8">
<title>设置图像的垂直间距</title>
</head>
<body>
    <img src="images/1.jpg" vspace="30" />编程词典个人版是一套学、查、用为一体的数字化学习编程软件。
科学的学习模式、系统的学习方案，实现快速学习、快速提高，真正做到理论与实践相结合。海量的数据资源，
帮助您解决在学习编程语言中遇到的问题。丰富的实战资源，包括视频、应用范例、模块和项目源码，既能够作
为学习的资料，也可以应用到实战中。
</body>
</html>
```

运行这段代码，效果如图 6.6 所示，为图像设置了 30 像素的垂直间距。

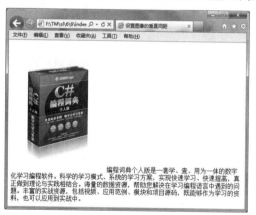

图 6.6　设置图像的垂直间距

6.3.6 图像相对于文字基准线的对齐方式——align

图像和文字之间的排列通过 align 参数来调整。图像的绝对对齐方式与相对文字的对齐方式不同，

绝对对齐方式包括左对齐、右对齐和居中对齐 3 种，而相对文字对齐方式则是指图像与一行文字的相对位置。

语法

```
<img src="图像文件的地址" align="相对文字的对齐方式">
```

语法解释

在该语法中，align 的取值如表 6.1 所示。

表 6.1　图像相对文字的对齐方式

align 取值	表示的含义
top	把图像的顶部和同行的最高部分对齐（可能是文本的顶部，也可能是图像的顶部）
middle	把图像的中部和行的中部对齐（通常是文本行的基线，并不是实际的行的中部）
bottom	把图像的底部和同行文本的底部对齐
texttop	把图像的顶部和同行中最高的文本的顶部对齐
absmiddle	把图像的中部和同行中最大项的中部对齐
baseline	把图像的底部和文本的基线对齐
absbottom	把图像的底部和同行中的最低项对齐
left	使图像和左边界对齐（文本环绕图像）
right	使图像和右边界对齐（文本环绕图像）

【例 6.7】　实例代码。（实例位置：资源包\TM\sl\6\7）

```
<!DOCTYPE html>
<html>
<head>
<meta charset="utf-8">
<title>设置图像与文字的相对位置</title>
</head>
<body>
    <font size="+3" color="#FF66CC">玫瑰的生长过程</font>
    <!--图像的底端与文字的底端对齐-->
    <img src="images/001.gif" align="bottom" />
        <!--图像的中间与文字的中间对齐-->
    <img src="images/002.gif" align="middle" />
        <!--图像的顶端与文字的顶端对齐-->
    <img src="images/003.gif" align="texttop" />
        <!--图像的中间与文字的中间对齐-->
    <img src="images/004.gif" align="absmiddle" />
        <!--图像的底端与文字的底端对齐-->
    <img src="images/005.gif" align="baseline"/>
</body>
</html>
```

运行这段代码，可以看到在水平线上面是文字与图像的相对垂直位置的变化效果，如图 6.7 所示。

图 6.7　设置图像与文字的相对位置

6.3.7　图像的提示文字——title

通过 title 属性可以为图像设置提示文字。当浏览网页时，如果图像下载完成，鼠标放在该图像上，鼠标旁边会出现提示文字。也就是说，当鼠标指向图像上方时，稍等片刻，可以出现图像的提示性文字，这用于说明或者描述图像。

语法

```
<img src="图像文件的地址" title="提示文字的内容">
```

语法解释

在该语法中，提示文字的内容可以是中文，也可以是英文。

【例 6.8】　实例代码。（实例位置：资源包\TM\sl\6\8）

```
<!DOCTYPE html>
<html>
<head>
<meta charset="utf-8">
<title>为图像添加提示文字</title>
</head>
<body>
    <h3>编程词典个人版简介</h3>
    <img src="images/1.jpg" hspace="20" align="left" title="编程词典个人版，是明日科技的今年主推的产品" />
简介：编程词典个人版是一套学、查、用为一体的数字化学习编程软件。科学的学习模式、系统的学习方案，实现快速学习、快速提高，真正做到理论与实践相结合。海量的数据资源，帮助您解决在学习编程语言中遇到的问题。丰富的实战资源，包括视频、应用范例、模块和项目源码，既能够作为学习的资料，也可以应用到实战中。
</body>
</html>
```

运行这段代码，当鼠标位于图像上面时可以看到添加的说明文字，如图 6.8 所示。

图 6.8 图像的提示文字

6.3.8 图像的替换文字——alt

如果图片由于下载或者路径的问题无法显示，也可以通过 alt 属性在图片的位置显示定义的替换文字。

语法

```
<img src="图像文件的地址" alt="替换文字的内容">
```

语法解释

在该语法中，替换文字的内容可以是中文，也可以是英文。

【例 6.9】 实例代码。（实例位置：资源包\TM\sl\6\9）

```
<!DOCTYPE html>
<html>
<head>
<meta charset="utf-8">
<title>为图像添加替换文字</title>
</head>
<body>
    <h3>编程词典个人版简介</h3>
    <img src="images/1.jpg" hspace="20" align="left" alt="编程词典个人版，是明日科技的今年主推的产品" />简
介：编程词典个人版是一套学、查、用为一体的数字化学习编程软件。科学的学习模式、系统的学习方案，实现
快速学习、快速提高，真正做到理论与实践相结合。海量的数据资源，帮助您解决在学习编程语言中遇到的问题。
丰富的实战资源，包括视频、应用范例、模块和项目源码，既能够作为学习的资料，也可以应用到实战中。
</body>
</html>
```

运行这段代码，由于图片路径的问题而使图片无法正常显示，因此在图片的位置显示了定义的替
换文字，如图 6.9 所示。

图 6.9 图片无法显示时的替换文字

视频讲解

6.4 图像的超链接

除了文字可以添加超链接之外，图像也可以设置超链接属性。而一幅图像可以切分成不同的区域设置链接，而这些区域被称为热区。因此一幅图像也就可以设置多个链接地址。

6.4.1 设置图像的超链接

对于给整个一幅图像文件设置超链接，实现的方法比较简单，其实现的方法与文本链接类似。

语法

```
<A href="链接地址" target="目标窗口的打开方式"><img src="图像文件的地址"></A>
```

语法解释

在该语法中，href 参数用来设置图像的链接地址，而在图像属性中可以添加图像的其他参数，如 height、border、hspace 等。

【例 6.10】 下面通过实例来讲解图像的超链接，该实例的第一个页面 index.html 是一个商品列表页面，该页面中有 3 个平板电脑图片，单击任意一个平板电脑图片，都可以链接至商品详情页面。(**实例位置：资源包\TM\sl\6\10**)

实例中 index.html 文件的代码如下。

```
<!DOCTYPE html>
<html>
<head>
<meta charset="utf-8">
<title>商品列表页面</title>
</head>
<link href="CSS/style.css" rel="stylesheet" type="text/css">
<body>
<div>
<!--添加导航信息-->
  <h3>    HUAWEI      智能手机    
 平板电脑    穿戴设备     智能家居   
联系我们   </h3>
  <img src="images/ad1.png" width="1200"><br>
<!--添加图片，并且为图片添加超链接-->
   <a href="link.html"><img src="images/pad1.jpg" alt=""></a> 
  <a href="link.html"><img src="images/pad2.jpg" alt=""></a> 
  <a href="link.html"><img src="images/pad3.jpg" alt=""></a>
<!--介绍商品信息-->
  <h4>华为揽月 M2 10.0 </h4><h4>华为平板 M3</h4><h4>HUAWEI MateBook</h4>
  <p>10.1 英寸大屏，高性能处理</p>
  <p>时尚外观，侧边指纹</p>
```

```
<p>生动心扉，时光映画</p><br><br><br><br><br>
  </div>
</body>
</html>
```

实例中 link.html 文件的代码如下。

```
<!DOCTYPE html>
<html>
<head>
<meta charset="utf-8">
<title>商品详情页面</title>
</head>
<link href="CSS/style.css" rel="stylesheet" type="text/css">
<body>
<div>
  <h3>    HUAWEI     智 能 手 机    
 平板电脑    穿戴设备     智能家居   
联系我们   </h3>
  <img src="images/ad2.png" width="1200"><br>
<img src="images/tw1.jpg" alt="">
 <img src="images/tw2.jpg" alt="">
 <img src="images/tw3.jpg" alt="">
 <img src="images/tw4.jpg" alt="">
 <img src="images/tw5.jpg" alt="">
  </div>
</body>
</html>
```

运行文件 index.html，可以看到打开的页面如图 6.10 所示。

在图像中单击，页面将会跳转到 link.html 文件中，效果如图 6.11 所示。

图 6.10　图像链接页面的效果

图 6.11　图像超链接的跳转页面

6.4.2　设置图像热区链接

除了对整个图像进行超链接的设置外，还可以将图像划分成不同的区域进行链接设置。而包含热区的图像也可以称为映射图像。

语法

首先需要在图像文件中设置映射图像名，在图像的属性中使用<usemap>标记添加图像要引用的映射图像的名称如下。

```
<img src="图像地址" usemap="映射图像名称">
```

然后需要定义热区图像以及热区的链接属性如下。

```
<map name="映射图像名称">
    <area shape="热区形状" coords="热区坐标" href="链接地址" />
</map>
```

语法解释

在该语法中要先定义映射图像的名称，然后再引用这个映射图像。在<area>标记中定义了热区的位置和链接，其中 shape 用来定义热区形状，可以取值为 rect（矩形区域）、circle（圆形区域）以及 poly（多边形区域）；coords 参数则用来设置区域坐标，对于不同形状来说，coords 设置的方式也不同。

对于矩形区域 rect 来说，coords 包含 4 个参数，分别为 left、top、right 和 bottom，也可以将这 4 个参数看作矩形两个对角的点坐标；对于圆形区域 circle 来说，coords 包含 3 个参数，分别为 center-x、center-y 和 tadius，也可以看作是圆形的圆心坐标（x，y）与半径的值；对于多边形区域 poly 设置坐标参数比较复杂，与多边形的形状息息相关。coords 参数需要按照顺序（可以是逆时针，也可以是顺时针）取各个点的 x，y 坐标值。

【例 6.11】　实现明日学院明星讲师界面效果，单击图片不同位置，页面跳转至不同讲师的主页。由于定义坐标比较复杂而且难以控制，一般会借助可视化软件定义热区的坐标，此处不再演示。（**实例位置：资源包\TM\sl\6\11**）

编写一个 HTML 文件，代码如下。

```
<!DOCTYPE html>
<html>
<head>
    <meta charset="utf-8">
    <title>给图像添加热区链接</title>
</head>
<body>
<img src="images/img.png" alt="" usemap="#map">
<map name="map" id="map">
    <area shape="rect" coords="10,10,385,242" href="images/1.png"/>          <!--第一部分-->
    <area shape="rect" coords="396,0,791,160" href="images/2.png"/>          <!--第二部分-->
```

```
    <area shape="rect" coords="802,15,1166,201" href="images/3.png"/>       <!--第三部分-->
    <area shape="rect" coords="12,260,385,492" href="images/4.png"/>        <!--第四部分-->
    <area shape="rect" coords="493,293,780,492" href="images/5.png"/>       <!--第五部分-->
    <area shape="rect" coords="792,332,1166,504" href="images/6.png"/>      <!--第六部分-->
    <area shape="rect" coords="817,215,1166,332" href="images/7.png"/>      <!--第七部分-->
</map>
</body>
</html>
```

编写完代码后，在浏览器中运行本实例，可看到页面效果如图 6.12 所示。

图 6.12　图像热区链接实例效果

单击图中的不同位置，页面会跳转至不同的图片，例如单击图中第二部分方框内的任意位置，页面都会跳转至第二位明星讲师的主页图片，如图 6.13 所示。同样单击其他区域，页面会跳转至其他讲师主页图片。

图 6.13　单击热区跳转页面

6.5 小　　结

图片是丰富多彩的网页必不可少的元素。本章主要讲解了如何在 HTML 中添加图像，并对图像进行相关的设置。在本章的最后讲解了图像的超链接。掌握了本章的内容，会对图像的操作应对自如。图像在网页中占有举足轻重的地位，绚丽网站的建立离不开图像。所以读者要仔细学习本章内容，并能熟练应用。

6.6 习　　题

选择题

1. HTML 代码<img src="name" align=?>表示（　　　）。
　　A. 添加一个图像　　　　　　　　　　　B. 排列对齐一个图像
　　C. 设置围绕一个图像的边框的大小　　　D. 加入一条水平线
2. HTML 代码<img src="name" border=?>表示（　　　）。
　　A. 添加一个图像　　　　　　　　　　　B. 排列对齐一个图像
　　C. 设置围绕一个图像的边框的大小　　　D. 加入一条水平线
3. 设置围绕一个图像的边框的大小的标记是（　　　）。
　　A. <img src="name" border=?></img>　　B. <img src="name" border=?>
　　C. <img src="name" heigh=?>　　　　　　D. <img src="name" bordersize=?>
4. "HTML 语言中，插入图像的 HTML 代码是<img src="">，其中 src 的含义是（　　　）。
　　A. 链接的地址　　　　　　　　　　　　B. 图像的路径
　　C. 所插入图像的属性　　　　　　　　　D. 以上都正确
5. 在设置图像超链接时，可以在 Alt 文本框中填入注释的文字，下面不是其作用是（　　　）。
　　A. 当浏览器不支持图像时，使用文字替换图像
　　B. 当鼠标移到图像并停留一段时间后，这些注释文字将显示出来
　　C. 在浏览者关闭图像显示功能时，使用文字替换图像
　　D. 每过一段时间图像上都会定时显示注释的文字
6. 下面对 JPEG 格式描述不正确的一项是（　　　）。
　　A. 照片、油画和一些细腻、讲求色彩浓淡的图片常采用 JPEG 格式
　　B. JPEG 支持很高的压缩率，因此其图像的下载速度非常快
　　C. 最高只能以 256 色显示的用户可能无法观看 JPEG 图像
　　D. 采用 JPEG 格式对图片进行压缩后，还能再打开图片，然后对它重新整饰、编辑、压缩

判断题

7．常用的网页图像格式有 gif 和 jpg。（　　　）

8．HTML 语言可以直接描述图像上的像素。（　　　）

填空题

9．插入图片 <img src="图形文件名">标记符中的 src 英文单词是_____。

10．设定图片上下留空的属性是_____；设定图片左右留空的属性是_____。

第 7 章

表格的应用

（ 📹 视频讲解：46分钟 ）

表格是 HTML 的一项非常重要的功能，利用其多种属性能够设计出多样化的表格，可以说表格是网页排版的灵魂。同时由于表格包含的功能比较多，因此需要读者认真学习才能掌握。

通过阅读本章，您可以：

▶▶ 掌握表格的建立

▶▶ 熟悉表格的属性设置

▶▶ 熟悉表格的结构

▶▶ 掌握表格嵌套

▶▶ 熟练掌握表格的应用

视频讲解

7.1 创 建 表 格

表格是用于排列内容的最佳手段，在 HTML 页面中，绝大多数页面都是使用表格进行排版的。在 HTML 的语法中，表格主要通过 3 个标记来构成，即表格标记、行标记、单元格标记。

表格中 3 个标记的说明如表 7.1 所示。

表 7.1 表格标记

标　　记	描　　述
\<table\>...\</table\>	表格标记
\<tr\>...\</tr\>	行标记
\<td\>...\</td\>	设置所使用的脚本语言，此属性已代替 language 属性

7.1.1 表格的基本构成——table、tr、td

表格常用来对页面进行排版，在表格中一般通过 3 个标记来构建，分别是表格标记、行标记和单元格标记。其中表格标记是\<table\>...\</table\>，表格的其他各种属性都要在表格的开始标记\<table\>和表格的结束标记\</table\>之间才有效。下面首先介绍如何创建表格。

语法

```
<table>
    <tr>
        <td>单元格内的文字</td>
        <td>单元格内的文字<td>
        ...
    </tr>
    <tr>
        <td>单元格内的文字</td>
        <td>单元格内的文字</td>
        ...
    </tr>
    ...
</table>
```

语法解释

\<table\>标记和\</table\>标记分别标志着一个表格的开始和结束；而\<tr\>和\</tr\>则分别表示表格中一行的开始和结束，在表格中包含几组\<tr\>...\</tr\>，就表示该表格为几行；\<td\>和\</td\>表示一个单元格的开始和结束，包含几组就表示一行中包含了几列。

实例代码

```
<!DOCTYPE html>
<html>
```

```
<head>
<meta charset="utf-8">
</head>
<body>
    <h3>下面插入了一个表格</h3>
    <table>
        <tr>
            <td>这是表格中的第一个单元格</td>
            <td>第一行中的第二个单元格<td>
        </tr>
        <tr>
            <td>这是表格的第二行</td>
            <td>第二行中的第二个单元格</td>
        </tr>
    </table>
</body>
</html>
```

运行这段代码，可以看到在网页中添加了一个两行两列的表格，但是这个表格没有边框线，如图 7.1 所示。

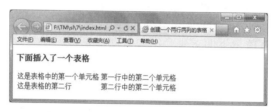

图 7.1　添加表格

7.1.2　设置表格的标题——caption

表格中除了<td>和</td>可用来设置表格的单元格外，还可以通过 caption 来设置特殊的一种单元格——标题单元格。表格的标题一般位于整个表格的第一行，为表格标识一个标题行，如同在表格上方加一个没有边框的行，通常用来存放表格标题。

语法

```
<caption>表格的标题</caption>
```

实例代码

```
<!DOCTYPE html>
<html>
<head>
<meta charset="utf-8">
</head>
<body>
    <h3>下面插入了一个表格</h3>
```

```
    <table>
        <caption>添加表格的实例</caption>
        <tr>
            <td>这是表格中的第一个单元格</td>
            <td>第一行中的第二个单元格<td>
        </tr>
        <tr>
            <td>这是表格的第二行</td>
            <td>第二行中的第二个单元格</td>
        </tr>
    </table>
</body>
</html>
```

运行这段代码，看到在表格内容的上方一行添加了一个标题“添加表格的实例”，这一行标题默认情况下居中显示，如图 7.2 所示。

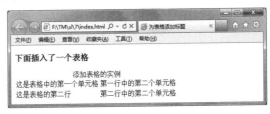

图 7.2　添加表格的标题

7.1.3　表格的表头——th

在表格中还有一种特殊的单元格，称为表头。表格的表头一般位于第一行和第一列，用来表明这一行的内容类别，用<th>和</th>标记来表示。表格的表头与<td>标记使用方法相同，但是表头的内容是加粗显示的。

语法

```
<!DOCTYPE html>
<html>
<head>
<meta charset="utf-8">
</head>
<body>
    <table>
        <tr>
            <th>表格的表头</th>
            <th>表格的表头</th>
            ...
        </tr>
        <tr>
            <td>单元格内的文字</td>
            <td>单元格内的文字</td>
```

```
                ...
        </tr>
            ...
    </table>
</body>
</html>
```

实例代码

```
<!DOCTYPE html>
<html>
<head>
<meta charset="utf-8">
</head>
<body>
    <h3>下面公布了某中学期中考试的成绩：</h3>
    <table>
        <caption>期中考试成绩表</caption>
        <tr>
            <th>姓名</th>
            <th>语文</th>
            <th>数学</th>
            <th>英语</th>
            <th>物理</th>
            <th>化学</th>
        </tr>
        <tr>
            <td>李 1</td>
            <td>94</td>
            <td>89</td>
            <td>87</td>
            <td>56</td>
            <td>97</td>
        </tr>
        <tr>
            <td>孙 2</td>
            <td>94</td>
            <td>87</td>
            <td>84</td>
            <td>86</td>
            <td>87</td>
        </tr>
        <tr>
            <td>王 1</td>
            <td>82</td>
            <td>84</td>
            <td>87</td>
            <td>86</td>
            <td>77</td>
        </tr>
```

```
    </table>
</body>
</html>
```

运行程序，看到在表格中包含一行加粗字体，这就是表格的表头，如图 7.3 所示。

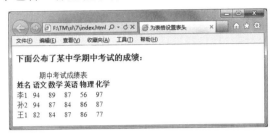

图 7.3　表格的表头

7.2　设置表格基本属性

视频讲解

表格的基本属性包括表格的大小和对齐方式，下面将一一加以说明。

7.2.1　设置表格宽度——width

默认情况下，表格的宽度是根据内容自动调整，也可以手动设置表格的宽度。

语法

```
<table width=表格宽度>
```

语法解释

表格宽度的值可以是具体的像素值，也可以设置为浏览器的百分比数。

实例代码

```
<!DOCTYPE html>
<html>
<head>
<meta charset="utf-8">
<title>设置表格的宽度</title>
</head>
<body>
<!--设置表格的宽度为 60%-->
<table width="60%">
        <caption>期中考试成绩表</caption>
        <tr>
            <th>姓名</th>
            <th>语文</th>
```

```
            <th>数学</th>
            <th>英语</th>
            <th>物理</th>
            <th>化学</th>
        </tr>
        <tr>
            <td>李 1</td>
            <td>94</td>
            <td>89</td>
            <td>87</td>
            <td>56</td>
            <td>97</td>
        </tr>
        <tr>
            <td>孙 2</td>
            <td>94</td>
            <td>87</td>
            <td>84</td>
            <td>86</td>
            <td>87</td>
        </tr>
        <tr>
            <td>王 1</td>
            <td>82</td>
            <td>84</td>
            <td>87</td>
            <td>86</td>
            <td>77</td>
        </tr>
    </table>
</body>
</html>
```

运行这段代码，看到表格的效果如图 7.4 所示。调整浏览器的宽度后，表格的宽度也会随之变化，如图 7.5 所示。

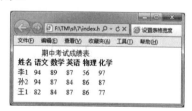

图 7.4　页面运行初始效果

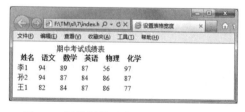

图 7.5　调整浏览器宽度后的表格效果

 说明

如果将表格中的宽度值设置为固定的像素值，那么当浏览器大小变化时，表格不会随之变化。

7.2.2　设置表格高度——height

设置表格高度的方法与设置表格宽度的方法相同，也可以将表格的高度设置为浏览器高度的百分比或者是固定的像素值。

语法

```
<table height=表格高度>
```

实例代码

```
<!DOCTYPE html>
<html>
<head>
<meta charset="utf-8">
<title>设置表格的宽度与高度</title>
</head>
<body>
<!--设置表格的宽度为 400，高度为 400-->
<table width="400" height="400">
        <caption>期中考试成绩表</caption>
        <tr>
            <th>姓名</th>
            <th>语文</th>
            <th>数学</th>
            <th>英语</th>
            <th>物理</th>
            <th>化学</th>
        </tr>
        <tr>
            <td>李 1</td>
            <td>94</td>
            <td>89</td>
            <td>87</td>
            <td>56</td>
            <td>97</td>
        </tr>
        <tr>
            <td>孙 2</td>
            <td>94</td>
            <td>87</td>
            <td>84</td>
            <td>86</td>
            <td>87</td>
        </tr>
        <tr>
            <td>王 1</td>
            <td>82</td>
            <td>84</td>
            <td>87</td>
```

```
            <td>86</td>
            <td>77</td>
        </tr>
    </table>
</body>
</html>
```

运行这段代码，可以看到由于将表格高度设为了固定的像素值，无论浏览器如何变化，表格的高度都保持不变，如图 7.6 所示。

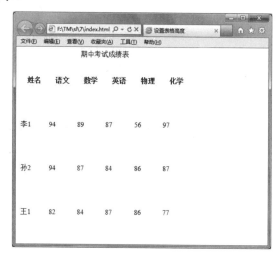

图 7.6　设置表格的高度

7.2.3　设置表格对齐方式——align

表格的对齐方式用于设置整个表格在网页中的位置。

语法

```
<table align="表格对齐方式">
```

语法解释

align 参数可以取值为 left（左对齐）、center（居中）或者 right（右对齐）。

实例代码

```
<!DOCTYPE html>
<html>
<head>
<meta charset="utf-8">
<title>设置表格对齐方式</title>
</head>
<body>
<table align="center" width="600">
    <caption>明日公司员工通讯录</caption>
```

```
    <tr>
    <th>姓名</th>
    <th>地址</th>
    <th>电话</th>
    <th>电子邮件</th>
    </tr>
    <tr>
    <td>李小米</td>
    <td>长春市天富家园</td>
    <td>1556705****</td>
    <td>1556705****@qq.com</td>
    </tr>
    <tr>
    <td>刘笑笑</td>
    <td>长春市明珠</td>
    <td>1556705****</td>
    <td>1556705****@qq.com</td>
    </tr>
</table>
</body>
</html>
```

运行这段代码，可以看到表格的内容居中显示，如图 7.7 所示。

图 7.7　设置表格的对齐方式

7.3　设置表格的边框

表格除了设置基本属性外，还可以设置边框效果，包括颜色、宽度等。

7.3.1　表格边框宽度——border

默认情况下，表格是不显示边框的。为了使表格更加清晰，可以使用 border 参数设置边框的宽度。

语法

```
<table border="边框宽度">
```

语法解释

只有设定了 border 参数，且其值不为 0，在网页中才能显示出表格的边框。border 的单位为像素。

145

实例代码

```
<!DOCTYPE html>
<html>
<head>
<meta charset="utf-8">
<title>设置表格边框</title>
</head>
<body>
<table align="center" width="600" border="1">
    <caption>明日公司员工通讯录</caption>
    <tr>
    <th>姓名</th>
    <th>地址</th>
    <th>电话</th>
    <th>电子邮件</th>
    </tr>
    <tr>
    <td>李小米</td>
    <td>长春市天富家园</td>
    <td>1556705****</td>
    <td>1556705****@qq.com</td>
    </tr>
    <tr>
    <td>刘笑笑</td>
    <td>长春市明珠</td>
    <td>1556705****</td>
    <td>1556705****@qq.com</td>
    </tr>
</table>
</body>
</html>
```

运行程序，表格的边框宽度为 1 像素，效果如图 7.8 所示。由于第一行"明日公司员工通讯录"为表格的标题，因此其周围并没有边框。

图 7.8　设置表格的边框

7.3.2　表格边框颜色——bordercolor

默认情况下，边框的颜色是灰色的，为了让表格更鲜明，可以使用 bordercolor 参数设置不同的表格边框颜色。但是设置边框颜色的前提是边框宽度不能为 0，否则无法显示出应有的效果。

语法

```
<table border=边框宽度  bordercolor="边框颜色">
```

语法解释

在该语法中，边框宽度不能为 0，边框颜色为 16 位颜色代码。

【例 7.1】　实例代码。（实例位置：资源包\TM\sl\7\1）

```html
<!DOCTYPE html>
<html>
<head>
<meta http-equiv="content-type" content="text/html;charset=utf-8" />
<title>设置表格边框颜色</title>
</head>
<body>
<table align="center" width="600" border="1" bordercolor="#0099FF">
    <caption>明日公司员工通讯录</caption>
    <tr>
        <th>姓名</th>
        <th>地址</th>
        <th>电话</th>
        <th>电子邮件</th>
    </tr>
    <tr>
        <td>李小米</td>
        <td>长春市天富家园</td>
        <td>1556705****</td>
        <td>1556705****@qq.com</td>
    </tr>
    <tr>
        <td>刘笑笑</td>
        <td>长春市明珠</td>
        <td>1556705****</td>
        <td>1556705****@qq.com</td>
    </tr>
</table>
</body>
</html>
```

运行这段代码，看到表格的边框颜色发生了变化，如图 7.9 所示。

图 7.9　设置表格边框颜色

7.3.3　内框宽度——cellspacing

表格的内框宽度是指表格内部各个单元格之间的宽度。

语法

```
<table cellspacing="内框宽度" >
```

语法解释

内框宽度的单位为像素。

【例 7.2】　实例代码。（实例位置：资源包\TM\sl\7\2）

```
<!DOCTYPE html>
<html>
<head>
<meta charset="utf-8">
<title>设置表格内框宽度</title>
</head>
<body>
<table align="center" width="600" cellspacing="10"    border="1">
    <caption>明日公司员工通讯录</caption>
    <tr>
    <th>姓名</th>
    <th>地址</th>
    <th>电话</th>
    <th>电子邮件</th>
    </tr>
    <tr>
    <td>李小米</td>
    <td>长春市天富家园</td>
    <td>1556705****</td>
    <td>1556705****@qq.com</td>
    </tr>
    <tr>
    <td>刘笑笑</td>
    <td>长春市明珠</td>
    <td>1556705****</td>
    <td>1556705****@qq.com</td>
    </tr>
</table>
</body>
</html>
```

运行这段代码，可以看到表格中的单元格距离被拉大了，如图 7.10 所示。

图 7.10 设置内框宽度

7.3.4 表格内文字与边框间距——cellpadding

在默认情况下，表格内的文字会紧贴着表格的边框，这样看上去非常拥挤。可以使用 cellpadding 参数来调整这一距离。

语法

<table cellpadding ="文字与边框的距离" >

语法解释

文字与边框的距离以像素为单位，一般可以根据需要设置，但要注意不能过大。因为这个值不只对左右距离有效，同时也设置了上下边框与文字的间隔。

【例 7.3】 实例代码。（实例位置：资源包\TM\sl\7\3）

```
<!DOCTYPE html>
<html>
<head>
<meta charset="utf-8">
<title>设置表格内文字与边框间距</title>
</head>
<body>
<table align="center" border="1" bordercolor="#FF6633" width="600" cellspacing="3" cellpadding="10">
    <caption>明日公司员工通讯录</caption>
    <tr>
    <th>姓名</th>
    <th>地址</th>
    <th>电话</th>
    <th>电子邮件</th>
    </tr>
    <tr>
    <td>李小米</td>
    <td>长春市天富家园</td>
    <td>1556705****</td>
    <td>1556705****@qq.com</td>
    </tr>
    <tr>
    <td>刘笑笑</td>
```

```
<td>长春市明珠</td>
<td>1556705****</td>
<td>1556705****@qq.com</td>
</tr>
</table>
</body>
</html>
```

运行这段代码，效果如图 7.11 所示。

图 7.11　设置文字与边框的距离

视频讲解

7.4　设置表格背景

为了凸显表格，还可以为表格设置与页面不同的背景。

7.4.1　设置表格背景颜色——bgcolor

设置表格背景，最简单的就是给表格设置背景颜色。

语法

```
<table bgcolor="颜色代码">
```

【例 7.4】　实例代码。(**实例位置：资源包\TM\sl\7\4**)

```
<!DOCTYPE html>
<html>
<head>
<meta charset="utf-8">
<title>设置表格背景颜色</title>
</head>
<body>
<table  bgcolor="#FFCC66"  align="center"  border="1"  bordercolor="#FF6633"  width="600"  cellspacing="3"
cellpadding="10">
    <caption>明日公司员工通讯录</caption>
    <tr>
    <th>姓名</th>
```

150

```
<th>地址</th>
<th>电话</th>
<th>电子邮件</th>
</tr>
<tr>
<td>李小米</td>
<td>长春市天富家园</td>
<td>1556705****</td>
<td>1556705****@qq.com</td>
</tr>
<tr>
<td>刘笑笑</td>
<td>长春市明珠</td>
<td>1556705****</td>
<td>1556705****@qq.com</td>
</tr>
</table>
</body>
</html>
```

运行这段代码，可以看到给表格设置了橘黄色的背景，如图 7.12 所示。

图 7.12　设置表格背景颜色

7.4.2　设置表格的背景图像——background

除了背景颜色之外，我们还可以为表格设置背景图像，让表格更加绚丽。

语法

```
<table background= "背景图片的地址">
```

语法解释

背景图片的地址可以设置为相对地址，也可以设置为绝对地址。

【**例 7.5**】　实例代码。（**实例位置：资源包\TM\sl\7\5**）

```
<!DOCTYPE html>
<html>
<head>
<meta charset="utf-8">
<title>设置表格背景图像</title>
```

```
</head>
<body>
<table background="../images/1.png" align="center" border="1" bordercolor="#FF6633" width="600" cellspacing=
"3" cellpadding="10">
    <caption>明日公司员工通讯录</caption>
    <tr>
    <th>姓名</th>
    <th>地址</th>
    <th>电话</th>
    <th>电子邮件</th>
    </tr>
    <tr>
    <td>李小米</td>
    <td>长春市天富家园</td>
    <td>1556705****</td>
    <td>1556705****@qq.com</td>
    </tr>
    <tr>
    <td>刘笑笑</td>
    <td>长春市明珠</td>
    <td>1556705****</td>
    <td>1556705****@qq.com</td>
    </tr>
</table>
</body>
</html>
```

运行这段代码，可以看到表格的背景图像如图 7.13 所示。

图 7.13　设置表格的背景图像

视频讲解

7.5　设置表格的行属性

设定了表格的整体属性后，还可以对表格的单独一行进行属性设置。

7.5.1　高度的控制——height

在网页中常常遇到一些表格中某一行高度和其他行不同的情况，这时就需要使用 height 参数。

语法

```
<tr height="表格中某行高度">
```

语法解释

这一参数只对设置的这一行有效。

【例7.6】 实例代码。（**实例位置：资源包\TM\sl\7\6**）

```html
<!DOCTYPE html>
<html>
<head>
<meta charset="utf-8">
<title>设置行高度</title>
</head>
<body>
    <table   border="1" bordercolor="#FF0000" cellpadding="5">
        <caption>我国著名诗人——李白</caption>
        <tr height="100">
            <td>诗名</td>
            <td>登金陵凤凰台</td>
        </tr>
        <tr>
            <td>内容</td>
            <td>
            凤凰台上凤凰游， 凤去台空江自流。
            吴宫花草埋幽径，晋代衣冠成古丘。
            三山半落青天外，二水中分白鹭洲。
            总为浮云能蔽日， 长安不见使人愁。
            </td>
        </tr>
    </table>
</body>
</html>
```

运行程序，效果如图7.14所示。在图中，第1行设置了100像素的高度，第2行没有设置高度值，是表格的默认高度。

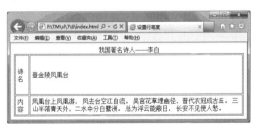

图7.14　设置行高度

7.5.2　边框颜色——bordercolor

与表格相同，对表格的行来说，也可以单独设置其外框颜色。

语法

```
<tr bordercolor="颜色代码">
```

【例 7.7】　实例代码。（**实例位置：资源包\TM\sl\7\7**）

```html
<!DOCTYPE html>
<html>
<head>
<meta charset="utf-8">
<title>设置行的边框颜色</title>
</head>
<body>
    <table width="500" border="1" bordercolor="#0000FF">
        <caption>某公司员工工资</caption>
        <tr>
            <th>姓名</th>
            <th>基本工资</th>
            <th>岗位工资</th>
            <th>绩效工资</th>
            <th>工龄工资</th>
        </tr>
        <tr bordercolor="#FF0000" >
            <td>李 1</td>
            <td>1000</td>
            <td>600</td>
            <td>800</td>
            <td>400</td>
        </tr>
        <tr>
        <td>王 2</td>
            <td>800</td>
            <td>600</td>
            <td>800</td>
            <td>200</td>
        </tr>
    </table>
</body>
</html>
```

运行代码，效果如图 7.15 所示。其中第 2 行的表格边框颜色是单独设置的（见资源包示例效果），与整个表格不同。这种方法常常用来突出显示表格中的某一行。

图 7.15　设置行的边框颜色

154

7.5.3　行背景——bgcolor、background

与设置行的边框颜色相同，行的背景色也可以单独设置。

语法

```
<tr bgcolor="颜色代码">
```

【例 7.8】　实例代码。（**实例位置：资源包\TM\sl\7\8**）

```html
<!DOCTYPE html>
<html>
<head>
<meta charset="utf-8">
<title>设置行的背景颜色</title>
</head>
<body>
    <table width="500" border="1" bordercolor="#0000FF">
        <caption>某公司员工工资</caption>
        <tr bgcolor="#33FFFF">
            <th>姓名</th>
            <th>基本工资</th>
            <th>岗位工资</th>
            <th>绩效工资</th>
            <th>工龄工资</th>
        </tr>
        <tr bordercolor="#FF0000" >
            <td>李 1</td>
            <td>1000</td>
            <td>600</td>
            <td>800</td>
            <td>400</td>
        </tr>
        <tr>
        <td>王 2</td>
            <td>800</td>
            <td>600</td>
            <td>800</td>
            <td>200</td>
        </tr>
    </table>
</body>
</html>
```

运行代码，表格的第一行设置了单独的背景色，如图 7.16 所示。

图 7.16　设置行的背景色

7.5.4 行文字的水平对齐方式——align

表格中也可以为单独的一行设置特殊水平对齐方式。

语法

```
<tr align="水平对齐方式">
```

语法解释

这里水平对齐方式包含 3 种，分别为 left、center 和 right。

【例 7.9】 实例代码。（实例位置：资源包\TM\sl\7\9）

```html
<!DOCTYPE html>
<html>
<head>
<meta charset="utf-8">
<title>设置行的水平对齐</title>
</head>
<body>
    <table width="500" border="1" bordercolor="#0000FF">
        <caption>某公司员工工资</caption>
        <tr bgcolor="#33FFFF">
            <th>姓名</th>
            <th>基本工资</th>
            <th>岗位工资</th>
            <th>绩效工资</th>
            <th>工龄工资</th>
        </tr>
        <tr align="left"bordercolor="#FF0000" >
            <td>李 1</td>
            <td>1000</td>
            <td>600</td>
            <td>800</td>
            <td>400</td>
        </tr>
        <tr align="right">
            <td >王 2</td>
            <td>800</td>
            <td>600</td>
            <td>800</td>
            <td>200</td>
        </tr>
    </table>
</body>
</html>
```

运行代码，效果如图 7.17 所示，第 2 行为左对齐，第 3 行为右对齐。

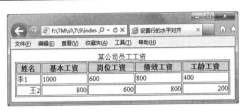

图 7.17　设置行的水平对齐方式

7.5.5　行文字的垂直对齐方式——valign

表格中也可以为单独的一行设置特殊垂直对齐方式。

语法

```
<tr valign="垂直对齐方式">
```

语法解释

这里垂直对齐方式可以取的值包含 3 种，分别为 top（靠上）、middle（居中）和 bottom（靠下）。

【例 7.10】　实例代码。（**实例位置：资源包\TM\sl\7\10**）

```html
<!DOCTYPE html>
<html>
<head>
<meta charset="utf-8">
<title>设置行的垂直对齐方式</title>
</head>
<body>
    <table border="1" bordercolor="#FF0000" cellpadding="5">
        <caption>我国著名诗人——李白</caption>
        <tr height="100" valign="top">
            <td>诗名</td>
            <td>登金陵凤凰台</td>
        </tr>
        <tr>
            <td>内容</td>
            <td height="100" valign="bottom">
            凤凰台上凤凰游，　凤去台空江自流。
            吴宫花草埋幽径，晋代衣冠成古丘。
            三山半落青天外，二水中分白鹭洲。
            总为浮云能蔽日，　长安不见使人愁。
            </td>
        </tr>
    </table>
</body>
</html>
```

运行代码，效果如图 7.18 所示。其中第 1 行为顶端对齐，第 2 行为底端对齐。

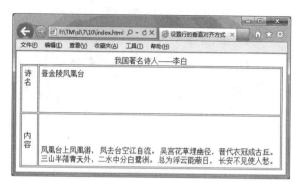

图 7.18　设置行文字的垂直对齐效果

7.5.6　设置表格标题的垂直对齐方式——align

表格标题是一种特殊的行，这种行没有边框，但是依然可以设置对齐方式，包括设置水平对齐方式和垂直对齐方式。

由于表格标题也是行的一种，其水平对齐方式的设置与其他行相同，通过 align 参数来设置，这里不再重复说明。

此处讲解一下标题的垂直对齐方式，虽然同样适用 align 参数来设置，但与其他行不同的是，标题的垂直对齐方式是指标题位于表格的上方或下方。

语法

```
<caption align="垂直对齐方式">表格的标题</caption>
```

语法解释

这里垂直对齐方式的值可以是 top 或者 bottom。取值为 top，是将标题文字设置在表格的上方；取值为 bottom，是将标题文字设置在表格的下方。

【**例 7.11**】　实例代码。（**实例位置：资源包\TM\sl\7\11**）

```
<!DOCTYPE html>
<html>
<head>
<meta charset="utf-8">
<title>设置表格标题的垂直对齐方式</title>
</head>
<body>
    <table width="500" border="1" bordercolor="#0000FF">
        <caption align="bottom">某公司员工工资</caption>
        <tr bgcolor="#33FFFF">
            <th>姓名</th>
            <th>基本工资</th>
            <th>岗位工资</th>
            <th>绩效工资</th>
            <th>工龄工资</th>
```

```
        </tr>
        <tr align="left"bordercolor="#FF0000" >
            <td>李 1</td>
            <td>1000</td>
            <td>600</td>
            <td>800</td>
            <td>400</td>
        </tr>
        <tr>
            <td >王 2</td>
            <td>800</td>
            <td>600</td>
            <td>800</td>
            <td>200</td>
        </tr>
    </table>
</body>
</html>
```

运行代码，效果如图 7.19 所示。

图 7.19　设置表格标题的垂直对齐方式

视频讲解

7.6　调整单元格属性

表格中另外一种元素就是单元格，单元格的属性标记和行标记非常相似。

7.6.1　单元格大小——width、height

默认情况下，单元格的大小会根据内容自动调整，也可以进行手动调整。

语法

<td width="单元格宽度" height="单元格高度">

语法解释

单元格高度和宽度的单位是像素，而对一个单元格的设置往往会影响多个单元格。例如设置了第 1 行的第 1 个单元格的宽度，其他行的第 1 个单元格宽度往往也会随之变化。

【**例 7.12**】　实例代码。（**实例位置：资源包\TM\sl\7\12**）

<!DOCTYPE html>

```html
<html>
<head>
<meta charset="utf-8">
<title>设置单元格大小</title>
</head>
<body>
    <table    border="1" bordercolor="#0000FF">
        <caption>某电器商的销售情况</caption>
        <tr bgcolor="#33FFFF">
            <td width="60" height="50">销售对象</td>
            <td width="150">类别</td>
            <td>产品型号</td>
            <td>数量</td>
            <td>单价</td>
        </tr>
        <tr>
            <td height="40">单位</td>
            <td>台式电脑</td>
            <td width="100">mm260</td>
            <td>6</td>
            <td>2500</td>
        </tr>
        <tr>
            <td >个人</td>
            <td width="100" height="40">笔记本电脑</td>
            <td>kkk445</td>
            <td>2</td>
            <td>6000</td>
        </tr>
    </table>
</body>
</html>
```

运行代码，效果如图 7.20 所示

图 7.20　设置单元格大小

7.6.2　水平跨度——colspan

单元格水平跨度是指在复杂的表格结构中，有些单元格是跨多个列的。

语法

<td colspan="跨的列数">

语法解释

在这里跨的列数就是这个单元格所跨列的个数。

【例 7.13】　实例代码。（实例位置：资源包\TM\sl\7\13）

```html
<!DOCTYPE html>
<html>
<head>
<meta charset="utf-8">
<title>设置单元格列跨度</title>
</head>
<body>
    <table width="550" border="1" bgcolor="#00FFFF" cellspacing="0" cellpadding="5">
        <tr>
            <td colspan="3" align="center">古诗介绍</td>
        </tr>
        <tr align="center">
            <td>作者</td>
            <td>诗名</td>
            <td>具体内容</td>
        </tr>
        <tr align="center">
            <td>王维</td>
            <td>积雨辋川庄作</td>
            <td>
            积雨空林烟火迟，蒸藜炊黍饷东菑。
            漠漠水田飞白鹭，阴阴夏木啭黄鹂。
            山中习静观朝槿，松下清斋折露葵。
            野老与人争席罢，海鸥何事更相疑？
            </td>
        </tr>
    </table>
</body>
</html>
```

运行代码，如图 7.21 所示"古诗介绍"单元格跨 3 列的显示效果。

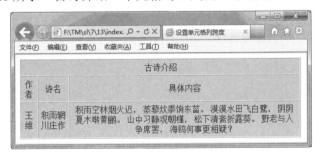

图 7.21　设置单元格列跨度

7.6.3 垂直跨度——rowspan

单元格除了可以在水平方向上跨列，还可在垂直方向上跨行。跨行设置需要使用 rowspan 参数。

语法

```
<td rowspan="单元格跨行数">
```

语法解释

与水平跨度相对应，rowspan 设置的是单元格在垂直方向上跨行的个数。

【**例 7.14**】 实例代码。（**实例位置：资源包\TM\sl\7\14**）

```
<!DOCTYPE html>
<html>
<head>
<meta charset="utf-8">
<title>设置单元格行跨度</title>
</head>
<body>
    <table border="1" bordercolor="#00CCFF" cellspacing="0" cellpadding="5">
        <caption>某网上书店销售分类</caption>
        <tr bgcolor="#CC99FF">
            <td width="130">类别</td>
            <td width="290">子类别</td>
        </tr>
        <tr>
            <td rowspan="3">电脑书籍</td>
            <td>编程类</td>
        </tr>
        <tr>
            <td>图形图像类</td>
        </tr>
        <tr>
            <td>数据库类</td>
        </tr>
        <tr>
            <td rowspan="2">考试专区</td>
            <td>中考高考</td>
        </tr>
        <tr>
            <td>考研类</td>
        </tr>
    </table>
</body>
</html>
```

运行代码，效果如图 7.22 所示。

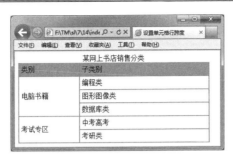

图 7.22　设置单元格的行跨度

7.6.4　对齐方式——align、valign

单元格的对齐方式设置与行的对齐方式设置方法相似。

语法

```
<td align="水平对齐方式" valign="垂直对齐方式">
```

语法解释

在该语法中，水平对齐方式的取值可以是 left、center 或 right；垂直对齐方式的取值可以是 top、middle 或 bottom。

实例代码

```html
<!DOCTYPE html>
<html>
<head>
<meta charset="utf-8">
<title>设置单元格的对齐方式</title>
</head>
<body>
    <table border="1" bordercolor="#0000FF">
        <caption>某电器商的销售情况</caption>
        <tr bgcolor="#33FFFF">
          <td align="center" width="70" height="50">销售对象</td>
            <td valign="bottom" align="center" width="150">类别</td>
            <td align="left" valign="top">产品型号</td>
            <td>数量</td>
            <td>单价</td>
        </tr>
        <tr>
            <td height="40">单位</td>
            <td>台式电脑</td>
            <td width="100">mm260</td>
            <td>6</td>
            <td>2500</td>
        </tr>
        <tr>
            <td >个人</td>
```

```
            <td width="100" height="40">笔记本电脑</td>
            <td>kkk445</td>
            <td>2</td>
            <td>6000</td>
        </tr>
    </table>
</body>
</html>
```

运行代码，效果如图 7.23 所示，图中对不同单元格的对齐方式进行了不同的设置，效果也不相同。

图 7.23　设置单元格对齐方式

7.6.5　设置单元格的背景色

为了使表格更加绚丽，可以为不同的单元格分别设置不同的背景颜色。

语法

```
<td bgcolor="颜色代码">
```

【例 7.15】　实例代码。（实例位置：资源包\TM\sl\7\15）

```
<!DOCTYPE html>
<html>
<head>
<meta charset="utf-8">
<title>设置单元格的背景色</title>
</head>
<body>
<table border="1" cellspacing="0" cellpadding="5" width="400" height="100">
        <caption>期中考试成绩表</caption>
        <tr align="center">
            <th>姓名</th>
            <th>语文</th>
            <th>数学</th>
            <th>英语</th>
            <th>物理</th>
            <th>化学</th>
        </tr>
        <tr>
            <td>李 1</td>
```

```
        <td>94</td>
        <td>89</td>
        <td>87</td>
        <td bgcolor="#FFCC00">56</td>
        <td>97</td>
    </tr>
    <tr>
        <td>孙 2</td>
        <td>94</td>
        <td>87</td>
        <td bgcolor="#66FFCC">84</td>
        <td>86</td>
        <td>87</td>
    </tr>
    <tr>
        <td>王 1</td>
        <td bgcolor="#CC9999">82</td>
        <td bgcolor="#FF66FF">84</td>
        <td>87</td>
        <td>86</td>
        <td bgcolor="#FF3399">77</td>
    </tr>
</table>
</body>
</html>
```

运行这段代码，如图 7.24 所示，可以看到每科的最低分数已经被设置成了不同的背景颜色了。

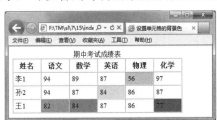

图 7.24　设置单元格的背景色

7.6.6　设置单元格的边框颜色——bordercolor

单元格的边框颜色可以通过 bordercolor 参数单独设置。

语法

```
<td bordercolor="颜色代码">
```

【例 7.16】　实例代码。（实例位置：资源包\TM\sl\7\16）

```
<!DOCTYPE html>
<html>
<head>
<meta charset="utf-8">
<title>设置单元格边框颜色</title>
```

```
</head>
<body>
<table border="2" bordercolor="#99CCFF" cellspacing="5" cellpadding="5" width="400" height="100">
        <caption>期中考试成绩表</caption>
        <tr align="center">
                <th>姓名</th>
                <th>语文</th>
                <th>数学</th>
                <th>英语</th>
                <th>物理</th>
                <th>化学</th>
        </tr>
        <tr>
                <td>李 1</td>
                <td>94</td>
                <td>89</td>
                <td>87</td>
                <td bordercolor="#FF00FF">56</td>
                <td>97</td>
        </tr>
        <tr>
                <td>孙 2</td>
                <td>94</td>
                <td>87</td>
                <td bordercolor="#00FF00">84</td>
                <td>86</td>
                <td>87</td>
        </tr>
        <tr>
                <td>王 1</td>
                <td bordercolor="#FF3366">82</td>
                <td bordercolor="#0000FF">84</td>
                <td>87</td>
                <td>86</td>
                <td bordercolor="#003399">77</td>
        </tr>
    </table>
</body>
</html>
```

运行代码，会发现在分数低的单元格边框设置了不同的颜色，如图 7.25 所示。

图 7.25　设置单元格边框颜色

7.6.7　设置单元格的亮边框——bordercolorlight

单元格的亮边框就是单元格边框向光的部分。通过 bordercolorlight 参数可以单独定义单元格亮边框的颜色。

语法

```
<td bordercolorlight="颜色代码">
```

【例 7.17】　实例代码。（实例位置：资源包\TM\sl\7\17）

```
<!DOCTYPE html>
<html>
<head>
<meta charset="utf-8">
<title>设置单元格的亮边框颜色</title>
</head>
<body>
<table border="2" bordercolor="#99CCFF" cellspacing="5" width="400" height="100">
        <caption>期中考试成绩表</caption>
        <tr align="center">
            <th>姓名</th>
            <th>语文</th>
            <th>数学</th>
            <th>英语</th>
            <th>物理</th>
            <th>化学</th>
        </tr>
        <tr>
            <td>李 1</td>
            <td>94</td>
            <td>89</td>
            <td>87</td>
            <td bordercolorlight="#FF0000">56</td>
            <td>97</td>
        </tr>
        <tr>
            <td>孙 2</td>
            <td>94</td>
            <td>87</td>
            <td bordercolorlight="#0000FF">84</td>
            <td>86</td>
            <td>87</td>
        </tr>
        <tr>
            <td>王 1</td>
            <td bordercolorlight="#9900CC">82</td>
            <td bordercolorlight="#FF00FF">84</td>
```

```
                <td>87</td>
                <td>86</td>
                <td bordercolorlight="#336633">77</td>
            </tr>
        </table>
</body>
</html>
```

运行代码，看到表格中设置了亮边框的效果，如图 7.26 所示

图 7.26　设置单元格的亮边框

7.6.8　设置单元格的暗边框——bordercolordark

单元格的暗边框就是单元格边框背光的部分。通过 bordercolordark 参数可以单独定义单元格暗边框的颜色。

语法

```
<td bordercolordark="颜色代码">
```

【例 7.18】　实例代码。（实例位置：资源包\TM\sl\7\18）

```
<!DOCTYPE html>
<html>
<head>
<meta charset="utf-8">
<title>设置单元格的暗边框颜色</title>
</head>
<body>
<table border="2" bordercolor="#99CCFF" cellspacing="5" width="400" height="100">
        <caption>期中考试成绩表</caption>
        <tr align="center">
            <th>姓名</th>
            <th>语文</th>
            <th>数学</th>
            <th>英语</th>
            <th>物理</th>
            <th>化学</th>
        </tr>
        <tr>
            <td>李 1</td>
```

```
              <td>94</td>
              <td>89</td>
              <td>87</td>
              <td bordercolorlight="#FF0000" bordercolordark="#0066FF">56</td>
              <td>97</td>
          </tr>
          <tr>
              <td>孙 2</td>
              <td>94</td>
              <td>87</td>
              <td bordercolorlight="#0000FF" bordercolordark="#CC9999">84</td>
              <td>86</td>
              <td>87</td>
          </tr>
          <tr>
              <td>王 1</td>
              <td bordercolorlight="#9900CC" bordercolordark="#FF3300">82</td>
              <td bordercolorlight="#FF00FF" bordercolordark="#996699">84</td>
              <td>87</td>
              <td>86</td>
              <td bordercolorlight="#336633" bordercolordark="#CC99CC">77</td>
          </tr>
      </table>
</body>
</html>
```

运行代码，可以看到表格中设置了暗边框的效果，如图 7.27 所示。

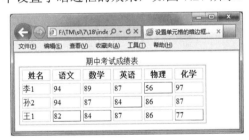

图 7.27　设置单元格的暗边框

7.6.9　设置单元格的背景图像——background

与表格的行设置不同的是，单元格可以设置背景为图像格式。

语法

```
<td background="背景图片的地址">
```

语法解释

背景图片的地址可以是绝对地址，也可以是相对地址。

【例7.19】 实例代码。（实例位置：资源包\TM\sl\7\19）

```html
<!DOCTYPE html>
<html>
<head>
<meta charset="utf-8">
<title>设置单元格的背景图片</title>
</head>
<body>
<table border="2" bordercolor="#99CCFF" cellspacing="5" width="400" height="100">
        <caption>期中考试成绩表</caption>
        <tr align="center">
                <th>姓名</th>
                <th>语文</th>
                <th>数学</th>
                <th>英语</th>
                <th>物理</th>
                <th>化学</th>
        </tr>
        <tr>
                <td>李 1</td>
                <td>94</td>
                <td>89</td>
                <td>87</td>
                <td background="../images/3.gif">56</td>
                <td>97</td>
        </tr>
        <tr>
                <td>孙 2</td>
                <td>94</td>
                <td>87</td>
                <td>84</td>
                <td>86</td>
                <td>87</td>
        </tr>
        <tr>
                <td>王 1</td>
                <td>82</td>
                <td>84</td>
                <td>87</td>
                <td>86</td>
                <td>77</td>
        </tr>
    </table>
</body>
</html>
```

运行代码，效果如图7.28所示，当同时设置了单元格背景图片时，网页中将会显示图片的效果，如第2行5列的单元格。

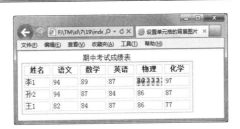

图 7.28　设置单元格的背景图像

7.7　表格的结构

除了对表格的设计标记外，还有一些标记是用来明确表格结构的。通过对结构的设置而分别对表首、表主体以及表尾的样式进行设置。这些都通过成对出现的标记设置，应用到表格里用于整体规划表格的行列属性。使用这些标记能对表格的一行或多行单元格属性进行统一修改，从而省去了逐一修改单元格属性的麻烦。

7.7.1　表格的表首标记——thead

表头样式的开始标记是\<thead\>，结束标记是\</thead\>。它们用于定义表格最上端表首的样式，其中可以设置背景颜色、文字水平对齐方式、文字的垂直对齐方式等。

语法

```
<thead bgcolor="颜色代码" align="水平对齐方式" valign="垂直对齐方式">
...
</thead>
```

语法解释

在该语法中，bgcolor、align、valign 参数的取值范围与单元格中的设置方法相同，align 可以取值 left、center 或 right；valign 可以取值 top、middle 或 bottom。在\<thead\>标记内还可以包含\<td\>、\<th\>和\<tr\>标记，而一个表元素中只能有一个\<thead\>标记。

【例 7.20】　实例代码。（实例位置：资源包\TM\sl\7\20）

```
<!DOCTYPE html>
<html>
<head>
<meta charset="utf-8">
<title>设置表头的样式</title>
</head>
<body>
    <table align="center" border="1" bordercolor="#FFCC99" cellpadding="3" width="550" height="180">
    <caption>某单位物品管理表</caption>
   <thead bgcolor="#FF0000" align="center" valign="middle">
```

```
            <tr>
                <th>物品名</th>
                <th>类型</th>
                <th>领取人</th>
                <th>领取人所属部门</th>
                <th>数量</th>
            </tr>
        </thead>
            <tr>
                <td>圆珠笔</td>
                <td>文具</td>
                <td>李小米</td>
                <td>PHP</td>
                <td>1</td>
            </tr>
            <tr>
                <td>鼠标</td>
                <td>电脑配件</td>
                <td>潘小东</td>
                <td>ASP.NET</td>
                <td>1</td>
            </tr>
            <tr>
                <td>打印纸</td>
                <td>办公耗材</td>
                <td>刘小欣</td>
                <td>JAVA</td>
                <td>30</td>
            </tr>
        </table>
</body>
</html>
```

运行这段代码，效果如图 7.29 所示。

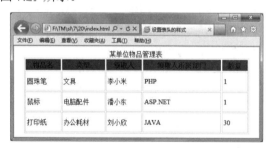

图 7.29　设计表头样式

7.7.2　表格的表主体标记——tbody

与表头样式的标记功能类似，表主体样式用来统一设计表主体部分的样式，标记为<tbody>。

语法

```
<tbody bgcolor="颜色代码"   align="水平对齐方式" valign="垂直对齐方式">
...
</tbody>
```

语法解释

在该语法中，bgcolor、align、valign 参数的取值范围与<thead>标记中的相同。一个表元素中只能有一个<tbody>标记。

【例 7.21】 实例代码。（实例位置：资源包\TM\sl\7\21）

```
<!DOCTYPE html>
<html>
<head>
<meta charset="utf-8">
<title>设置表主体的样式</title>
</head>
<body>
    <table align="center" border="1" bordercolor="#FFCC99" cellpadding="3" width="550" height="180">
    <caption>某单位物品管理表</caption>
    <thead bgcolor="#FF0000" align="center" valign="middle">
        <tr>
            <th>物品名</th>
            <th>类型</th>
            <th>领取人</th>
            <th>领取人所属部门</th>
            <th>数量</th>
        </tr>
    </thead>
    <tbody bgcolor="#CC99CC"   align="left" valign="bottom">
        <tr>
            <td>圆珠笔</td>
            <td>文具</td>
            <td>李小米</td>
            <td>PHP</td>
            <td>1</td>
        </tr>
        <tr>
            <td>鼠标</td>
            <td>电脑配件</td>
            <td>潘小东</td>
            <td>ASP.NET</td>
            <td>1</td>
        </tr>
        <tr>
            <td>打印纸</td>
            <td>办公耗材</td>
            <td>刘小欣</td>
            <td>JAVA</td>
```

```
        <td>30</td>
      </tr>
      </tbody>
    </table>
</body>
</html>
```

运行这段代码，可以看到表格的主体内容统一设置了样式，如图 7.30 所示。

图 7.30　设置表格主体的样式

7.7.3　表格的表尾标记——tfoot

<tfoot>标记用于定义表尾样式。

语法

```
<tfoot bgcolor="颜色代码" align="水平对齐方式" valign="垂直对齐方式">
```

语法解释

在该语法中，bgcolor、align、valign 参数的取值范围与<thead>标记中的相同。一个表元素中只能有一个<tfoot>标记。

【例 7.22】　实例代码。（实例位置：资源包\TM\sl\7\22）

```
<!DOCTYPE html>
<html>
<head>
<meta charset="utf-8">
<title>设置表尾的样式</title>
</head>
<body>
    <table align="center" border="1" bordercolor="#FFCC99" cellpadding="3" width="550" height="180">
        <caption>某单位物品管理表</caption>
    <thead   bgcolor="#FF0000" align="center" valign="middle">
        <tr>
        <th>物品名</th>
        <th>类型</th>
        <th>领取人</th>
```

```
                <th>领取人所属部门</th>
                <th>数量</th>
            </tr>
        </thead>
        <tbody bgcolor="#CC99CC"   align="left" valign="bottom">
            <tr>
                <td>圆珠笔</td>
                <td>文具</td>
                <td>李小米</td>
                <td>PHP</td>
                <td>1</td>
            </tr>
            <tr>
                <td>鼠标</td>
                <td>电脑配件</td>
                <td>潘小东</td>
                <td>ASP.NET</td>
                <td>1</td>
            </tr>
            <tr>
                <td>打印纸</td>
                <td>办公耗材</td>
                <td>刘小欣</td>
                <td>JAVA</td>
                <td>30</td>
            </tr>
        </tbody>
        <tfoot bgcolor="#00CCFF" align="right" valign="middle">
            <tr>
                <td colspan="5">表格创建日期：2011-11-20</td>
            </tr>
        </tfoot>
    </table>
</body>
</html>
```

运行这段代码，效果如图 7.31 所示。

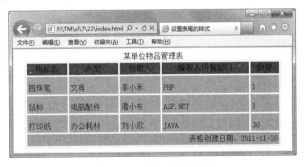

图 7.31　设计表尾样式

7.8 表格的嵌套

在页面中，排版是通过表格的嵌套来完成的。即一个表格内部可以套入另一个表格。一般情况下需要使用一些可视化软件来实现布局，这样看起来比较直观，容易达到预期的目的。也可以直接通过输入代码来实现。下面举例说明表格的嵌套。

【例 7.23】　实例代码。（**实例位置：资源包\TM\sl\7\23**）

```html
<!DOCTYPE html>
<html>
<head>
<meta charset="utf-8">
<title>表格的嵌套</title>
</head>
<body>
<!--使用表格的嵌套功能设计网页的版式-->
<table width="560" height="300" border="1" cellspacing="0" align="center">
<thead bgcolor="#66FFFF">
    <tr height="70">
        <td width="160">网站 logo</td>
        <td width="400">网站 banner</td>
    </tr>
</thead>
<tbody>
    <tr valign="top" height="200">
        <td width="160" align="center">
        <table width="135" height="180" border="1" cellspacing="0" bgcolor="#FFCCFF">
            <tr>
              <td>页面导航</td>
            </tr>
            <tr>
              <td>页面导航</td>
            </tr>
            <tr>
              <td>页面导航</td>
            </tr>
            <tr>
              <td>页面导航</td>
            </tr>
            <tr>
              <td>页面导航</td>
            </tr>
        </table>
        </td>
```

```
            <td width="400" height="200" background="../images/1.png" >
            <table width="380" height="160" border="1" bordercolor="#CC9933" cellspacing="2" cellpadding="5">
                <tr>
                    <td>网站板块</td>
                    <td>网站板块</td>
                </tr>
                <tr>
                    <td>网站板块</td>
                    <td>网站板块</td>
                </tr>
            </table>
            </td>
        </tr>
    </tbody>
    <tfoot bgcolor="#66FFFF">
        <tr align="center">
            <td height="30" colspan="2"><font color="#FF0000">版权信息</font></td>
        </tr>
    </tfoot>
    </table>
</body>
</html>
```

运行这段代码，可以看到设计的网页版式如图 7.32 所示。

图 7.32 表格的嵌套效果

7.9 小 结

表格是网页排版的灵魂。无论是使用简单的 HTML 语言编辑的网页，还是具备动态网站功能的 ASP、JSP、PHP 网页，都要借助表格进行排版。浏览网页，会发现几乎所有的网页都或多或少地采用表格。因此，也可以说，不能够很好地掌握表格的应用，就等于没有学好网页制作。

7.10 习　　题

选择题

1. 如果一个表格包括有 1 行 4 列，表格的总宽度为 699，间距为 5，填充为 0，边框为 3，每列的宽度相同，那么应将单元格定制为（　　）像素宽。

    A．126　　　　　　B．136　　　　　　C．147　　　　　　D．167

2. 要使表格的边框不显示，应设置 border 的值是（　　）。

    A．1　　　　　　　B．0　　　　　　　C．2　　　　　　　D．3

3. 以下标记中，用于定义一个单元格的是（　　）。

    A．<td> </td>　　　　　　　　B．<tr>…</tr>

    C．<table>…</table>　　　　　　D．<caption>…</caption>

4. 用于设置表格背景颜色的属性的是（　　）。

    A．background　　B．bgcolor　　　C．BorderColor　　D．backgroundColor

5. 若要使表格的行高为 16pt，以下方法中，正确的是（　　）。

    A．<table border=1 style="Ling-Height:16">…</table>

    B．<table border=1 style="Ling-Height:16pt">…</table>

    C．<table border=1 LingHeight="16pt">…</table>

    D．<table border=1 LingHeight="16pt">…</table>

6. 设置围绕表格的边框宽度的 HTML 代码是（　　）。

    A．<table size=#>

    B．<table border=#>

    C．<table bordersize=#>

    D．<tableborder=#>

7. HTML 代码<table width=# or%>表示（　　）。

    A．设置表格格子之间空间的大小

    B．设置表格格子边框与其内部内容之间空间的大小

    C．设置表格的宽度——用绝对像素值或文档总宽度的百分比

    D．设置表格格子的水平对齐

判断题

8. 粘贴表格时，不粘贴表格的内容。（　　）

9. 在网页中，水平方向可以并排多个独立的表格。（　　）

填空题

10. 表格的宽度可以用百分比和_____两种单位来设置。

第 8 章

层——<div>标签

（ 视频讲解：32 分钟）

层可以用于创建动态页面。因为 JavaScript 可以动态地定位层，创建层可以在文档中实现滑动、跳跃或递归的程序。它是 HTML 与 JavaScript 的组合，并且允许创建动态 HTML（DHTML）。使用层、JavaScript 和样式单，可以在一个页面上创建（用 HTML）、设计（用 CSS）和操作（用 JavaScript）元素。

通过阅读本章，您可以：

▶▶ 了解层的分类

▶▶ 掌握<div>标签

▶▶ 掌握<div>标签的属性

▶▶ 掌握<span>标签与<div>标签的区别

▶▶ 掌握<iframe>标签

▶▶ 掌握<layer>标签和<ilayer>标签

8.1 层

层属于网页中的块级元素，层元素中可以包含所有其他的 HTML 代码。层提供了一种分块控制网页内容的方法。可以通过改变层的位置来改变层中内容在网页中的相对位置。层中的内容与网页中其他元素内容不同之处是，各层之间可以彼此叠加，各层在 z 坐标（垂直于页面的方向上）的次序可以改变。

8.1.1 层的分类

在 Dreamweaver 中，层有两类，即 CSS 层与 Netscape 层。

☑ CSS 层：使用 div 与 span 标签定位页面内容。

☑ Netscape 层：使用 layer 与 ilayer 标签定位页面内容。

说明

默认使用 CSS 层。

在 Web 页面中插入层时，Dreamweaver 将这些层的 HTML 标签插入代码中，可以为层设置 4 种不同的标签：div、span、layer 和 ilayer。其中，div 和 span 是最常见的标签，Internet Explorer 4.0 和 Netscape Navigator 4.0 都支持使用 div 和 span 标签创建的层。只有 Navigator 4.0 版本支持使用 layer 和 ilayer 创建的层（Netscape 在其后续版本浏览器中停止了对这两种标签的支持）。这些浏览器的早期版本都可以显示层的内容，但不能显示其位置。

8.1.2 定义数据块

创建层的首要工作是定义认为是一层的数据的块。考虑一个普通的应用程序，一个浏览器窗口，可能被认为是第一层。当在一个菜单上单击链接时，菜单本身被显示在窗口之上——这样是在第一层之上的第二层。如果在一个级联处的子菜单上单击链接，这是另一个层（它可能是也可能不是与第一个层同级）。

当前定义这些数据块的方法是通过使用<div>标签。这些标签在一个文档中创建一个确定的块级结构。在表示方面，它与<p>标签类似，<p>标签示意一个新段的开始而且将它里面的数据定义为一个段落的一部分。<div>标签定义数据块时会通过浏览器进行转换。

使用<div>标签很简单。必须做的事情就是将它放在想定为一个数据块的元素的周围。

例如，在下面的例子中有两个<div>块。在第一个块内，有两个水平标尺<hr>标签以及文本 DIV.1；在第二个块内，包含了一个三级标题<h3>标签以及一个段落<p>标签。还在每个<block>块之前和之后包含了一些文本以便可以看到它们从哪里开始，到何处结束。代码如下。

```
<!DOCTYPE html>
<html>
<head>
<meta charset="utf-8">
<title></title>
</head>
<body>
 Before the first block
 <div name="layer1">
    <hr>
    DIV 1
    <hr>
 </div>
    After the first block.
    <br>
    Before the second block.
 <div name="layer2">
    <h3>
    <p>
    I am inside the second DIV block.
    </p>
 </div>
    After the second block.
</body>
</html>
```

8.2　<div>标签

视频讲解

div 元素是用来为 HTML 文档内大块（block-level）的内容提供结构和背景的元素。div 的起始标签和结束标签之间的所有内容都是用来构成这个块的，其中所包含元素的特性由<div>标签的属性来控制，或者是通过使用样式表格式化这个块来进行控制。Internet Explorer 和 Netscape 的浏览器都支持<div>标签。

8.2.1　<div>标签

div 全称 division，意为"区分"。<div>标签被称为区隔标签，表示一块可显示 HTML 的区域。主要作用是设定字、画、表格等的摆放位置。<div>标签是块元素，需要关闭标签。

语法

```
<div>
…
</div>
```

例如，下面的例子使用了两个<div>标签对两段文字进行了不同的对齐处理，代码如下。

181

```
<div>
此文本代表一段。
</div>
<div align="center">
此文本代表另外一段，其中文本居中显示。
</div>
```

其中，align="center"为可选值：center、left、right。决定对齐方向。

<div align="center">的作用和居中标签<center>一样，前者是由 HTML3.0 开始的标准，后者是通用已久的标识法。

<div>应用于 Style Sheet（式样表）方面会更显威力，它最终目的是给设计者另一种组织能力，有 Class、Style、title、ID 等属性。

8.2.2　<div>标签的属性

在了解和使用移动层或<div>块之前，首先来了解<div>标签的属性。在页面加入层时，会经常应用到<div>标签的属性。

语法

```
<div id="value" align="value" class="value" style="value">
…
</div>
```

- ☑　id：<div>标签的 ID 也可以说是它的名字，常和 CSS 样式结合，实现对网页中任何元素的控制。
- ☑　align：用于控制<div>标签中的元素的对齐方式，其 value 值可以是 left、center 和 right，分别用于设置元素的左、居中和右对齐。
- ☑　class：用于设置<div>标签中的元素的样式。其 value 值为 CSS 样式中的 class 选择符。
- ☑　style：用于设置<div>标签中的元素的样式。其 value 值为 CSS 属性值，各属性值间应用分号分隔。

下面介绍<div>标签的属性以及对其相关的描述，如表 8.1 所示。

表 8.1　<div>标签的属性

<div>标签的属性	描　　述
accesskey	设置或检索对象的快捷键
align	设置或检索对象相对于显示或表格的排列方式
atomicselection	指定元素及其内容是否可以以不可见形式统一选择
begin	设置或检索时间线在该元素上播放前的延迟时间
class	设置或检索对象的类
contenteditable	设置或检索表明用户是否可编辑对象内容的字符串
datafld	设置或检索由 datasrc 属性指定的绑定到指定对象的给定数据源的字段
dataformatas	设置或检索如何渲染提供给对象的数据

续表

<div>标签的属性	描　　述
datasrc	设置或检索用于数据绑定的数据源
dir	设置或检索对象的阅读顺序
disabled	设置或检索控件的状态
end	设置或检索表明元素结束时间的值，或者元素设置为重复的简单持续终止时间
hidefocus	设置或检索表明对象是否显式表明焦点的值
id	检索标识对象的字符串
lang	设置或检索要使用的语言
language	设置或检索当前脚本编写用的语言
nowrap	设置或检索浏览器是否自动执行换行
style	为该元素设置内嵌样式
syncmaster	设置或检索时间容器是否必须在此元素上同步回放
systembitrate	检索系统中大约可用带宽的 bps
systemcaption	表明是否要显示文本来代替演示的音频部分
systemlanguage	表明是否在用户计算机上的选项设置中选中了给定语言
systemoverduborsubtitle	指定针对那些正在观看演示但对被播放的音频所使用的语言并不熟悉的用户来说是否要渲染配音或字幕
tabindex	设置或检索定义对象的 tab 顺序的索引
timecontainer	设置或检索与元素关联的时间线类型
title	设置或检索对象的咨询信息（工具提示）
unselectable	指定该元素不可被选中

下面是<div>标签的几个主要常用的属性的介绍。

1. align 属性

通过设置属性 align，可以改变<div>标签的水平对齐方式。

语法

```
<tr align="left">
<tr align ="center">
<tr align ="right">
```

语法解释

☑　left：左对齐。

☑　center：居中对齐。

☑　right：右对齐。

例如，使用 align 属性设置文字居中对齐，代码如下。

```
<div align=center>
此文本代表另外一段，其中文本居中显示。
</div>
```

2．id 属性

id 属性用于定义一个元素的独特的样式，即设置标签的标识。

语法

id="str"

例如，一个 CSS 规则：

#font1 {font-size: larger}

使用方法

id="font1"

id 是一个标签，用于区分不同的结构和内容，就像人的名字，如果一个屋子有两个人同名，就会出现混淆。

3．class 属性

class 属性用于指定元素属于何种样式的类，即设置标签的类。

语法

classname { color }

classname：class 属性的名称。

例如，样式表可以加入：

color1 { color: lime; background: #ff80c0 }

使用方法

class="color1"

说明

class 是一个样式，可以套在任何结构和内容上。

【例 8.1】 div 元素是用来为 HTML 文档内大块（block-level）的内容提供结构和背景的元素，这里把两个 div 并排显示在浏览器中。（**实例位置：资源包\TM\sl\8\1**）

其中所包含元素的特性由<div>标签的属性来控制，或者是通过使用样式表格式化这个块来进行控制。关键代码参考如下。

```
<!DOCTYPE html>
<html>
<head>
<meta http-equiv="content-type" content="text/html;charset=utf-8" />
<title>两个 div 并排</title>
<style>
.onediv{
```

```
        width:90px;
        height:50px;
        float:left;
        margin:5px;
        border:1px #000 solid;
        background:#ff0000;
}
.twodiv{
        width:90px;
        height:50px;
        float:left;
        margin:5px;
        border:1px #000 solid;
        background:#99CC00;
}
</style>
</head>
<body>
        <div class="onediv">左</div>
        <div class="twodiv">右</div>
</body>
</html>
```

运行结果如图 8.1 所示。

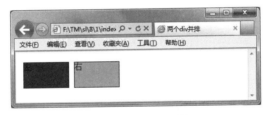

图 8.1　两个 div 并排

下面介绍 id 属性和 class 属性的区别。

从概念上说，两者是不一样的。

☑　id 属性是先找到结构/内容，再给它定义样式。

id 属性通常用于定义页面上一个仅出现一次的标签。在对页面排版进行结构化布局时（比如说通常一个页面都是由一个页眉、一个报头<masthead>、一个内容区域和一个页脚等组成），一般使用 id 比较理想，因为一个 id 在一个文档中只能被使用一次。而这些元素在同一页面中很少会出现大于一次的情况。

☑　class 属性是先定义好一种样式，再套给多个结构/内容。

class 属性是用来根据用户定义的标准对一个或多个元素进行定义的。打个比较恰当的比方就是剧本：一个 class 可以定义剧本中每个人物的故事线，可以通过 CSS、JavaScript 等来使用这个类。因此可以在一个页面上使用 class="Frodo"、class="Gandalf"、class="Aragorn"来区分不同的故事线。还有一点非常重要的是可以在一个文档中使用任意次数的 class。

总而言之，class 属性可以反复使用而 id 属性在一个页面中仅能被使用一次。有可能在很大部分浏览器中反复使用同一个 id 不会出现问题，但在标准上这绝对是错误的使用，而且很可能导致某些浏览器的现实问题。

还有一个区别，在一个结构文档中，可以多处使用同一个 class 名，而 id 名必须是唯一的。例如，定义一个描述字体的 CSS。代码如下。

```
.font {
color:#009900;
}
```

下面的文档中将多次使用到同一个样式表 ".font"，代码如下。

```
<h1 class="font">JavaScript 技术大全</h1>
<div class="font">网址：http://www.mingrisoft.com</div>
```

而 id 名在同一个文档中是需要唯一的，名称不可以重复。

说明

在实际应用中，class 可能对文字的排版等比较有用，而 id 则对宏观布局和设计放置各种元素较有用。

4．style 属性

style 属性用于设置对象的内嵌样式。

语法

```
<div style="">
…
</div>
```

例如，使用 style 属性定义<div>标签样式，代码如下。

```
<div style="overflow:auto;width:100%;line-height:14pt;letter-spacing:0.2em;height:300px">
日志内容
</div>
```

style 属性的常用参数如表 8.2 所示。

表 8.2　style 属性的常用参数

style 属性的参数	描　述
overflow	溢出控制：visible（默认，可见）、auto（自动）、scroll（显示滚动条）
width	宽度：数值
height	高度：数值
color	字体颜色：色彩代码
font-size	字体大小：数值
line-height	行高：数值

续表

style 属性的参数	描　述
border	边框：宽度、类型和颜色，类型主要支持以下几种：none，dotted，dashed，solid，double，groove，ridge，inset，window-inset，outset
font-weight	字体粗细：normal，bold，bolder，lighter
font-family	字体类型：Arial，Tahoma，Verdana，仿宋_GB2312，黑体，楷体_GB2312，隶书，宋体，幼圆
background	背景颜色：色彩代码
scrollbar-base-color	滚动条各部分的颜色：色彩代码
Filter:chroma	chroma 过滤器：色彩代码，该颜色将对象转换成透明效果
word-break	断字：normal（默认，正常断字）、keep-all（严格不断字）、break-all（严格断字）
direction	文字方向：ltr（默认，从左向右）、rtl（从右向左）
position	设置定位方式，取值 absolute、relative
display	设置元素的浮动特征

（1）position 属性

style 属性最常用的功能之一就是进行〈div〉标签的定位，其对应的属性为 position 属性。

语法

position: static | absolute | relative

☑　static：无特殊定位，对象遵循 HTML 定位规则。

☑　absolute：将对象从文档流中拖出，使用 left、right、top、bottom 等属性进行绝对定位。而其层叠通过 z-index 属性定义。此时对象不具有边距，但仍有补白和边框。

☑　relative：对象不可层叠，但将依据 left、right、top、bottom 等属性在正常文档流中偏移位置。

其中，具体的属性值可以通过表 8.3 所示的参数进行设置。

表 8.3　参数说明

position 属性的参数	说　明
left	相对于窗口左边的位置，单位为像素（pixels）
top	相对于窗口上边的位置，单位为像素（pixels）
width	〈div〉标签的宽度。所有在〈div〉标签里的文字或 HTML 元素都包含在里面
height	〈div〉标签的高度。该属性很少使用除非想要对层进行分割
clip	给出层的可见部分。该属性能够使得〈div〉标签显示为一个可以定义得很准确的方块区域。其参数为 rect(top, right, bottom, left)
visibility	隐藏或显示〈div〉标签中的元素，其值为 visible、hidden、inherit
z-index	〈div〉标签的立体位置，值越大〈div〉标签的位置越高
background-color	〈div〉标签的背景颜色
layer-background-color	Netscape 的〈div〉标签的背景颜色
background-image	〈div〉标签的背景图像
layer-background-image	Netscape 的〈div〉标签的背景图像

（2）display 属性

style 属性的另一个常用功能是控制<div>标签的 display 属性，用于设置元素的浮动特征，当 display 被设置为 block（块）时，容器中所有元素都将会被当作一个单独的块放入页面中；将 display 设置为 inline，将使其行为和元素 inline 一样，即使是普通的块元素它也会被组合成像<span>那样的输出流输出到页面上；将 display 设置为 none，<div>元素就像从页面中被移走一样，它下面的所有元素都会被自动跟上填充。

display 属性用来设置或检索对象是否显示及如何显示。

语法

display:block | none | inline | compact | marker | inline-table | list-item | run-in | table |table-caption | table-cell | table-column | table-column-group | table-footer-group | table-header-group | table-row | table-row-group

display 属性的参数取值如表 8.4 所示。

表 8.4　display 属性的参数说明

参　数　值	描　　述
block	默认值。用该值为对象之后添加新行
none	隐藏对象。与 visibility 属性的 hidden 值不同，其不为被隐藏的对象保留其物理空间
inline	内联对象的默认值。用该值将从对象中删除行
compact	分配对象为块对象或基于内容之上的内联对象
marker	指定内容在容器对象之前或之后。要使用此参数，对象必须和:after 及:before 伪元素一起使用
inline-table	将表格显示为无前后换行的内联对象或内联容器
list-item	将块对象指定为列表项目。并可以添加可选项目标志
run-in	分配对象为块对象或基于内容之上的内联对象
table	将对象作为块元素级的表格显示
table-caption	将对象作为表格标题显示
table-cell	将对象作为表格单元格显示
table-column	将对象作为表格列显示
tablc-column-group	将对象作为表格列组显示
table-header-group	将对象作为表格标题组显示
table-footer-group	将对象作为表格脚注组显示
table-row	将对象作为表格行显示
table-row-group	将对象作为表格行组显示

（3）display 和 visibility 的对比

visibility 属性用来确定元素是显示还是隐藏，这用 visibility="visible|hidden"来表示，visible 表示显示，hidden 表示隐藏。当 visibility 被设置为 hidden 时，元素虽然被隐藏了，但它仍然占据它原来所在的位置。例如：

```
<script language="JavaScript">
function toggleVisibility(me){
    if (me.style.visibility=="hidden"){
```

```
    me.style.visibility="visible";
    }
  else {
    me.style.visibility="hidden";
    }
  }
</script>
<div onclick="toggleVisibility(this)" style="position:relative">
第一行文本将会触发"hidden"和"visible"属性，注意第二行的变化。</div>
<div>因为 visibility 会保留元素的位置，所以第二行不会移动。</div>
```

运行结果：

第一行文本将会触发 hidden 和 visible 属性，注意第二行的变化。
因为 visibility 会保留元素的位置，所以第二行不会移动。

注意

当元素被隐藏之后，就不能再接收到其他事件了，所以在第一段代码中，当其被设为 hidden 时，就不能再接收响应到事件了，因此也就无法通过鼠标单击第一段文本令其显示出来。

另一方面，display 属性与 visibility 属性相比有些不同。visibility 属性是隐藏元素但保持元素的浮动位置，而 display 实际上是设置元素的浮动特征。

当 display 被设置为 block（块）时，容器中所有的元素将会被当作一个单独的块，就像<div>元素一样，它会在那个点被放入页面中。如果将 display 设置为 inline，将使其行为和元素与 inline 一样，即使它是普通的块元素（如<div>），它也将会被组合成像<span>那样的输出流。还有，当 display 被设置为 none 时，该元素实际上就从页面中被移走，它下面所在的元素就会被自动跟上填充。

例如，利用 display 属性显示文本效果，代码如下。

```
<script language="JavaScript">
function toggleDisplay(me){
  if (me.style.display=="block"){
    me.style.display="inline";
    alert("文本现在是：'inline'.");
    }
  else {
    if (me.style.display=="inline"){
      me.style.display="none";
      alert("文本现在是:'none'. 3 秒钟后自动重新显示。");
      window.setTimeout("blueText.style.display='block';",3000,"JavaScript");
      }
    else {
      me.style.display="block";
      alert("文本现在是:'block'.");
      }
    }
  }
```

```
</script>
<div>在<span id="blueText" onclick="toggleDisplay(this)"
style="color:blue;position:relative;cursor:hand;">蓝色</span>文字上点击来查看效果.</div>
```

运行结果：

在蓝色文字上单击来查看效果。

8.2.3 <span>标签与<div>标签

1．<span>标签与<div>标签的相同之处

<span>标签和<div>标签非常类似，是 HTML 里的组合用的标签，可以作为插入 CSS 这类风格的容器，或插入 class.id 等语法内容的容器。

例如，使用<div>标签作为 HTML 标签的容器，代码如下。

```
<DIV id="client-boyera" class="client">
<P><SPAN class="client-title">Client information:</SPAN>
<TABLE class="client-data">
<TR><TH>Last name:<TD>Boyera</TR>
<TR><TH>First name:<TD>Stephane</TR>
<TR><TH>Tel:<TD>0431-123456</TR>
</TABLE>
</DIV>
```

2．<span>标签与<div>标签的对比

HTML 只是赋予内容的手段，大部分 HTML 标签都有其意义（标签 p 创建段落，h1 标签创建标题等），然而<span>和<div>标签似乎没有任何内容上的意义，听起来就像一个泡沫做成的锤子一样无用。但实际上，与 CSS 结合起来后，它们被用得十分广泛。

它们被用来组合一大块的 HTML 代码并赋予一定的信息，大部分用类属性 class 和标识属性 id 与元素联系起来。

例如，要强调单词"crazy"和加粗类"paper"，代码如下。

```
<div id="scissors">
<p>This is <strong class="paper">crazy</strong></p>
</div>
```

说明

这个做法比再加一个<span>标签还要好。需要记住的是，<span>标签和<div>标签是"无意义"的标签。

<span>标签和<div>标签的区别。

div（division）是一个块级元素，可以包含段落、标题、表格，乃至诸如章节、摘要和备注等。而span 是行内元素，span 的前后是不会换行的，它没有结构的意义，纯粹是应用样式，当其他行内元素

都不合适时，可以使用 span。

从功能角度来说，<div>标签一般用来做布局，而<span>标签用来做文字的效果，尤其是标题和链接的效果，所以会经常看见诸如<h1 class="..."><span>...</span></h1>之类的代码。

不过，块元素和行内元素也不是一成不变的，只要给块元素定义 display:inline，块元素便成为内嵌元素；同样，给内嵌元素定义 display:block 后，内嵌元素便成为块元素。block 和 inline 的区别主要有内容模型（Content Model）、格式（Formatting）和 Directionality（如何处理两种语言混合在一起的 unicode 码）。

例如，<div>...</div>是块，<span>...</span>是行，块里可以含行。也就是 div 块里可以有 span 行。</div>显示时（分块结束处），系统自动换行，而</span>不换行。

例如，当使用<div>标签时，代码如下。

```
<P>aaaaaaaaa<div>bbbbbbbbb</div><div>ccccc<P>ccccc</div>
```

运行结果：

```
aaaaaaaaa
bbbbbbbbb
ccccc
ccccc
```

当使用<span>标签时，代码如下。

```
<P>aaaaaaaaa<span>bbbbbbbbb</span><span>ccccc<P>ccccc</span>
```

运行结果：

```
aaaaaaaaabbbbbbbbbccccc
ccccc
```

8.3　<iframe>标签

<iframe>标签，又叫浮动帧标签，可以利用<iframe>标签将一个 HTML 文档嵌入在一个 HTML 中显示。使用<iframe>标签，能够拖入外部文件。这样可以更好地管理内容，并且提供了一种在不同位置包含内容的机制。

8.3.1　<iframe>标签

<iframe>标签可以构成一种特殊的框架结构，被称为浮动框架。它是在浏览的窗口中嵌套另外的网页文件。

语法

```
<iframe></iframe>
```

注意

即使<iframe>标签是 HTML 4 推荐标准的一部分，它当前并不被 Navigator 浏览器支持。然而，对这个标签的支持将在 Navigator5 中被加入，Navigator 5 是来自 Mozilla.org 的开放源代码浏览器。为了仿真这个标签直到那时的功能，可以对 Navigator 4.x 浏览器使用<ilayer>标签。

8.3.2　<iframe>标签的属性

<iframe>标签是一种殊的框架页面，在浏览器窗口中可以嵌套子窗口，在其中显示子页面的内容。

语法

```
<iframe src="文件" height="数值" width="数值" name="框架名称" scrolling="值" frameborder="值">
</iframe >
```

<iframe>标签拥有自己的属性，<iframe>标签的属性如表 8.5 所示。

表 8.5　<iframe>标签的属性

值	说　　明
align	用于对齐包含在<iframe>标签中的数据，并且可以取 left、right、center 以及 justify 值。因支持使用 CSS 对齐元素而过时
class	一个以逗号分隔的样式类别表，这些样式类将标签实例化为已定义的类的一个实例
frameborder	取一个 0 或者 1 值以判断是否应该在帧四周画一个框
height	指定<iframe>的高度
id	通常由样式单用来定义应该被应用于标签中的数据的样式类型
logndesc	到一个标签的内容的一个较长的描述的链接
marginhergh	帧的内容与边框的上、下边之间的像素数
marginwidth	帧的内容与边框的左、右边之间的像素数
name	用于给一个块一个名字。它可以由 JavaScript 用来对层进行操作
noresize	当出现时，阻止用户重新调整帧的大小
scrolling	取 auto、yes 或者 no 值为判断滚动条是否显示
src	指定包含<iframe>的内容的 URL
style	允许在标签内指定一个样式定义，而不是在一个样式表内指定
title	允许为标签提供一个比<iframe>标签更有信息量的标题，它应用于整个文档
width	指定<iframe>的宽度

下面是<iframe>标签属性的详细介绍。

☑　浮动框架的文件路径属性 SRC

语法

```
<iframe SRC="file_name">
```

file_name：指明浮动框架文件的文件名或者其他超链接的网址。

☑　浮动框架的名称属性 NAME

语法

```
<iframe SRC="file_name"  NAME="frame_name">
```

frame_name：定义的浮动框架名称。

☑　浮动框架的对齐属性 ALIGN

语法

```
<iframe SRC="file_name"  ALIGN="left/center/right">
```

left：左对齐。

center：居中对齐。

right：右对齐。

☑　浮动框架的宽度和高度属性 WIDTH、HEIGHT

语法

```
<iframe SRC="file_name"  WIDTH="value" HEIGHT="value">
```

WIDTH：浮动框架的宽度。

HEIGHT：浮动框架的高度。

☑　浮动框架滚动条显示属性 SCROLLING

语法

```
<iframe SRC="file_name"  SCROLLING="value">
```

value 有 3 个取值。

YES：显示滚动条。

NO：不显示滚动条。

AUTO：根据窗口内容决定是否有滚动条。

☑　浮动框架边框属性 FRAMEBORDER

语法

```
<iframe SRC="file_name"  FRAMEBORDER="value">
```

value：值为 YES 代表显示框架边框，值为 NO 代表隐藏框架边框。

☑　浮动框架边缘的宽度和高度属性 MARGINWIDTH、MARGINHEIGHT

语法

```
<iframe SRC="file_name"  MARGINWIDTH="value"  MARGINHEIGHT="value">
```

MARGINWIDTH：设定浮动框架左右边缘与边框的宽度。

MARGINHEIGHT：设定浮动框架上下边缘与边框的高度。

<iframe>标签只适用于 IE 浏览器。它的作用是在网页中插入一个框架窗口以显示另一个文件。通

常，浮动框架配合一个能够辨认浏览器的 JavaScript 代码会有比较好的效果。

注意

对于不支持\<iframe>标签的浏览器，任何位于\<iframe>和\</iframe>之间的内容都将被忽略。反之，其中的内容将显示出来，这可以用作解释当前浏览器是否支持\<iframe>标签。

视频讲解

8.4 应用 div 制作下拉菜单导航条

【例 8.2】 本实例通过层制作了一个下拉菜单，当用鼠标指向下拉菜单时，会根据指定的菜单在下面以下拉的方式显示下拉列表，并可以通过单击下拉列表中的选项进入指定的网页。运行结果如图 8.2～图 8.4 所示。（**实例位置：资源包\TM\sl\8\2**）

图 8.2 下拉菜单的初始效果图

图 8.3 弹出下拉菜单的菜单项　　　　　图 8.4 在下拉菜单中选中菜单项

本实例主要是用 CSS 样式中的 display 属性来控制层是否显示，当层显示时，用 CSS 样式中的 rect() 方法来对层以 y 轴逐渐增大的方式进行局部显示。

（1）在页面中添加 CSS 样式，用于改变下拉菜单的颜色及位置。代码如下。

```
<style type="text/css">
.menubar{
    position:absolute;
    top:10px;
    width:100px;
    height:20px;
    cursor:default;
    border-width:1px;
    border-style:outset;
    color:#99FFFF;
    background:#669900;
}
.menu{
    position:absolute;
    top:32px;
```

```
        width:140px;
        display:none;
        border-width:2px;
        border-style:outset;
        border-color:white sliver sliver white;
        background:#333399;
        padding:15px;
}
.menu A{
        text-decoration:none;
        color:#99FFFF;
}
.menu A:hover{
        color: #FFFFFF;
}
</style>
```

（2）在页面中添加一个表格，用于控制下拉菜单的位置及大小。代码如下。

```
<table width="400" border="0" align="center" cellpadding="0" cellspacing="0" style="font-size:15px">
<tr>
<td width="20%">
<div align="center"id="Tdiv_1" class="menubar" onmouseover="divControl(1)" onmouseout="divControl(0)">
教育网站
</div>
</td>
<td width="20%">
<div align="center"id="Tdiv_2" class="menubar" onmouseover="divControl(1)" onmouseout="divControl(0)">
电脑丛书网站
</div>
</td>
<td width="20%">
<div align="center"id="Tdiv_3" class="menubar" onmouseover="divControl(1)" onmouseout="divControl(0)">
新出图书
</div>
</td>
<td width="20%">
<div align="center"id="Tdiv_4" class="menubar" onmouseover="divControl(1)" onmouseout="divControl(0)">
其他网站
</div>
</td>
</tr>
</tr>
<tr>
<td width="20%">
<div align="left"id="Div1" class="menu" onmouseover="keepstyle(this)" onmouseout="hidediv(this)">
<a href="#">重庆 XX 大学</a><br>
<a href="#">长春 XX 大学</a><br>
<a href="#">吉林 XX 大学</a>
```

```
</div>
</td>
<td width="20%">
<div align="left"id="Div2" class="menu" onmouseover="keepstyle(this)" onmouseout="hidediv(this)">
<a href="#">VB 图书</a><br>
<a href="#">JScript 图书</a><br>
<a href="#">Java 图书</a></div>
</td>
<td width="20%">
<div align="left"id="Div3" class="menu" onmouseover="keepstyle(this)" onmouseout="hidediv(this)">
<a href="#">Delphi XX 图书</a><br>
<a href="#">VB XX 图书</a><br>
<a href="#">Java XX 图书</a></div>
</td>
<td width="20%">
<div align="left"id="Div4" class="menu" onmouseover="keepstyle(this)" onmouseout="hidediv(this)">
<a href="#">明日科技主页</a><br>
<a href="#">明日科技图书网</a><br>
<a href="#">明日技术支持网</a></div>
</td>
</table>
```

（3）编写用于实现下拉菜单的 JavaScript 代码。

自定义函数 divControl()，判断是否显示相对应的下拉列表。代码如下。

```
<script language="Javascript">
function divControl(show){
    window.event.cancelBubble=true;
    var objID=event.srcElement.id;
    var index=objID.indexOf("_");
    var mainID=objID.substring(0,index);
    var numID=objID.substring(index+1);
    if(mainID=="Tdiv"){
        if(show==1){eval("showdiv("+"Div"+numID+")");}
        else{eval("hidediv("+"Div"+numID+")");}
    }
}
```

自定义函数 displayMenu()，在显示下拉菜单时，以下拉方式显示下拉菜单。代码如下。

```
var nbottom=0,speed=2;
function displayMenu(obj){
    obj.style.clip="rect(0 100% "+nbottom+"% 0)";
    nbottom+=speed;
    if(nbottom<=100){
        timerID=setTimeout("displayMenu("+obj.id+")",1);
    }
}
```

```
    else clearTimeout(timerID);
}
```

自定义函数 showdiv()，显示下拉列表的下拉选项。代码如下。

```
function showdiv(obj){
    obj.style.display="block";
    obj.style.clip="rect(0 0 0 0)";
    nbottom=5;
    displayMenu(obj);
}
```

自定义函数 hidediv()，隐藏下拉列表的下拉选项。代码如下。

```
function hidediv(obj){//
    nbottom=0;
    obj.style.display="none";
}
function keepstyle(obj){    //在下拉菜单中移动时，保持下拉列表的样式
    obj.style.display="block";
}
</script>
```

8.5　小　　结

本章主要介绍了层的基本概念、<div>标签、<div>标签的属性、<span>标签与<div>标签的区别和 <iframe>标签的使用。层标记可以看作是为网页排版的标记。在这一方面它与表格有着相似的功能，但层能够完成更加复杂、更加灵活的排版效果。它能够将字、画、表格等多种元素组成一个区域进行样式的统一设置。熟悉掌握层标记对网页的布局有很大的帮助，希望读者能好好学习本章内容。

8.6　习　　题

选择题

1. 在 Dreamweaver 中，下面关于层的说法错误的是（　　　）。
    A. 层可以被准确地定位于网页的任何地方
    B. 还可以规定层的大小
    C. 层与层还可以有重叠，但是不可以改变重叠的次序
    D. 可以动态设定层的可见与否

2. 下面关于层的优缺点说法错误的是（　　　）。

  A．IE 和 Navigator 之间对层的解释存在差异，经常会发生层的位置偏移的情况

  B．老的浏览器和一些非主流浏览器可能不支持层

  C．使用层可以制作很多出乎意料的效果

  D．但是遗憾的是使用层不能通过时间线来实现层的移动

3. 下面不是可以建立层的 HTML 标签的是（　　　）。

  A．<div>标签   B．<span>标签

  C．<ilayer>标签   D．<table>标签

4. 新建一个 HTML 文档，插入一个层，单击控制柄，在层周围能出几个控制柄（　　　）。

  A．4 个   B．6 个

  C．8 个   D．10 个

5. 在层的剪裁时，使用嵌套层来准确定位需要剪裁的坐标，记下嵌套层属性面板中的 L、T、W 和 H 的值分别为 50、43、23、14，则剪裁的坐标 L、T、R、B 为（　　　）。

  A．50、43、73、57   B．43、50、73、57

  C．73、57、50、43   D．57、73、50、43

填空题

6. 可以将层转换为表格，表格_____转换为层。

7. _____还可以重叠，因此可以利用_____在网页中实现内容的重叠效果。

8. 如果两个层有交叉，则两层的关系可以是_____。

9. 在 Dreamweaver 中，Z 值_____越大，这个层的位置就越靠上。

10. 默认情况下，_____是使用最普遍的层标签。

第 9 章

编辑表单

（📹 视频讲解：25 分钟）

表单的用途很多，在制作网页，特别是制作动态网页时常常会用到。表单主要用来收集客户端提供的相关信息，使网页具有交互的功能。它是 HTML 页面与浏览器实现交互的重要手段。在网页的制作过程中，常常需要使用表单，例如在进行用户注册时，就必须通过表单填写用户的相关信息。

通过阅读本章，您可以：

▶▶ 了解表单标记——form

▶▶ 掌握如何添加控件

▶▶ 掌握如何添加输入类的控件

▶▶ 熟悉各种菜单列表类的控件

▶▶ 掌握文本域标记——textarea

▶▶ 掌握 id 标记

视频讲解

9.1　使用表单标记——form

在 HTML 中，<form></form>标志对用来创建一个表单，即定义表单的开始和结束位置，在标志对之间的一切都属于表单的内容。

每个表单元素开始于 form 元素，可以包含所有的表单控件，还有任何必需的伴随数据，如控件的标签、处理数据的脚本或程序的位置等。在表单的<form>标记中，还可以设置表单的基本属性，包含表单的名称、处理程序、传送方法等。一般情况下，表单的处理程序 action 和传送方法 method 是必不可少的参数。

9.1.1　处理动作——action

真正处理表单的数据脚本或程序在 action 属性里，这个值可以是程序或脚本的一个完整 URL。

语法

```
<form action="表单的处理程序">
    ...
</form>
```

语法解释

在该语法中，表单的处理程序定义的是表单要提交的地址，也就是表单中收集到的资料将要传递的程序地址。这一地址可以是绝对地址，也可以是相对地址，还可以是一些其他的地址形式，例如发送 E-mail 等。

实例代码

```
<!DOCTYPE html>
<html>
<head>
<meta charset="utf-8">
<title>设定表单的处理程序</title>
</head>
<body>
    <!--这是一个没有控件的表单-->
    <form action="mail:mingri@qq.com">
    </form>
</body>
</html>
```

在这个实例中，定义了表单提交的地址为一个邮件，当程序运行后会将表单中收集到的内容以电子邮件的形式发送出去。

9.1.2 表单名称——name

名称属性 name 用于给表单命名。这一属性不是表单的必需属性，但是为了防止表单信息在提交到后台处理程序时出现混乱，一般要设置一个与表单功能符合的名称，例如注册页面的表单可以命名为 register。不同的表单尽量不用相同的名称，以避免混乱。

语法

```
<form name="表单名称">
    ...
</form>
```

语法解释

表单名称中不能包含特殊符号和空格。

实例代码

```
<!DOCTYPE html>
<html>
<head>
<meta charset="utf-8">
<title>设定表单的名称</title>
</head>
<body>
    <!--这是一个没有控件的表单-->
    <form action="mail:mingri@qq.com" name="register">
    </form>
</body>
</html>
```

在该实例中，将表单命名为 register。

9.1.3 传送方法——method

表单的 method 属性用来定义处理程序从表单中获得信息的方式，可取值为 get 或 post，它决定了表单中已收集的数据是用什么方法发送服务器的。

method=get：使用这个设置时，表单数据会被视为 CGI 或 ASP 的参数发送，也就是来访者输入的数据会附加在 URL 之后，由用户端直接发送至服务器，所以速度上会比 post 快，但缺点是数据长度不能够太长。在没有指定 method 的情形下，一般都会视 get 为默认值。

method=post：使用这种设置时，表单数据是与 URL 分开发送的，用户端的计算机会通知服务器来读取数据，所以通常没有数据长度上的限制，缺点是速度上会比 get 慢。

语法

```
<form method="传送方式">
```

```
    …
</form>
```

语法解释

传送方式的值只有两种选择，即 get 或 post。

实例代码

```
<!DOCTYPE html>
<html>
<head>
<meta charset="utf-8">
<title>设定表单的传送方式</title>
</head>
<body>
    <!--这是一个没有控件的表单-->
    <form action="mail:mingri@qq.com" name="register" method="post">
    </form>
</body>
</html>
```

在这个实例里，表单 register 的内容将会以 post 的方式通过电子邮件的形式传送出去。

9.1.4　编码方式——enctype

表单中的 enctype 参数用于设置表单信息提交的编码方式。

语法

```
<form enctype="编码方式">
…
</form>
```

语法解释

enctype 属性为表单定义了 MIME 编码方式，编码方式的取值如表 9.1 所示。

表 9.1　编码方式的取值

enctype 取值	取值的含义
text/plain	以纯文本的形式传送
application/x-www-form-urlencoded	默认的编码形式
multipart/form-data	MIME 编码，上传文件的表单必须选择该项

实例代码

```
<!DOCTYPE html>
<html>
<head>
```

```
<meta charset="utf-8">
<title>设定表单的编码方式</title>
</head>
<body>
    <!--这是一个没有控件的表单-->
    <form action="mail:mingri@qq.com" name="register" method="post" enctype="text/plain">
    </form>
</body>
</html>
```

在这个实例中，设置了表单信息以纯文本的编码形式发送。

9.1.5　目标显示方式——target

target 属性用来指定目标窗口的打开方式。表单的目标窗口往往用来显示表单的返回信息，例如是否成功提交了表单的内容、是否出错等。

语法

```
<form target="目标窗口的打开方式">
    ...
</form>
```

语法解释

目标窗口的打开方式包含 4 个取值：_blank、_parent、_self 和_top。其中，_blank 是指将返回的信息显示在新打开的窗口中；_parent 是指将返回信息显示在父级的浏览器窗口中；_self 则表示将返回信息显示在当前浏览器窗口；_top 表示将返回信息显示在顶级浏览器窗口中。

实例代码

```
<!DOCTYPE html>
<html>
<head>
<meta charset="utf-8">
<title>设定目标窗口的打开方式</title>
</head>
<body>
    <!--这是一个没有控件的表单-->
    <form action="mail:mingri@qq.com" name="register" method="post" enctype="text/plain" target="_self">
    </form>
</body>
</html>
```

在这个实例中，设置表单的返回信息将在同一窗口中显示。

以上所讲解的只是表单的基本构成标记，而表单的<form>标记只有和它所包含的具体控件相结合才能真正实现表单收集信息的功能。下面就对表单中各种功能的控件的添加方法加以说明。

9.2　添　加　控　件

按照控件的填写方式可以分为输入类和菜单列表类。输入类的控件一般以 input 标记开始，说明这一控件需要用户的输入；而菜单列表类则以 select 开始，表示用户需要选择。按照控件的表现形式则可以将控件分为文本类、选项按钮、菜单等几种。

在 HTML 表单中，input 参数是最常用的控件标记，包括最常见的文本域、按钮都是采用这个标记，这个标记的基本语法如下。

```
<form>
        <input name="控件名称" type="控件类型" />
</form>
```

在这里，控件名称是为了便于程序对不同控件的区分，而 type 参数则是确定了这一个控件域的类型。在 HTML 中，input 参数所包含的控件类型如表 9.2 所示。

表 9.2　输入类控件的 Type 可选值

type 取值	取值的含义
text	文字字段
password	密码域，用户在页面中输入时不显示具体的内容，以*代替
radio	单选按钮
checkbox	复选框
button	普通按钮
submit	提交按钮
reset	重置按钮
image	图形域，也称为图像提交按钮
hidden	隐藏域，隐藏域将不显示在页面上，只将内容传递到服务器中
file	文件域

除了输入类型的控件之外，还有一些控件，如文字区域、菜单列表则不是用 input 标记的。它们有自己的特定标记，如文字区域直接使用 textarea 标记，菜单标记需要使用 select 和 option 标记结合，这些将在后面做详细介绍。

视频讲解

9.3　输入类的控件

9.3.1　文字字段——text

text 属性值用来设定在表单的文本域中，输入任何类型的文本、数字或字母。输入的内容以单行显示。

语法

<input type="text" name="控件名称" size="控件的长度" maxlength="最长字符数" value="文字字段的默认取值">

语法解释

在该语法中包含了很多参数,它们的含义和取值方法不同,如表 9.3 所示。其中 name、size、maxlength 参数一般是不会省略的参数。

表 9.3 text 文字字段的参数表

参 数 类 型	含 义
name	文字字段的名称,用于和页面中其他控件加以区别,命名时不能包含特殊字符,也不能以 HTML 预留作为名称
size	定义文本框在页面中显示的长度,以字符作为单位
maxlength	定义在文本框中最多可以输入的文字数
value	用于定义文本框中的默认值

【例 9.1】 实例代码。(实例位置:资源包\TM\sl\9\1)

```
<!DOCTYPE html>
<html>
<head>
<meta charset="utf-8">
<title>在表单中添加文字字段</title>
</head>
<body>
<h1>用户调整</h1>
    <form action="mail;mingri@qq.com" method="get" name="register">
        姓名: <input type="text" name="username" size="20" />
        <br /><br />
        网址: <input type="text" name="URL" size="20" maxlength="50" value="http://" />
    </form>
</body>
</html>
```

表单的名称为 register,将表单内容以电子邮件的方式传递,并使用 GET 传输方式。设定两个文本框;第一个"姓名"的文本框为 20 字符宽度,第二个"网址"的文本框为 20 字符宽度,但最大可以输入 50 个字符,并且显示 http://的初始值。如图 9.1 所示就是文字域的显示结果。

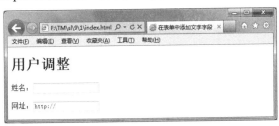

图 9.1 在表单中添加文字字段

9.3.2　密码域——password

在表单中还有一种文本域的形式为密码域，输入到文本域中的文字均以星号"*"或圆点显示。

语法

```
<input type="password" name="控件名称" size="控件的长度" maxlength="最长字符数" value="文字字段的默认取值" />
```

语法解释

在该语法中包含了很多参数，它们的含义和取值如表 9.4 所示。其中 name、size、maxlength 参数一般是不会省略的参数。

表 9.4　password 密码域的参数表

参 数 类 型	含 　义
name	域的名称，用于和页面中其他控件加以区别，命名时不能包含特殊字符，也不能以 HTML 预留字作为名称
size	定义密码域的文本框在页面中显示的长度，以字符作为单位
maxlength	定义在密码域的文本框中最多可以输入的文字数
value	用于定义密码域的默认值，同样以"*"显示

【例 9.2】　实例代码。（实例位置：资源包\TM\sl\9\2）

```
<!DOCTYPE html>
<html>
<head>
<meta charset="utf-8">
<title>插入密码域</title>
</head>
<body>
<h1>用户调查</h1>
<form action="mail;mingri@qq.com" method="get" name="register">
    姓名： <input type="text" name="usernamr" size="20" />
    <br /><br />
    密码： <input   type="password" name="password" size="20" maxlength="8" />
    <br /><br />
    确认密码： <input type="password" name="qupassword" size="20" maxlength="8" />
</form>
</body>
</html>
```

运行这段代码，在页面中的密码文本域中输入密码，可以看到出现在文本框中的内容不是文字本身，而是圆点"•"，如图 9.2 所示。

图 9.2 在密码域中输入文字

虽然在密码域中已经将所输入的字符以掩码形式显示了，但是它并没有实现真正保密，因为用户可以通过复制该密码域中的内容，并将复制的密码粘贴到其他文档中，查看到密码的"真实面目"。为实现密码的真正安全，可以将密码域的复制功能屏蔽，同时改变密码域的掩码符号。

下面就是一个使密码域更安全的一个实例。在实例中，主要是通过控制密码域的 oncopy、oncut、onpaste 事件来实现密码域的内容禁止复制的功能，并通过改变其 style 样式属性来实现改变密码域中掩码的样式。

【例 9.3】 实例代码。（实例位置：资源包\TM\sl\9\3）

（1）在页面中添加密码域，代码如下。

```
<input name="txt_passwd" type="password" class="textbox" id="txt_passwd" size="12" maxlength="50">
```

（2）添加代码禁止用户复制、剪切和粘贴密码，代码如下。

```
<input name="txt_passwd" type="password" class="textbox" id="txt_passwd" size="12" maxlength="50" oncopy="return false" oncut="return false" onpaste="return false">
```

（3）改变密码域的掩码样式，将 style 属性中的 font-family 设置为 Wingdings，代码如下。

```
<input name="txt_passwd" type="password" class="textbox" id="txt_passwd" size="12" maxlength="50" oncopy="return false" oncut="return false" onpaste="return false" style="font-family:Wingdings;">
```

运行本实例，当输入密码并选中所输入的密码，再右击时，可以发现原来的"复制"命令变为灰色即为不可用状态，并且复制快捷键 Ctrl+C 也不可用。运行结果如图 9.3 所示。

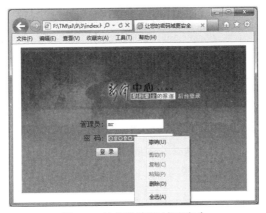

图 9.3 让您的密码域更安全

9.3.3 单选按钮——radio

单选按钮能够进行项目的单项选择，以一个圆框表示。

语法

```
<input type="radio" value="单选按钮的取值" name="单选按钮名称" checked="checked"/>
```

语法解释

在该语法中，checked 属性表示这一单选按钮默认被选中，而在一个单选按钮组中只能有一项单选按钮控件设置为 checked。value 则用来设置用户选中该项目后，传送到处理程序中的值。

【例 9.4】 实例代码。（实例位置：资源包\TM\sl\9\4）

```html
<!DOCTYPE html>
<html>
<head>
<meta charset="utf-8">
<title>在表单中添加单选按钮</title>
</head>
<body>
<h2>心理小测试：测试你的心智</h2>
<hr>
在冬日的下午，你一个人在散步，这时你最希望看到什么景色？
<hr/>
<form action="" name="xlcs" method="post">
    <input type="radio" value="answerA" name="test"/>在沙滩上晒太阳的螃蟹
    <br />
    <input type="radio" value="answerB" name="test"/>风中摇曳的红枫
    <br />
    <input type="radio" value="answerB" name="test"/>美丽善良的采茶姑娘
    <br />
    <input type="radio" value="answerB" name="test"/>在空中飞行的一对黑鹤
</form>
</body>
</html>
```

运行程序，可以看到在页面中包含了 4 个单选按钮，如图 9.4 所示。

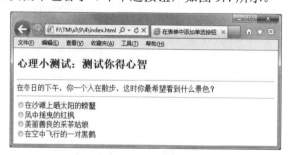

图 9.4 添加单选按钮

9.3.4 复选框——checkbox

在网页设计中，有一些内容需要让浏览者以选择的形式填写，而选择的内容可以是一个，也可以是多个，这时就需要使用复选框控件 checkbox。复选框在页面中以一个方框来表示。

语法

```
<input type="checkbox" value="复选框的值" name="名称" checked="checked" />
```

语法解释

在该语法中，checkbox 参数表示该选项在默认情况下已经被选中，一个选择中可以有多个复选框被选中。

【例 9.5】 实例代码。（实例位置：资源包\TM\sl\9\5）

```
<!DOCTYPE html>
<html>
<head>
<meta charset="utf-8">
<title>在表单中添加复选框</title>
</head>
<body>
<form action="" name="fxk" method="post">
    <h4>Question：测验:以下几种方便面你最喜欢哪种?</h4>
    <input type="checkbox" value="A1" name="test"/>鲜虾鱼板面
    <input type="checkbox" value="A2" name="test"/>红烧牛肉面
    <input type="checkbox" value="A3" name="test"/>香菇炖鸡面
    <input type="checkbox" value="A4" name="test"/>梅菜扣肉面
    <input type="checkbox" value="A5" name="test"/>番茄牛肉面
    <input type="checkbox" value="A6" name="test"/>红烧排骨面
</form>
</body>
</html>
```

运行代码，效果如图 9.5 所示。

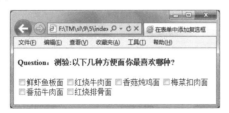

图 9.5 添加复选框的效果

9.3.5 普通按钮——button

在网页中按钮也很常见，在提交页面、恢复选项时常常用到。普通按钮一般情况下要配合脚本来进行表单处理。

语法

```
<input type="button" value="按钮的取值" name="按钮名" onclick="处理程序"/>
```

语法解释

value 的取值就是显示在按钮上面的文字，而在 button 中可以通过添加 onclick 参数来实现一些特殊的功能，onclick 参数是设置当鼠标按下按钮时所进行的处理。

【例 9.6】 实例代码。（实例位置：资源包\TM\sl\9\6）

```html
<!DOCTYPE html>
<html>
<head>
<meta charset="utf-8">
<title>在表单中添加普通按钮</title>
</head>
<body>
    下面是几个有不同功能的按钮：<br/><br/>
    <form name="ptan" action="" method="post">
        <!--在页面中添加一个普通按钮-->
        <input type="button" value="普通按钮" name="buttom1" />
        <!--在页面中添加一个关闭当前窗口-->
        <input type="button" value="关闭当前窗口" name="close" onclick="window.close()"/>
        <!--在页面中添加一个打开新窗口的按钮-->
        <input type="button" value="打开窗口" name="opennew" onclick="window.open()" />
    </form>
</body>
</html>
```

运行这段代码，单击页面中的"普通按钮"按钮，页面不会有任何变化，因为在"普通按钮"按钮的代码中没有设置处理程序；如果单击"关闭当前窗口"按钮，会弹出一个关闭警告的窗口，如图 9.6 所示。

单击警告窗口中的"是"按钮，则会成功关闭当前窗口，否则返回。单击页面中的"打开窗口"按钮，会弹出一个新的窗口，如图 9.7 所示。

图 9.6 单击"关闭当前窗口"按钮后

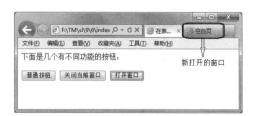

图 9.7 打开新的窗口

210

9.3.6 提交按钮——submit

提交按钮是一种特殊的按钮，不需要设置 onclick 参数，在单击该类按钮时可以实现表单内容的提交。

语法

<input type="submit" name="按钮名" value="按钮的取值" />

语法解释

在该语法中，value 同样用来设置按钮上显示的文字。

【例 9.7】 实例代码。（**实例位置：资源包\TM\sl\9\7**）

```
<!DOCTYPE html>
<html>
<head>
<meta charset="utf-8">
<title>设置提交按钮</title>
</head>
<body>
    <form action="mailto:mingrisoft@mingrisoft.com" method="post" name="invest" enctype="text/plain">
    姓名：<input type="text" name="username" size="20" /><br /><br/>
    网址：<input type="text" name="URL" size="20" maxlength="50" value="http://" /><br/><br/>
    密码：<input type="password" name="password" size="20" maxlength="8" /><br /><br/>
    确认密码：<input type="password" name="qurpassword" size="20" maxlength="8" /><br/><br/>
    请选择你喜欢的音乐：
    <input type="checkbox" name="m1" value="rock"/>摇滚乐
    <input type="checkbox" name="m2" value="jazz"/>爵士乐
    <input type="checkbox" name="m3" value="pop"  />流行乐<br/><br/>
    请选择你居住的城市：
    <input type="radio" name="city" value="beijing"  />北京
    <input type="radio" name="city" value="shanghai"  />上海
    <input type="radio" name="city" value="nanjing"  />南京<br/><br/>
    <input type="submit" name="submit" value="提交表单" />
    </form>
</body>
</html>
```

如图 9.8 所示就是提交按钮的显示结果。

单击提交按钮后，由于表单设定的是 E-mail 方式提交，因此会弹出如图 9.9 所示的对话框，单击"确定"按钮后实现提交。

211

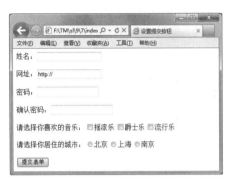

图 9.8　设置提交按钮　　　　　　　图 9.9　电子邮件提交

9.3.7　重置按钮——reset

单击重置按钮后，可以清除表单的内容，恢复默认的表单内容设定。

语法

```
<input type="reset" name="按钮名" value="按钮的取值" />
```

语法解释

在该语法中，value 同样用来设置按钮上显示的文字。

实例代码

```
<!DOCTYPE html>
<html>
<head>
<meta charset="utf-8">
<title>添加重置按钮</title>
</head>
<body>
    <form action="mailto:mingrisoft@mingrisoft.com" method="post" name="invest" enctype="text/plain">
    姓名：<input type="text" name="username" size="20" /><br /><br/>
    网址：<input type="text" name="URL" size="20" maxlength="50" value="http://" /><br/><br/>
    密码：<input type="password" name="password" size="20" maxlength="8" /><br /><br/>
    确认密码：<input type="password" name="qurpassword" size="20" maxlength="8" /><br/><br/>
    请选择你喜欢的音乐：
    <input type="checkbox" name="m1" value="rock"/>摇滚乐
    <input type="checkbox" name="m2" value="jazz"/>爵士乐
    <input type="checkbox" name="m3" value="pop"  />流行乐<br/><br/>
    请选择你居住的城市：
    <input type="radio" name="city" value="beijing"  />北京
    <input type="radio" name="city" value="shanghai"  />上海
    <input type="radio" name="city" value="nanjing"  />南京<br/><br/>
    <input type="submit" name="submit" value="提交表单" />
    <input type="reset" name="cx" value="重置按钮" />
```

```
      </form>
</body>
</html>
```

如图 9.10 所示就是重置按钮的显示结果。

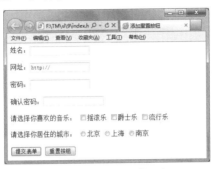

图 9.10　重置按钮的添加

9.3.8　图像域——image

图像域是指可以用在提交按钮位置上的图片，这幅图片具有按钮的功能。使用默认的按钮形式往往会让人觉得单调。如果网页使用了较为丰富的色彩，或稍微复杂的设计，再使用表单默认的按钮形式甚至会破坏整体的美感。这时，可以使用图像域，创建和网页整体效果相统一的图像提交按钮。

语法

```
<input type="image" src="图像地址" name="图像域名称" />
```

语法解释

在该语法中，图像地址可以是绝对地址或相对地址。

【例 9.8】　实例代码。（**实例位置：资源包\TM\sl\9\8**）

```
<!DOCTYPE html>
<html>
<head>
<meta charset="utf-8">
<title>设置图像提交按钮</title>
</head>
<body>
    <form action="mailto:mingrisoft@mingrisoft.com" method="post" name="invest" enctype="text/plain">
    姓名：<input type="text" name="username" size="20" /><br /><br />
    网址：<input type="text" name="URL" size="20" maxlength="50" value="http://" /><br/><br/>
    密码：<input type="password" name="password" size="20" maxlength="8" /><br /><br />
    确认密码：<input type="password" name="qurpassword" size="20" maxlength="8" /><br/><br/>
    请选择你喜欢的音乐：
    <input type="checkbox" name="m1" value="rock"/>摇滚乐
    <input type="checkbox" name="m2" value="jazz"/>爵士乐
```

```
        <input type="checkbox" name="m3" value="pop"/>流行乐<br/><br/>
        请选择你居住的城市：
        <input type="radio" name="city" value="beijing"   />北京
        <input type="radio" name="city" value="shanghai"   />上海
        <input type="radio" name="city" value="nanjing"   />南京<br/><br/>
        <input type="image" src="../images/11.png" name="image1" />
        <input type="image" src="../images/22.png" name="image2" />
        </form>
</body>
</html>
```

如图 9.11 所示的就是图像提交按钮的显示结果。

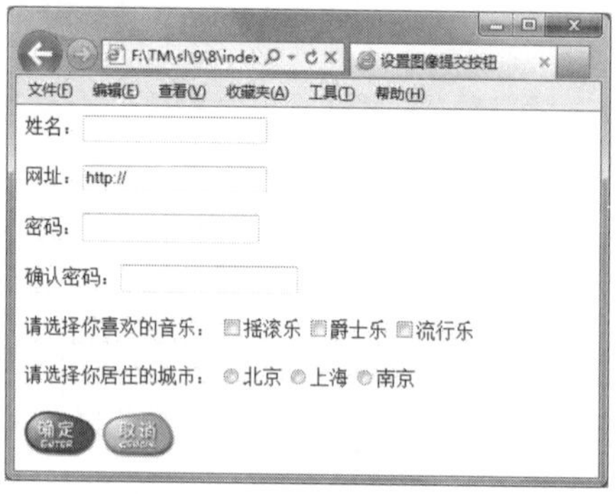

图 9.11　图像提交按钮

9.3.9　隐藏域——hidden

表单中的隐藏域主要用来传递一些参数，而这些参数不需要在页面中显示。当浏览者提交表单时，隐藏域的内容会一起提交给处理程序。

语法

```
<input type="hidden" name="隐藏域名称" value="提交的值" />
```

实例代码

```
<!DOCTYPE html>
<html>
<head>
<meta charset="utf-8">
<title>插入表单</title>
</head>
<body>
    <form action="mailto:mingrisoft@mingrisoft.com" method="post" name="invest" enctype="text/plain">
    姓名：<input type="text" name="username" size="20" /><br /><br/>
    网址：<input type="text" name="URL" size="20" maxlength="50" value="http://" /><br/><br/>
    密码：<input type="password" name="password" size="20" maxlength="8" /><br /><br/>
```

```
        确认密码：<input type="password" name="qurpassword" size="20" maxlength="8" /><br/><br/>
        请选择你喜欢的音乐：
        <input type="checkbox" name="m1" value="rock"/>摇滚乐
        <input type="checkbox" name="m2" value="jazz"/>爵士乐
        <input type="checkbox" name="m3" value="pop"  />流行乐<br/><br/>
        请选择你居住的城市：
        <input type="radio" name="city" value="beijing"  />北京
        <input type="radio" name="city" value="shanghai"  />上海
        <input type="radio" name="city" value="nanjing"  />南京<br/><br/>
        <input type="image" src="../images/11.png" name="image1" />
        <input type="image" src="../images/22.png" name="image2" />
        <input type="hidden" name="from" value="invest" />
    </form>
</body>
</html>
```

运行这段代码，隐藏域的内容并不能显示在页面中，但是在提交表单时，其名称 from 和取值 invest 将会同时传递给处理程序。

9.3.10　文件域——file

文件域在上传文件时常常用到，它用于查找硬盘中的文件路径，然后通过表单将选中的文件上传。在设置电子邮件的邮件、上传头像、发送文件时常常会看到这一控件。

语法

```
<input type="file" name="文件域的名称" />
```

【例 9.9】　实例代码。（**实例位置：资源包\TM\sl\9\9**）

```
<!DOCTYPE html>
<html>
<head>
<meta charset="utf-8">
<title>插入表单</title>
</head>
<body>
    <form action="mailto:mingrisoft@mingrisoft.com" method="post" name="invest" enctype="text/plain">
        姓名：<input type="text" name="username" size="20" /><br /><br />
        网址：<input type="text" name="URL" size="20" maxlength="50" value="http://" /><br/><br/>
        密码：<input type="password" name="password" size="20" maxlength="8" /><br /><br/>
        确认密码：<input type="password" name="qurpassword" size="20" maxlength="8" /><br/><br/>
        请上传你的照片：<input type="file" name="file" /><br/><br/>
        请选择你喜欢的音乐：
        <input type="checkbox" name="m1" value="rock"/>摇滚乐
        <input type="checkbox" name="m2" value="jazz"/>爵士乐
        <input type="checkbox" name="m3" value="pop" />流行乐<br/><br/>
        请选择你居住的城市：
```

```
<input type="radio" name="city" value="beijing" />北京
<input type="radio" name="city" value="shanghai" />上海
<input type="radio" name="city" value="nanjing" />南京<br/><br/>
<input type="image" src="../images/11.png" name="image1" />
<input type="image" src="../images/22.png" name="image2" />
</form>
</body>
</html
```

运行这段代码，可以看到页面中添加了一个"浏览..."按钮，单击这一按钮会打开"选择要加载的文件"对话框，如图 9.12 所示

图 9.12　添加文件域

9.4　使用 label 定义标签

<label>标记用于在表单元素中定义标签，这些标签可以对其他一些表单控件元素（如单行文本框、密码框等）进行说明。

<label>标记可以指定 id、style、class 等核心属性，也可以指定 onclick 等事件属性。除此之外，<label>标记还有一个 for 属性，该属性指定<label>标记与哪个表单控件相关联。

虽然<label>标记定义的标签只是输出普通的文本，但<label>标记生成的标签还有一个另外的作用，那就是当用户单击<label>生成的标签时，和该标签关联的表单控件元素就会获得焦点。也就是说，当用户选择<label>元素所生成的标签时，浏览器会自动将焦点转移到和该标签相关联的表单控件元素上。

使标签和表单控件相关联主要有两种方式。

☑　隐式关联

使用 for 属性，指定<label>标记的 for 属性值为所关联的表单控件的 id 属性值。

☑ 显式关联

将普通文本、表单控件一起放在<label>标记内部即可。

【例 9.10】 实例代码。（实例位置：资源包\TM\sl\9\10）

```
<!DOCTYPE html>
<html>
<head>
<meta charset="utf-8">
<title>标签和表单控件相关联</title>
</head>
<body>
<form action="" method="post" name="invest">
    <label for="username">姓名：</label>
    <input type="text" name="username" id="username" size="20" />
    <br /><br />
    <label>密码：<input type="password" name="password" id="password" /></label>
    <br /><br />
    <input type="submit" value="登录" />
</form>
</body>
</html>
```

运行实例，当用户单击表单控件前面的标签时，该表单控件就可以获得焦点，结果如图 9.13 所示。

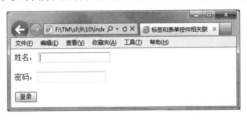

图 9.13 使用 label 生成标签

9.5 使用 button 定义按钮

<button>标记用于定义一个按钮，在<button>标记的内部可以包含普通文本、文本格式化标签和图像等内容。这也是<button>按钮和<input>按钮的不同之处。

<button>按钮与<input type="button" />相比，提供了更加强大的功能和更丰富的内容。<button>与</button>标签之间的所有内容都是该按钮的内容，其中包括任何可接受的正文内容，例如文本或图像。

<button>标记可以指定 id、style、class 等核心属性，也可以指定 onclick 等事件属性。除此之外，还可以指定以下几个属性。

☑ disabled

指定是否禁用该按钮。该属性值只能是 disabled，或者省略这个属性值。

☑ name

指定该按钮唯一的名称。该属性值通常与 id 属性值保持一致。

☑ type

指定该按钮属于哪种按钮，该属性值只能是 button、reset 或 submit 其中之一。

☑ value

指定该按钮的初始值。该值可以通过脚本进行修改。

【例 9.11】 实例代码。（实例位置：资源包\TM\sl\9\11）

```html
<!DOCTYPE html>
<html>
<head>
<meta charset="utf-8">
<title>button 按钮的应用</title>
</head>
<body>
<form action="" method="post" name="invest">
    <label for="username">姓名：</label>
    <input type="text" name="username" id="username" size="20" />
    <br /><br />
    <label>密码：<input type="password" name="password" id="password" /></label>
    <br /><br />
    <button type="submit"><img src="../images/11.png" /></button>
    <button type="reset"><img src="../images/22.png" /></button>
</form>
</body>
</html>
```

运行实例，可以看到在表单中定义了两个按钮，两个按钮的内容都是图片，第一个图片相当于一个提交按钮，第二个图片相当于一个重置按钮，结果如图 9.14 所示。

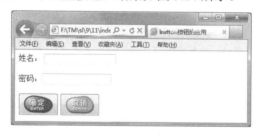

图 9.14 应用 button 设置图片按钮

9.6 列表/菜单标记

菜单列表类的控件主要用来进行选择给定答案中的一种，这类选择往往答案比较多，使用单选按钮比较浪费空间。可以说，菜单列表类的控件主要是为了节省页面空间而设计的。菜单和列表都是通过<select>和<option>标记来实现的。

语法

```
<select name="下拉菜单的名称">
    <option value="" selected="selected">选项显示内容</option>
 <option value="选项值">选项显示内容</option>
    ...
</select>
```

语法解释

这些属性的含义如表 9.5 所示。

表 9.5 菜单和列表标记属性

菜单和列表标记属性	描　　述
name	设置所使用的脚本语言及版本
size	设置一个外部脚本文件的路径位置
multiple	设置所使用的脚本语言，此属性已代替 language 属性
value	此属性表示当 HTML 文档加载完毕后再执行脚本语言
selected	默认选项

【例 9.12】　实例代码。（**实例位置：资源包\TM\sl\9\12**）

```
<!DOCTYPE html>
<html>
<head>
<meta charset="utf-8">
<title>菜单的插入</title>
</head>
<body>
<h3>兴趣调查</h3>
<form action="mailto:mingrisoft@mingrisoft.com" method="post" name="invest">
    请选择你喜欢的音乐：<br /><br />
    <select name="music" size="5" multiple="multiple">
        <option value="rock" selected="selected">摇滚乐 </option>
        <option value="rock">流行乐 </option>
        <option value="rock">爵士乐 </option>
        <option value="rock">民族乐 </option>
        <option value="dj">打击乐 </option>
    </select>
    <br /><br />
    <select name="city">
        <option value="beijing" selected="selected">北京
        <option value="shanghai" >上海
        <option value="nanjing">南京
        <option value="changchun">长春
    </select>
```

```
<input type="submit" name="submit" value="提交表单" />

</form>
</body>
</html>
```

运行这段代码，可以看到页面中添加了包含 5 个选项的下拉菜单，其中"摇滚乐"选项被设置为默认；在页面定义了默认的菜单数量，其中"北京"为默认选项。如图 9.15 所示的就是列表和菜单的效果。

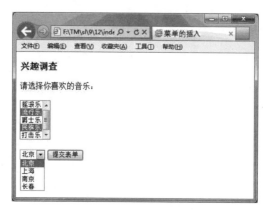

图 9.15　添加列表和菜单

9.7　文本域标记 textarea

除了以上讲解的两大类控件外，还有一种特殊定义的文本样式，称为文字域或文本域。它与文字字段的区别在于可以添加多行文字，从而可以输入更多的文本。这类控件在一些留言本中最为常见。

语法

```
<textarea name="文本域名称" value="文本域默认值" rows="行数" cols="列数">
</textarea>
```

语法解释

语法中各属性的含义如表 9.6 所示

表 9.6　文字域标记属性

文字域标记属性	描　　述
name	文字域的名称
rows	文字域的行数
cols	文字域的列表
value	文字域的默认值

【例 9.13】 实例代码。（实例位置：资源包\TM\sl\9\13）

```html
<!DOCTYPE html>
<html>
<head>
<meta charset="utf-8">
<title>添加文本域</title>
</head>
<body>
用户调查留言：<br /><br />
<form action="mailto:mingrisoft@mingrisoft.com" name="invest" method="post">
    用户名：<input name="username" type="text" size="20" /><br /><br />
    密码：<input name="password" type="password" size="20" /><br /><br />
    留言：<textarea name="liuyan" rows="5" cols="40"><br /><br />
    </textarea><br/><br/>
    <input type="submit" name="submit" value="提交"/>
</form>
</body>
</html>
```

运行代码，可以看到页面上添加了一个行数为 5、列数为 40 的文本域，如图 9.16 所示。

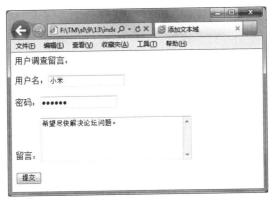

图 9.16 添加文本域的效果

9.8 id 标记

在 HTML 的表单元素中，还有一个 id 标记。这一标记是一个较为特殊的标记，它主要用于标示一个唯一的元素。这个元素可以是文字字段，可以是密码域，也可以是其他的表单元素，甚至也可以定义一幅图像、一个表格。但是在实际应用中，表单是使用 id 标记最多的一类元素。

语法

```
<id="元素的标识名">
```

语法解释

在 HTML 中，由于 id 用来标识页面的唯一元素，因此在定义标识名时最好要根据其含义进行命名。

实例代码

```
<!DOCTYPE html>
<html>
<head>
<meta charset="utf-8">
<title>添加文本域</title>
</head>
<body>
用户调查留言：<br /><br />
<form action="mailto:mingrisoft@mingrisoft.com" name="invest" method="post">
    用户名：<input name="username" type="text" size="20" id="username" /><br /><br />
    密码：<input name="passworg" type="password" size="20" /><br /><br />
    留言：<textarea name="liuyan"   rows="5" cols="40">
    </textarea><br /><br />
    <input type="submit" name="submit" value="提交" />
</form>
</body>
</html>
```

在该实例中，定义了用户名的文字字段 id 为 username。而在运行程序是，页面中并不显示该 id，只是在将信息传送到服务器时会同时被提交。

9.9　在 Dreamweaver 中快速创建表单

下面介绍如何在 Dreamweaver 中快速创建表单。

（1）打开 Dreamweaver，新建一个 HTML 文件，在文档工具栏中选择设计。

（2）在菜单栏中依次选择"插入/表单/表单"命令，如图 9.17 所示。

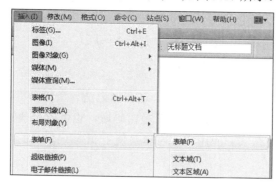

图 9.17　选择命令

（3）即可在网页中创建一个空白的表单，如图 9.18 所示。

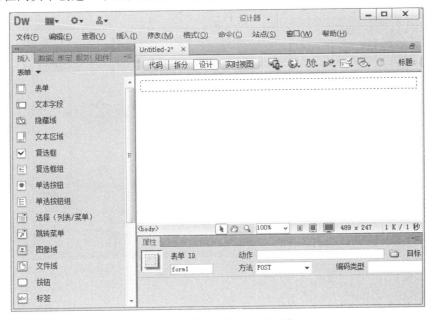

图 9.18 创建一个空白的表单

（4）在左侧的导航菜单中单击"文本字段"按钮，为表单添加一个文字域，如图 9.19 所示。

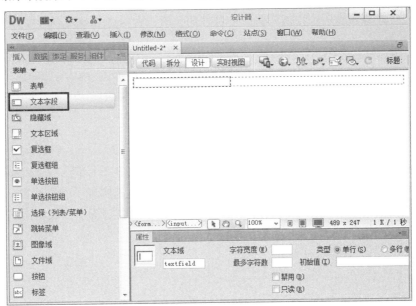

图 9.19 插入一个文字域

（5）在左侧的导航菜单中单击"选择（列表/菜单）"按钮，为表单添加一个下拉列表框，并为其添加列表值，如图 9.20 所示。

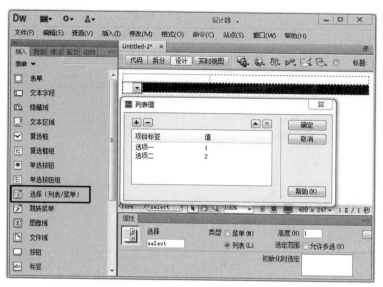

图 9.20　添加一个下拉列表框

 说明

　　单击导航菜单中的相应按钮，可以为表单中添加相应的控件，并且可以在属性面板中设置控件的属性。表单中可以添加任何工具栏中提供的标签，如表格、图片等。但是，添加进来的控件是按添加顺序摆放的，需要自己手动排版调整这些控件的位置，最后保存编辑的 HTML 文件就能生成一个表单。

9.10　小　　结

　　本章主要介绍了表单标记、添加控件、输入类的控件、列表/菜单标记、文本域标记以及 id 标记。通过本章的详细介绍，能让读者更好地运用表单制作网页。表单是实现动态网页的一种主要的外在形式，表单网页的制作最终还是要由表格组织起来，所以读者还是要熟练掌握表格的制作。

9.11　习　　题

选择题

1. 如果要表单提交信息不以附件的形式发送，只要将表单的"MIME 类型"设置为（　　）。

    A．text/plain　　　　　　B．password　　　　　　C．submit　　　　　　D．button

2．若要获得名为 login 的表单中，名为 txtuser 的文本输入框的值，以下获取的方法中，正确的是（　　　）。

  A．username=login.txtser.value   B．username=document.txtuser.value

  C．username=document.login.txtuser   D．username=document.txtuser.value

3．若要产生一个 4 行 30 列的多行文本域，以下方法中，正确的是（　　　）。

  A．<Input type="text" Rows="4" Cols="30" Name="txtintrol">

  B．<TextArea Rows="4" Cols="30" Name="txtintro">

  C．<TextArea Rows="4" Cols="30" Name="txtintro"></TextArea>

  D．<TextArea Rows="30" Cols="4" Name="txtintro"></TextArea>

判断题

4．当用户填写完信息后单击普通按钮做提交（submit）操作。（　　　）

5．method 属性用来定义处理程序从表单中获得信息的方式，可取值为 GET 和 POST 中的一个。其中 POST 方式传送的数据量比较小。（　　　）

6．<input type="text" value="username">中的 value 属性是指表单提交后将传送到服务器的值。（　　　）

填空题

7．当表单以电子邮件的形式发送，表单信息不以附件的形式发送，应将"MIME 类型"设置为_____。

8．表单对象的名称由_____属性设定；提交方法由_____属性指定；若要提交大数据量的数据，则应采用_____方法；表单提交后的数据处理程序由_____属性指定。

9．表单是 Web_____和 Web_____之间实现信息交流和传递的桥梁。

10．表单实际上包含两个重要组成部分：一是描述表单信息的_____，二是用于处理表单数据的服务器端_____。

第 **10** 章

多媒体页面

（ 视频讲解：18分钟 ）

多媒体是一个网站的必备元素，使用它可以丰富网站效果，体现设计者的个性，吸引用户的注意，突出重点。通常多媒体元素包括声音和动画两部分。

通过阅读本章，您可以：

▸▸ 了解滚动文字的标记和属性

▸▸ 了解如何添加背景音乐

▸▸ 了解如何添加多媒体文件

▸▸ 了解如何添加其他类型的媒体文件

视频讲解

10.1　设置滚动文字

网页的多媒体元素一般包括动态文字、动态图像、声音以及动画等，其中最简单的就是添加一些滚动文字。

10.1.1　滚动文字标记——marquee

使用 marquee 标记可以将文字设置为动态滚动的效果。

语法

<marquee>滚动文字</marquee>

语法解释

只要在标记之间添加要进行滚动的文字即可，而且可以在标记之间设置这些文字的字体、颜色等。

实例代码

```
<!DOCTYPE html>
<html>
<head>
<meta charset="UTF-8">
<meta http-equiv="Content-Type" content="text/html; charset=gb2312" />
<title>设置滚动文字</title>
</head>
<body>
<marquee><font face="隶书" color="#0066FF" size="5">明日科技欢迎你！</font></marquee>
</body>
</html>
```

运行这段代码，可以看到设置为蓝色隶书的文字从浏览器的右方缓缓向左滚动，如图 10.1 所示。

图 10.1　设置滚动文字

10.1.2　滚动方向属性——direction

默认情况下文字只能是从右向左滚动，而在实际应用中常常需要不同滚动方向的文字，这可以通过 direction 参数来设置。

227

语法

```
<marquee direction="滚动方向">滚动文字</marquee>
```

语法解释

该语法中的滚动方向可以包含 4 个取值，即 up、down、left 和 right，它们分别表示文字向上、向下、向左和向右滚动，其中向左滚动 left 的效果与默认效果相同，而向上滚动的文字则常常出现在网站的公告栏中。

实例代码

```html
<!DOCTYPE html>
<html>
<head>
<meta charset="UTF-8">
<title>设置滚动方向</title>
</head>
<body>
<marquee direction="down" >
<font color="#FF3333"face="楷体" size="+4">明日科技欢迎你</font>
</marquee>
<marquee direction="up" >
<font color="#99FF00" face="隶书" size="+5">编程词典横空出世！</font>
</marquee>
</body>
</html>
```

运行这段代码，如图 10.2 所示看到滚动的文字分别向上和向下滚动出来。

图 10.2　设置滚动方向

10.1.3　滚动方式属性——behavior

除了将文字设置为单方向的滚动外，还可以为文字设置滚动方式，如往复运动等。这一功能可以通过添加 behavior 属性来实现。

语法

```
<marquee behavior="滚动方式">滚动文字</marquee>
```

语法解释

在这里，滚动方式 behavior 的取值可以设置为表 10.1 中所示的某个值，不同取值的滚动效果也不相同。

表 10.1　滚动方式的设置

behavior 的取值	滚动方式的设置
scroll	循环滚动，默认效果
slide	只滚动一次就停止
alternate	来回交替进行滚动

实例代码

```
<!DOCTYPE html>
<html>
<head>
<meta charset="UTF-8">
<title>设置滚动方式</title>
</head>
<meta charset="UTF-8">
<body>
    <marquee behavior="scroll">古之成大事者</marquee>
    <marquee behavior="slide">不惟有超士之才</marquee>
    <marquee behavior="alternate">亦有坚忍不拔之志</marquee>
</body>
</html>
```

运行这段代码，可以看到如图 10.3 所示的效果。其中第一行文字不停地循环，一圈一圈地滚动；而第二行文字则在第一次到达浏览器边缘时就停止了滚动；最后一行文字则在滚动到浏览器左边缘后开始反向运动。

图 10.3　设置滚动方式

10.1.4　滚动速度属性——scrollamount

通过 scrollamount 属性能够调整文字滚动的速度。

语法

```
<marquee scrollamount="滚动速度"></marquee>
```

语法解释

在该语法中，滚动文字的速度实际上是设置滚动文字每次移动的长度，以像素为单位。

实例代码

```
<html>
<head>
<title>设置滚动速度</title>
</head>
<body>
    <marquee scrollamount="3">一步一步慢慢地走</marquee>
    <marquee scrollamount="10">看我悠哉的跑</marquee>
    <marquee scrollamount="50">小豹子的速度</marquee>
</body>
</html>
```

运行这段代码，可以看到 3 行文字同时开始滚动，但是速度是不一样的，设置的 scrollamount 越大，速度也就越快，如图 10.4 所示。

图 10.4　设置不同的滚动速度

10.1.5　滚动延迟属性——scrolldelay

scrolldelay 参数可以设置滚动文字滚动的时间间隔。

语法

```
<marquee scrolldelay="时间间隔"></marquee>
```

语法解释

scrolldelay 的时间间隔单位是毫秒，也就是千分之一秒。这一时间间隔的设置为滚动两步之间的时间间隔，如果设置的时间比较长，会产生走走停停的效果。

如果与滚动速度 scrollamount 参数结合使用，效果更明显，下面以实例说明。

实例代码

```
<!DOCTYPE html>
<html>
<head>
<meta charset="UTF-8">
<title>设置滚动延迟</title>
```

```
</head>
<body>
    <marquee scrollamount="100" scrolldelay="10">看我不停脚步地走</marquee>
    <marquee scrollamount="100" scrolldelay="100">看我走走停停</marquee>
    <marquee scrollamount="100" scrolldelay="500">我要走一步停一停</marquee>
</body>
</html>
```

运行这段代码，效果如图 10.5 所示，其中第一行文字设置的延迟小，因此走起来比较平滑；最后一行设置的延迟比较大，看上去就像是走一步歇一会的感觉。

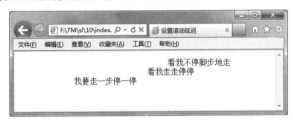

图 10.5　设置滚动延迟

10.1.6　滚动循环属性——loop

设置滚动文字后，在默认情况下会不断地循环下去，如果希望文字滚动几次停止，可以使用 loop 参数来进行设置。

语法

```
<marquee loop="循环次数">滚动文字</marquee>
```

实例代码

```
<!DOCTYPE html>
<html>
<head>
<meta charset="UTF-8">
<title>设置滚动循环次数</title>
</head>
<body>
    <marquee direction="up" loop="10">
        <font color="#FF0000" face="隶书" size="+3">
        君子之交淡若水<br/>
        小人之交甘若醴<br/>
        </font>
    </marquee>
</body>
</html>
```

运行这段代码，设定了滚动文字进行 10 次循环，如图 10.6 所示。

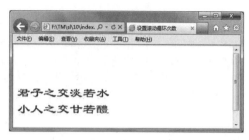

图 10.6 设置交替滚动的循环次数

10.1.7 滚动范围属性——width、height

如果不设置滚动背景的面积，那么默认情况下，水平滚动的文字背景与文字同高、与浏览器窗口同宽，使用 width 和 height 参数可以调整其水平和垂直的范围。

语法

```
<marquee width="" height="">滚动文字</marquee>
```

语法解释

此处设置宽度和高度的单位均为像素。

实例代码

```
<!DOCTYPE html>
<html>
<head>
<meta charset="UTF-8">
<title>设置滚动范围</title>
</head>
<body>
    <marquee behavior="alternate" bgcolor="#66FFFF">王勃</marquee><br /><br />
    <marquee behavior="alternate" bgcolor="#66CCFF" width="500" height="50">
    老当益壮,宁移白首之心;穷且益坚,不坠青云之志
    </marquee>
</body>
</html>
```

运行这段代码，可以看到两段滚动文字的背景高度和宽度的变化，如图 10.7 所示。

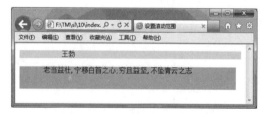

图 10.7 设置滚动文字背景的面积

10.1.8　滚动背景颜色属性——bgcolor

在网页中，为了突出某部分内容，常常使用不同背景色来显示。滚动文字也可以单独设置背景色。

语法

```
<marquee bgcolor="颜色代码">滚动文字</marquee>
```

语法解释

文字背景颜色设置为 16 位颜色码。

实例代码

```html
<!DOCTYPE html>
<html>
<head>
<meta charset="UTF-8">
<title>设置滚动背景颜色</title>
</head>
<body>
    <marquee bgcolor="#CCFFCC" behavior="alternate">蜀相  作者：杜甫
    </marquee><br/><br/>
    <marquee bgcolor="#FFCCFF" direction="up">
丞相祠堂何处寻？　锦官城外柏森森，　<br/>
映阶碧草自春色，　隔叶黄鹂空好音。　<br/>
三顾频烦天下计，　两朝开济老臣心。　<br/>
出师未捷身先死，　长使英雄泪满襟。　<br/>
    </marquee>
</body>
</html>
```

运行这段代码，看到在滚动文字后面分别设置了淡绿色和粉色的背景，如图 10.8 所示。

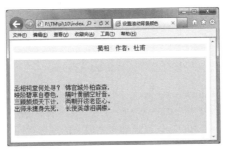

图 10.8　设置滚动文字背景颜色

10.1.9　滚动空间属性——hspace、vspace

在滚动文字的四周，可以设置水平空间和垂直空间。

语法

```
<marquee hspace="水平范围" vspace="垂直范围">滚动文字</marquee>
```

233

语法解释

该语法中水平和垂直范围的单位均为像素。

实例代码

```html
<!DOCTYPE html>
<html>
<head>
<meta charset="UTF-8">
<title>设置滚动空间</title>
</head>
<body>
    不设置空白空间的效果：
    <marquee behavior="alternate" bgcolor="#FFCC33">
    明日科技欢迎你！
    </marquee>
    明日科技致力于编程的发展！！
    <br />
    <hr color="#0099FF" />
    <br />
    设置水平为 90 像素、垂直为 50 像素的空白空间：
    <marquee behavior="alternate" bgcolor="#CCCC00" hspace="90" vspace="50">
    明日科技欢迎你！
    </marquee>
    明日科技致力于编程的发展！！
</body>
</html>
```

运行这段代码，可以看到设置空白空间的效果如图 10.9 所示。

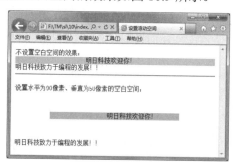

图 10.9　设置滚动文字周围的空白空间

视频讲解

10.2　添加多媒体文件

　　如果能在网页中加入音乐或视频文件，可以使单调的网页变得更加生动。但是如果要正确浏览嵌入了这些文件的网页，就需要在客户端的计算机中安装相应的播放软件。使用<embed>标记可以将多媒体文件嵌入网页中。

10.2.1 添加多媒体文件标记——embed

在网页中常见的多媒体文件包括声音文件和视频文件。

语法

```
<embed src="多媒体文件地址" width="播放界面的宽度" height="播放界面的高度"></embed>
```

语法解释

在该语法中，width 和 height 一定要设置，单位是像素，否则无法正确显示播放多媒体文件的软件。

【例 10.1】 实例代码。（实例位置：资源包\TM\sl\10\1）

```
<!DOCTYPE html>
<html>
<head>
<meta charset="UTF-8">
<title>嵌入多媒体文件</title>
</head>
<body>
    <center>
    <embed src="z/aa.avi" width="200" height="240"></embed>
    </center>
</body>
</html>
```

运行这段代码，可以看到一个播放页面，如图 10.10 所示。单击页面中的播放按钮 可以播放插入的声音文件 aa.avi。

图 10.10　插入多媒体文件

10.2.2 设置自动运行——autostart

登录网页时常常会看到一些视频文件直接开始运行，不需要手动开始，特别是当我们浏览网页时，弹出广告内容，广告内容的自动播放主要是通过 autostrat 参数来实现的。

语法

```
<embed src="多媒体文件地址" autostart=是否自动运行></embed>
```

语法解释

autostart 的取值有两个：一个是 true，表示自动播放；另一个是 false，表示不自动播放。

【例 10.2】 实例代码。（**实例位置：资源包\TM\sl\10\2**）

```
<!DOCTYPE html>
<html>
<head>
<meta charset="UTF-8">
<title>设置自动运行</title>
</head>
<body>
    <center>
    下面的视频文件中第一个视频文件将会自动播放，第二个视频文件需要手动播放。
    <hr size="2" color="#FF6633" />
    <embed src="z/aa.avi" autostart=True width="200" height="240"></embed>
    <hr size="3" color="#FF6633" />
    <embed src="z/aa.avi" autostart=False width="200" height="240"></embed>
    </center>
</body>
</html>
```

运行这段代码，可以看到两个视频文件的不同效果，如图 10.11 所示。

图 10.11　设置自动运行

10.2.3　设置媒体文件的循环播放——loop

通过这个属性，可以设定背景音乐的循环次数。

语法

```
<embed src="多媒体文件地址" loop=是否循环播放></embed>
```

语法解释

在该语法中，loop 的取值不是具体的数字，而是 true 或者 false，如果取值为 true，表示媒体文件将无限次地循环播放，如果取值为 false，则只播放一次。

实例代码

```
<!DOCTYPE html>
<html>
<head>
<meta charset="UTF-8">
<title>设置循环播放</title>
</head>
<body>
    <center>
    下面的视频文件将循环播放：
    <hr size="2" color="#99FF00" />
        <embed src="z/aa.avi" autostart=True   loop=True width="200" height="240"></embed>
    </center>
</body>
</html>
```

运行这段代码，效果如图 10.12 所示。

图 10.12 媒体文件不停地循环播放

10.2.4 隐藏面板——hidden

其实也可以将媒体文件的声音保留而隐藏图像，这一就相当于设置了背景声音。通过 hidden 参数可以隐藏播放面板。

语法

```
<embed src="多媒体文件地址" hidden="是否隐藏"></embed>
```

语法解释

在该语法中 hidden 可以设置两个值：一个是 true，表示隐藏面板；另一个 false，表示显示面板，这是添加媒体文件的默认选项。如果要保留声音，就要设置文件的自动播放。

实例代码

```
<!DOCTYPE html>
```

237

```
<html>
<head>
<meta charset="UTF-8">
<title>设置隐藏面板</title>
</head>
<body>
    <center>
    下面的视频文件播放面板被隐藏:
    <hr size="2" color="#99FF00" />
        <embed src="z/aa.avi" autostart=True hidden="True"width="200" height="240"></embed>
    </center>
</body>
</html>
```

运行这段代码，看到播放控制面板已经不见了，只能听到播放的声音效果，如图 10.13 所示。

图 10.13　隐藏播放面板

10.2.5　添加其他类型的媒体文件

除了 avi 媒体文件之外，在网页中还可以嵌入 flash、mpeg 等类型的媒体文件，方法与 avi 媒体文件相同。

【例 10.3】　实例代码。（**实例位置：资源包\TM\sl\10\3**）

```
<!DOCTYPE html>
<html >
<head>
<meta charset="UTF-8">
<title>嵌入多媒体文件</title>
</head>
<body>
下面嵌入不同类型的媒体文件: <br />
<embed src="cd.swf"></embed>
</body>
</html>
```

运行这段代码，看到在页面中添加了不同类型的媒体文件，如图 10.14 所示。其中，媒体文件为 Flash 类型。

图 10.14　添加的 Flash 媒体文件

10.3　\<object>标签

object 元素用于向页面添加多媒体对象，包括 Flash、音频、视频等。它规定了对象的数据和参数，以及可用来显示和操作数据的代码。object 元素中一般会包含\<param>标签，\<param>标签可用来定义播放参数。

\<object>标签里的 classid 属性是告诉浏览器插件的类型；codebase 属性可选，未安装 Flash 插件的用户在浏览网页时，会自动连接到 codebase 属性指定的 Shockwave 的下载网页，自动下载并安装相关插件。\<object>和\<embed>标签里 quality = high 的作用是使浏览器以高质量浏览动画。

注意

object 元素和 embed 元素都是用来播放多媒体文件的对象，object 元素用于 IE 浏览器，embed 元素用于非 IE 浏览器，为了保证兼容性，通常我们同时使用两个元素，浏览器会自动忽略它不支持的标签。同时使用两个元素时，应该把\<embed>标签放在\<object>标签的内部。

10.3.1　插入音频文件

通过\<object>标签在网页中插入音频文件，主要通过设置\<object>\</object>标记的 filename 属性实现。在\<object>\</object>标记之间加入如下代码。

```
<param name="filename" value="音频文件的地址" />
```

【例 10.4】　实例代码。（**实例位置：资源包\TM\sl\10\4**）

```
<!DOCTYPE html>
<html xmlns="http://www.w3.org/1999/xhtml">
<head>
<meta charset="UTF-8">
<meta http-equiv="Content-Type" content="text/html; charset=gb2312" />
<title>插入音频文件</title>
</head>
<body>
```

```
<object classid="clsid:22D6F312-B0F6-11D0-94AB-0080C74C7E95" width="530" height="375">
    <param name="FileName" value="F:\TM\sl\10\z\zj.mp3" />
    <embed src="F:\TM\sl\10\z\zj.mp3" width="530" height="375"></embed>
</object>
</body>
</html>
```

实例运行效果如图 10.15 所示。

图 10.15　插入音频文件

10.3.2　插入 Flash 动画

通过<object>标签在网页中插入 Flash 动画，主要通过设置<object></object>标记的 src 属性实现。在<object></object>标记之间加入如下代码。

```
<param name="src" value="Flash 文件地址" />
```

【例 10.5】　实例代码。（**实例位置：资源包\TM\sl\10\5**）

```
<!DOCTYPE html>
<html xmlns="http://www.w3.org/1999/xhtml">
<head>
<meta charset="UTF-8">
<meta http-equiv="Content-Type" content="text/html; charset=gb2312" />
<title>插入 Flash 动画</title>
<style type="text/css">
<!--
body {
    margin-left: 0px;
    margin-top: 0px;
    margin-right: 0px;
    margin-bottom: 0px;
}
.STYLE1 {
    font-size: 12px;
```

```
        color: #FFFF00;
}
-->
</style>
</head>
<body>
<table width="100%" height="590" border="0" cellpadding="0" cellspacing="0">
  <tr>
    <td background="bg.jpg"><table width="100%" border="0" cellspacing="0" cellpadding="0">
      <tr>
        <td> </td>
      </tr>
      <tr>
        <td><div align="center">
          <object classid="clsid:D27CDB6E-AE6D-11cf-96B8-444553540000" codebase="http://download.
macromedia.com/pub/shockwave/cabs/flash/swflash.cab#version=7,0,19,0" width="830" height="471">
            <param name="src" value="flash.swf" />
            <param name="quality" value="high" />
            <embed src="flash.swf" width="830" height="471" quality="high" pluginspage="http://www.
macromedia.com/go/getflashplayer" type="application/x-shockwave-flash"></embed>
          </object>
        </div></td>
      </tr>
      <tr>
        <td height="50"><div align="center"><span class="STYLE1">吉林省明日科技有限公司 (C) 版权所有
</span></div></td>
      </tr>
    </table></td>
  </tr>
</table>
</body>
</html>
```

实例运行效果如图 10.16 所示。

图 10.16　插入 Flash 动画

10.3.3　插入背景透明的 Flash 动画

实现在网页中插入背景透明的 Flash 动画，主要通过设置<object></object>或<embed></embed>标记的 wmode 属性实现。

在<object></object>标记之间加入如下代码。

```
<param name="wmode" value="transparent">
```

设置<embed></embed>标记的 wmode 属性的代码如下。

```
<embed src="tm.swf" wmode="transparent"></embed>
```

【例 10.6】　实例代码。（实例位置：资源包\TM\sl\10\6）

```
<!DOCTYPE html>
<html xmlns="http://www.w3.org/1999/xhtml">
<head>
<meta charset="UTF-8">
<meta http-equiv="Content-Type" content="text/html; charset=gb2312" />
<title>插入背景透明的 Flash 动画</title>
<style type="text/css">
<!--
body {
    margin-top: 0px;
    margin-bottom: 0px;
}
-->
</style>
</head>
<body>
<table width="778" height="914" border="0" align="center" cellpadding="0" cellspacing="0">
  <tr>
    <td height="914" valign="top" background="2.jpg"><table width="554" height="232" border="0" align="right"
cellpadding="0" cellspacing="0">
      <tr>
        <td height="59" valign="bottom"> </td>
        </tr>
      <tr>
        <td height="100" valign="bottom"><div align="center">
          <object    classid="clsid:D27CDB6E-AE6D-11cf-96B8-444553540000"    codebase="http://download.
macromedia.com/pub/shockwave/cabs/flash/swflash.cab#version=7,0,19,0" width="551" height="143">
            <param name="src" value="tm.swf" />
            <param name="quality" value="high" />
            <param name="wmode" value="transparent">
            <embed src="tm.swf" quality="high" pluginspage="http://www.macromedia.com/go/getflashplayer"
type="application/x-shockwave-flash" width="551" height="143" wmode="transparent"></embed>
          </object>
        </div></td>
```

242

```
        </tr>
      </table></td>
    </tr>
  </table>
</body>
</html>
```

实例运行效果如图 10.17 所示。

图 10.17　插入背景透明的 Flash 动画

10.3.4　插入视频文件

通过<object>标签在网页中插入视频文件，主要通过设置<object></object>标记的 filename 属性实现。

在<object></object>标记之间加入如下代码。

```
<param name="filename" value="视频文件的地址" />
```

【例 10.7】　实例代码。（实例位置：资源包\TM\sl\10\7）

```
<!DOCTYPE html>
<html xmlns="http://www.w3.org/1999/xhtml">
<head>
<meta charset="UTF-8">
<meta http-equiv="Content-Type" content="text/html; charset=gb2312" />
<title>插入视频文件</title>
</head>
<body>
<object classid="clsid:22D6F312-B0F6-11D0-94AB-0080C74C7E95" width="530" height="375">
    <param name="FileName" value="F:\TM\sl\10\z\Wildlife.wmv" />
    <param name="quality" value="high" />
    <embed src="F:\TM\sl\10\z\Wildlife.wmv" width="530" height="375"></embed>
</object>
</body>
</html>
```

运行这段代码，效果如图 10.18 所示。

图 10.18　插入视频文件

10.4　小　　结

本章中主要介绍了如何设置滚动文字、如何添加多媒体文件。多媒体是一个网站的必备元素，使用它可以丰富网站效果。熟悉掌握多媒体添加技术会为日后开发网站打下很好的基础。

10.5　习　　题

选择题

1. 下面关于使用视频数据流的说法错误的是（　　　）。
   A. 浏览器在接收到第一个包的时候就开始播放
   B. 动画可以使用数据流的方式进行传输
   C. 音频可以使用数据流的方式进行传输
   D. 文本就不可以使用数据流的方式进行传输
2. 动态 HTML 文档的多媒体控件"Structured Graphics"表示（　　　）。
   A. 显示基于坐标的图形对象　　　　　　B. 产生各种清除、抓拍、彩晕和消散效果
   C. 创建多种视觉，包括亮度效果　　　　D. 显示动画图形对象
3. 动态 HTML 文档的多媒体控件"Miser"表示（　　　）。
   A. 同时播放多个声音文件　　　　　　　B. 为子画面和其他可视化对象定义移动路径
   C. 控制多媒体事年的定时自动播放　　　D. 显示动画图形对象

判断题

4．<bgsound>标记中 autostart 属性用来定义是否在音乐文档下载完之后就自动播放，true 是，false 否。（　　）

5．<bgsound>标记中 loop 属性用来定义是否自动反复播放，如果 loop=2 表示重复两次。（　　）

6．volume="#"设定音量的大小，数值范围是 0～1000。（　　）

填空题

7．在网页中嵌入多媒体，如电影、声音等用到的标记是_____。

8．在页面中添加背景音乐 bg.mid，循环播放 3 次的语句是_____。

9．在页面中实现滚动文字的标记是_____。

10．用来在视频窗口下附加 MS-WINDOWS 的 AVI 播放控制条的属性是_____。

HTML5 高级应用

　　本篇对 HTML5 中新增的语法与标记方法、新增元素、新增 API 以及这些元素与 API 目前为止受到了哪些浏览器的支持等进行了详细的介绍。在对它们进行介绍的同时将其与 HTML4 中的各种元素与功能进行了对比，以帮助读者更好地理解为什么要使用 HTML5、使用 HTML5 的好处。

第11章

HTML5 的开发和新特性

（ 🎬 视频讲解：4分钟 ）

自从 2010 年正式推出以来，HTML5 一直受到世界各大浏览器的热烈欢迎与支持。根据世界上各大 IT 界知名媒体评论，新的 Web2.0 时代，HTML5 的时代马上就要到来。

通过阅读本章，您可以：

▸▸ 了解 HTML5 的开发

▸▸ 了解 HTML5 与之前版本的 HTML 大致上有哪些区别

▸▸ 了解 HTML5 的开发原则

▸▸ 熟悉 HTML5 的无插件范式

视频讲解

11.1　谁在开发 HTML5

我们都知道开发 HTML5 需要成立相应的组织，并且肯定需要有人来负责。这正是下面这 3 个重要组织的工作。

- ☑ WHATWG：由来自 Apple、Mozilla、Google、Opera 等浏览器厂商的人组成，成立于 2004 年。WHATWG 开发 HTML 和 Web 应用 API，同时为各浏览器厂商以及其他有意向的组织提供开放式合作。
- ☑ W3C：W3C 下辖的 HTML 工作组目前负责发布 HTML5 规范。
- ☑ IETF（Internet Engineering Task Force，互联网工程任务组）：这个任务组下辖 HTTP 等负责 Internet 协议的团队。HTML5 定义的一种新 API（WebSocket API）依赖于新的 WebSocket 协议，IETF 工作组正在开发这个协议。

11.2　HTML5 的新认识

任何新鲜事物的出现，都会带给人们惊喜，同时也会存在很多争议。虽然 Web 开发者普遍认为有了 HTML5 是比较好的，但是还是会有些担心，例如，新的 HTML5 在旧版本的浏览器上能否正常运行，会不会产生错误等各种问题。HTML5 是基于各种各样的理念进行设计的，这些设计理念体现了对可能性和可行性的新认识。

- ☑ 兼容性。
- ☑ 实用性。
- ☑ 互通性。

11.2.1　兼容性

虽然到了 HTML5 时代，但并不代表现在用 HTML4 创建出来的网站必须全部要重建。HTML5 并不是颠覆性的革新。相反，实际上 HTML5 的一个核心理念就是保持一切新特性平滑过渡。一旦浏览器不支持 HTML5 的某项功能，针对功能的备选行为就会悄悄进行。再有，互联网上有些 HTML 文档已经存在了 20 多年，因此，支持所有现存 HTML 文档是非常重要的。

尽管 HTML5 标准的一些特性非常具有革命性，但是 HTML5 旨在进化而非革命。这一点正是通过兼容性体现出来的。正是因为保障了兼容性才能让人们毫不犹豫地选择 HTML5 开发网站。

11.2.2　实用性和用户优先

HTML5 规范是基于用户优先准则编写的，其主要宗旨是"用户即上帝"，这意味着在遇到无法解决的冲突时，规范会把用户放到第一位，其次是页面的作者，再次是实现者（或浏览器），接着是规范制定者，最后才考虑理论的纯粹实现。因此，HTML5 的绝大部分是实用的，只是有些情况下还不够完美。实用性是指要求能够解决实际问题。HTML5 内只封装了切实有用的功能，不封装复杂而没有实际意义的功能。

11.2.3　化繁为简

HTML5 要的就是简单、避免不必要的复杂性。HTML5 的口号是"简单至上，尽可能简化"。因此，HTML5 做了以下改进。

- ☑　以浏览器原生能力替代复杂的 JavaScript 代码。
- ☑　新的简化的 DOCTYPE。
- ☑　新的简化的字符集声明。
- ☑　简单而强大的 HTML5 API。

我们会在以后的章节中将详细讲解这些改进。

为了实现所有的这些简化操作，HTML5 规范已经变得非常大，因为它需要更大的精确。实际上要比以往任何版本的 HTML 规范都要精确。为了能够真正实现浏览器互通的目标，HTML5 规范制订了一系列定义明确的行为，任何歧义和含糊都可能延缓这一目标的实现。

另外，HTML5 规范比以往的任何版本都要详细，为的是避免造成误解。HTML5 规范的目标是完全、彻底地给出定义，特别是对 Web 应用。

基于多种改进过的、强大的错误处理方案，HTML5 具备了良好的错误处理机制。非常有现实意义的一点是，HTML5 提倡重大错误的平缓恢复，再次把最终用户的利益放在了第一位。例如，如果页面中有错误的话，在以前可能会影响整个页面的显示，而 HTML5 不会出现这种情况，取而代之的是以标准方式显示 broken 标记，这要归功于 HTML5 中精确定义的错误恢复机制。

11.3　无插件范式

过去，很多功能只能通过插件或者复杂的 hack（本地绘图 API、本地 socket 等）来实现，但在 HTML5 中提供了对这些功能的原生支持。插件的方式存在很多问题。

- ☑　插件安装可能失败。
- ☑　插件可能被禁用或者是屏蔽。
- ☑　插件自身会成为被攻击的对象。
- ☑　插件不容易与 HTML 文档的其他部分集成（因为插件边界、剪裁和透明度问题）。

虽然一些插件的安装率很高，但在控制严格的公司内部网络环境中经常会被封锁。此外，由于插件经常还会给用户带来烦人的广告，一些用户也会选择屏蔽此类插件。如果这样做的话，一旦用户禁用了插件，就意味着依赖该插件显示的内容也无法表现出来了。

在我们已经设计好的页面中，要想把插件显示的内容与页面上其他元素集成也比较困难，因为会引起剪裁和透明度等问题。插件使用的是自带的模式，与普通 Web 页面所使用的不一样，所以当弹出菜单或者其他可视化元素与插件重叠时，会特别麻烦。这时，就需要 HTML5 应用原生功能来解决，它可以直接用 CSS 和 JavaScript 的方式控制页面布局。实际上这也是 HTML5 的最大亮点，显示了先前任何 HTML 版本都不具备的强大能力。HTML5 不仅仅是提供新元素支持新功能，更重要的是添加了对脚本和布局之间的原生交互能力，鉴于此我们可以实现以前不能实现的效果。

以 HTML5 中的 canvas 元素为例，有很多非常底层的事情以前是没办法做到的（比如在 HTML4 的页面中就难画出对角线），而有了 canvas 就可以很容易地实现了。更为重要的是新 API 释放出来的潜能，以及仅需寥寥几行 CSS 代码就能完成布局的能力。基于 HTML5 的各类 API 的优秀设计，我们可以轻松对它们进行组合应用。HTML5 的不同功能组合应用为 Web 开发注入了一股强大的新生力量。

11.4　HTML5 的新特性

视频讲解

HTML5 给人们带来了众多惊喜，例如如下一些优点和新的特性。

☑　新特性应该基于 HTML、CSS、DOM 和 JavaScript。

☑　减少了对外部插件的需求（比如 Flash）。

☑　更优秀的错误处理。

☑　更多取代脚本的标记。

☑　HTML5 应该独立于设备。

☑　用于绘画的 canvas 元素。

☑　用于媒介回放的 video 和 audio 元素。

☑　对本地离线存储的更好的支持。

☑　新元素和表单控件。

而这些新特性，正在如今的浏览器最新版本中得到越来越普遍的实现，越来越多的开发者开始学习和使用这些新特性。

第12章

HTML5 与 HTML4 的区别

（ 视频讲解：50 分钟 ）

HTML5 以 HTML4 为基础，对 HTML4 进行了大量的修改。本章将从总体上介绍到底 HTML5 对 HTML4 进行了哪些修改，HTML5 与 HTML4 之间比较大的区别是什么。

通过阅读本章，您可以：

▸▸ 掌握 HTML5 与 HTML4 在基本语法上有什么区别

▸▸ 了解在 HTML5 中新增了哪些元素

▸▸ 了解在 HTML5 中删除了哪些 HTML4 中的元素

▸▸ 掌握在 HTML5 中替代 HTML4 的元素

▸▸ 了解在 HTML5 中新增了哪些属性

▸▸ 了解在 HTML5 中删除了哪些 HTML4 中的属性

▸▸ 掌握什么是全局属性

视频讲解

12.1　语法的改变

12.1.1　HTML5 的语法变化

HTML5 中，语法发生了很大的变化。或许有人会异常惊讶和不安地问"HTML 普及到何种程度啊？""根本的语法发生了变化，会有多大影响啊？"

只是，HTML5 的"语法变化"和其他编程语言所谓的语法变更意义有所不同。为何这么说呢？原因比较特殊，是因为以前的 HTML，遵循规范实现的 Web 浏览器几乎没有。

☑　现有浏览器与规范背离

HTML 的语法是在 SGML（Standard Generalized Markup Language）语言来规定语法的。但是由于 SGML 的语法非常复杂，文档结构解析程序的开发也不太容易，多数 Web 浏览器不作为 SGML 解析器运行。由此，HTML 规范中虽然要求"应遵循 SGML 的语法"，但实际情况却是遵循规范的实现（Web 浏览器）几乎不存在。

☑　规范向实现靠拢

如上所述，HTML5 中提高 Web 浏览器间的兼容性也是重大的目标之一。要确保兼容性，必须消除规范与实现的背离。因此 HTML5 以近似现有的实现，重新定义了新的 HTML 语法，即使规范向实现靠拢。

由于文档结构解析的算法也有着详细的记载，使得 Web 浏览器厂商可以专注于遵循规范去进行实现工作。在新版本的 FireFox 和 WebKit（Nightly Builder 版）中，已经内置了遵循 HTML5 规范的解析器。IE 和 Opera 也为了提供更好的兼容性实现而紧锣密鼓地努力着。

12.1.2　HTML5 中的标记方法

首先，让我们来看一下在 HTML5 中的标记方法。

☑　内容类型（ContentType）

首先，HTML5 文件的扩展名和内容类型（ContentType）没有发生变化。即扩展名还是.html 或.htm，内容类型（ContentType）还是.text/html。

☑　DOCTYPE 声明

要使用 HTML5 标记，必须先进行如下的 DOCTYPE 声明。不区分大小写。Web 浏览器通过判断文件开头有没有这个声明，让解析器和渲染类型切换成对应 HTML5 的模式。

```
<!DOCTYPE html>
```

另外，当使用工具时，也可以在 DOCTYPE 声明方式中加入 SYSTEM 标识。（不区分大小写。此处还可将双引号换为单引号来使用），声明方法如下面的代码。

```
<!DOCTYPE HTML SYSTEM "about:legacy-compat">
```

☑ 字符编码的设置

字符编码的设置方法也有些新的变化。以前，设置 HTML 文件的字符编码时，要用到如下<meta>元素，如下所示。

```
<meta http-equiv="Content-Type" content="text/html;charset=UTF-8">
```

在 HTML5 中，可以使用<meta>元素的新属性 charset 来设置字符编码。

```
<meta charset="UTF-8">
```

以上两种方法都有效。因此也可以继续使用前者的方法（通过 content 元素的属性来设置）。但要注意不能同时使用。如下所示。

```
<!-- 不能混合使用 charset 属性和 http-equiv 属性 -->
<meta charset="UTF-8" http-equiv="Content-Type" content="text/html;charset=UTF-8">
```

注意

从 HTML5 开始，文件的字符编码推荐使用 UTF-8。

12.1.3 HTML5 语法中需要掌握的 3 个要点

HTML5 中规定的语法，在设计上兼顾了与现有 HTML 之间最大程度的兼容性。例如，在 Web 上充斥着"<p>没有结束标签"等 HTML 现象。HTML5 不将这些视为错误，反而采取了"允许这些现象存在，并明确记录在规范中"的方法。因此，尽管与 XHTML 相比标记比较简洁，而在遵循 HTML5 的 Web 浏览器中也能保证生成相同的 DOM。那么下面就来看看具体的 HTML5 语法。

☑ 可以省略标签的元素

在 HTML5 中，有些元素可以省略标签。具体来讲有 3 种情况，例如下列表。

➤ 不允许写结束标记的元素：area，base，br，col，command，embed，hr，img，input，keygen，link，meta，param，source，track，wbr。

不允许写结束标记的元素是指，不允许使用开始标记与结束标记将元素括起来的形式，只允许使用"<元素/>"的形式进行书写。例如，
...</br>的写法是错误的。应该写成
。当然，沿袭下来的
这种写法也是允许的。

➤ 可以省略结束标签：li，dt，dd，p，rt，rp，optgroup，option，colgroup，thead，tbody，tfoot，tr，td，th。

➤ 可以省略整个标签（即连开始标签都不用写明）：html，head，body，colgroup，tbody。需要注意的是，虽然这些元素可以省略，但实际上却是隐式存在的。例如，<body>标签可以省略，但在 DOM 树上它是存在的，可以永恒访问到 document.body。上述列表中也包括了 HTML5 的新元素。有关这些新元素的用法，将在后面的章节中详细讲解。

☑　取得 Boolean 值的属性

取得布尔值（Boolean）的属性，如 disabled 和 readonly 等，通过省略属性的值来表达"值为 true"。如果要表达"值为 false"，则直接省略属性本身即可。此外，在写明属性值来表达"值为 true"时，可以将属性值设为属性名称本身，也可以将值设为空字符串。如下例所示：

```
<!-- 以下的 checked 属性值皆为 true -->
<input type="checkbox" checked>
<input type="checkbox" checked="checked">
<input type="checkbox" checked="">
```

表 12.1 列出了 HTML5 中允许省略属性值的属性。

表 12.1　HTML5 中允许省略属性值的属性

HTML5 属性	XHTML 语法
checked	checked="checked"
readonly	readonly="readonly"
disabled	disabled="disabled"
selected	selected="selected"
defer	defer="defer"
ismap	ismap="ismap"
nohref	nohref="nohref"
noshade	noshade="noshade"
nowrap	nowrap="nowrap"
multiple	multiple="multiple"
noresize	noresize="noresize"

☑　省略属性的引用符

设置属性值时，可以使用双引号或单引号来引用。HTML5 语法则更进一步，只要属性值不包含空格、<、>、'、"、`、=等字符，都可以省略属性的引用符。如下例所示。

```
<!--请注意 type 属性的引用符 -->
<input type="text">
<input type='text'>
<input type=text>
```

12.1.4　标记示例

本节，我们将通过前面所学到的 HTML5 的语法知识来看一个关于 HTML5 标记的实例。

以下是纯粹的 HTML5 文档示例。省略了<html>、<head>、<body>等属性，使用了 HTML5 的 DOCTYPE 声明，通过<meta>元素的 charset 属性设置字符编码，省略<p>元素的结束标签，<meta>元素和
元素以/>结尾等。实例代码如下。

```
<!DOCTYPE html>
```

```
<meta charset=UTF-8 />
<title>HTML5 标记示例</title>
<p>这个 HTML 是遵循 HTML5 语法
<br/>编写出来的。
```

这段代码在 IE9 浏览器中的运行结果如图 12.1 所示。

图 12.1　HTML5 标记实例

视频讲解

12.2　新增的元素和废除的元素

12.2.1　新增的结构元素

在 HTML5 中，新增了以下与结构相关的元素。

☑　section 元素

section 元素定义文档或应用程序中的一个区段，比如章节、页眉、页脚或文档中的其他部分。它可以与 h1,h2,h3,h4,h5,h6 元素结合起来使用，标示文档结构。

HTML5 中代码示例：

```
<section>...</section>
```

HTML4 中代码示例：

```
<div>...</div>
```

☑　article 元素

article 元素表示文档中的一块独立的内容，如博客中的一篇文章或报纸中的一篇文章。

HTML5 中代码示例：

```
<article>...</article>
```

HTML4 中代码示例：

```
<div class="article">...</div>
```

☑　header 元素

header 元素表示页面中一个内容区块或整个页面的标题。

HTML5 中代码示例：

```
<header>...</header>
```

HTML4 中代码示例：

```
<div>...</div>
```

☑　nav 元素

nav 元素表示导航链接的部分。

HTML5 中代码示例：

```
<nav>...</nav>
```

HTML4 中代码示例：

```
<ul>...</ul>
```

☑　footer 元素

footer 元素表示整个页面或页面中一个内容区块的脚注。一般来说，它会包含创作者的姓名、文档的创作日期以及创建者联系信息。

HTML5 中代码示例：

```
<footer>...</footer>
```

HTML4 中代码示例：

```
<div>...</div>
```

12.2.2　新增的块级（block）的语义元素

在 HTML5 中，新增了以下与块级的语义相关的元素。

☑　aside 元素

aside 元素表示 article 元素的内容之外的与 article 元素的内容相关的有关内容。

HTML5 中代码示例：

```
<aside>...</aside>
```

HTML4 中代码示例：

```
<div>...</div>
```

☑　figure 元素

figure 元素表示一段独立的流内容，一般表示文档主体流内容中的一个独立单元。使用<figcaption>元素为 figure 元素组添加标题。

HTML5 中代码示例：

```
<figure>
<figcaption>PRC</figcaption>
<p>The People's Republic of China was born in 1949...</p>
</figure>
```

257

HTML4 中代码示例：

```
<dl>
<h1>PRC</h1>
<p>The People's Republic of China was born in 1949...</p>
</dl>
```

☑ dialog 元素

dialog 标签定义对话，比如交谈。

注意

对话中的每个句子都必须属于<dt>标签所定义的部分。

HTML5 中代码示例：

```
<dialog>
  <dt>老师</dt>
  <dd>2+2 等于？</dd>
  <dt>学生</dt>
  <dd>4</dd>
  <dt>老师</dt>
  <dd>答对了！</dd>
</dialog>
```

12.2.3　新增的行内（inline）的语义元素

在 HTML5 中，新增了以下与行内的语义相关的元素。

☑ mark 元素

mark 元素主要用来在视觉上向用户呈现那些需要突出显示或高亮显示的文字。mark 元素的一个比较典型的应用就是在搜索结果中向用户高亮显示搜索关键词。

HTML5 中代码示例：

```
<mark>...</mark>
```

HTML4 中代码示例：

```
<span>...</span>
```

☑ time 元素

time 元素表示日期或时间，也可以同时表示两者。

HTML5 中代码示例：

```
<time>...</time>
```

HTML4 中代码示例：

```
<span>...</span>
```

☑　meter 元素

meter 元素表示度量衡。仅用于已知最大和最小值的度量。必须定义度量的范围，既可以在元素的文本中，也可以在 min/max 属性中定义。

HTML5 中代码示例：

```
<meter>…</meter>
```

☑　progress 元素

progress 元素表示运行中的进程。可以使用 progress 元素来显示 JavaScript 中耗费时间的函数的进程。

HTML5 中代码示例：

```
<progress>…</progress>
```

12.2.4　新增的嵌入多媒体元素与交互性元素

新增 video 和 audio 元素。顾名思义，分别是用来插入视频和声音的。值得注意的是可以在开始标签和结束标签之间放置文本内容，这样旧版本的浏览器就可以显示出不支持该标签的信息。例如如下代码。

```
<video src="somevideo.wmv">您的浏览器不支持 video 标签。</video>
```

HTML 5 同时也叫 Web Applications1.0，因此也进一步发展交互能力。这些标签就是为提高页面的交互体验而生的。

☑　details 元素

details 元素表示用户要求得到并且可以得到的细节信息。它可以与 summary 元素配合使用。summary 元素提供标题或图例。标题是可见的，用户点击标题时，会显示出 details。summary 元素应该是 details 元素的第一个子元素。

HTML5 中代码示例：

```
<details><summary>HTML 5</summary>
This document teaches you everything you have to learn about HTML 5.
</details>
```

☑　datagrid 元素

datagrid 元素表示可选数据的列表。datagrid 作为树列表来显示。

HTML5 中代码示例：

```
<datagrid>…</datagrid>
```

☑　menu 元素

menu 元素表示菜单列表。当希望列出表单控件时使用该标签。

HTML5 中代码示例：

```
<menu>
 <li><input type="checkbox" />Red</li>
 <li><input type="checkbox" />blue</li>
</menu>
```

注意

HTML4 中 menu 元素不被推荐使用。

☑   command 元素

command 元素表示命令按钮，如单选按钮、复选框或按钮。

HTML5 中代码示例：

```
<command onclick=cut()" label="cut">
```

12.2.5   新增的 input 元素的类型

HTML5 中，新增了很多 input 元素的类型，现列举如下。

☑   email：email 类型用于应该包含 E-mail 地址的输入域。

☑   url：url 类型用于应该包含 URL 地址的输入域。

☑   number：number 类型用于应该包含数值的输入域。

☑   range：range 类型用于应该包含一定范围内数字值的输入域。

☑   Date Pickers（数据检出器）。

☑   search。

search 类型用于搜索域，如站点搜索或谷歌搜索。search 域显示为常规的文本域。

HTML5 拥有多个可供选取日期和时间的新输入类型。

☑   date——选取日、月、年。

☑   month——选取月、年。

☑   week——选取周和年。

☑   time——选取时间（小时和分钟）。

☑   datetime——选取时间、日、月、年（UTC 时间）。

☑   datetime-local——选取时间、日、月、年（本地时间）。

12.2.6   废除的元素

由于各种原因，在 HTML5 中废除了很多元素，下面简单介绍一下被废除的元素。

1. 能使用 CSS 代替的元素

对于 basefont、big、center、font、s、strike、tt、u 这些元素，由于它们的功能都是纯粹为画面展示服务的，而在 HTML5 中提倡把画面展示性功能放在 CSS 样式表中统一编辑，所以将这些元素废除，并使用编辑 CSS 样式表的方式进行替代。

2．不再使用 frame 框架

对于 frameset 元素、frame 元素与 nofranes 元素，由于 frame 框架对页面可移性存在负面影响，在 HTML5 中已不再支持 frame 框架，只支持 iframe 框架，或者用服务器方创建的由多个页面组成的复合页面的形式，同时将以上 3 个元素废除。

3．只有部分浏览器支持的元素

对于 applet、bgsound、blink、marguee 等元素，由于只有部分浏览器支持这些元素，所以在 HTML5 中被废除。其中 applet 元素可由 embed 元素替代，bgsound 元素可由 audio 元素替代，marquee 可以由 JavaScript 编程的方式替代。

视频讲解

12.3　新增的属性和废除的属性

12.3.1　新增的属性

1．表单相关的属性

新增的与表单相关的元素如下。

☑　autocomplete 属性

autocomplete 属性规定 form 或 input 域应该拥有自动完成功能。

autocomplete 适用于<form>标签，以及以下类型的<input>标签：text、search、url、telephone、email、password、datepickers、range 以及 color。

☑　autofocus 属性

autofocus 属性规定在页面加载时，域自动地获得焦点。

autofocus 属性适用于所有<input>标签的类型。

☑　form 属性

form 属性规定输入域所属的一个或多个表单。

form 属性适用于所有<input>标签的类型。

☑　表单重写属性

表单重写属性（form override attributes）允许用户重写 form 元素的某些属性设定。

表单重写属性有以下方面。

> ➢　formaction——重写表单的 action 属性。
> ➢　formenctype——重写表单的 enctype 属性。
> ➢　formmethod——重写表单的 method 属性。
> ➢　formnovalidate——重写表单的 novalidate 属性。
> ➢　formtarget——重写表单的 target 属性。

表单重写属性适用于以下类型的<input>标签：submit 和 image。

☑ height 和 width 属性

height 和 width 属性规定用于 image 类型的 input 标签的图像高度和宽度。

height 和 width 属性只适用于 image 类型的<input>标签。

☑ list 属性

list 属性规定输入域的 datalist。datalist 是输入域的选项列表。

list 属性适用于以下类型的<input>标签：text、search、url、telephone、email、date pickers、number、range 以及 color。

☑ min、max 和 step 属性

min、max 和 step 属性用于为包含数字或日期的 input 类型规定限定（约束）。

max 属性规定输入域所允许的最大值。

min 属性规定输入域所允许的最小值。

step 属性为输入域规定合法的数字间隔（如果 step="3"，则合法的数是-3、0、3、6 等）。

min、max 和 step 属性适用于以下类型的<input>标签：date pickers、number 以及 range。

☑ multiple 属性

multiple 属性规定输入域中可选择多个值。

multiple 属性适用于以下类型的<input>标签：email 和 file。

☑ novalidate 属性

novalidate 属性规定在提交表单时不应该验证 form 或 input 域。

novalidate 属性适用于<form>以及以下类型的<input>标签：text、search、url、telephone、email、password、date pickers、range 以及 color。

☑ pattern 属性

pattern 属性规定用于验证 input 域的模式（pattern）。模式（pattern）是正则表达式。用户可以在 JavaScript 教程中学习到有关正则表达式的内容。

pattern 属性适用于以下类型的<input>标签：text、search、url、telephone、email 以及 password。

☑ placeholder 属性

placeholder 属性提供一种提示（hint），描述输入域所期待的值。

placeholder 属性适用于以下类型的<input>标签：text、search、url、telephone、email 以及 password。

☑ required 属性

required 属性规定必须在提交之前填写输入域（不能为空）。

required 属性适用于以下类型的<input>标签：text、search、url、telephone、email、password、date pickers、number、checkbox、radio 以及 file。

2. 链接相关属性

新增的与链接相关的属性如下。

☑ media 属性

为 a 与 area 元素增加了 media 属性，该属性规定目标 URL 是为什么类型的媒介/设备进行优化的。只能在 href 属性存在时使用。

☑　hreflang 属性与 rel 属性

为 area 元素增加了 hreflang 属性与 rel 属性，以保持与 a 元素、link 元素的一致。

☑　sizes 属性

为 link 元素增加了新属性 sizes。该属性可以与 icon 元素结合使用（通过 rel 属性），该属性指定关联图标（icon 元素）的大小。

☑　target 属性

为 base 元素增加了 target 属性，主要目的是保持与 a 元素的一致性，同时 target 元素由于在 Web 应用程序中，尤其是在与 iframe 结合使用时，是非常有用的，所以不再是不赞成使用的元素了。

3．其他属性

除了上面介绍的与表单和链接相关的属性外，HTML5 还增加了下面的属性。

☑　reversed 属性

为 ol 元素增加属性 reversed，它指定列表倒序显示。li 元素的 value 属性与 ol 元素的 start 属性因为它不是被显示在界面上的，所以不再是不赞成使用的了。

☑　charset 属性

为 meta 元素增加 charset 属性，因为这个属性已经被广泛支持了，而且为文档的字符编码的指定提供了一种比较良好的方式。

☑　type 属性与 label 属性

为 menu 元素增加了两个新的属性 type 与 label。label 属性为菜单定义一个可见的标注，type 属性让菜单可以以上下文菜单、工具条与列表菜单 3 种形式出现。

☑　scoped 属性

为 style 元素增加 scoped 属性，用来规定样式的作用范围，譬如只对页面上某个树起作用。为 script 元素增加 async 属性，它定义脚本是否异步执行。

☑　manifest 属性

为 html 元素增加属性 manifest，开发离线 Web 应用程序时它与 API 结合使用，定义一个 URL，在这个 URL 上描述文档的缓存信息。为 iframe 元素增加 3 个属性，即 sandbox、seamless 与 srcdoc，用来提高页面安全性，防止不信任的 Web 页面执行某些操作。

12.3.2　废除的属性

HTML4 中的一些属性在 HTML5 中不再被使用，而是采用其他属性或其他方案进行替换，具体如表 12.2 所示。

表 12.2　在 HTML5 中被废除了的属性

在 HTML4 中使用的属性	使用该属性的元素	在 HTML5 中的替代方案
rev	link，a	rel
charset	link，a	在被链接的资源中使用 HTTP content-type 头元素
shape，coords	a	使用 area 元素代替 a 元素

续表

在 HTML4 中使用的属性	使用该属性的元素	在 HTML5 中的替代方案
longdesc	img，iframe	使用 a 元素链接到较长描述
target	link	多余属性，被省略
nohref	area	多余属性，被省略
profile	head	多余属性，被省略
version	html	多余属性，被省略
name	img	id
scheme	meta	只为某个表单域使用 scheme
Archive，classid，codebase，codetype，declare，standby	object	使用 data 与 type 属性类调用插件。需要使用这些属性来设置参数时，使用 param 属性
valuetype，type	param	使用 name 与 value 属性，不声明值的 mime 类型
axis，abbr	td，th	使用以明确简洁的文字开头、后跟详述文字的形式。可以对更详细内容使用 title 属性，来使单元格的内容变得简短
scope	td	在被链接的资源中使用 HTTP content-type 头元素
align	caption，input，legend，div，h1，h2，h3，h4，h5，h6，p	使用 CSS 样式表替代
alink，link，text，vlink，background，bgcolor	body	使用 CSS 样式表替代
align，bgcolor，border，cellpadding，cellspacing，frame，rules，width	table	使用 CSS 样式表替代
align，char，charoff，height，nowrap，valign	tbody，thead，tfoot	使用 CSS 样式表替代
align，bgcolor，char，charoff，height，nowrap，valign，width	td，th	使用 CSS 样式表替代
align、bgcolor、char、charoff、valign	tr	使用 CSS 样式表替代
align，char，charoff，valign，width	col，colgroup	使用 CSS 样式表替代
align，border，hspace，vspace	object	使用 CSS 样式表替代
clear	br	使用 CSS 样式表替代
compact，type	ol，ul，li	使用 CSS 样式表替代
compact	dl	使用 CSS 样式表替代
compact	menu	使用 CSS 样式表替代
width	pre	使用 CSS 样式表替代
align，hspace，vspace	img	使用 CSS 样式表替代
align，noshade，size、width	hr	使用 CSS 样式表替代
align，frameborder，scrolling，marginwidth	iframe	使用 CSS 样式表替代
autosubmit	menu	

视频讲解

12.4　全　局　属　性

在 HTML5 中，新增了一个"全局属性"的概念。所谓全局属性，是指可以对任何元素都使用的属性。下面将详细介绍几个常用的全局属性。

12.4.1　contentEditable 属性

由 Microsoft 发明，经过反向工程后由所有其他的浏览器实现，contentEditable 现在成为 HTML 的正式的部分。

该属性的主要功能是允许用户编辑元素中的内容，所以该元素必须是可以获得鼠标焦点的元素，而且在单击鼠标后要向用户提供一个插入符号，提示用户该元素中的内容允许编辑。contentEditable 是一个布尔类型属性，因此可以将其设置为 true 或 false。

除此之外，该属性还有个隐藏的 inherir（继承）状态，属性为 true 时，元素被指定位允许编辑；属性为 false 时，元素被指定为不允许编辑；未指定 true 或 false 时，则由 inherir 状态来决定，如果元素的父元素是可编辑的，则该元素就是可编辑的。

另外，除了 contentEditable 属性外，元素还具有一个 iscontentEditable 属性，当元素可编辑时，该属性为 true；当元素不可编辑时，该属性为 false。

下面是一个使用 contentEditable 属性的示例，当列表元素被加上 contentEditable 属性后，该元素就变成可编辑的了，代码如下。

```
<!DOCTYPE html >
<head>
<meta charset="utf-8">
<title>contentEditable 属性示例</title>
</head>
<h2>可编辑列表</h2>
<ul contentEditable="true">
<li>列表元素 1</li>
<li>列表元素 2</li>
<li>列表元素 3</li>
</ul>
```

运行这段代码，效果如图 12.2 所示。

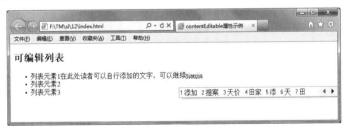

图 12.2　可编辑列表实例

在编辑完元素中的内容后，如果想要保存其中内容，只能把该元素的 innerHTML 发送到服务器进行保存，因为改变元素内容后该元素的 innerHTML 内容也会随之改变，目前还没有特别的 API 来保存编辑后元素中的内容。

contentEditable 属性具有"可继承"的特点，如果一个 HTML 元素的父元素是"可编辑"的，那么它默认也是可编辑的，除非显式地指定 contentEditable="false"。

【例 12.1】 将<div>、<table>元素转换成可编辑状态。（**实例位置：资源包\TM\sl\12\1**）

代码如下。

```
<!DOCTYPE html>
<html>
<head>
<meta charset="utf-8">
<title>将 div 和 table 元素转换为可编辑状态</title>
</head>
<body>
<!--定义一个可编辑的 div 元素-->
<div contentEditable="true" style="width:500px;border:lpx solid black">
HTML5 从入门到精通是一本内容比较全面的书
<!--该元素的父元素有 contentEditable="true"，因此该表格也是可编辑的-->
<table style="width:500px;border-collapse:collapse" border="l">
    <tr>
        <td>JavaScript 从入门到精通</td>
        <td>PHP 从入门到精通——由浅入深，循序渐进</td>
    </tr>
    <tr>
        <td>C#从入门到精通</td>
        <td>Java 从入门到精通</td>
    </tr>
</table>
</div>
<hr/>
<!--这个表格默认不可编辑，双击之后该表格变为可编辑状态-->
<table id="target" ondblclick="this.contentEditable=true;" style="width:420px;border-collapse:collapse" border="l">
    <tr>
        <td>JavaScript 动态，网页效果</td>
        <td>PHP</td>
    </tr>
    <tr>
        <td>C#</td>
        <td>Java</td>
    </tr>
</table>
</body>
</html>
```

在 Firefox 浏览器中运行该页面，并双击第二个表格，可以看到如图 12.3 所示的效果。

图 12.3　可编辑的 div 和 table 元素

12.4.2　designMode 属性

designMode 属性用来指定整个页面是否可编辑，当页面可编辑时，页面中任何支持上文所述的
contentEditable 属性的元素都变成了可编辑状态。designMode 属性只能在 JavaScript 脚本里被编辑修改。
该属性有两个值——on 与 off。当属性被指定为 on 时，页面可编辑；被指定为 off 时，页面不可编辑。
使用 JavaScript 脚本来指定 designMode 属性的方法如下。

```
document.designMode="on"
```

注意

出于安全考虑，IE8 不允许使用 designMode 属性让页面进入编辑状态。IE9 允许使用 designMode
属性让页面进入编辑状态。

【例 12.2】　　通过双击页面打开整个页面的 designMode 状态，将所有支持 contentEditable 属性的
元素都变成可编辑状态。（**实例位置：资源包\TM\sl\12\2**）

代码如下。

```html
<!DOCTYPE html>
<html>
<head>
<meta charset="utf-8">
<title>打开页面 designMode 状态</title>
</head>
<body ondblclick="document.designMode='on';">
<div>HTML5 从入门到精通</div>
<table style="width:420px;border-collapse:collapse" border="l">
    <tr>
        <td>JavaScript 应用实战</td>
        <td>PHP</td>
    </tr>
    <tr>
        <td>C#</td>
        <td>Java</td>
    </tr>
</table>
```

```
</body>
</html>
```

在 Firefox 浏览器中运行该实例，可以看到如图 12.4 所示的效果。

图 12.4　打开 designMode 属性

说明

绝大部分浏览器都已支持 designMode 属性，如 IE9、Chrome、Firefox、Opera 和 Safari 等浏览器都可支持 designMode 属性。

12.4.3　hidden 属性

hidden 属性类似于 aria-hidden，它告诉浏览器这个元素的内容不应该以任何方式显示。但是元素中的内容还是浏览器创建的，也就是说页面装载后允许使用 JavaScript 脚本将该属性取消，取消后该元素变为可见状态，同时元素中的内容也即时显示出来。hidden 属性是一个布尔值的属性，当设为 true 时，元素处于不可见状态；当设为 false 时，元素处于可见状态。

说明

hidden 属性可以代替 CSS 样式中的 display 属性，设置 hidden="true"相当于在 CSS 中设置 display:none。

【例 12.3】　通过 hidden 属性控制 HTML 元素的显示和隐藏。（**实例位置：资源包\TM\sl\12\3**）代码如下。

```
<!DOCTYPE html>
<html>
<head>
<meta charset="utf-8">
<title>设置 hidden 属性</title>
</head>
<body>
<div id="target" hidden="true" style="height:80px">
HTML5 从入门到精通
</div>
<button onclick="var target=document.getElementById('target');
target.hidden=!target.hidden;">显示/隐藏</button>
```

```
</body>
</html>
```

在 Firefox 浏览器中运行实例，当用户单击页面上的按钮时，<div>元素将会在显示和隐藏两种状态之间切换，效果如图 12.5 和图 12.6 所示。

图 12.5　通过 hidden 属性控制 HTML 元素的隐藏

图 12.6　通过 hidden 属性控制 HTML 元素的显示

12.4.4　spellcheck 属性

spellcheck 属性是布尔型，它告诉浏览器检查元素的拼写和语法。如果没有这个属性，默认的状态表示元素根据默认行为来操作，可能是根据父元素自己的 spellcheck 状态。因为 spellcheck 属性属于布尔值属性，因此它具有 true 或 false 两种值。但是它在书写时有一个特殊的地方，就是必须明确声明属性值为 true 或 false，书写方法如下。

```
<!--以下两种书写方法正确--!>
<textarea spellcheck="true">
<input type=text spellcheck=false />
<!--以下书写方法为错误--!>
<textarea spellcheck>
```

说明

支持 spellcheck 属性的浏览器有 Chrome、Opera 和 Safari，IE 和 Firefox 暂未支持该属性。

注意

如果元素的 readOnly 属性或 disabled 属性设为 true，则不执行拼写检查。

【例 12.4】　通过 spellcheck 属性执行拼写检查。（实例位置：资源包\TM\sl\12\4）

代码如下。

```
<!DOCTYPE html>
<html>
<head>
<meta charset="utf-8">
<title>spellcheck 属性的使用</title>
</head>
<body>
```

269

```
        <h5>输入框中语法检测属性</h5>
        <p>需要检测<br/>
            <textarea spellcheck="true" class="tt"></textarea>
        </p>
        <p>不需要检测<br/>
            <textarea spellcheck="false" class="tt"></textarea>
        </p>
</body>
</html>
```

在 Opera 浏览器中运行实例，在两个文本域中分别输入 "I love musci" 可以看到不同的效果，如图 12.7 所示。

图 12.7　使用 spellcheck 属性执行拼写检查

12.4.5　tabindex 属性

tabindex 是一个旧的概念，当用户使用键盘导航一个页面（通常使用 Tab 键，尽管某些浏览器，如最著名的 Opera，可能使用不同的键组合来导航），页面上的元素获得焦点的顺序。

当站点使用深度嵌套的布局表格来构建时，这非常常用，但是如今这已经不再那么常用了。默认的标签页顺序是由元素出现在标记中的顺序来决定的，因此顺序正确和结构良好的文档应该不再需要额外的标签页顺序来提示。

tabindex 属性另外一个有用之处。通常只有链接、表单元素和图像映射区域可以通过键盘获得聚焦。添加一个 tabindex 可以使得其他元素也成为可聚焦的，因此从 JavaScript 执行 focus() 命令，就可以把浏览器的焦点移动到它们。这也会使得这些元素成为键盘可聚焦的，这并不是我们想要的结果。

使用一个负整数允许元素通过编程来获得焦点，但是不应该允许使用顺序聚焦导航来到达元素。在 HTML4 中 "-1" 对于属性来说是一个无效的值，并且在除表单字段和链接以外的任何元素上，该属性自身也是无效的。然而它现在在浏览器中生效了，并且它解决了一个真正的问题，HTML5 使其变得合法有效。

12.5　小　　结

本章从总体上介绍了 HTML5 对 HTML4 进行了哪些修改，同时讲解了新增的属性及其用法，并以实例形式进行详细的讲解。读者通过认真学习能很快地掌握 HTML5 新增的属性。同时也对 HTML5

中废除的元素进行了介绍，避免读者在开发中应用到废除的元素，而延长开发时间。最后，介绍了 HTML5 中的全局属性，并对其进行了详细的讲解。

12.6　习　　题

选择题

1. HTML5 中新的标记——ContentType 表示的是（　　）。
   A．编码格式　　　　　　B．声明　　　　　C．内容类型　　　　　D．以上都不是
2. 关于设置编码格式下面语法正确的是（　　）。
   A．<meta http-equiv="Content-Type" content="text/html;charset=UTF-8">
   B．<meta charset="UTF-8">
   C．<meta charset="UTF-8" http-equiv="Content-Type" content="text/html;charset=UTF-8">
   D．以上都错误
3. 下面标记中不允许写结束标记的是（　　）。
   A．li　　　　　　　　　B．html　　　　　C．disabled　　　　　D．br
4. 可以省略结束标签的是（　　）。
   A．li　　　　　　　　　B．head　　　　　C．colgroup　　　　　D．command
5. HTML5 新增的元素是（　　）。
   A．li　　　　　　　　　B．iframe　　　　　C．charset　　　　　D．section

判断题

6. HTML4 中 menu 元素被推荐使用。（　　　）
7. autocomplete 适用于 frame 框架。（　　　）

填空题

8. 从 HTML5 开始，文件的字符编码推荐使用_____。
9. _____元素表示文档中的一块独立的内容。
10. HTML5 中新增的嵌入多媒体元素与交互元素是_____和_____。

第13章

HTML5 的结构

（ 📹 视频讲解：18 分钟）

在 HTML5 对 HTML4 所做的各种修改中，一个比较重大的修改就是为了使文档结构更加清晰明确，容易阅读，增加了很多新的结构元素。本章将详细介绍这些新增的结构元素，包括它们的定义、使用方法以及使用示例，最后通过一个实例将新增的结构元素结合起来综合使用。

通过阅读本章，您可以：

▶▶ 掌握 HTML5 中新增的主体结构元素的定义

▶▶ 掌握 HTML5 中新增的非主体结构元素的定义

▶▶ 掌握 HTML5 中新增的主体结构元素的使用方法

▶▶ 掌握 HTML5 中新增的非主体结构元素的使用方法

▶▶ 掌握 HTML5 中应该怎样结合运用这些新增结构元素来合理编排页面总体布局

▶▶ 了解怎样对这些新增元素使用 CSS 样式

视频讲解

13.1 新增的主体结构元素

在 HTML5 中，为了使文档的结构更加清晰明确，追加了几个与页眉、页脚、内容区块等文档结构相关联的结构元素。接下来将详细讲解 HTML5 中在页面的主体结构方面新增加的结构元素。

13.1.1 article 元素

article 元素表示文档、页面、应用程序或站点中的自包含成分所构成的一个页面的一部分，并且这部分专用于独立地分类或复用，例如聚合。一个博客帖子、一个教程、一个新的故事、视频及其脚本，都很好地符合这一定义。

除了内容部分，一个 article 元素通常有它自己的标题（通常放在一个 header 元素里面），有时还有自己的脚注。

【例 13.1】 下面以博客为例来看一段关于 article 元素的代码的实例。（实例位置：资源包\TM\sl\13\1 ）

代码如下。

```
<!DOCTYPE html>
<html>
<head>
<meta charset="utf-8">
<title>article 元素</title>
</head>
<body>
<article>
    <header>
        <h1>编程词典简介</h1>
        <p>发表日期: <time pubdate="pubdate">2011/10/11</time></p>
    </header>
    <p><b>编程词典</b> ，是明日科技公司数百位程序员……（ "编程词典" 文章正文）</p>
    <footer>
        <p><small>著作权归***公司所有。</small></p>
    </footer>
</article>
</body>
</html>
```

运行这段代码，效果如图 13.1 所示。

这个实例是一篇讲述编程词典的博客文章，在 header 元素中嵌入了文章的标题部分，在这部分中，文章的标题 "编程词典" 被嵌在 h1 元素中，文章的发表日期嵌在 p 元素中。在标题下部的 p 元素中，嵌入了一大段该博客文章的正文，在结尾处的 footer 元素中，嵌入了文章的著作权，作为脚注。整个实例的内容相对比较独立、完整，因此，对这部分内容使用了 article 元素。

图 13.1　article 元素的实例运行效果

另外 article 元素是可以嵌套使用的，内层的内容在原则上需要与外层的内容相关联。例如，一篇博客文章中，针对该文章的评论就可以使用嵌套 article 元素的方式；用来呈现评论的 article 元素被包含在表示整体内容的 article 元素里面。

【例 13.2】　下面我们来看一个关于 article 元素嵌套的实例。（**实例位置：资源包\TM\sl\13\2**）实例代码如下。

```
<!DOCTYPE html>
<html>
<head>
<meta charset="utf-8">
<title>article 元素的嵌套</title>
</head>
<body>
<article>
    <header>
        <h1>编程词典简介</h1>
        <p>发表日期:
            <time pubdate datetime="2010/10/09">2011/10/09</time>
        </p>
    </header>
    <p><b>编程词典</b>，是明日科技公司研发……（"编程词典"文章正文）</p>
    <section>
        <h2>评论</h2>
        <article>
            <header>
                <h3>发表者：小米</h3>
                <p><time pubdate datetime="2011-10-10T19:10-08:00">1 小时前</time></p>
            </header>
            <p>编程词典，里面的内容很全面。</p>
        </article>
        <article>
            <header>
                <h3>发表者：大麦</h3>
```

```
        <p><time pubdate datetime="2011-10-10T19:15-08:00">1 小时前</time></p>
      </header>
      <p>编程词典个人版，在那里能有卖的啊！</p>
    </article>
  </section>
</article>
</body>
</html>
```

运行这段代码，效果如图 13.2 所示。

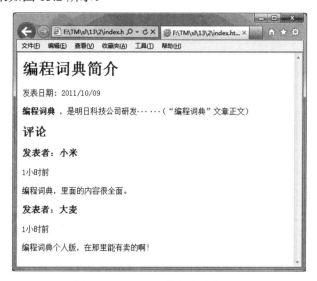

图 13.2　article 元素嵌套博客评论

这个实例中为博客文章添加了评论内容，实例的整体内容还是比较独立、完整的，因此对其使用 article 元素。具体来说，实例内容又分为几部分，文章标题放在了 header 元素中，文章正文放在了 header 元素后面的 p 元素中，然后 section 元素把正文与评论进行了区分，在 section 元素中嵌入了评论的内容，评论中每一个人的评论相对来说又是比较独立、完整的，因此对它们都使用一个 article 元素，在评论的 article 元素中，又可以分为标题与评论内容部分，分别放在 header 元素与 p 元素中。

另外，article 元素也可以用来表示插件，它的作用是使插件看起来好像内嵌在页面中一样。

【例 13.3】　下面是通过 article 元素表示插件的实例。（**实例位置：资源包\TM\sl\13\3**）

实例代码如下。

```
<!DOCTYPE html>
<html>
<head>
<meta charset="utf-8">
<title>article 元素表示插件</title>
</head>
<body>
<article>
```

```
    <h1>电子商务网站</h1>
    <object>
        <param name="allowFullScreen" value="true">
        <embed src="z/aa.avi"width="400" height="295"></embed>
    </object>
</article>
</body>
</html>
```

运行这段代码，效果如图 13.3 所示。

图 13.3　应用 article 元素表示插件的运行效果

13.1.2　section 元素

section 元素代表文档或应用程序中一般性的"段"或者"节"。"段"在这里的上下文中，指的是对内容按照主题的分组，通常还附带标题。例如，书本的章节，带标签页的对话框的每个标签页，或者一篇论文的章节号。网站的主页也可以分为不同的节，如介绍、新闻列表和联系信息。一个 section 元素通常由内容及其标题组成。但 section 元素并非一个普通的容器元素；当一个容器需要被直接定义样式或通过脚本定义行为时，推荐使用 div 而非 section 元素。

section 元素的作用是对页面上的内容进行分块，或者说对文章进行分段，但是不要与 article 混淆，因为 article 有着自己的完整的、独立的内容。

下面来看 article 元素与 section 元素结合使用的两个实例，来更好地理解 article 元素与 section 元素的区别。

首先来看一个带有 section 元素的 article 元素实例，实例代码如下。

```
<!DOCTYPE html>
<html>
<head>
<meta charset="utf-8">
<title>section 元素</title>
```

```
</head>
<body>
<article>
    <h1>葡萄</h1>
    <p><b>葡萄</b>，植物类水果，……</p>
    <section>
        <h2>巨峰</h2>
        <p>欧美杂交，为四倍体葡萄品种……</p>
    </section>
    <section>
        <h2>赤霞珠</h2>
        <p>本身带有黑加仑、黑莓子等香味……</p>
    </section>
</article>
</body>
</html>
```

运行这段代码，效果如图 13.4 所示。

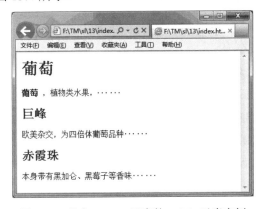

图 13.4　带有 section 元素的 article 元素实例

上面的代码中内容首先是一段独立的、完整的内容，因此使用 article 元素。该内容是一篇关于葡萄的文章，该文章分为 3 段，每一段都有一个独立的标题，因此使用了两个 section 元素。这里需要注意的是，对文章分段的工作也是使用 section 元素完成的。

接着，我们再来看一个包含 article 元素的 section 元素实例，实例代码如下。

```
<!DOCTYPE html>
<html>
<head>
<meta charset="utf-8">
<title>section 元素</title>
</head>
<body>
<section>
    <h1>水果</h1>
    <article>
```

```
        <h2>苹果</h2>
        <p>苹果，植物类水果，多次花果……</p>
    </article>
    <article>
        <h2>橘子</h2>
        <p>橘子，是芸香科柑橘属的一种水果……</p>
    </article>
    <article>
        <h2>香蕉</h2>
        <p>香蕉，属于芭蕉科芭蕉属植物，又指其果实……</p>
    </article>
</section>
</body>
</html>
```

运行这段代码，效果如图 13.5 所示。

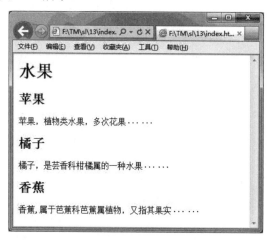

图 13.5　包含 article 元素的 section 元素实例

这个实例比前面的实例复杂了一些，首先，它是一篇文章中的一段，因此最初没有使用 article 元素。但是，在这一段中有几块独立的内容，因此，嵌入了几个独立的 article 元素。

通过上面的两个实例，可能读者还是很迷糊，这两个元素可以互换使用吗？它们的区别到底是什么呢？事实上，在 HTML5 中，article 元素可以看成是一种特殊种类的 section 元素，它比 section 元素更强调独立性。即 section 元素强调分段或分块，而 article 强调独立性。总结来说，如果一块内容相对来说比较独立、完整，应该使用 article 元素；但是如果想将一块内容分成几段时，应该使用 section 元素。另外需要大家注意的是，在 HTML5 中，div 元素变成了一种容器，当使用 CSS 样式时，可以对这个容器进行一个总体 CSS 样式的套用。最后对 section 元素的注意事项进行总结。

☑　不要将 section 元素用作设置样式的页面容器，那是 div 元素的工作。

☑　当 article 元素、aside 元素或 nav 元素更符合页面要求时，尽量不要使用 section。

☑　不要为没有标题的内容区块使用 section 元素。

13.1.3　nav 元素

nav 元素用来构建导航。导航定义为一个页面中（例如，一篇文章顶端的一个目录，它可以链接到同一页面的锚点）或一个站点内的链接。但是，并不是链接的每一个集合都是一个 nav，只需要将主要的、基本的链接组放进 nav 元素即可。例如，在页脚中通常会有一组链接，包括服务条款、版权声明、联系方式等。对于这些 footer 元素就足够放置了。一个页面中可以拥有多个 nav 元素，作为页面整体或不同部分的导航。

nav 元素的内容可能是链接的一个列表，标记为一个无序的列表，或者是一个有序的列表，这里需要注意的是 nav 元素是一个包装器，它不会替代<ol>或<ul>元素，但是会包围它。通过这种方式，不支持该元素的浏览器将会看到列表元素和列表项，并且正常显示列表元素和列表项。

【例 13.4】　下面是一个 nav 元素的使用实例，在这个实例中，一个页面由几部分组成，每个部分都带有链接，但只将最主要的链接放入了 nav 元素中。（实例位置：资源包\TM\sl\13\4）

实例代码如下。

```
<body>
<h1>编程词典简介</h1>
<nav>
    <ul>
        <li><a href="/">主页</a></li>
        <li><a href="/mr">简介文档</a></li>
        ...more...
    </ul>
</nav>
<article>
    <header>
        <h1>编程词典功能介绍</h1>
        <nav>
            <ul>
                <li><a href="#gl">管理功能</a></li>
                <li><a href="#kf">开发功能</a></li>
                ...more...
            </ul>
        </nav>
    </header>
    <section id="rum">
        <h1>编程词典的入门模式</h1>
        <p>编程词典的入门模式介绍</p>
    </section>
    <section id="kf">
        <h1>编程词典的开发模式</h1>
        <p>编程词典的开发模式介绍</p>
    </section>
    ...more...
```

```
    <footer>
        <p>
            <a href="?edit">编辑</a> |
            <a href="?delete">删除</a> |
            <a href="?rename">重命名</a>
        </p>
    </footer>
</article>
<footer>
    <p><small>版权所有：明日科技</small></p>
</footer>
</body>
```

运行这段代码，效果如图 13.6 所示。

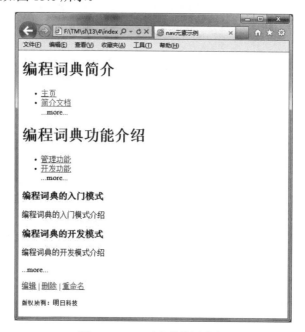

图 13.6　nav 元素的使用实例

在这个例子中，第一个 nav 元素用于页面的导航，将页面跳转到其他页面上去（跳转到网站主页或开发文档目录页面）；第二个 nav 元素放置在 article 元素中，用作这篇文章中组成部分的页内导航。

具体来说，nav 元素可以用于以下场合。

☑　传统导航条

现在主流网站上都有不同层级的导航条，其作用是将当前画面跳转到网站的其他主要页面上去。

☑　侧边栏导航

现在主流博客网站及商品网站上都有侧边栏导航，其作用是将页面从当前文章或当前商品跳转到其他文章或其他商品页面上去。

☑ 页内导航

页内导航的作用是在本页面几个主要的组成部分之间进行跳转。

☑ 翻页操作

翻页操作是指在多个页面的上下页或博客网站的上下篇文章滚动。

除此之外，nav 元素也可以用于一些比较重要的、基本的导航链接组中。

这里需要提醒大家注意的是，在 HTML5 中不要用 menu 元素代替 nav 元素。因为 menu 元素是用在一系列发出命令的菜单上的，是一种交互性的元素，或者更确切地说是使用在 Web 应用程序中的。

13.1.4　aside 元素

aside 元素表示由与 aside 元素周围的内容无关的内容所组成的一个页面的一节，也可以认为该内容与 aside 周围的内容是分开独立的。这样的节往往在印刷排版中用边栏表示。该元素可以用于摘录引用或边栏这样的排版效果，用于广告或一组导航元素，以及用于认为应该与页面的主内容区分开来的其他内容。

aside 元素主要有以下两种使用方法。

（1）被包含在 article 元素中作为主要内容的附属信息部分，其中的内容可以是与当前文章有关信息、名词解释等。

【例 13.5】　下面是一个在文章内部的 aside 元素实例。（实例位置：资源包\TM\sl\13\5）

实例代码如下。

```
<body>
<header>
    <h1>宋词赏析</h1>
</header>
<article>
    <h1><strong>水调歌头</strong></h1>
    <p>……但愿人长久，千里共婵娟（文章正文）</p>
    <aside>
        <!-- 因为这个 aside 元素被放置在一个 article 元素内部，
        所以分析器将这个 aside 元素的内容理解成是和 article 元素的内容相关联的。 -->
        <h1>名词解释</h1>
        <dl>
            <dt>宋词</dt>
            <dd>词，是我国古代诗歌的一种。它始于梁代，形成于唐代而极盛于宋代。（全部文章）</dd>
        </dl>
        <dl>
            <dt>婵娟</dt>
            <dd>美丽的月光</dd>
        </dl>
    </aside>
</article>
</body>
```

运行这段代码，效果如图 13.7 所示。

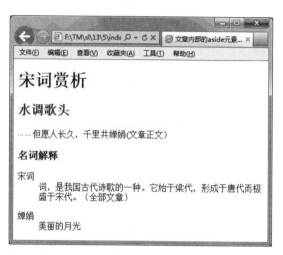

图 13.7　在文章内部的 aside 元素示例

在上面的实例中，网页的标题放在了 header 元素中，在 header 元素的后面将所有关于文章的部分放在了一个 article 元素中，将文章的正文部分放在了一个 p 元素中，但是该文章中还有一个名词解释的附属部分，用来解释该文章中的一些名词，因此，在 p 元素的下部又放置了一个 aside 元素，用来存放名词解释部分的内容。

（2）在 article 元素之外使用，可以作为页面或站点全局的附属信息部分。最典型的形式就是侧边栏，其中的内容可以是友情链接，博客中其他文章列表、广告单元等。

下面这个实例为网页中一个侧边栏的友情链接的实例。

```html
<aside>
    <nav>
        <h2>友情链接</h2>
        <ul>
            <li><a href="http://www.mrbccd.com">编程词典网</a></li>
            <li><a href="http://www.mingrisoft.com">明日科技网站</a></li>
            <li>
                <a href="http://www.mingribook.com">明日图书网</a>
            </li>
        </ul>
    </nav>
</aside>
```

运行这段代码，效果如图 13.8 所示。

图 13.8　用 aside 元素实现的侧边栏实例

该实例为一个典型的网站"友情链接"的侧边栏部分，因此放在了 aside 元素中，但是该侧边栏又是具有导航作用的，因此放置在 nav 元素中，该侧边栏的标题是"友情链接"，放在 h2 元素中，在标题之后使用了一个 ul 列表，用来存放具体的导航链接。

13.1.5　time 元素

time 是一个新元素，用于明确地对机器的日期和时间进行编码，并且以让人易读的方式来展现它。

time 元素代表 24 小时中的某个时刻或某个日期，表示时刻允许带时差。它可以定义很多格式的日期和时间，如下所示。

```
<time datetime="2011-10-12">2011 年 10 月 12 日</time>
<time datetime="2011-10-12">10 月 12 日</time>
<time datetime="1985-06-03">我的生日</time>
<time datetime="2011-10-12T20:00">今天晚上 8 点吃饭</time>
<time datetime="2011-10-12T20:00Z">今天晚上 8 点吃饭</time>
<time datetime="2011-10-12T20:00—12:00">现在是晚上 8 点的美国时间</time>
```

time 元素的机器可读部分通常放在元素的 datetime 属性中，而元素的开始标记与结束标记中间的部分是显示在网页上的。datetime 属性中日期与时间之间要用 T 文字分隔，T 表示时间。在上述所示的倒数第二个时间示例中，可以看到时间上加上了 Z 文字，这表示给机器编码时使用 UTC 标准时间，在最后的示例中则加上了时差，表示向机器编码另一地区时间，如果是编码本地时间，则不需要添加时差。

13.1.6　pubdate 属性

pubdate 是一个布尔属性，用来表示这个特定的<time>是一篇<article>或整个<body>内容的发布日期。你可能会奇怪，为什么需要 pubdate 属性。为什么不假设一篇<article>的<header>中的任何一个<time>元素就是其发布日期呢？为了解决这个疑问，我们来看一下下面的这个实例。

```
<article>
    <header>
        <h1>明日科技<time datetime=2011-10-29>10 月 29 日</time>的放假通知</h1>
        <p>发布日期:<time datetime=2011-10-11 pubdate>2011 年 10 月 11 日</time></p>
    </header>
    <p>通知: 由于公司 10 月 29 日, ……（关于放假的通知）</p>
</article>
```

在这个例子中，有两个 time 元素，分别定义了两个日期——一个是放假的日期，另一个是通知发布日期。由于都使用了 time 元素，所以需要使用 pubdate 属性表明哪个 time 元素代表了通知的发布日期。

视频讲解

13.2 新增的非主体结构元素

除了以上几个主要的结构元素之外，HTML5 内还增加了一些表示逻辑结构或附加信息的非主体结构元素。下面分别来介绍一下。

13.2.1 header 元素

header 元素是一种具有引导和导航作用的结构元素，通常用来放置整个页面或页面内的一个内容区块的标题，但也可以包含其内容，例如搜索表单或相关的 logo 图片。

很明显，整个页面的标题应该放在页面的开头，我们可以用如下所示的形式书写页面的标题。

```
<header><h1>页面标题</h1></header>
```

这里需要强调一下，一个网页内并未限制 header 元素的个数，可拥有多个，可以为每个内容区块加一个 header 元素，如下代码所示。

```
<header>
    <h1>页面标题</h1>
</header>
<article>
    <header>
        <h1>文章标题</h1>
    </header>
    <p>文章正文</p>
</article>
```

在 HTML5 中，一个 header 元素通常包括至少一个 heading 元素（h1～h6），也可以包括 hgroup、table、from、nav 元素。

13.2.2 hgroup 元素

hgroup 元素是将标题及其子标题进行分组的元素。hgroup 元素通常会将 h1～h6 元素进行分组，例如一个内容区块的标题及其子标题算一组。通常，如果文章只有一个主标题，是不需要 hgroup 元素的，如下面的代码所示。

```
<article>
    <header>
        <h1>文章标题</h1>
        <p><time datetime="2011-10-12">2011 年 10 月 12 日</time></p>
    </header>
```

```
    <p>文章正文</p>
</article>
```

但是，如果文章有主标题，主标题下有子标题，就需要使用 hgroup 元素了，如下面的代码所示。

```
<article>
    <header>
        <hgroup>
          <h1>文章主标题</h1>
          <h1>文章子标题</h1>
        </hgroup>
        <p><time datetime="2011-10-12">2011 年 10 月 12 日</p>
    </header>
    <p>文章正文</p>
</article>
```

13.2.3　footer 元素

footer 元素可以作为其上层父级内容区块或是一个根区块的脚注。footer 通常包括其相关区块的脚注信息，如作者、相关阅读链接及版权信息等。

在 HTML5 出现之前，我们使用的是下面的方式编写页脚，代码如下。

```
<div id="footer">
    <ul>
        <li>版权信息</li>
        <li>站点地图</li>
        <li>联系方式</li>
    </ul>
<div>
```

但是到了 HTML5 之后，这种方式将不再使用，而是使用更加语义化的 footer 元素来替代，代码如下。

```
<footer>
    <ul>
        <li>版权信息</li>
        <li>站点地图</li>
        <li>联系方式</li>
    </ul>
</footer>
```

与 header 元素一样，一个页面中也没有对 footer 元素的个数。同时，可以为 article 元素或 section 元素添加 footer 元素，如下面的两个实例。

一个是在 article 元素中添加 footer 元素的实例。

```
<article>
    文章内容
```

```
    <footer>
        文章的脚注
    </footer>
</article>
```

一个是在 section 元素中添加 footer 元素的实例。

```
<section>
    分段内容
    <footer>
        分段内容的脚注
    </footer>
</section>
```

13.2.4　address 元素

address 用于当前的<article>或文档的作者的详细联系方式，但不是用于邮政地址的一个通用性元素。联络细节可以是 E-mail 地址、邮政地址或者任何其他形式。例如，在下面的代码中，展示了一些博客中某篇文章评论者的名字及其在博客中的网址链接。

```
<address>
    <a href="http://blog.sina.com.cn/damai571">571</a>
    <a href="http://blog.sina.com.cn/xiaowori">红日</a>
    <a href="http://blog.sina.com.cn/tieshou">铁手</a>
</address>
```

我们还可以把 footer 元素、time 元素和 address 元素结合起来使用，示例代码如下。

```
<!DOCTYPE html>
<head>
<meta charset="utf-8">
<title>文章内部的 aside 元素示例</title>
</head>
<body>
<footer>
    <div>
        <address>
            <a href="http://blog.sina.com.cn/damai571" title="作者：大麦">大麦</a>
        </address>
        发表于<time datetime="2010-10-10">2010 年 10 月 10 日</time>
    </div>
</footer>
</body>
```

在这个示例中，把博客文章的作者、博客的链接作为作者信息放在了 address 元素中，把文章发表的日期放在了 time 元素中，把这个 address 元素与 time 元素中的总体内容作为脚注信息放在了 footer 元素中。

286

13.3　HTML5 结构

前面两节中详细介绍了在 HTML5 中具体新增了哪些结构元素，以及这些元素的定义和使用方法。接下来看一下在 HTML5 中进行总体页面布局时，具体应该怎样运用这些结构元素。

13.3.1　大纲

通过使用新的结构元素，HTML5 的文档结构比大量使用 div 元素的 HTML4 的文档结构更加清晰明确。如果再规划好文档结构的大纲，就可以创建出对于阅读者或屏幕阅读程序来说，都很清晰易读的文档结构。

所谓大纲，简单来说就是文档中各内容区块的结构编排。内容区块可以使用标题元素（h1～h6）来展示各级内容区块的标题。综合运用各级内容区块的标题创建好文档的目录后，该目录就成为一个大纲了。

关于内容区块的编排，可以分为"显示编排"与"隐式编排"两种方式。

1. 显式编排

显式编排是指明确使用 section 等元素创建文档结构，在每个内容区块内使用标题（h1～h6、hgroup 等），显式编排内容区块的代码如下。

```
<body>
<h1>网页内容区块的标题</h1>
<p>网页内容区块的正文</p>
<section>
    <h2>section 内容区块的标题</h2>
    <p>section 内容区块的正文</p>
</section>
</body>
```

其运行结果如图 13.9 所示。

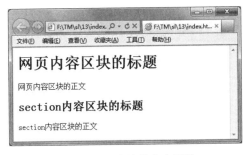

图 13.9　显式编排内容区块

2．隐式编排

隐式编排是指不明确使用 section 等元素，而是根据页面中所书写的各级标题（h1～h6、hgroup 等）把内容区块自动创建出来。因为 HTML5 分析器只要看到书写了某个级别的标题，就会判断存在相对应的内容区块。隐式编排内容区块的代码如下。

```
<body>
<h1>网页内容区块的标题</h1>
<p>网页内容区块的正文</p>
<!--分析器根据 h2 等元素判断生成内容区块-->
<h2>section 内容区块的标题</h2>
<p>section 内容区块的正文</p>
</body>
```

其运行结果和图 13.9 所示的结果是一样的。将这两种编排方式进行对比，很明显，显式编排更加清晰、易读。

3．标题分级

不同的标题有不同的级别，h1 的级别最高，h6 的级别最低。隐式编排内容区块时按如下规则自动生成内容区块：

☑ 如果新出现的标题比上一个标题级别低，生成下级内容区块。

☑ 如果新出现的标题比上一个标题级别高或级别相等，生成新的内容区块。

第一条规则的示例与前面一样，下面来看关于第二条规则的示例，代码如下。

```
<body>
<section>
<h2>section 内容区块的标题</h2>
<p>section 内容区块的正文</p>
<!--因为下面的标题级别比上一个标题级别高，所以自动创建新的内容区块-->
<h1>新的 section 内容区块的标题</h1>
<p>新的 section 内容区块的正文</p>
</section>
</body>
```

其运行结果如图 13.10 所示。

图 13.10　标题分级内容区块

如果把上一个示例改成显式编排，代码如下。

```
<body>
<section>
    <h2>section 内容区块的标题</h2>
    <p>section 内容区块的正文</p>
</section>
<section>
    <h1>新的 section 内容区块的标题</h1>
    <p>新的 section 内容区块的正文</p>
</section>
</body>
```

其运行结果和图 13.10 所示的结果是一样的。因为隐式编排容易让自动生成的整个文档结构与想要的文档结构不一样，而且也容易引起文档结构的混乱，所以应尽量使用显示编排。

4．不同的内容区块可以使用相同级别的标题

另外，不同的内容区块可以使用相同级别的标题。例如，父内容区块与子内容区块可以使用相同级别的标题 h1。这样做的好处是：每个级别的标题都可以单独设计，如果既需要"整个网页的标题"，又需要"文章的标题"，这样做会带来很大的便利，示例代码如下。

```
<body>
<h1>网页的标题</h1>
<article>
    <header>
        <hgroup>
            <h1>文章的标题</h1>
            <h2>文章的子标题</h2>
        </hgroup>
        <p>文章的正文</p>
    </header>
</article>
</body>
```

其运行结果如图 13.11 所示。

图 13.11　不同内容区块使用相同级别的标题

【例 13.6】 根据以上知识点，下面来看一个如何编排网页内容的实例。同样以博客网页为例，在这个实例中，具备了一个标准博客网页所需的基本要素，只是缺少了使用样式添加的 div 元素。（**实例位置：资源包\TM\sl\13\6**）

代码如下。

```html
<!DOCTYPE html>
<head>
<meta charset="utf-8">
<title>构建标准博客网页</title>
</head>
<body>
<!--网页标题-->
<header>
    <h1>网页标题</h1>
    <!--网站导航链接-->
    <nav>
        <ul>
            <li><a href="index.html">首页</a></li>
            <li><a href="#">帮助</a></li>
        </ul>
    </nav>
</header>
<!--文章正文-->
<article>
    <hgroup>
        <h1>文章主标题</h1>
        <h2>文章子标题</h2>
    </hgroup>
    <p>文章正文</p>
    <!--文章评论-->
    <section>
        <article>
            <h1>评论标题</h1>
            <p>评论正文</p>
        </article>
    </section>
</article>
<!--版权信息-->
<footer>
    <small>版权所有：明日科技</small>
</footer>
</body>
```

在该实例中，使用了嵌套 article 元素的方式，将关于评论的 article 元素嵌套在了主 article 元素中，在 HTML 5 中推荐使用这种方式。其运行结果如图 13.12 所示。

图 13.12　构建标准博客网页

13.3.2　对结构元素使用样式

因为有些浏览器尚未对 HTML5 中新增的结构元素提供支持，我们无法知道客户端使用的浏览器是否支持这些元素，所以需要使用 CSS 追加如下声明，目的是通知浏览器页面中使用的 HTML5 中新增元素都是以块方式显示的，CSS 代码如下。

```
<style type="text/css">
<!--追加 block 声明-->
article, aside, dialog, figure, footer, header, legend, nav, section{
    display:block;
}
<!--正常使用样式-->
nav{
    float:left;
    width:20%;
}
article{
    float:right;
    width:80%;
}
</style>
```

另外，IE8 及之前的浏览器并不支持用 CSS 的方法来使用这些尚未支持的结构元素，为了在 IE 浏览器中也能正常使用这些结构元素，需要使用 JavaScript 脚本，代码如下。

```
<!--在脚本中创建元素-->
<script type="text/javascript">
document.createElement("header");
document.createElement("nav");
```

```
document.createElement("article");
document.createElement("footer");
</script>
<style type="text/css">
<!--正常使用样式-->
nav{
    float:left;
    width:20%;
}
article{
    float:right;
    width:80%;
}
</style>
```

尽管这段 JavaScript 脚本在其他浏览器中是不需要的，但它不会对这些浏览器造成什么影响。另外，到了 IE9 之后，这段 JavaScript 脚本就不需要了。

13.3.3　article 元素的样式

一个网页中可能有多个独立的 article 元素，每一个 article 元素都允许有自己的标题与脚注等从属元素，并允许对自己的从属元素单独使用样式。比如一个网页中的 CSS 样式可能如下。

```
<style type="text/css">
header{
    display:block;
    color:red;
    text-align:right;
}
article header{
    color:blue;
    text-align:center;
}
</style>
```

13.4　小　　结

本章将详细介绍这些新增的结构元素，包括它们的定义、使用方法以及使用示例。在 HTML5 中，为了使文档的结构更加清晰明确，追加了几个与页眉、页脚、内容区块等文档结构相关联的结构元素。对于这些新增的主体结构，本章通过实例对其进行详细的讲解。与此同时，HTML5 内还增加了一些表示逻辑结构或附加信息的非主体结构元素。对于这些非主体元素，本章也做了详细的讲解。这些主体结构元素与非主体结构元素，是构成成个页面的基础，希望读者能很认真的学习。

13.5　习　　题

选择题

1．下面关于 hgroup 元素的作用述说正确的是（　　　）。
    A．编码格式　　　　　　　　　　　B．用来在文档中呈现联系信息
    C．将标题及其子标题进行分组的元素　D．以上都正确
2．下面（　　　）是新增的主体结构元素。
    A．footer　　　　　　B．nav　　　　　　C．header　　　　　D．以上都是
3．下面（　　　）元素可以用来表示插件。
    A．section　　　　　　B．html　　　　　C．nav　　　　　D．article

判断题

4．article 元素可以嵌套使用。（　　　）
5．nav 元素用来构建导航。（　　　）

填空题

6．datetime 属性中日期与时间之间要用_____文字分隔。

第14章

HTML5 中的表单

（ 📹 视频讲解：47分钟 ）

在开发 Web 应用程序的过程中，表单是页面上非常重要的一块内容，用户可以输入的大部分内容都是在表单的元素中完成的，它与后台的交互在大多数情况下也是通过单击表单中的按钮来完成的。在 HTML5 中，大大加强了有关于表单这一部分的功能。本章将详细介绍在 HTML5 中新增的表单元素、属性，以及对表单元素内容的有效性进行验证的功能。

通过阅读本章，您可以：

▶▶ 掌握 HTML5 中新增的表单中元素可以使用的属性及它们的使用方法

▶▶ 掌握 HTML5 中新增的表单元素及它们的使用方法

▶▶ 掌握 HTML5 中新增的关于表单内元素内容的有效性的验证方法

▶▶ 掌握 HTML5 中除了表单以外，在页面上新增及改良的元素，以及它们的使用方法

14.1　新增元素与属性

在创建 Web 应用程序时，免不了会用到大量的表单元素。在 HTML5 标准中，吸纳了 Web Forms2.0 的标准，大幅度强化了针对表单元素的功能，使得关于表单的开发更快、更方便。

14.1.1　新增的属性

我们先来看一下 HTML5 新增的特性、函数和元素。如同新增的输入型控件一样，不管目标浏览器是否支持新增特性，都可以放心地使用这些新增的特性，这主要是因为现在大多数浏览器在不支持这些特性时，会直接忽略它们，而不是报错。

1．placeholder

当用户还没有输入值时，输入型控件可以通过 placeholder 特性向用户显示描述性说明或者提示信息。使用 placeholder 特性只需要将说明性文字作为该特性值即可。除了普遍的文本输入框外，email、number、url 等其他类型的输入框也都支持 placeholder 特性。placeholder 属性的使用方法如下。

```
<label>text:<input type="text" placeholder="write me"></label>
```

在 Firefox4 等支持 placeholder 特性的浏览器中，特性值会以浅灰色的样式显示在输入框中，当页面焦点切换到输入框中，或者输入框中有值了以后，该提示信息就会消失，如图 14.1 所示。

图 14.1　支持 placeholder 特性的浏览器运行效果

在不支持 placeholder 的浏览器中运行时，此特性会被忽略，以输入型控件的默认方式显示，如图 14.2 所示。

类似地，在输入值时，placeholder 文本也不会出现，如图 14.3 所示。

图 14.2　不支持 placeholder 特性的浏览器运行效果　　图 14.3　不支持 placeholder 特性的浏览器运行效果

2．autocomplete 属性

浏览器通过 autocomplete 特性能够知晓是否应该保存输入值以备将来使用。例如不保存的代码如下：

```
<input type="text" name="mr" autocomplete="off" />
```

autocomplete 特性应该用来保护敏感用户数据，避免本地浏览器对它们进行不安全的存储。对于 autocomplete 属性，可以指定"on""off"与""（不指定）这 3 种值。不指定时，使用浏览器的默认值（取决于各浏览器的决定）。把该属性设为 on 时，可以显示指定候补输入的数据列表。使用 detailst 元素与 list 属性提供候补输入的数据列表，自动完成时，可以将该 detailst 元素中的数据作为候补输入的数据在文本框中自动显示。autocomplete 属性的使用方法如下。

```
<input type="text" name="mr" autocomplete="on" list="mrs"/>
```

3．autofocus

给文本框、选择框或按钮控件加上该属性，当画面打开时，该控件自动获得光标焦点。目前为止要做到这一点需要使用 JavaScript。autofocus 属性的使用方法如下。

```
<input type="text" autofocus>
```

一个页面上只能有一个控件具有该属性。从实际角度来说，请不要随便滥用该属性。

注意

> 只有当一个页面是以使用某个控件为主要目的时，才对该控件使用 autofocus 属性，例如搜索页面中的搜索文本框。

4．list 属性

在 HTML5 中，为单行文本框增加了一个 list 属性，该属性的值为某个 datalist 元素的 id。datalist 元素也是 HTML5 中新增元素，该元素类似于选择框（select），但是当用户想要设置的值不在选择列表之内时，允许其自行输入。该元素本身并不显示，而是当文本框获得焦点时以提示输入的方式显示。为了避免在没有支持该元素的浏览器上出现显示错误，可以用 CSS 等将它设定为不显示。list 属性的使用方法如下代码所示。

```
<!DOCTYPE html><head>
<meta charset="UTF-8">
<title>list 属性示例</title>
</head>
text：<input type="text" name="mr" list="mr">
<!--使用 style="display:none;"将 datalist 元素设定为不显示-->
<datalist id="greetings" style="display: none;">
    <option value="明日科技">明日科技</option>
    <option value="欢迎你">欢迎你</option>
    <option value="你好">你好</option>
</datalist>
```

这段代码运行结果如图 14.4 所示。

图 14.4　list 属性示例

注意

　　为可考虑兼容性，在不支持 HTML5 的浏览器中，可以忽略 datalist 元素，以便正常输入及用脚本编程的方式对 input 元素执行其他操作。

说明

　　到目前为止，主流浏览器中只有 Opera 10 浏览器以及 Chrome 69 及以上浏览器完全支持 list 属性。

5．min 和 max

　　通过设置 min 和 max 特性，可以将 range 输入框的数值输入范围限定在最低值和最高值之间。这两个特性既可以只设置一个，也可以两个都设置，当然还可以都不设置，输入型控件会根据设置的参数对值范围做出相应调整。例如，创建一个表示大小范围的 range 控件，值范围为 0～100，代码如下。

```
<input id="confidence" name="mr" type="range" min="0" max="100" value="0">
```

　　上述代码会创建一个最小值为 0、最大值为 100 的 range 控件。

说明

　　默认的 min 为 0，max 为 100。

6．step

　　对于输入型控件，设置其 step 特性能够制定输入值递增或递减的梯度。例如，按如下方式表示大小 range 控件的 step 特性设置为 5。

```
<input id="confidence" name="mr" type="range" min="0" max="100" step="5" value="0">
```

　　设置完成后，控件可接受的输入值只能是初始值与 5 的倍数之和。也就是说只能输入 0，5，10，…100，至于是输入框还是滑动条输入则由浏览器决定。

　　step 特性的默认值取决于控件的类型。对于 range 控件，step 默认值为 1。为了配合 step 特性，HTML5 引入了 stepUp 和 stepDown 两个函数对其进行控制。这两个函数的作用分别是根据 step 特性的值来增加或减少控件的值。如此一来，用户不必输入就能够调整输入型控件的值了，这就给开发人员节省了时间。

7. required

一旦为某输入型控件设置了 required 特性，那么此项必填，否则无法提交表单。以文本输入框为例，要将其设置为必填项，按照如下方式添加 required 特性即可。

```
<input type="text" id="firstname" name="mr" required>
```

说明

required 属性是最简单的一种表单验证方式。

14.1.2 增加与改良的 input 元素的种类

在 HTML5 中，大幅度地增加与改良了 input 元素的种类，可以简单地使用这些元素来实现 HTML5 之前需要使用 JavaScript 才能实现的许多功能。

到目前为止，对于这些 input 的种类来说，支持得最多、最全面的是 Opera 10 浏览器。对于不支持新增 input 元素的浏览器来说，统一将这些 input 元素视为 text 类型。另外，HTML5 中也没有规定这些元素在各浏览器中的外观形式，所以同样的 input 元素在不同的浏览器中可能会有不同的外观。下面将详细介绍这些增加与改良的 input 元素。

1. email 输入类型

email 类型的 input 元素是一种专门用来输入 E-mail 地址的文本框。提交时如果该文本框中内容不是 E-mail 地址格式的文字则不允许提交，但是它不检查 E-mail 地址是否存在，和所有的输入类型一样，用户可能提交带有空字段的表单，除非该字段是必填的即加上 required 属性。

email 类型的文本框具有一个 multiple 属性，它允许在该文本框中是用逗号隔开的有效 E-mail 地址的一个列表。当然，这不是要求用户手动输入一个逗号隔开的列表，浏览器可能使用复选框从用户的邮件客户端或手机通讯录中很好地取出用户的联络人的列表。email 类型的 input 元素的使用方法如下。

```
<input type="email" name="email" value="mingrisoft@yahoo.com.cn"/>
```

email 类型的 input 元素在 Opera 10 浏览器中的外观如图 14.5 所示。

图 14.5　email 类型的 input 元素在 Opera 10 浏览器中的外观

2．url 输入类型

url 类型的 input 元素是一种专门用来输入 url 地址的文本框。提交时如果该文本框中内容不是 url 地址格式的文字，则不允许提交。例如，Opera 显示来自用户的浏览器历史的、最近访问过的 url 的一个列表，并且自动地在 url 的 www 开始处之前添加 http://。url 类型的 input 元素的使用方法如下。

```
<input name="url1" type="url" value="http://www.mingribook.com" />
```

url 类型的 input 元素在 Opera 10 浏览器中的外观如图 14.6 所示。

3．date 输入类型

date 输入类型是比较受开发者欢迎的一种元素，我们经常看到网页中要求我们输入的各种各样的日期，如生日、购买日期、订票日期等。date 类型的 input 元素以日历的形式方便用户输入。在 Opera 浏览器中，当该文本框获得焦点时，显示日历，可以在日历中选择日期进行输入。date 类型的 input 元素的使用方法如下。

```
<input name="data1" type="date" value="2011-10-14"/>
```

date 类型的 input 元素在 Opera 10 浏览器中的外观如图 14.7 所示。

图 14.6　url 类型的 input 元素在
Opera 10 浏览器中的外观

图 14.7　date 类型的 input 元素在
Opera 10 浏览器中的外观

4．time 输入类型

time 类型的 input 元素是一种专门用来输入时间的文本框，并且在提交时会对输入时间的有效性进行检查。它的外观取决于浏览器，可能是简单的文本框，只在提交时检查是否在其中输入了有效的时间，也可以以时钟形式出现，还可以携带时区。time 类型的 input 元素的使用方法如下。

```
<input name="time1" type="time" value="10:00" />
```

time 类型的 input 元素在 Opera 10 浏览器中的外观如图 14.8 所示。

5．datetime 输入类型

datetime 类型的 input 元素是一种专门用来输入 UTC 日期和时间的文本框，并且在提交时会对输入的日期和时间进行有效性检查。datetime 类型的 input 元素的使用方法如下。

```
<input name="datetime1" type="datetime" />
```

datetime 类型的 input 元素在 Opera 10 浏览器中的外观如图 14.9 所示。

图 14.8　time 类型的 input 元素在　　　　图 14.9　datetime 类型的 input 元素在
Opera 10 浏览器中的外观　　　　　　　　Opera 10 浏览器中的外观

6. datetime-local 输入类型

datetime-local 类型的 input 元素是一种专门用来输入本地日期和时间的文本框，并且在提交时会对输入的日期和时间进行有效性检查。datetime-local 类型的 input 元素的使用方法如下。

```
<input name="datetime-local" type="datetime-local" />
```

datetime-local 类型的 input 元素在 Opera 10 浏览器中的外观如图 14.10 所示。

7. month 输入类型

month 类型的 input 元素是一种专门用来输入月份的文本框，并且在提交时会对输入的月份的有效性进行检查。month 类型的 input 元素的使用方法如下。

```
<input name="month1" type="month" value="2011-10" />
```

month 类型的 input 元素在 Opera 10 浏览器中的外观如图 14.11 所示。

图 14.10　datetime-local 类型的 input 元素在　　　图 14.11　month 类型的 input 元素在
Opera 10 浏览器中的外观　　　　　　　　　　　　Opera 10 浏览器中的外观

8．week 输入类型

week 类型的 input 元素是一种专门用来输入周号的文本框，并且在提交时会对输入的周号的有效性进行检查。它可能是一个简单的输入文本框，允许用户输入一个数字；也可能更复杂、更精确。例如，2011-W07，它代表的是 2011 年第 7 个周。

Opera 浏览器中提供了一个辅助输入的日历，可以在该日历中选取日期，选取完毕文本框中自动显示周号。week 类型的 input 元素的使用方法如下。

```
<input name="week1" type="week" value="2011-w10" />
```

week 类型的 input 元素在 Opera 10 浏览器中的外观如图 14.12 所示。

9．number 输入类型

number 类型的 input 元素是一种专门用来输入数字的文本框，并且在提交时会检查其中的内容是否为数字。它与 min、max、step 属性能很好地协作。在 Opera 中，它显示为一个微调器控件，将不能超出最大限制和最小限制（如果指定了的话），并且根据 step 中指定的增量来增加，当然用户也可以输入一个值。number 类型的 input 元素的使用方法如下。

```
<input name="number1" type="number" value="54" min="10" max="100" step="5" />
```

number 类型的 input 元素在 Opera 10 浏览器中的外观如图 14.13 所示。

图 14.12　week 类型的 input 元素在
Opera 10 浏览器中的外观

图 14.13　number 类型的 input 元素在
Opera 10 浏览器中的外观

10．range 输入类型

range 类型的 input 元素是一种只允许输入一段范围内数值的文本框，它具有 min 属性与 max 属性，可以设定最小值与最大值（默认为 0 与 100），它还具有 step 属性，可以指定每次拖动的步幅。在 Opera 浏览器中，用滑动条的方式进行值的指定。range 类型的 input 元素的使用方法如下。

```
<input name="range1" type="range" value="25" min="0" max="100" step="5" />
```

range 类型的 input 元素在 Opera 10 浏览器中的外观如图 14.14 所示。

图 14.14　range 类型的 input 元素在 Opera 10 浏览器中的外观

【例 14.1】　运用 range 类型的 input 元素，来生成各种颜色。(实例位置：**资源包\TM\sl\14\1**)

（1）载入页面所需的 CSS 文件和 JavaScript 文件，然后创建表单，在表单中创建 3 个 range 类型的 input 元素，分别代表生成颜色的 3 个数值。代码如下。

```html
<html>
<head>
<meta charset="utf-8" />
<title>range 类型的 input 元素</title>
<link href="../Css/css1.css" rel="stylesheet" type="text/css">
<script type="text/javascript" language="javascript" src="../Js/js1.js">
</script>
</head>
<body>
    <form id="frmTmp">
        <fieldset>
            <legend>选择颜色值：</legend>
            <span id="spnColor">
                <input id="txtR" type="range" value="0"
                    min="0" max="255" onChange="setSpnColor()" >
                <input id="txtG" type="range" value="0"
                    min="0" max="255" onChange="setSpnColor()">
                <input id="txtB" type="range" value="0"
                    min="0" max="255" onChange="setSpnColor()">
            </span>
            <span id="spnPrev"></span>
            <p id="pColor">rgb(0,0,0)</p>
        </fieldset>
    </form>
</body>
</html>
```

（2）创建 css1.css 文件，代码请参考本书资源包。

（3）创建 js1.js 文件，在文件中创建 setSpnColor() 函数，通过 3 个 range 类型的 input 元素的值生成颜色。代码如下。

```javascript
function $$(id){
    return document.getElementById(id);
}
//定义变量
```

302

```
var intR,intG,intB,strColor;
//根据获取变化的值，设置预览方块的背景色函数
function setSpnColor(){
    intR=$$("txtR").value;
    intG=$$("txtG").value;
    intB=$$("txtB").value;
    strColor="rgb("+intR+","+intG+","+intB+")";
    $$("pColor").innerHTML=strColor;
    $$("spnPrev").style.backgroundColor=strColor;
}
//初始化预览方块的背景色
setSpnColor();
```

在 Opera 浏览器中运行本实例，当拖动 3 个滑动条时，在右侧会生成不同的颜色。结果如图 14.15 所示。

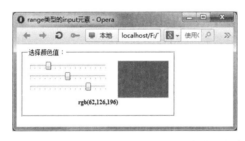

图 14.15　通过 range 类型的 input 元素生成颜色

11．search 输入类型

search 类型的 input 元素是一种专门用来输入搜索关键词的文本框。search 类型与 text 类型仅仅在外观上有区别。在 Safari4 浏览器中，它的外观为操作系统默认的圆角矩形文本框，但这个外观可以用 CSS 样式表进行改写。在其他浏览器中，它的外观暂与 text 类型的文本框外观相同，但可以用 CSS 样式表进行改写，如下所示。

```
input[type="search"]{-webkit-appearance:textfield;}
```

【例 14.2】　利用 search 类型的 input 元素将要搜索的内容填入文本框中，通过提交将内容输出。（实例位置：资源包\TM\sl\14\2）

（1）载入页面所需的 CSS 文件和 JavaScript 文件，然后创建表单，在表单中创建一个 search 类型的 input 元素和一个"提交"按钮。代码如下。

```
<html>
<head>
<meta charset="utf-8" />
<title>search 搜索类型的 input 元素</title>
<link href="../Css/css1.css" rel="stylesheet" type="text/css">
<script type="text/javascript" language="javascript" src="../Js/js2.js">
</script>
</head>
```

```
<body>
    <form id="frmTmp" onSubmit="return ShowKeyWord();">
        <fieldset>
            <legend>请输入搜索关键字：</legend>
            <input id="txtKeyWord" type="search" class="inputtxt">
            <input name="frmSubmit" type="submit" class="inputbtn" value="提交">
        </fieldset>
        <p id="pTip"></p>
    </form>
</body>
</html>
```

（2）创建 css1.css 文件，代码请参考本书资源包。

（3）创建 js2.js 文件，在文件中创建 ShowKeyWord()函数，将文本框中输入的内容输出在页面中。代码如下。

```
function $$(id){
    return document.getElementById(id);
}
//将获取的内容显示在页面中
function ShowKeyWord(){
    var strTmp="<b>您输入的查询关键字是：</b>";
    strTmp=strTmp+$$('txtKeyWord').value;
    $$('pTip').innerHTML=strTmp;
    return false;
}
```

在 Opera 浏览器中运行本实例，在文本框中输入内容，然后单击"提交"按钮，可以看到输入的内容被输出在页面中。运行结果如图 14.16 所示。

图 14.16 search 搜索类型的 input 元素

12．tel 输入类型

tel 类型的 input 元素被设计为用来输入电话号码的专用文本框。它没有特殊的校验规则，它甚至不强调只输入数字，因为很多电话号码常常带有额外的字符，如 44-1234567。但是在实际开发中可以通过 pattern 属性来指定对于输入的电话号码格式的验证。

13．color 输入类型

color 类型的 input 元素用来选取颜色，它提供了一个颜色选取器。现在，它只在 Black Berry 浏览器中被支持。

14.1.3　output 元素的添加

output 元素显示出一些计算的结果或者脚本的其他结果。output 元素必须从属于某个表单，也就是说，必须将它书写在表单内部，或对它添加 from 属性。目前为止该元素只被 Opera 10 浏览器支持。

下面是一个 range 元素的实例，实例代码如下。

```
<!DOCTYPE html><head>
<meta charset="UTF-8">
<title>output 元素示例</title>
</head>
<form id="testform">
请选择一个数值：
<input name="range1" type=range min=0 max=100 step=5/>
<output onforminput="value=range1.value">50</output>
</form>
```

运行这段代码，效果如图 14.17 所示。

图 14.17　output 元素示例

在这个实例中，元素被绑定到了一个 range 元素上，当拖动 range 元素的滑竿时，output 元素的父表单会接收到消息，同时通知 output 元素，将它的被绑定元素 range 的值显示出来。也可以对 output 元素使用样式。

注意

目前，只有 Opera 10 浏览器支持 output 元素。

14.1.4　应用新增元素制作注册表单

【例 14.3】　本节中，将应用 HTML5 新增的元素来制作一个网页上常用的用户注册页面。在该例中，综合使用了 HTML5 中新增的 input 元素，并对这些元素添加了必要的验证属性。（**实例位置：资源包\TM\sl\14\3**）

主要的代码如下。

```
<body>
```

```
<h1>注册表单</h1>
<form id=regForm onsubmit="return chkForm();" method=post>
<fieldset>
<ol>
  <li><label for=username>用户昵称：</label><input id=username name=username
  autofocus required>
  <li><label for=uemail>E-mail：</label><input id=uemail type=email name=uemail
  required placeholder="example@domain.com">
  <li><label for=age>工作年龄：</label><input id=age type=range   name=range1 max="60" min="18"><output
onforminput="value=range1.value">30</output>
  <li><label for=age2>年龄:</label><input id=age2 type=number required
  placeholder="your age">
  <li><label for=birthday>出生日期：</label><input id=birthday type=date>
  <li><label for=search>个人主页：</label><input id=search type=url
  required list="searchlist">
  <datalist id=searchlist>
  <option label="Google" value="http://www.google.com" />
  <option label="Yahoo" value="http://www.yahoo.com" />
  <option label="Bing" value="http://www.bing.com" />
  <option label="Baidu" value="http://www.baidu.com" />
  </datalist></li>
</ol>
</fieldset>
<div><button type=submit>注册</button> </div></form>
</body>
```

为了表单样式的美观，在本例中应用 CSS 对表单的样式进行了设计，具体代码可以参考资源包中的程序，此例中的代码在 Opera 10 浏览器中查看时显示效果最佳，运行效果如图 14.18 所示。

图 14.18 注册表单

14.2　对表单的验证

在 HTML5 中，在增加了大量的表单元素与属性的同时，也增加了大量在提交时对表单与表单内新增元素进行内容有效性验证的功能，本节中针对这些验证进行详细介绍。

14.2.1　自动验证

在 HTML5 中，通过对元素使用属性的方法，可以实现在表单提交时执行自动验证的功能。下面是在 HTML5 中追加的关于对元素内输入内容进行限制的属性的指定。

1．required 属性

required 属性的主要目的是确保表单控件中的值已填写。在提交时，如果元素中内容为空白，则不允许提交，同时在浏览器中显示信息提示文字，提示用户这个元素中必须输入内容，如图 14.19 所示。

2．pattern 属性

pattern 属性的主要目的是根据表单控件上设置的格式规则验证输入是否为有效格式。对 input 元素使用 pattern 属性，并且将属性值设为某个格式的正则表达式，在提交时会检查其内容是否符合给定格式。当输入的内容不符合给定格式时，则不允许提交，同时在浏览器中显示信息提示文字，提示输入的内容必须符合给定格式。例如下面所示，要求输入的内容必须为一个数字与 3 个大写字母。

```
<input pattern="[0-9][A-Z]{3}" name="mr" placeholder="输入内容：一个数字与三个大写字母。" />
```

如图 14.20 所示为在 Opera 浏览器中 pattern 属性的表现形式。

图 14.19　Opera 10 浏览器中的 required 属性检查示例　　图 14.20　Opera 10 浏览器中的 pattern 属性检查示例

3．min 属性与 max 属性

min 与 max 这两个属性是数值类型或日期类型的 input 元素的专用属性，它们限制了在 input 元素中输入的数值与日期的范围。如图 14.21 所示为在 Opera 浏览器中 pattern 属性的表现形式。

4. step 属性

step 属性控制 input 元素中的值增加或减少时的增量。例如当你想让用户输入的值范围为 0～100，但必须是 5 的倍数时，你可以指定 step 为 5。如图 14.22 所示为在 Opera 浏览器中 step 属性的表现形式。

图 14.21　在 Opera 浏览器中的 max 属性检查示例　　　图 14.22　在 Opera 浏览器中 step 属性检查示例

14.2.2　checkValidity 显式验证法

除了对 input 元素添加属性进行元素内容有效性的自动验证外，所有的表单元素和输入元素（包括 select 和 textarea）在其 DOM 节点上都有一个 checkValidity 方法。当想要覆盖浏览器的默认的验证和反馈过程时，可以使用这个方法。checkValidity 方法根据验证检查成功与否，返回 true 或 false，与此同时也会告诉浏览器运行其检查。下面是关于 checkValidity 方法应用的示例，代码如下。

```
<!DOCTYPE html>
<meta charset=UTF-8 />
<title>checkValidity 示例</title>
<script language="javascript">
function check()
{
    var email = document.getElementById("email");
    if(email.value=="")
    {
        alert("请输入 E-mail 地址");
        return false;
    }
    else if(!email.checkValidity())
        alert("请输入正确的 E-mail 地址");
    else
        alert("您输入的 E-mail 地址有效");
}
</script>
<form id=testform onsubmit="return check();">
<label for=email>E-mail</label>
<input name=email id=email type=email /><br/>
<input type=submit value="提交">
</form>
```

注意

如果想要控制验证反馈的显示，那么不建议使用这个方法。

除了有 checkValidity 方法，还有一个有效性 DOM 属性，它返回一个 validitystate 对象。该对象具有很多属性，但最简单、最重要的属性为 valid 属性，它表示了表单内所有元素内容是否有效或单个 input 元素内容是否有效。

14.2.3　避免验证

前面我们介绍了对表单的验证，那么如果想要提交表单，但是不想让浏览器验证它，我们该怎么办呢？例如，一个非常大的表单需要分成两部分（或很多部分），在第二部分中有个文本框中内容是必须要填的，如果填每一部分内容则会耗时较多，或填完第一部分之后，第二部分要过一段时间再填，在这种情况下应该允许用户先提交保存第一部分内容，但是同时需要临时取消第二部分的内容表单验证。

有两种方法取消表单验证，第一种方法是利用 form 元素的 novalidate 属性，它可以关闭整个表单验证。当整个表单的第二部分需要验证的内容比较多，但又想先提交表单的第一部分时，可以使用这种方法。先把属性设为 true，关闭表单验证，提交第一部分内容，然后在提交第二部分时再把其设为 false，打开表单验证，提交第二部分内容。

第二种方法是利用 input 元素或 submit 元素的 formnovalidate 属性，利用 input 元素的 formnovalidate 可以让表单验证对单个 input 元素失效，例如在前面所举例子中，当表单的第二部分中需要验证的元素数量很少时，可以只利用这些元素的 formnovalidate 属性，让表单验证对这些元素失效。

而如果对 submit 按钮使用了 formnovalidate 属性，单击该按钮时，相当于利用了 form 元素 novalidate 属性，整个表单验证都失效了。

【例 14.4】　创建一个用户登录表单，利用 form 元素的 novalidate 属性关闭整个表单验证。（**实例位置：资源包\TM\sl\14\4**）

首先在页面中创建登录表单，表单中包括"姓名""密码"文本框以及"登录"和"取消"按钮；然后在"姓名"和"密码"文本框中通过 pattern 属性对输入的姓名和密码进行验证，同时设置文本框的 required 属性验证输入内容是否为空；最后在 form 元素中设置 novalidate 属性关闭整个表单验证。代码如下。

```
<!DOCTYPE html>
<html>
<head>
<meta charset="utf-8" />
<title>novalidate 属性的使用</title>
<link href="Css/css1.css" rel="stylesheet" type="text/css">
</head>
<body>
    <form id="frmTmp" novalidate>
        <fieldset>
            <legend>用户登录</legend>
            <p>姓名:
                <input name="UserName" id="UserName" type="text" class="inputtxt"   pattern="^[a-zA-Z]
\w{3,5} $" required /> *
            </p>
            <p>密码:
                <input name="PassWord" id="PassWord" type="password" class="inputtxt"   pattern="^[a-zA-Z]
```

```
\w {3,5}$" required /> *
            </p>
            <p class="p_center">
                <input name="Submit" type="submit" class="inputbtn" value="登录" />
                <input name="Reset" type="reset" class="inputbtn" value="取消" />
            </p>
        </fieldset>
    </form>
</body>
</html>
```

在 Opera 浏览器中运行本实例，向两个文本框中分别输入不符合验证规则的登录信息，如图 14.23 所示。当单击"登录"按钮时可以看到，虽然在文本框中设置了 pattern 属性和 required 属性，但由于在 form 元素中设置了 novalidate 属性，文本框中的内容并没有经过任何验证就可以提交。结果如图 14.24 所示。

图 14.23　输入不符合验证规则的登录信息　　图 14.24　未经过任何验证就可以提交

14.2.4　使用 setCustomValidity 方法自定义错误信息

HTML5 中许多新的 input 元素都带有对于输入内容的有效性的检查，如果检查不通过，浏览器会针对该元素提供错误信息。但有时开发者不想使用这些默认的错误信息提示，而想使用自己定义的错误信息提示。或者有时，想给某个文本框增加一种错误信息提示，例如密码与确认密码不一致时用浏览器错误信息提示方式提供关于密码不一致的错误信息。

【例 14.5】　在 HTML5 中，可以使用 JavaScript 调用各 input 元素的 setCustomValidity 方法来自定义错误信息。（**实例位置：资源包\TM\sl\14\5**）

代码如下。

```
<!DOCTYPE html>
<head>
<meta charset="UTF-8">
<title>自定义错误信息示例</title>
<script language="javascript">
function check()
{
    var pass1=document.getElementById("pass1");
    var pass2=document.getElementById("pass2");
    if(pass1.value!=pass2.value)
```

```
        pass2.setCustomValidity("密码不一致。");
    else
        pass2.setCustomValidity("");
    var email=document.getElementById("email");
    if(!email.checkValidity())
        email.setCustomValidity("请输入正确的 E-mail 地址。");
}
</script>
</head>
<body>
<form id="testform" onsubmit="return check();">
密码：<input type=password name="pass1" id="pass1" /><br/>
确认密码：<input type=password name="pass2"　id="pass2"/><br/>
E-mail:<input type=email name="email1" id="email"/><br/>
<div><input type="submit" /></div>
</form>
</body>
</html>
```

这段代码的运行结果如图 14.25 所示。

图 14.25　Opera 10 浏览器中自定义错误信息示例

在这个例子中，追加了两种错误信息提示。第一种情况为确认密码与密码不一致时，给确认密码文本框追加的自定义错误信息提示，浏览器提供的确认密码文本框本来没有这项检查内容。第二种情况为浏览器提供的 E-mail 文本框本来就有检查输入的 E-mail 是否符合 E-mail 格式的功能，但是开发者自行修改了浏览器默认的错误信息提示。

说明

Opera 是目前唯一支持自定义错误信息提示的浏览器。

14.3　增加的页面元素

视频讲解

在 HTML5 中，不仅增加了很多表单中的元素，同时也增加和改良了可以应用在整个页面中的元素，本节将针对这些元素进行介绍。

14.3.1　新增的 figure 元素

figure 元素代表一个块级图像，还可以包含说明。figure 元素不只可以显示图片，还可以使用它给 audio、video、iframe、object 和 embed 元素加说明。figure 元素用来表示网页上一块独立的内容，将其从网页上移除后不会对网页上的其他内容产生任何影响。

figcaption 元素表示 figure 元素的标题。它从属于 figure 元素，所以其必须书写在 figure 元素内部，可以书写在 figure 元素内的其他从属元素的前面或后面。一个 figure 元素内最多只允许放置一个 figcaption 元素，但允许放置多个其他元素。

下面是为一个不带标题的 figcaption 元素示例。

```
<!DOCTYPE html>
<html>
<head>
<meta charset="UTF-8">
<title>figure 元素示例</title>
</head>
<body>
<figure>
<img src="images/1.png" alt="明日科技">
</figure>
</body>
</html>
```

运行这段代码，运行效果如图 14.26 所示。

图 14.26　不带标题的 figure 元素示例

下面是将上面这个示例中的 figure 元素加上标题的示例。

```
<!DOCTYPE html>
```

```
<html>
<head>
<meta charset="UTF-8">
<title>figure 元素示例</title>
</head>
<body>
<figure>
    <img src="images/1.png" alt="明日科技"><br>
    <figcaption>明日科技 logo</figcaption>
</figure>
</body>
</html>
```

运行这段代码，运行效果如图 14.27 所示。

图 14.27　带标题的 figure 元素示例

14.3.2　新增的 details 元素

details 元素提供了一种替代 JavaScript 的方法，它主要是提供了一个展开/收缩区域。details 元素的实例代码如下。

```
<details>
    <summary>明日科技</summary>
    <p>明日科技，成立于 1999 年... </p>
</details>
```

从上面的代码中，可以看出 summary 元素从属于 details 元素，单击 summary 元素中的内容文字时，details 元素中的其他所有从属元素将会展开或收缩。如果没有找到 summary 元素，浏览器将提供自己默认的控件文本，例如 details 或一个本地化版本。浏览器将可能添加某种图标来表示该文本是"可扩展的"，例如一个向下的箭头。

details 可以可选地接受 open 属性，来确保页面载入时该元素是可打开的。

```
<details open>
```

📢**注意**

该元素并没有严格地限制于纯文本标记，即它可以是一个登录表单、一段说明性的视频、以图形为源数据的一个表格，或者提供给使用辅助性技术的用户的一个表格式的结构说明。

【**例 14.6**】　本实例主要应用 details 元素和 summary 元素来弹出图片和文字，summary 元素通常是 details 元素的第一个子元素。该元素用来包含 details 元素的标题。标题是可见的，当用户单击标题时会显示 details 元素中的其他所有从属元素的详细信息。（**实例位置：资源包\TM\sl\14\6**）

（1）创建 index.html 文件，定义 details 元素，在该元素内部定义 summary 元素，在 summary 元素中输入文本"明日科技"，然后定义一个 img 标签用于显示公司图片，再定义一个 div 标签用于显示公司简介，代码如下。

```
<details>
    <summary>明日科技</summary>
    <img src="images/1.png" />
    <div
        <h3>吉林省明日科技有限公司</h3>
        <p>    吉林省明日科技有限公司是一家以计算机软件技术为核心的高科技型
企业，公司创建于 1999 年 12 月，是专业的应用软件开发商和服务提供商。多年来始终致力于行业管理软件开发、
数字化出版物开发制作、计算机网络系统综合应用、行业电子商务网站开发等领域，涉及生产、管理、控制、仓
贮、物流、营销、服务等行业。公司拥有软件开发和项目实施方面的资深专家和学习型技术团队，公司的开发团
队不仅是开拓进取的技术实践者，更致力于成为技术的普及和传播者，并以软件工程为指导思想建立了软件研发
和销售服务体系。公司基于长期研发投入和丰富的行业经验，本着"让客户轻松工作，同客户共同成功"的奋斗
目标，努力发挥"专业、易用、高效"的产品优势，竭诚为广大用户提供优质的产品和服务。
        </p>
    </div>
</details>
```

（2）定义 details 元素以及该元素内部文本的 CSS 样式，代码如下。

```
<style type="text/css">
<!--
details {
    overflow: hidden;
    background: #e3e3e3;
    margin-bottom: 10px;
    display: block;
}
details summary {
    cursor: pointer;
    padding: 10px;
}
details div {
    float: left;
    width: 75%;
}
details div h3 {
```

```
        margin-top: 0;
}
details img {
        float: left;
        width: 200px;
        padding: 0 30px 10px 10px;
}
-->
</style>
```

在 Chrome 浏览器中运行实例，在网页中显示文本"明日科技"，效果如图 14.28 所示。当单击该文本后，将在下方弹出一个下拉区域，并在里面显示出图片和文字，结果如图 14.29 所示。

图 14.28　页面运行初始效果

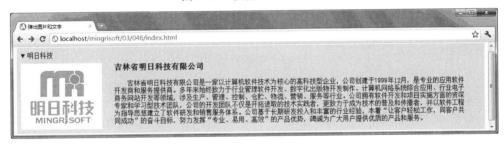

图 14.29　弹出图片和文字

14.3.3　新增的 mark 元素

mark 元素表示页面中需要突出显示或高亮显示的，对于当前用户具有参考作用的一段文字。它通常使用于引用原文的时候，目的是引起读者的注意。mark 元素的作用相当于使用一支荧光笔在打印的纸张上标出一些文字。它与强调不同，对于强调，我们使用<em>。但是如果有一些已有的文本，并且想要让文本中没有强调的内容处于显眼的位置，可以使用<mark>并将其样式化为斜体等。

能够体现 mark 元素作用的最好的例子就是对网页全文搜索某个关键词时显示的检索结果。

【例 14.7】　下面是一个在浏览器中使用 mark 元素高亮显示对于 HTML5 关键词搜索结果的实例。（实例位置：资源包\TM\sl\14\7）

实例代码如下。

```
<!DOCTYPE html>
<html>
<head>
<meta charset="UTF-8" />
```

```
<title> mark 元素应用在网页检索时的示例</title>
</head>
<body>
<h1>搜索"<mark>HTML 5</mark>",找到相关网页约 10,210,000 篇，用时 0.041 秒</h1>
<section id="search-results">
    <article>
        <h2>
            <a href="http://developer.51cto.com/art/200907/133407.htm">
                专题：<mark>HTML 5</mark> 下一代 Web 开发标准详解_51CTO.COM - 技术成就梦想 ...
            </a>
        </h2>
        <p><mark>HTML 5</mark>是近十年来 Web 开发标准最巨大的飞跃</p>
    </article>
    <article>
        <h2>
            <a href="http://paranimage.com/list-of-html-5/">
                <mark>HTML 5</mark>一览 ｜ 帕兰映像
            </a>
        </h2>
        <p><mark>html 5</mark>最近被讨论的越来越多，越来越烈...</p>
    </article>
    <article>
        <h2>
            <a href="http://www.chinabyte.com/keyword/HTML+5/">
                <mark>html 5</mark>_比特网
            </a>
        </h2>
        <p><mark>HTML 5</mark>提供了一些新的元素和属性，反映典型...</p>
    </article>
    <article>
        <h2>
            <a href="http://www.slideshare.net/mienflying/html5-4921810">
                <mark>HTML 5</mark>表单
            </a>
        </h2>
        <p>about <mark>HTML 5</mark> Form,the web form 2.0 tech</p>
    </article>
</section>
</body>
</html>
```

运行这段代码，效果如图 14.30 所示。

除了在检索结果中高亮显示关键词之外，mark 元素的另一个主要作用是在引用原文时，为了某种特殊目的而把原文作者没有特别重点表示的内容标示出来。

【例 14.8】 下面的实例是引用了一篇关于"明日科技的介绍"，在原文中并没有把"编程词典"标示出来，但在网页中为了强调"编程词典"，特意把这个词高亮显示出来了。（**实例位置：资源包\TM\sl\14\8**）

具体实例代码如下。

```
<!DOCTYPE html>
<meta charset=UTF-8 />
<title>mark 元素应用在文章引用时的示例</title>
明日科技：数字化出版的倡导者
<p>
明日科技成立于 1999 年，多年从事编程图书的开发以及网站和程序的制作。<mark>编程词典</mark>，明日科技
是数字化出版的先锋，含有丰富的资源。
</p>
```

运行这段代码，效果如图 14.31 所示。

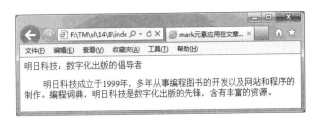

图 14.30　mark 元素应用在网页检索时的实例　　　图 14.31　mark 元素应用在文章引用时的示例

最后需要强调一下 mark 和 em 或者 strong 元素的区别。mark 元素的标示目的与原文作者无关，或者说它不是原文作者用来标示文字的，而是在后来引用时添加上去的，它的目的是吸引当前用户的注意，提供给用户做参考，希望能对用户有帮助。而 strong 是原文作者用来强调一段文字的重要性的，譬如警告信息、错误信息等，em 元素是作者为了突出文章重点而使用的。

14.3.4　新增的 progress 元素

progress 是 HTML5 标准草案中新增的元素之一。它表示一个任务的完成进度，这进度可以是不确定的，只是表示进度正在进行，但是不清楚还有多少工作量没有完成，也可以用 0 到某个最大数字（例如 100）之间的数字来表示准确的进度完成情况（例如进度百分比）。

该元素主要有两个属性：value 属性表示已经完成了多少工作量，max 属性表示总共有多少工作量。工作量的单位是随意的，不用指定。

注意

value 和 max 属性的值必须大于 0，value 的值小于或等于 max 属性的值。

【例 14.9】 下面是一个 progress 元素的使用实例。（**实例位置：资源包\TM\sl\14\9**）

```
<!DOCTYPE html>
<meta charset="UTF-8"/>
<title>progress 元素的使用示例</title>
<script>
var progressBar = document.getElementById('p');
function button_onclick()
{
    var progressBar = document.getElementById('p');
    progressBar.getElementsByTagName('span')[0].textContent ="0";
    for(var i=0;i<=100;i++)
        updateProgress(i);
}
function updateProgress(newValue)
{
    var progressBar = document.getElementById('p');
    progressBar.value = newValue;
    progressBar.getElementsByTagName('span')[0].textContent = newValue;
}
</script>
<section>
    <h2>progress 元素的使用实例</h2>
    <p>完成百分比: <progress id="p" max=100><span>0</span>%</progress></p>
    <input type="button" onclick="button_onclick()"   value="请点击"/>
</section>
```

在 Opera 浏览器中运行本实例，如图 14.32 所示。当单击页面上的"请点击"按钮时，会发现进度条由 0% 变成了 100% 的效果，如图 14.33 所示。

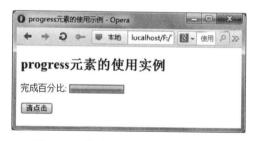

图 14.32　单击按钮之前的进度条效果　　　图 14.33　单击按钮之后的进度条效果

14.3.5　新增的 meter 元素

<meter> 是 HTML5 带来的全新元素标签；根据 W3C 的定义规范：meter 元素标签用来表示规定范围内的数量值，如磁盘使用量比例、关键词匹配程度等。

需要注意的是，<meter> 不可以用来表示那些没有已知范围的任意值，例如重量、高度，除非已经设定了它们值的范围。

<meter>元素共有 6 个属性。

☑ value：表示当前标量的实际值；如果不做指定，那么<meter>标签中的第一个数字就会被认为是其当前实际值，例如<meter>2 out of 10</meter>中的 2；如果标签内没有数字，那么标量的实际值就是 0。

☑ min：当前标量的最小值；如不做指定则为 0。

☑ max：当前标量的最大值；如不做指定则为 1；如果指定的最大值小于最小值，那么最小值会被认为是最大值。

☑ low：当前标量的低值区；必须小于或等于标量的高值区数字；如果低值区数字小于标量最小值，那么它会被认为是最小值。

☑ high：当前标量的高值区。

☑ optimum：最佳值；其范围在最小值与最大值区间当中，并且可以处于高值区。

meter 属性的使用方法如下。

```
<p>磁盘使用量：<meter value="50" min="0" max="160">50/160</meter>GB</p>
<p>你的得分是：<meter value="91" min="0" max="100" low="10" high="90" optimum="100">A+</meter>
```

在 Opera 浏览器中运行这两行代码，效果如图 14.34 所示。

图 14.34　使用 meter 元素实现百分比效果

不设定任何属性时，也可以使用百分比及分数形式，如下面的代码。

```
<meter>80%</meter>
<meter>3/4</meter>
```

14.3.6　改良的 ol 列表

在 HTML5 中，将 ol 列表进行了改良，为它添加了 start 属性与 reversed 属性。如果你不想 ol 元素所代表的列表编号从 1 开始，那么可以使用 start 属性来自定义编号的初始值，如下面的代码所示。

```
<!DOCTYPE html>
<html>
<head>
<meta charset=UTF-8/>
<title>ol 列表的 start 属性示例</title>
</head>
<body>
<h3>ol 列表的 start 属性示例</h3>
<ol start=5>
<li>列表内容 5</li>
```

```
<li>列表内容 6</li>
<li>列表内容 7</li>
<li>列表内容 8</li>
<li>列表内容 9</li>
<li>列表内容 10</li>
</ol>
</body>
</html>
```

运行这段代码，效果如图 14.35 所示。

图 14.35　ol 列表的 start 属性示例

如果用户想对列表进行反向排序，那么可以使用 ol 列表的 reversed 属性，目前除 IE 浏览器外，其他主流浏览器都已经支持该属性。

14.3.7　改良的 dl 列表

在 HTML4 中，dl 元素是一个定义列表，包含了一个术语及其一个或多个定义。这个定义不明确而且容易令人混淆。

在 HTML5 中，将该元素进行了重新定义，重新定义后的 dl 列表包含多个带名字的列表项。每一项包含一条或多条带名字的 dt 元素，用来表示术语，dt 元素后面紧跟一个或多个 dd 元素，用来表示定义。在一个元素内，不允许有相同名字的 dt 元素，不允许有重复的术语。

dl 列表可以用来定义文章或网页上的术语解释，其代码如下。

```
<!DOCTYPE html>
<html>
<head>
<meta http-equiv="Content-Type" content="text/html; charset=utf-8" />
<title>用于属于解释的 dl 列表示例</title>
</head>
<body>
<h3>用于术语解释的 dl 列表示例</h3>
<article>
    <h1>article 元素</h1>
    <p>一块独立的内容，可以用来表示博客中独立的一篇文章。。。。</p>
    <aside>
        <h2>术语解释</h2>
```

```
    <dl>
        <dt>博客</dt>
        <dd>博客，又名为网络日志、部落阁等，是一种通常由个人管理……</dd>
    </dl>
  </aside>
</article>
</body>
</html>
```

这段代码的运行效果如图 14.36 所示。

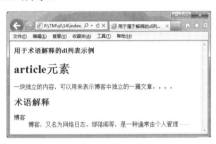

图 14.36　用 dl 列表来做术语解释

dl 列表页可以用来表示一些页面或 article 元素中内容的辅助信息，例如作者、类别等，代码如下。

```
<dl>
<dt>作者</dt>
<dd>李慧</dd>
<dt>类别</dt>
<dd>网络开发</dd>
</dl>
```

14.3.8　加以严格限制的 cite 元素

cite 元素表示作品（例如一本书、一篇文章、一首歌曲等）的标题。该作品可以在页面中被详细引用，也可以只在页面中提一下。

在 HTML4 中，cite 元素可以用来表示作者，但是在 HTML5 中明确规定了不能用 cite 元素表示包括作者在内的任何人名，因为人的名字不是标题（当然除非标题就是一个人的名字），但是为了与 HTML4 或之前版本的网页兼容，并没有把它当作错误，所以这只是一个规定而已。

下面是一个使用 cite 元素的代码示例。代码如下。

```
<!DOCTYPE html>
<html>
<head>
<meta charset="UTF-8"/>
<title>cite 元素示例</title>
</head>
<body>
<h3>cite 元素示例</h3>
<p>我最喜欢的电影是一部法国电影<cite>放牛班的春天</cite>。</p>
```

```
</body>
</html>
```

这段代码的运行结果如图 14.37 所示。

【例 14.10】　　本实例将实现使用 cite 元素引用文档。（**实例位置：资源包\TM\sl\14\10**）

创建 index.html 文件，在文件中，首先通过<p>元素显示一段文档；然后，在文档的下面使用<cite>元素标识这段文档所引用的文档名称。代码如下。

```
<h2>HTML</h2>
<p>
        HTML 语言（Hypertext Markup Language，中文通常称为超文本置标语言或超文本标记语言）是一种文本类、
解释执行的标记语言，它是 Internet 上用于编写网页的主要语言……</p>
<p>
        --- 引自 << <cite>HTML 语言简介</cite> >> ---
</p>
```

运行这段代码，效果如图 14.38 所示。

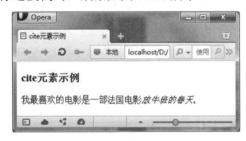

图 14.37　cite 元素示例

图 14.38　使用 cite 元素引用文档

14.3.9　重新定义的 small 元素

small 元素已经完全重新定义了，从仅仅是一个通用的表现性元素，变成了使得文本显示得较小，实际上表示"附属细则"，它通常用来免责、警告、提出法律限制或版权。附属细则有时候也用于表明权限，用于满足许可性需求。同时不允许被应用在页面主内容中，只允许被当作辅助信息用 inline 方式内嵌在页面上使用。同时，small 元素也不意味着元素中内容字体会变小，如果需要将字体变小，需要配合着 CSS 样式表来使用。

14.4　小　　结

HTML5 表单极大地提高了开发者的工作效率，并给用户带来了一些新的体验。HTML5 提供了很多可以直接使用的功能，而以前需要大量的定制代码才能实现这些功能（如表单验证、创建滑块条控件）。熟练掌握本章中表单新增的属性，可以减少程序的开发时间。创建出更简洁、更新颖的表单，进而实现 Web 程序开发。

14.5　习　　题

选择题

1．email 类型的文本框具有一个 multiple 属性，它的作用是（　　）。

 A．它判断该文本框中输入的值，是否为正确的邮箱地址

 B．它不允许该文本框为空

 C．它允许在该文本框中是用逗号隔开的有效 E-mail 地址的一个列表

 D．以上都不正确

2．下面用来输入 UTC 日期和时间的文本框是（　　）。

 A．data   B．datetime

 C．time   D．datetime-local

3．下面哪个元素可以用来表示警告信息、错误信息（　　）。

 A．strong   B．em

 C．mark   D．以上都可以

判断题

4．step 特性的默认值取决于控件的类型。对于 range 控件，step 默认值为 5。（　　）

5．pattern 属性主要目的是根据表单控件上设置的格式规则验证输入是否为有效格式。（　　）

第15章

HTML5 中的文件与拖放

（ 📹 视频讲解：40 分钟 ）

在 HTML5 中新增的与表单元素相关的两个 API——文件 API 和拖放 API。拖放 API 可以实现一些有趣的功能，这个 API 就像其名称所示的那样，允许拖动选项并将其放置到浏览器中的任何地方。这很好地体现了 HTML5 作为 Web 应用程序规范的思路，使得开发者可以从桌面计算中借用更多的功能。

通过阅读本章，您可以：

▸▸ 掌握 File 对象与 FileList 对象的使用方法

▸▸ 掌握 Blob 对象的概念和使用方法

▸▸ 掌握 FileReader 对象以及它的方法、事件定义、事件触发条件

▸▸ 掌握怎样利用拖放 API 使页面中的元素可以互相拖放

▸▸ 掌握 DataTransfer 对象的属性和方法

▸▸ 掌握怎样设定拖放时的视觉效果，以及怎样自定义拖放图标

视频讲解

15.1　选　择　文　件

在 HTML5 里，从 Web 网页上访问本地文件系统变得十分简单，那就是使用 File API。这个 File 规范说明里提供了一个 API 来表现 Web 应用里的文件对象，用户可以通过编程来选择它们，访问它们的信息。关于文件 API，到目前为止只有部分浏览器对它提供支持，如最新版的 Firefox 浏览器。

15.1.1　通过 file 对象选择文件

FileList 对象表示用户选择的文件列表。在 HTML4 中，file 控件内只允许放置一个文件，但是到了 HTML5 中，通过添加 multiple 属性，在 file 控件内允许一次放置多个文件。控件内的每一个用户选择的文件都是一个 file 对象，而 FileList 对象则为这些 file 对象的列表，代表用户选择的所有文件。File 对象有两个属性，name 属性表示文件名，不包括路径，lastModifiedDate 属性表示文件的最后修改日期。

【例 15.1】　　下面是一个使用 FileList 对象与 file 对象的实例。在本例中通过单击"浏览"按钮，选择要上传的文件，然后单击"上传文件"按钮，将会弹出一个对话框，在这个对话框中将显示上传文件的名称。(实例位置：资源包\TM\sl\15\1)

本例实现的主要代码如下。

```
<!DOCTYPE html>
<html>
<head>
<meta charset="UTF-8">
<title>FileList 与 file 示例</title>
</head>
<script language=javascript>
function ShowName()
{
    var file;
    for(var i=0;i<document.getElementById("file").files.length;i++)     //返回 FileList 文件列表对象
    {
        file = document.getElementById("file").files[i];                //file 对象为用户选择的单个文件
        alert(file.name);                                               //弹出文件名
    }
}
</script>
<body>选择文件：
<input type="file" id="file" multiple size="50"/>
<input type="button" onclick="ShowName();" value="上传文件"/>
</body>
</html>
```

本例实现的运行效果如图 15.1 所示。

图 15.1　应用 FileList 对象与 file 对象的实例

15.1.2　使用 Blob 接口获取文件的类型与大小

Blob 表示二进制原始数据，它提供一个 slice 方法，可以通过该方法访问到字节内部的原始数据块。Blob 对象有两个属性，size 属性表示一个 Blob 对象的字节长度，type 属性表示 Blob 的 MIME 类型，如果是未知类型，则返回一个空字符串。

【例 15.2】　下面通过一个实例来对 Blob 对象的两个属性做一些解释。在本例中，首先通过单击"浏览"按钮选择文件，然后单击"显示文件信息"按钮，在页面中将显示浏览文件的文件长度与文件类型。（**实例位置：资源包\TM\sl\15\2**）

本例实现的代码如下。

```
<!DOCTYPE html>
<html>
<head>
<meta charset="UTF-8">
<title>Blob 对象使用示例</title>
<script language=javascript>
function ShowFileType()
{
    var file;
    file = document.getElementById("file").files[0];          //得到用户选择的第一个文件
    var size=document.getElementById("size");
    size.innerHTML=file.size;                                 //显示文件字节长度
    var type=document.getElementById("type");
    type.innerHTML=file.type;                                //显示文件类型
}
</script>
</head>
<body>
选择文件：
<input type="file" id="file" />
```

```
<input type="button" value="显示文件信息" onclick="ShowFileType();"/><br/>
文件字节长度:<span id="size"></span><br/>
文件类型：<span id="type"></span>
</body>
</html>
```

运行这段代码，效果如图 15.2 所示。

图 15.2　Blob 对象及两个属性的应用实例

对于图像类型的文件，Blob 对象的 type 属性都是以 image/开头的，后面紧跟这图像的类型，利用此特性我们可以在 JavaScript 中判断用户选择的文件是否为图像文件，如果在批量上传时，只允许上传图像文件，可以利用该属性，如果用户选择的多个文件中有不是图像的文件时，可以弹出错误提示信息，并停止后面的文件上传，或者跳过这个文件，不将该文件上传。

15.1.3　通过类型过滤选择的文件

在 15.1.2 节实例中，对于图像类型的文件，Blob 对象的 type 属性都是以 image/开头的，后面紧跟这图像的类型，利用此特性我们可以在 JavaScript 中判断用户选择的文件是否为图像文件，如果在批量上传时，只允许上传图像文件，可以利用该属性，如果用户选择的多个文件中有不是图像的文件时，可以弹出错误提示信息，并停止后面的文件上传，或者跳过这个文件，不将该文件上传。

【例 15.3】　下面是对图像类型的判断的实例，在该实例中首先对上传的文件进行判断，如果上传的文件不是图像文件将弹出对话框给出提示，如果是图像文件则显示文件可以上传。(**实例位置：资源包\TM\sl\15\3**)

本例实现代码如下。

```
<!DOCTYPE html>
<html>
<head>
<meta charset="UTF-8">
<title>Blob 对象的 type 属性利用示例</title>
<script language=javascript>
function FileUpload()
{
    var file;
    for(var i=0;i<document.getElementById("file").files.length;i++)
    {
```

```
        file = document.getElementById("file").files[i];
        if(!/image\/\w+/.test(file.type))
        {
            alert(file.name+"不是图像文件！");
            break;
        }
        else
        {
            alert(file.name+"文件可以上传");
        }
    }
}
</script>
</head>
<body>
选择文件：
<input type="file" id="file" multiple/>
<input type="button" value="文件上传" onclick="FileUpload();"/>
</body>
</html>
```

本例的运行效果如图 15.3 所示。

图 15.3　应用 Blob 对象的 type 属性对上传文件进行判断

　　另外，HTML5 中已经对 file 控件添加了 accept 属性，目的就是让 file 控件只能接受某种类型的文件，但是目前各主流浏览器对其的支持都只限于在打开文件选择窗口时，默认选择图像文件而已，如果选择其他类型文件，file 控件也能正常接受。

　　对 file 控件使用 accept 属性的方法如下。

```
<input type="file" id="file" accept="image/*" />
```

　　如图 15.4 所示为 Firefox 浏览器对 file 控件的 accept 属性目前的支持情况，其他浏览器也与此类似。

图 15.4　Firefox 浏览器对 file 控件的 accept 属性目前的支持情况

15.2　使用 FileReader 接口读取文件

视频讲解

FileReader 接口主要用来把文件读入内存，并且读取文件中的数据。FileReader 接口提供了一个异步 API，使用该 API 可以在浏览器主线程中异步访问文件系统，读取文件中的数据。

15.2.1　检测浏览器对 FileReader 接口的支持性

检测一个浏览器是否支持 FileReader 很容易做到，支持这一接口的浏览器有一个位于 window 对象下的 FileReader 构造函数，如果浏览器有这个构造函数，那么就可以新建一个 FileReader 的实例来使用。

```
if ( typeof FileReader === 'undefined' )
{
        alert( " 您的浏览器未实现 FileReader 接口 " );
}
else
{
        var reader = new FileReader();              //正常使用浏览器
}
```

15.2.2　FileReader 接口的方法

FileReader 的实例拥有 4 个方法，其中 3 个用以读取文件，另一个用来中断读取。表 15.1 列出了这些方法以及它们的参数和功能，需要注意的是，无论读取是否成功，方法并不会返回读取结果，这一结果存储在 result 属性中。

表 15.1　FileReader 接口的方法

方　法　名	参　　数	描　　述
abort	none	中断读取
readAsBinaryString	file	将文件读取为二进制码
readAsDataURL	file	将文件读取为 DataURL
readAsText	file, [encoding]	将文件读取为文本

☑　readAsBinaryString：它将文件读取为二进制字符串，通常将它传送到后端，后端可以通过这段字符串存储文件。

☑　readAsDataURL：该方法将文件读取为一段以 data 开头的字符串，这段字符串的实质就是 Data URL，Data URL 是一种将小文件直接嵌入文档的方案。这里的小文件通常是指图像与 html 等格式的文件。

☑　readAsText：该方法有两个参数，其中第二个参数是文本的编码方式，默认值为 UTF-8。这个方法非常容易理解，将文件以文本方式读取，读取的结果即是这个文本文件中的内容。

15.2.3　使用 readAsDataURL 方法预览图片

本节中将介绍如何使用 FileReader 接口的 readAsDataURL 方法实现图片的预览。

【例 15.4】　在本例中通过单击"浏览"按钮，选择要预览的图片，然后单击"读取图像"按钮。预览的图片将在页面中显示。（实例位置：资源包\TM\sl\15\4）

本例实现的具体步骤如下。

（1）创建 html 部分，主要包括两个 input，和一个用来呈现结果的 div，代码如下。

```html
<p>
    <label>请选择一个文件：</label>
    <input type="file" id="file" />
    <input type="button" value="读取图像" onclick="readAsDataURL()"/>
</p>
<dlv name="result" id="result">
      <!-- 这里用来显示读取结果 -->
</div>
```

（2）检测浏览器是否支持 FileReader 接口，对于未实现 FileReader 接口的浏览器将给出一个提示，代码如下。

```javascript
if (typeof FileReader == 'undefined' )
{
    result.innerHTML = "<p>抱歉，你的浏览器不支持 FileReader</p>";
    file.setAttribute( 'disabled','disabled' );
}
```

（3）书写函数 readFile 的代码，当 file input 的 onclick 事件触发时，调用这个函数，首先获取到 file 对象，并通过 file 的 type 属性来检验文件类型，在这里，我们只允许选择图像类型的文件。然后创建一个 FileReader 实例，并且调用 readAsDataURL 方法读取文件，在实例的 onload 事件中，获取到成功读取到的文件内容，并以插入一个 img 节点的方式，显示在页面中，代码如下。

```
function readFile ()
{
    var file = document.getElementById("file").files[0];              //检查是否为图像文件
    if(!/image\/\w+/.test(file.type))
    {
        alert("请确保文件为图像类型");
        return false;
    }
    var reader = new FileReader();
    reader.readAsDataURL(file);                                        //将文件以 Data URL 形式进行读入页面
    reader.onload = function(e)
    {
        var result=document.getElementById("result");
        result.innerHTML = '<img src="'+this.result+'" alt=""/>'       //在页面上显示文件
    }
}
```

运行这个实例，效果如图 15.5 所示，单击"浏览"按钮，选择要显示的图片，然后单击"读取图像"按钮，将显示所选择的图片，运行效果如图 15.6 所示。

图 15.5　读取图像文件效果　　　　　　　　　　　图 15.6　显示读取的图像

15.2.4　使用 readAsText 方法读取文本文件

本节中将介绍如何使用 FileReader 接口的 readAsText 方法实现文本文件的预览。

【例 15.5】　在本例中通过单击"浏览"按钮，选择要浏览的文本文件，然后单击"读取文本文件"按钮，文本文件的内容将在页面中显示。（**实例位置：资源包\TM\sl\15\5**）

本例实现的具体步骤如下。

（1）创建 html 部分，主要包括两个 input，和一个用来呈现结果的 div，代码如下。

```
<p>
    <label>请选择一个文件：</label>
    <input type="file" id="file" />
    <input type="button" value="读取文本文件" onclick="readAsText()"/>
</p>
<div name="result" id="result">
    <!-- 这里用来显示读取结果 -->
</div>
```

（2）检测浏览器是否支持 FileReader 接口，对于未实现 FileReader 接口的浏览器将给出一个提示，代码如下。

```
if (typeof FileReader == 'undefined' )
{
    result.innerHTML = "<p>抱歉，你的浏览器不支持 FileReader</p>";
    file.setAttribute( 'disabled','disabled' );
}
```

（3）书写函数 readAsText 的代码，当 file input 的 onclick 事件触发时，调用这个函数，首先获取到 file 对象，然后创建一个 FileReader 实例，并且调用 readAsText 方法读取文件，在实例的 onload 事件中，获取成功读取到的文件内容，显示在页面中，代码如下。

```
function readAsText()
{
    var file = document.getElementById("file").files[0];
    var reader = new FileReader();
    reader.readAsText(file);                            //将文件以文本形式进行读入页面
    reader.onload = function(f)
    {
        var result=document.getElementById("result");
        result.innerHTML=this.result;                  //在页面上显示读入文本
    }
}
```

运行这个实例，效果如图 15.7 所示，单击"浏览"按钮，选择要显示的文本文件，然后单击"读取文本文件"按钮，将显示所选择的文本文件的内容，运行效果如图 15.8 所示。

图 15.7　选择要浏览的文本文件

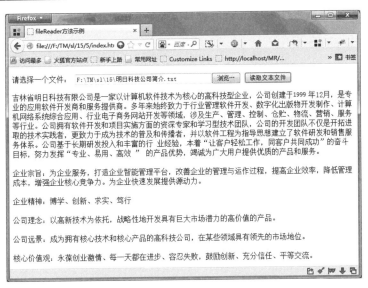

图 15.8　显示浏览的文本文件内容

15.2.5　FileReader 接口中的事件

FileReader 包含了一套完整的事件模型，用于捕获读取文件时的状态，表 15.2 归纳了这些事件。

表 15.2　FileReader 接口中的事件

事　　件	描　　述
onabort	中断时触发
onerror	出错时触发
onload	文件读取成功时触发
onloadend	读取完成触发，无论成功或失败
onloadstart	读取开始时触发
onprogress	读取中

当 fileReader 对象读取文件时，会伴随着一系列事件，它们表示读取文件时不同的读取状态。

【例 15.6】　下面通过一个图片上传的实例，来看一下这些读取状态的先后顺序。（**实例位置：资源包\TM\sl\15\6**）

实现的主要代码如下。

```
<!DOCTYPE html>
<html>
<head>
<meta charset="UTF-8">
<title>fileReader 对象的事件先后顺序</title>
</head>
<script language=javascript>
var result=document.getElementById("result");
```

```
var input=document.getElementById("input");
if(typeof FileReader=='undefined')
{
    result.innerHTML = "<p class='warn'>抱歉，你的浏览器不支持 FileReader</p>";
    input.setAttribute( 'disabled','disabled' );
}
function readFile()
{
    var file = document.getElementById("file").files[0];
    var reader = new FileReader();
    reader.onload = function(e)
    {
        result.innerHTML = '<img src="'+this.result+'" alt=""/>'
        alert("load");
    }
    reader.onprogress = function(e)
    {
        alert("progress");
    }
    reader.onabort = function(e)
    {
        alert("abort");
    }
    reader.onerror = function(e)
    {
        alert("error");
    }
    reader.onloadstart = function(e)
    {
        alert("loadstart");
    }
    reader.onloadend = function(e)
    {
        alert("loadend");
    }
    reader.readAsDataURL(file);
}
</script>
</head>
<body>
<p>
<label>请选择一个图像文件：</label>
<input type="file" id="file" />
<input type="button" value="显示图像" onclick="readFile()" />
</p>
<div name="result" id="result">
<!-- 这里用来显示读取结果 -->
</div>
```

```
</body>
</html>
```

在这个实例中，通过单击"显示图像"按钮在画面中读入一个图像文件，通过这个过程可以了解按顺序触发了哪些事件，并用提示信息的形式报出这些事件的名字。

15.3　拖放 API

视频讲解

在 HTML5 中，提供了直接支持拖放操作的 API。虽然 HTML5 之前已经可以使用 mousedown、mousemove、mouseup 来实现拖放操作，但是只支持在浏览器内部的拖放，而在 HTML5 中，已经支持在浏览器与其他应用程序之间的数据的互相拖放，同时也大大简化了有关于拖放方面的代码。

15.3.1　实现拖放的步骤

在 HTML5 中要想实现拖放操作，至少要经过如下两个步骤。

（1）将想要拖放的对象元素的 draggable 属性设为 true(draggable="true")，这样才能将该元素进行拖放。另外，img 元素与 a 元素（必须指定 href），默认允许拖放。

（2）编写与拖放有关的事件处理代码。关于拖放相关的事件如表 15.3 所示的几个事件。

表 15.3　拖放相关的事件

事　　件	产生事件的元素	描　　述
dragstart	被拖放的元素	开始拖放操作
drag	被拖放的元素	拖放过程中
dragenter	拖放过程中鼠标经过的元素	被拖放的元素开始进入本元素的范围内
dragover	拖放过程中鼠标经过的元素	被拖放的元素正在本元素范围内移动
dragleave	拖放过程中鼠标经过的元素	被拖放的元素离开本元素的范围
drop	拖放的目标元素	有其他元素被拖放到了本元素中
dragend	拖放的对象元素	拖放操作结束

【例 15.7】　元素的拖放实际上是通过 JavaScript 代码来实现的。在本实例中使用 JavaScript 代码来实现元素的拖放，利用的是通过 JavaScript 效果来实现拖动。（**实例位置：资源包\TM\sl\15\7**）

（1）载入页面所需的 CSS 文件和 JavaScript 文件，然后定义一个要拖动的 div 元素。代码如下。

```
<!DOCTYPE html>
<html>
<head>
<meta charset="utf-8" />
<title>使用 JavaScript 代码实现元素拖放</title>
<link href="../Css/css1.css" rel="stylesheet" type="text/css">
<script type="text/javascript" language="jscript" src="../Js/js1.js">
</script>
```

```
</head>
<body onLoad="pageload();">
    <div id="divFrame" >
        <div id="divTitle">请用鼠标拖动我</div>
    </div>
</body>
</html>
```

（2）创建 css1.css 文件，代码请参考本书资源包。

（3）创建 js1.js 文件，在文件中创建 pageload()函数，在函数中分别定义鼠标按下事件、鼠标移动事件和鼠标弹起事件触发时执行的函数。代码如下。

```
function $$(id) {
    return document.getElementById(id);
}
var started;
var initX,initY,offsetX,offsetY;
//自定义页面加载时调用的函数
function pageload() {
    var divTitle = $$("divTitle");
    var divFrame = $$("divFrame");
    divFrame.style.left = 30 + "px";
    divFrame.style.top = 20 + "px";
    //鼠标按下时触发的事件
    divTitle.onmousedown = function(e) {
        started = true;
        initX = parseInt(divFrame.style.left);
        initY = parseInt(divFrame.style.top);
        offsetX = e.clientX;
        offsetY = e.clientY;
    };
    //鼠标移动时触发的事件
    divFrame.onmousemove = function(e) {
        if (started) {
            var x = e.clientX - offsetX + initX;
            var y = e.clientY - offsetY + initY;
            divFrame.style.left = x + "px";
            divFrame.style.top = y + "px";
            divTitle.innerHTML="已拖动";
        }
    };
    //鼠标弹起时触发的事件
    divFrame.onmouseup = function() {
        started = false;
        document.onmousemove = null;
    }
}
```

运行实例，结果如图 15.9 所示。用鼠标拖动 div 元素，同时，div 元素中的文字也会发生变化，结果如图 15.10 所示。

图 15.9　页面运行初始效果　　　　　　图 15.10　实现元素拖放

【**例 15.8**】　运用元素在拖放过程中触发的事件，使元素进行拖动和离开。（**实例位置：资源包\TM\sl\15\8**）

（1）载入页面所需的 CSS 文件和 JavaScript 文件，然后定义 div 元素。代码如下。

```
<!DOCTYPE html>
<html>
<head>
<meta charset="utf-8" />
<title>元素在拖放过程中触发的事件</title>
<link href="../Css/css1.css" rel="stylesheet" type="text/css">
<script type="text/javascript" language="jscript"
        src="../Js/js2.js">
</script>
</head>
<body onLoad="pageload();">
    <div class="wPub">
        <div class="wPub">
                <div id="divDrag" draggable="true"></div>
                <div id="divTips"></div>
        </div>
        <div id="divArea"></div>
    </div>
</body>
</html>
```

（2）创建 css1.css 文件，代码请参考本书资源包。

（3）创建 js2.js 文件，在文件中创建 pageload()函数，在函数中分别定义被拖放元素和目标元素的相关事件以及事件触发时执行的函数。代码如下。

```
function $$(id) {
    return document.getElementById(id);
}
//自定义页面加载时调用的函数
function pageload() {
    var Drag = $$("divDrag");
```

337

```
    var Area = $$("divArea");
     //添加被拖放元素的 dragstart 事件
    Drag.addEventListener("dragstart",
    function(e) {
        Status_Handle("元素正在开始拖动……")
    });
     //添加目标元素的 drop 事件
    Area.addEventListener("drop",
    function(e) {
        Status_Handle("元素拖入成功!")
    });
     //添加目标元素的 dragleave 事件
    Area.addEventListener("dragleave",
    function(e) {
        Status_Handle("拖动元素正在离开……")
    });
}
//自定义显示执行过程中状态的函数
function Status_Handle(message) {
    $$("divTips").innerHTML += message + "<br>";
}
//添加页面的 dragover 事件
document.ondragover = function(e) {
    //阻止默认方法，取消拒绝被拖放
    e.preventDefault();
}
//添加页面 drop 事件
document.ondrop = function(e) {
    //阻止默认方法，取消拒绝被拖放
    e.preventDefault();
}
```

运行实例，当拖动元素时会出现拖动元素正在离开，以及元素正在开始拖动等现象的产生，结果如图 15.11 所示。

图 15.11　元素在拖放过程中触发的事件

15.3.2　通过拖放显示欢迎信息

【例 15.9】　下面我们将按照上面的步骤实现一个拖放实例。在该实例中，有一个显示"请拖放"文字的 div 元素，可以把它拖放到位于它下部的 div 元素中，每次被拖放时，在下部的 div 元素中会追加一次"明日科技欢迎你"文字。（**实例位置：资源包\TM\sl\15\9**）

实现的步骤如下。

（1）将想要拖放的对象元素的 draggable 属性设为 true，同时在<body>标签中添加 onload="init()"事件，另外，为了让这个示例在所有支持拖放 API 的浏览器中都能正常运行，需要指定-webkit-user-drag:element 这种 Webkit 特有的 CSS 属性。代码如下。

```
<body onload="init()">
<h1>拖放欢迎语</h1>
<!-- (7) 把 draggable 属性设为 true -->
<div id="dragme" draggable="true" style="width: 200px; border: 1px solid gray;">
  拖放
</div>
<div id="text" style="width: 200px; height: 200px; border: 1px solid gray;"></div>
</body>
```

（2）在 init()函数中获取 div 标签的 id 的值，代码如下。

```
var source = document.getElementById("dragme");
var dest = document.getElementById("text");
```

（3）dragstart 事件开始实现拖放，把要拖动的数据存入 DataTransfer 对象。DataTransfer 对象专门用来存放拖放时要携带的数据，它可以被设置为拖放事件对象的 dataTransfer 属性。最后，通过 setData()方法实现拖放，该方法中的第一个参数为携带数据的数据各类的字符串，第二个参数为要携带的数据。第一个参数中表示数据各类的字符串里只能填入类似 text/plain 或 text/html 的表示 MIME 类型的文字，不能填入其他文字。代码如下。

```
source.addEventListener("dragstart", function(ev)
  {
      var dt = ev.dataTransfer;                          //向 dataTransfer 对象追加数据
      dt.effectAllowed = 'all';
      dt.setData("text/plain", "明日科技欢迎你");          //拖放元素为 dt.setData("text/plain", this.id);
  }, false);
```

（4）针对拖放的目标元素，必须在 dragend 或 dragover 事件内调用 event.preventDefault()方法。因为默认情况下，拖放的目标元素是不允许接受元素的，为了把元素拖放到其中，必须把默认处理关闭。代码如下。

```
dest.addEventListener("dragend", function(ev)           //dragend：拖放结束
{
    ev.preventDefault();                                //不执行默认处理（拒绝被拖放）
```

```
}, false);
```

（5）要实现拖放过程，还必须在目标元素的 drop 事件中关闭默认处理（拒绝被拖放），否则目标元素不能接受被拖放的元素。目标元素接受到被拖放的元素后，执行 getData()方法从 DataTransfer 那里获得数据。getData()方法的参数为 setData()方法中指定的数据种类。本例中为"text/plain(文本文字)"。代码如下。

```
dest.addEventListener("drop", function(ev)               //drop：被拖放
{
    var dt = ev.dataTransfer;                            //从 DataTransfer 对象那里取得数据
    var text = dt.getData("text/plain");
    dest.textContent += text;
    ev.preventDefault();                                 //不执行默认处理（拒绝被拖放）
    ev.stopPropagation();                                //停止事件传播
}, false);
```

（6）要实现拖放过程，还必须设定整个页面为不执行默认处理（拒绝被拖放），否则拖放处理也不能被实现。因为页面是先于其他元素接受拖放的，如果页面上拒绝拖放，则页面上其他元素就都不能接受拖放了。代码如下。

```
//设置页面属性，不执行默认处理（拒绝被拖放）
document.ondragover = function(e){e.preventDefault();};
document.ondrop = function(e){e.preventDefault();};
```

 说明

现在支持拖放处理的 MIME 的类型有 text/plain（文本文字）、text/html（HTML 文字）、text/xml（XML 文字）、text/uri-list（URL 列表，每个 URL 为一行）。

本例运行结果如图 15.12 所示。

图 15.12　拖放示例

15.3.3　使用拖放将商品拖入购物车

【例 15.10】　开发一个使用拖放 API 将图书商品拖入购物车的效果，利用 API 拖放将图书商品直接拖放到购物车中，并且将商品的书名、定价、数量和总价都显示在下面的列表中。（**实例位置：资源包\TM\sl\15\10**）

实现的步骤如下。

（1）载入页面所需的 CSS 文件和 JavaScript 文件，然后应用 ul 列表定义 4 个商品的图片，并设置其 draggable 属性的值为 true，再定义一个 ul 列表用于存放商品的购物车。代码如下。

```
<!DOCTYPE html>
<html>
<head>
<meta charset="utf-8" />
<title>使用拖放 API 将商品拖入购物车</title>
<link href="../Css/css1.css" rel="stylesheet" type="text/css">
<script type="text/javascript" language="jscript"
        src="../Js/js3.js">
</script>
</head>
<body onLoad="pageload();">
    <ul>
        <li class="liF">
            <img src="images/img02.jpg" id="img02"
                alt="42" title="2006 作品" draggable="true">
        </li>
        <li class="liF">
            <img src="images/img03.jpg" id="img03"
                alt="56" title="2008 作品" draggable="true">
        </li>
        <li class="liF">
            <img src="images/2.jpg" id="img04"
                alt="52" title="2010 作品" draggable="true">
        </li>
        <li class="liF">
            <img src="images/1.jpg" id="img05"
                alt="59" title="2011 作品" draggable="true">
        </li>
    </ul>
    <ul id="ulCart">
        <li class="liT">
        <span>书名</span>
        <span>定价</span>
        <span>数量</span>
        <span>总价</span>
        </li>
```

```
    </ul>
</body>
</html>
```

（2）创建 css1.css 文件，代码请参考本书资源包。

（3）创建 js3.js 文件，在文件中通过自定义函数实现图书商品拖入购物车的功能。代码如下。

```
function $$(id) {
    return document.getElementById(id);
}
//自定义页面加载时调用的函数
function pageload() {
    //获取全部的图书商品
    var Drag = document.getElementsByTagName("img");
    //遍历每一个图书商品
    for (var intI = 0; intI < Drag.length; intI++) {
        //为每一个商品添加被拖放元素的 dragstart 事件
        Drag[intI].addEventListener("dragstart",
        function(e) {
            var objDtf = e.dataTransfer;
            objDtf.setData("text/html", addCart(this.title, this.alt, 1));
        },
        false);
    }
    var Cart = $$("ulCart");
    //添加目标元素的 drop 事件
    Cart.addEventListener("drop",
    function(e) {
        var objDtf = e.dataTransfer;
        var strHTML = objDtf.getData("text/html");
        Cart.innerHTML += strHTML;
        e.preventDefault();
        e.stopPropagation();
    },
    false);
}
//添加页面的 dragover 事件
document.ondragover = function(e) {
    //阻止默认方法，取消拒绝被拖放
    e.preventDefault();
}
//添加页面 drop 事件
document.ondrop = function(e) {
    //阻止默认方法，取消拒绝被拖放
    e.preventDefault();
}
//自定义向购物车中添加记录的函数
function addCart(a, b, c) {
```

```
    var strHTML = "<li class='liC'>";
    strHTML += "<span>" + a + "</span>";
    strHTML += "<span>" + b + "</span>";
    strHTML += "<span>" + c + "</span>";
    strHTML += "<span>" + b * c + "</span>";
    strHTML += "</li>";
    return strHTML;
}
```

运行实例，结果如图 15.13 所示。用鼠标拖动商品至购物车中，结果如图 15.14 所示。

图 15.13　页面运行初始效果

图 15.14　将商品拖入购物车

15.4　dataTransfer 对象应用详解

视频讲解

下面列举一下 DataTransfer 对象的属性与方法。

☑ dropEffect 属性：返回已选择的拖放效果，如果该操作效果与起初设置的 effectAllowed 效果不符，则拖曳操作失败。可以设置修改，包含这几个值：none、copy、link 和 move。

☑ effectAllowed 属性：返回允许执行的拖曳操作效果，可以设置修改，包含这些值：none、copy、copyLink、copyMove、link、linkMove、move、all 和 uninitialized。

☑ types 属性：返回在 dragstart 事件出发时为元素存储数据的格式，如果是外部文件的拖曳，则返回 files。

☑ void clearData(DOMString format)方法：删除指定格式的数据，如果未指定格式，则删除当前元素的所有携带数据 。

☑ void setData(DOMString format,DOMString data)方法：为元素添加指定数据 。

☑ DOMString getData(DOMString format)方法：返回指定数据，如果数据不存在，则返回空字符串。

☑ void setDragImage(Element image, long x, long y)：制定拖曳元素时跟随鼠标移动的图片，x、y

343

分别是相对于鼠标的坐标（部分浏览器中可以用 canvas 等其他元素来设置）。

对于 getData 和 setData 两个方法，setData 方法在拖放开始时向 dataTransfer 对象中存入数据，用 types 属性来指定数据的 MIME 类型，而 getData 方法在拖动结束时读取 dataTransfer 对象中的数据。

clearData 方法可以用来清除 DataTransfer 对象内数据，譬如上例中在 getData()方法前加上 "dt.clearData();"语句，目标元素内就不会放入任何数据了。

15.4.1 使用 effectAllowed 和 dropEffect 属性设置拖放效果

dropEffect 属性与 effectAllowed 属性结合起来可以设定拖放时的视觉效果。effectAllowed 属性表示当一个元素被拖动时所允许的视觉效果，一般在 ondragstart 事件中设定，允许设定的值为 none、copy、copyLink、copyMove、link、linkMove、move、all、unintialize。dropEffect 属性表示实际拖放时的视觉效果，一般在 ondragover 事件中指定，允许设定的值为 none、copy、link、move。dropEffect 属性所表示的实际视觉效果必须在 effectAllowed 属性所表示的允许的视觉效果范围内。规则如下。

（1）如果 effectAllowed 属性设定为 none，则不允许拖放要拖放的元素。

（2）如果 dropEffect 属性设定为 none，则不允许被拖放到目标元素中。

（3）如果 effectAllowed 属性设定为 all 或不设定，则 dropEffect 属性允许被设定为任何值，并且按指定的视觉效果进行显示。

（4）如果 effectAllowed 属性设定为具体效果（不为 none、all），dropEffect 属性也设定了具体视觉效果，则两个具体效果值必须完全相等，否则不允许将被拖放元素拖放到目标元素中。

以下代码为上例中对 effectAllowed 属性及 dropEffect 属性进行设定的代码片段。

```
source.addEventListener("dragstart", function(ev)
    {
        var dt = ev.dataTransfer;                    //向 dataTransfer 对象追加数据
        dt.effectAllowed = 'all';
        dt.setData("text/plain", "明日科技欢迎你");       //拖放元素为 dt.setData("text/plain", this.id);
    }, false);
dest.addEventListener("dragend", function(ev)          //dragend：拖放结束
    {
        ev.preventDefault();                          //不执行默认处理（拒绝被拖放）
    }, false);
```

15.4.2 使用 setDragImage 方法设置拖放图标

在拖放一个元素时，可以添加自己定制的拖放图标。在 dragstart 事件上，可以使用 setDragImage 方法，该方法有 3 个参数，第一个参数 image 为设定为拖放图标的图标元素，第二个参数 x 为拖放图标沿鼠标指针的 x 轴方向的位移量，第三个参数 y 为拖放图标沿鼠标指针的 y 轴方向的位移量。

【例 15.11】 以下是调用 setDragImage 方法的代码片段，其余代码请参考前面实例。（实例位置：资源包\TM\sl\15\11）

```
var dragIcon = document.createElement('img');          //创建图标元素
dragIcon.src='../images/2.png';                        //设定图标来源
source.addEventListener("dragstart", function(ev)      //开始拖放
{
    var dt = ev.dataTransfer;                          //向 dataTransfer 对象追加数据
    dt.setDragImage(dragIcon, -10, -10);
    dt.setData("text/plain", "明日科技欢迎你");            //拖放元素为 dt.setData("text/plain", this.id);
}, false);
```

添加定制的拖放图标的运行效果如图 15.15 所示。

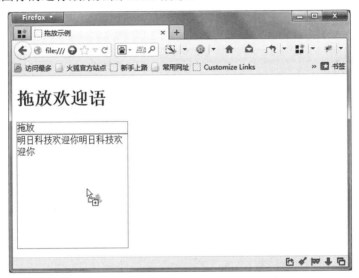

图 15.15　添加定制的拖放图标的效果

> **说明**
>
> 本例中使用的拖放图标，设置的路径为本地路径，想要使用本例中的图标，需要将图标位置改为本地的路径。

15.5　小　　结

本章主要介绍了文件 API 和拖放 API。在文件 API 中主要介绍了 FileList 对象与 file 对象、Blob 对象以及 FileReader 接口。通过这些文件的对象和接口，可以实现文件的上传与文件的预览等操作。在拖放 API 中主要介绍了实现拖放的步骤，以及为拖放定制拖放图标和对 DataTransfer 对象的属性与方法的介绍。希望读者能好好理解和掌握文件 API 和拖放 API，因为通过使用文件 API 和拖放 API，对于从 Web 页面上访问本地文件系统的相关处理将会变得十分简单。

15.6 习　　题

选择题

1. slice 方法是（　　）对象提供的。
   - A．FileList 对象
   - B．Blob 对象
   - C．file 对象
   - D．以上都提供
2. FileReader 接口的主要作用是（　　）。
   - A．添加一个图像
   - B．表示用户选择的文件列表
   - C．把文件读入内存，并且读取文件中的数据
   - D．以上皆可
3.（　　）将文件读取为二进制字符串。
   - A．readAsDataURL
   - B．readAsBinaryString
   - C．readAsText
   - D．以上皆可

判断题

4. onloadend 在文件读取成功完成时触发。（　　）
5. 如果 effectAllowed 属性设定为 none，则不允许拖放要拖放的元素。（　　）

填空题

6. File 对象有两个属性，_____属性表示文件名，不包括路径，_____属性表示文件的最后修改日期。

第16章

多媒体播放

（ 📹 视频讲解：35分钟 ）

在 HTML5 出现之前，要在网络上展示视频、音频、动画，除了使用第三方自主开发的播放器之外，使用最多的工具应该是 Flash 了，但是它们都需要在浏览器中安装相应的插件才能使用，但是有时速度很慢。HTML5 的出现改变了这个问题。在 HTML5 中，提供了音频视频的标准接口，通过 HTML5 中的相关技术，视频、动画、音频等多媒体播放再也不需要安装插件了，只要一个支持 HTML5 的浏览器就可以了。

通过阅读本章，您可以：

▶▶ 了解什么是 video 元素与 audio 元素

▶▶ 掌握如何在页面中添加 video 元素与 audio 元素

▶▶ 掌握 video 元素与 audio 元素的属性

▶▶ 掌握 video 元素与 audio 元素的方法

▶▶ 掌握 video 元素与 audio 元素的时间

▶▶ 掌握如何捕捉 video 元素与 audio 元素的事件

16.1　HTML5 多媒体的简述

16.1.1　HTML4 中多媒体的应用

在 HTML5 之前，如果开发者想要在 Web 页面中包含视频，必须使用<object>和<embed>元素。而且还要为这两个元素添加许多属性和参数。在 HTML4 中多媒体的应用代码如下。

```
<object width="425" height="344">
<param name="movie" value="http://www.mingribok.com" />
<param name="allowFullScreen" value="true" />
<param name="aiiowscriptaccess" value="always" />
<embed src="http://www.mingribok.com"
type="application/x-shockwave-flash"
allowscriptaccess="always"
allowFullScreen="ture" width="425" height="344">
</embed>
</object>
```

从上面的代码可以看出，在 HTML4 中使用多媒体有如下缺点。

- ☑　代码冗长而笨拙。
- ☑　需要使用第三方插件（Flash）。如果用户没有安装 Flash 插件，则不能播放视频，画面上也会出现一片空白。

16.1.2　HTML5 页面中的多媒体

在 HTML5 中，新增了两个元素——video 元素与 audio 元素。video 元素专门用来播放网络上的视频或电影，而 audio 元素专门用来播放网络上的音频数据。使用这两个元素，就不再需要使用其他任何插件了，只要使用支持 HTML5 的浏览器就可以了。表 16.1 中介绍了目前浏览器对 video 元素与 audio 元素的支持情况。

表 16.1　目前浏览器对 video 元素与 audio 元素的支持情况

浏　览　器	支　持　情　况
Chrome	4.0 及以上版本支持
Firefox	3.5 以上版本支持
Opera	10.5 及以上版本支持
Safari	3.2 以上版本支持
IE	9 及以上版本支持

这两个元素的使用方法都很简单，首先以 audio 元素为例，只要把播放音频的 URL 给指定元素的

src 属性就可以了，audio 元素的使用方法如下。

```
<audio src="http://mingri/demo/test.mp3">
您的浏览器不支持 audio 元素！
</audio>
```

通过这种方法，可以把指定的音频数据直接嵌入网页中，其中"您的浏览器不支持 audio 元素！"为在不支持 audio 元素的浏览器中所显示的替代文字。

video 元素的使用方法也很简单，只要设定好元素的长、宽等属性，并且把播放视频的 URL 地址指定给该元素的 src 属性就可以了，video 元素的使用方法如下。

```
<video width="640" height="360" src=" http://mingri/demo/test.mp3">
您的浏览器不支持 video 元素！
</video>
```

另外，还可以通过使用 source 元素来为同一个媒体数据指定多个播放格式与编码方式，以确保浏览器可以从中选择一种自己支持的播放格式进行播放，浏览器的选择顺序为代码中的书写顺序，它会从上往下判断自己对该播放格式是否支持，直到选择到自己支持的播放格式为止。其使用方法如下。

```
<video width="640" height="360">
<!-- 在 Ogg theora 格式、Quicktime 格式与 MP4 格式之间选择自己支持的播放格式。  -->
<source src="demo/sample.ogv" type="video/ogg; codecs='theora, vorbis'"/>
<source src="demo/sample.mov" type="video/quicktime"/>
</video>
```

source 元素具有以下几个属性。

☑　src 属性是指播放媒体的 URL 地址。

☑　type 属性表示媒体类型，其属性值为播放文件的 MIME 类型，该属性中的 codecs 参数表示所使用的媒体的编码格式。

因为各浏览器对各种媒体类型及编码格式的支持情况都各不相同，所以使用 source 元素来指定多种媒体类型是非常有必要的。

☑　IE9：支持 H.264 和 VP8 视频编码格式；支持 MP3 和 WAV 音频编码格式。

☑　Firefox 4 及以上、Opera 10 及以上：支持 Ogg Theora 和 VP8 视频编码格式；支持 Ogg vorbis 和 WAV 音频格式。

☑　Chrome 6 及以上：支持 H.264、VP8 和 Ogg Theora 视频编码格式；支持 Ogg vorbis 和 MP3 音频编码格式。

16.2　多媒体元素基本属性

video 元素与 audio 元素所具有的属性大致相同，下面来看一下这两个元素都具有哪些属性。

☑ src 属性和 autoplay 属性

src 属性用于指定媒体数据的 URL 地址。

autoplay 属性用于指定媒体是否在页面加载后自动播放，使用方法如下。

```
<video src="sample.mov" autoplay="autoplay"></video>
```

【例 16.1】 本实例将实现使用多媒体元素 video 播放视频文件。（实例位置：资源包\TM\sl\16\1）

在文件中创建多媒体元素<video>，并在元素的 src 属性中，设置播放的视频文件的 URL 地址，并设置页面加载完成后自动播放这个文件。代码如下。

```
<!DOCTYPE HTML>
<html>
<head>
<meta charset="utf-8" />
<title>使用多媒体元素播放文件</title>
</head>
<body>
<video id="vdoMain" src="../Video/2.ogv" autoplay="true">
    你的浏览器不支持视频
</video>
</body>
</html>
```

实例运行结果如图 16.1 所示。

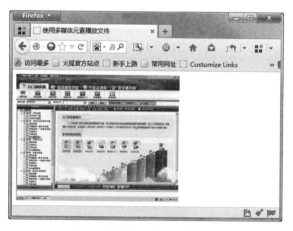

图 16.1　使用多媒体元素播放文件

☑ perload 属性

该属性用于指定视频或音频数据是否预加载。如果使用预加载，则浏览器会预先将视频或音频数据进行缓冲，这样可以加快播放速度，因为播放时数据已经预先缓冲完毕。该属性有 3 个可选值，分别是 none、metadata 和 auto，其默认值为 auto。

➢ none 值表示不进行预加载。

➢ metadata 表示只预加载媒体的元数据（媒体字节数、第一帧、播放列表、持续时间等）。

> auto 表示预加载全部视频或音频。

该属性的使用方法如下。

```
<video src="sample.mov" preload="auto"></video>
```

☑ poster（video 元素独有属性）和 loop 属性

当视频不可用时,可以使用该元素向用户展示一幅替代用的图片。当视频不可用时,最好使用 poster 属性,以免展示视频的区域中出现一片空白。该属性的使用方法如下。

```
<video src="sample.mov" psoter="cannotuse.jpg"></video>
```

【例 16.2】 本实例将通过 video 元素的 poster 属性来设置视频文件开始播放前的显示图片。（**实例位置：资源包\TM\sl\16\2**）

在文件中创建一个 video 元素,为 video 元素设置 poster 属性,并选取一幅图片作为该属性的值。代码如下。

```
<!DOCTYPE html>
<html>
<head>
<meta charset="utf-8" />
<title>设置 video 元素的 poster 属性</title>
</head>
<body>
<video id="vdoMain" src="/2.ogv" controls="true" poster=" /1.jpg">
    你的浏览器不支持视频
</video>
</body>
</html>
```

运行实例,在播放视频文件之前,在视频播放区域中首先将显示 poster 属性指定的图片,结果如图 16.2 所示。

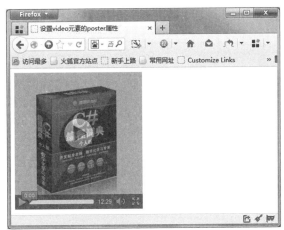

图 16.2 设置 video 元素的 poster 属性

loop 属性用于指定是否循环播放视频或音频，其使用方法如下。

```
<video src="sample.mov" autoplay="autoplay" loop="loop"></video>
```

☑　controls 属性、width 属性和 height 属性（后两个是 video 元素独有属性）

controls 属性指定是否为视频或音频添加浏览器自带的播放用的控制条。控制条中具有播放、暂停等按钮。其使用方法如下。

```
<video src="sample.mov" controls="controls"></video>
```

图 16.3 所示为 Firefox 3.5 浏览器自带的播放视频时用的控制条的外观。

图 16.3　Firefox 3.5 浏览器自带的播放视频时用的控制条

说明

开发者也可以在脚本中自定义控制条，而不使用浏览器默认的。

width 属性与 height 属性用于指定视频的宽度与高度（以像素为单位），使用方法如下。

```
<video src="sample.mov" width="500" height="500"></video>
```

【例 16.3】　本实例将通过 video 元素的 width 属性与 height 属性来设置 video 元素的大小。（实例位置：资源包\TM\sl\16\3）

在文件中创建一个 video 元素，首先在元素的 src 属性中设置需要播放的视频文件，然后分别设置 video 元素的宽度与高度。代码如下。

```
<!DOCTYPE html>
<html>
<head>
<meta charset="utf-8" />
<title>设置 video 元素的大小</title>
</head>
<body>
<video id="vdoMain" src="Video/2.ogv" autoplay="true" width="360" height="220">
    你的浏览器不支持视频
</video>
</body>
</html>
```

实例运行结果如图 16.4 所示。

图 16.4　设置 video 元素的大小

【例 16.4】　开发一个控制条工具栏，用元素<video>来自定义使图片能够播放，暂停以及加载程序进行。（实例位置：资源包\TM\sl\16\4）

（1）首先载入页面所需的 CSS 文件和 JavaScript 文件，然后在文件中添加一个多媒体元素<video>，用于播放指定的媒体文件，且不设置 controls 属性；同时，在多媒体元素的底部创建两个<span>元素，前者用于"加载"媒体文件，后者用于"播放"加载完成的媒体文件，或者"暂停"正在播放中的媒体文件。代码如下。

```html
<!DOCTYPE html>
<html>
<head>
<meta charset="utf-8" />
<title>自定义<video>元素控制条工具栏</title>
<link href="../Css/css1.css" rel="stylesheet" type="text/css">
<script type="text/javascript" language="jscript"
        src="../Js/js1.js">
</script>
</head>
<body>
    <div>
        <video id="vdoMain" src="../Video/2.ogv"
                    width="360px" height="220px"
                    poster="../Images/1.jpg">
            你的浏览器不支持视频
        </video>
        <p id="pTool">
            <span onClick="v_load();">加载</span>
            <span id="spnPlay" onClick="v_play(this);">播放</span>
        </p>
    <div>
</body>
</html>
```

（2）创建 css1.css 文件，代码请参考本书资源包。

（3）创建 js1.js 文件，在文件中创建 v_load()函数，该函数用来对多媒体文件进行加载，再创建

v_play()函数，该函数用来控制多媒体文件的播放和暂停。代码如下。

```
function $$(id) {
    return document.getElementById(id);
}
function v_load() {
    $$("spnPlay").innerHTML = "播放";
    $$("vdoMain").load();
}
function v_play(e) {
    if (e.innerHTML == "播放") {
        $$("vdoMain").play();
        e.innerHTML = "暂停";
    } else {
        $$("vdoMain").pause();
        e.innerHTML = "播放";
    }
}
```

　　运行实例，当单击"播放"标记时，多媒体文件将会播放，并将标记内容修改为"暂停"；当单击"暂停"标记时，多媒体文件将会暂停播放，并将标记内容修改为"播放"。实例运行结果如图 16.5 所示。

图 16.5　自定义<viedo>元素控制条工具栏

　　☑　error 属性

　　在读取、使用媒体数据的过程中，正常情况下，该属性为 null，但是任何时候只要出现错误，该属性将返回一个 MediaError 对象，该对象的 code 属性返回对应的错误状态码，其可能的值如下。

　　MEDIA_ERR_ABORTED（数值 1）：媒体数据的下载过程由于用户的操作原因而被终止。

　　MEDIA_ERR_NETWORK（数值 2）：确认媒体资源可用，但是在下载时出现网络错误，媒体数据的下载过程被终止。

　　MEDIA_ERR_DECODE（数值 3）：确认媒体资源可用，但是解码时发生错误。

　　MEDIA_ERR_SRC_NOT_SUPPORTED（数值 4）：媒体资源不可用媒体格式不被支持。

　　error 属性为只读属性。

读取错误状态的代码如下。

```
<video id="videoElement" src="mingri.mov"></video>
<script>
var video=document.getElementById("videoElement");
video.addEventListener("error",function(){
{
    var error=video.error;
    switch (error.code)
        {
            case 1:
                alert("视频的下载过程被中止。");
                break;
            case 2:
                alert("网络发生故障，视频的下载过程被中止。");
                break;
            case 3:
                alert("解码失败。");
                break;
            case 4:
                alert("不支持播放的视频格式。");
                break;
            default:
                alert("发生未知错误。");
        }
    },false);
</script>
```

【例 16.5】 运用<video>元素的 error 属性来对元素进行错误数据的读取。（**实例位置：资源包\TM\ sl\16\5**）

（1）首先载入页面所需的 CSS 文件和 JavaScript 文件；然后在文件中添加一个多媒体元素<video>，然后新增一个<span>元素。当使用<video>元素加载一个不支持的播放格式文件时，在触发的 error 事件中，通过<span>元素显示加载出错后 error 属性返回的错误代码信息。代码如下。

```
<!DOCTYPE html>
<html>
<head>
<meta charset="utf-8" />
<title><video>元素的 error 属性</title>
<link href="../Css/css1.css" rel="stylesheet" type="text/css">
<script type="text/javascript" language="jscript"
        src="../Js/js2.js">
</script>
</head>
<body>
    <div>
        <video id="vdoMain" src="../Video/6-test_2.mp4"
                width="360px" height="220px"
                onError="Video_Error(this)"
                controls="true" poster="../Images/1.jpg">
```

```
            你的浏览器不支持视频
        </video>
        <span id="spnStatus"></span>
    <div>
</body>
</html>
```

（2）创建 css1.css 文件，代码请参考本书资源包。

（3）创建 js2.js 文件，在文件中定义函数 Video_Error()。在该函数中，首先，通过变量 intState 保存 MediaError 对象的 code 属性返回的错误代码值；然后将该值通过另一个函数 ErrorByNum() 返回对应的文字说明信息；最后将获取的说明信息显示在页面元素<span>中。代码如下。

```
function $$(id) {
    return document.getElementById(id);
}
function Video_Error(e) {
    var intState = e.error.code;
    $$("spnStatus").style.display = "block";
    $$("spnStatus").innerHTML = ErrorByNum(intState);
}
function ErrorByNum(n) {
    switch (n) {
    case 1:
        return "加载异常，用户请求中止!";
    case 2:
        return "加载中止，网络错误! ";
    case 3:
        return "加载完成，解码出错";
     case 4:
        return "不支持的播放格式!";
    }
}
```

运行结果如图 16.6 所示。

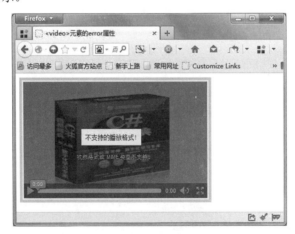

图 16.6　<video>元素 error 属性的返回值

☑　networkState 属性

该属性在媒体数据加载过程中读取当前网络的状态，其值如下。

    ➢　NETWORK_EMPTY（数值 0）：元素处于初始状态。

    ➢　NETWORK_IDLE（数值 1）：浏览器已选择好用什么编码格式来播放媒体，但尚未建立
       网络连接。

    ➢　NETWORK_LOADING（数值 2）：媒体数据加载中。

    ➢　NETWORK_NO_SOURCE（数值 3）：没有支持的编码格式，不执行加载。

networkState 属性为只读属性，读取网络状态的实例代码如下。

```
<script>
var video = document.getElementById("video");
video.addEventListener("progress", function(e)
{
    var networkStateDisplay=document.getElementById("networkState");
    if(video.networkState==2)
    {
        networkStateDisplay.innerHTML="加载中...["+e.loaded+"/"+e.total+"byte]";
    }
    else if(video.networkState==3)
    {
        networkStateDisplay.innerHTML="加载失败";
    }
},false);
</script>
```

☑　currentSrc 属性、buffered 属性

可以用 currentSrc 属性来读取播放中的媒体数据的 URL 地址，该属性为只读属性。

buffered 属性返回一个实现 TimeRanges 接口的对象，以确认浏览器是否已缓存媒体数据。
TimeRanges 对象表示一段时间范围，在大多数情况下，该对象表示的时间范围是一个单一的以 0 开
始的范围，但是如果浏览器发出 Range Rquest 请求，这时 TimeRanges 对象表示的时间范围是多个时
间范围。

TimeRanges 对象具有一个 length 属性，表示有多少个时间范围，多数情况下存在时间范围时，该
值为 1；不存在时间范围时，该值为 0，该对象有两个方法：start(index)和 end(index)，多数情况下将 index
设置为 0 就可以了。当用 element.buffered 语句来实现 TimeRanges 接口时，start(0)表示当前缓存区内从
媒体数据的什么时间开始进行缓存，end(0)表示当前缓存区内的结束时间。buffered 属性为只读属性。

☑　readyState 属性

该属性返回媒体当前播放位置的就绪状态，其值如下。

HAVE_NOTHING（数值 0）：没有获取到媒体的任何信息，当前播放位置没有可播放数据。

HAVE_METADATA（数值 1）：已经获取到了足够的媒体数据，但是当前播放位置没有有效的媒体
数据（也就是说，获取到的媒体数据无效，不能播放）。

HAVE_CURRENT_DATA（数值 2）：当前播放位置已经有数据可以播放，但没有获取到可以让播

放器前进的数据。当媒体为视频时，意思是当前帧的数据已获得，但还没有获取到下一帧的数据，或者当前帧已经是播放的最后一帧。

HAVE_FUTURE_DATA（数值 3）：当前播放位置已经有数据可以播放，而且也获取到了可以让播放器前进的数据。当媒体为视频时，意思是当前帧的数据已获取，而且也获取到了下一帧的数据，当前帧是播放的最后一帧时，readyState 属性不可能为 HAVE_FUTURE_DATA。

HAVE_ENOUGH_DATA（数值 4）：当前播放位置已经有数据可以播放，同时也获取到了可以让播放器前进的数据，而且浏览器确认媒体数据以某一种速度进行加载，可以保证有足够的后续数据进行播放。

readyState 属性为只读属性。

☑ seeking 属性和 seekable 属性

seeking 属性返回一个布尔值，表示浏览器是否正在请求某一特定播放位置的数据，true 表示浏览器正在请求数据，false 表示浏览器已停止请求。

seekable 属性返回一个 TimeRanges 对象，该对象表示请求到的数据的时间范围。当媒体为视频时，开始时间为请求到视频数据第一帧的时间，结束时间为请求到视频数据最后一帧的时间。

这两个属性均为只读属性。

☑ currentTime 属性、startTime 属性和 duration 属性

currentTime 属性用于读取媒体的当前播放位置，也可以通过修改 currentTime 属性来修改当前播放位置。如果修改的位置上没有可用的媒体数据时，将抛出 INVALID_STATE_ERR 异常；如果修改的位置超出了浏览器在一次请求中可以请求的数据范围，将抛出 INDEX_SIZE_ERR 异常。

startTime 属性用来读取媒体播放的开始时间，通常为 0。

duration 属性来读取媒体文件总的播放时间。

☑ played 属性、paused 属性和 ended 属性

played 属性返回一个 TimeRanges 对象，从该对象中可以读取媒体文件的已播放部分的时间段。开始时间为已播放部分的开始时间，结束时间为已播放部分的结束时间。

paused 属性返回一个布尔值，表示是否暂停播放，true 表示媒体暂停播放，false 表示媒体正在播放。

ended 属性返回一个布尔值，表示是否播放完毕，true 表示媒体播放完毕，false 表示还没有播放完毕。

三者均为只读属性。

☑ defaultPlaybackRate 属性和 playbackRate 属性

defaultPlaybackRate 属性用来读取或修改媒体默认的播放速率。

playbackRate 属性用于读取或修改媒体当前的播放速率。

☑ volume 属性和 muted 属性

volume 属性用于读取或修改媒体的播放音量，范围为 0～1，0 为静音，1 为最大音量。

muted 属性用于读取或修改媒体的静音状态，该值为布尔值，true 表示处于静音状态，false 表示处于非静音状态。

视频讲解

16.3　多媒体元素常用方法

16.3.1　媒体播放时的方法

☑　使用 media.play()播放视频，并会将 media.paused 的值强行设为 false。

☑　使用 media.pause()暂停视频，并会将 media.paused 的值强行设为 true。

☑　使用 media.load()重新载入视频，并会将 media.playbackRate 的值强行设为 media.defaultPlaybackRate 的值，且强行将 media.error 的值设为 null。

【例 16.6】　下面来看一个媒体播放的示例。在本例中通过 video 元素加载一段视频文件，为了展示视频播放时所应用的方法，在控制视频的放时，并没有应用浏览器自带的控制条来控制视频的播放而是通过添加"播放"与"暂停"按钮来控制视频文件的播放与暂停。（实例位置：资源包\TM\sl\16\6）

实例代码如下。

```html
<!DOCTYPE html>
<html>
<head>
<meta charset="UTF-8"></meta>
<title>媒体播放示例</title>
<script>
var video;                                    //声明变量
function init()
{
    video = document.getElementById("video1");
    video.addEventListener("ended", function()    //监听视频播放结束事件
    {
        alert("播放结束。");
    }, true);
}
function play()
{

    video.play();                             //播放视频
}
function pause()
{

    video.pause();                            //暂停播放
}
</script>
</head>
<body onload="init()">
  <!--可以添加 controls 属性来显示浏览器自带的播放用的控制条。 -->
```

```
  <video id="video1" src="../Video/2.ogv" >
  </video><br/>
  <button onclick="play()">播放</button>
  <button onclick="pause()">暂停</button>
</body>
</html>
```

本例的运行效果如图 16.7 所示。

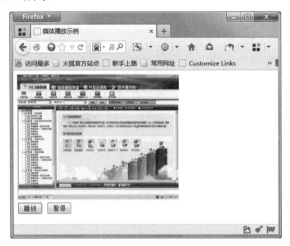

图 16.7 媒体播放实例

16.3.2 canPlayType(type)方法

使用 canPlayType(type)方法测试浏览器是否支持指定的媒介类型，该方法的定义如下。

var support=videoElement.canPlayType(type);

videoElement 表示页面上的 vidco 元素或 audio 元素。该方法使用一个参数 type，该参数的指定方法与 source 元素的 type 参数的指定方法相同，都用播放文件的 MIME 类型来指定，可以在指定的字符串中加上表示媒体编码格式的 codes 参数。

该方法返回 3 个可能值（均为浏览器判断的结果）。

☑ 空字符串：浏览器不支持此种媒体类型。

☑ maybe：浏览器可能支持此种媒体类型。

☑ probably：浏览器确定支持此种媒体类型。

【**例 16.7**】 本实例将检测浏览器是否支持媒体类型并显示检测结果。（**实例位置：资源包\TM\sl\16\7**）

（1）在文件中添加一个多媒体元素<video>，然后在多媒体元素的底部创建一个<span>元素，用于检测浏览器是否支持各种媒体类型。代码如下。

<!DOCTYPE html>

```
<html>
<head>
<meta charset="utf-8" />
<title>检测浏览器是否支持媒体类型</title>
<link href="../Css/css1.css" rel="stylesheet" type="text/css">
<script type="text/javascript" language="jscript" src="../Js/js3.js">
</script>
</head>
<body>
    <div>
        <video id="vdoMain" src="../Video/2.ogv"
                width="360px" height="220px"
                poster="../Images/1.jpg">
            你的浏览器不支持视频
        </video>
        <p id="pTool">
            <span onClick="v_chkType();">检测</span>
        </p>
        <span id="spnResult"></span>
    </div>
</body>
</html>
```

（2）创建 js3.js 文件，在文件中定义函数 v_chkType()。在该函数中，首先定义一个数组 arrType，用于保存各种媒体类型及编码格式；然后遍历该数组中的元素。在遍历过程中，调用多媒体元素的 canPlayType()方法，对每种类型及编码格式进行检测，并将返回检测结果值的累加总量保存在各自的变量中；最后，将这些变量值数据通过 ID 号为 spnResult 的元素显示在页面中。js3.js 文件的代码如下。

```
function $$(id) {
    return document.getElementById(id);
}
var i=0,j=0,k=0;
function v_chkType(){
    var strHTML="";
    var    arrType=new    Array('audio/mpeg','audio/mov','audio/mp4;codecs="mp4a.40.2"','audio/ogg;codecs=
"vorbis"','video/webm;codecs="nvp8,vorbis"','audio/wav;codecs="f1"');
    for(inti=0;inti<arrType.length;inti++){
        switch($$("vdoMain").canPlayType(arrType[inti])){
        case "":
            i=i+1;
            break;
        case "maybe":
            j=j+1;
            break;
        case "probably":
            k=k+1;
            break;
        }
```

```
    }
    strHTML+="空字符："+i+"<br>";
    strHTML+="maybe："+j+"<br>";
    strHTML+="probably："+k;
    $$("spnResult").style.display="block";
    $$("spnResult").innerHTML=strHTML;
}
```

运行实例，当单击"检测"文本后，即可将检测后的结果显示在页面中，实例运行结果如图 16.8 所示。

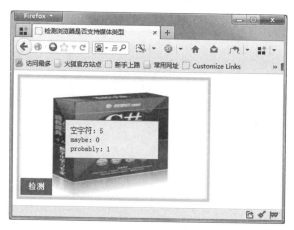

图 16.8　显示检测结果

视频讲解

16.4　多媒体元素重要事件

16.4.1　事件处理方式

在利用 video 元素或 audio 元素读取或播放媒体数据时，会触发一系列的事件，如果 JavaScript 脚本来捕捉这些事件，就可以对这些事件进行处理了。对于这些事件的捕捉及其处理，可以按两种方式来进行。

一种是监听的方式：addEventListener("事件名",处理函数,处理方式)方法来对事件的发生进行监听，该方法的定义如下。

```
videoElement.addEventListener(type,listener,useCapture);
```

videoElement 表示页面上的 video 元素或 audio 元素。type 为事件名称，listener 表示绑定的函数，useCapture 是一个布尔值，表示该事件的响应顺序，该值如果为 true，则浏览器采用 Capture 响应方式，如果为 false，浏览器采用 bubbing 响应方式，一般采用 false，默认情况下也为 false。

另一种是直接赋值的方式。事件处理方式为 JavaScript 脚本中常见的获取事件句柄的方式，如下例所示。

```
<video id="video1" src="mrsoft.mov" onplay="begin_playing()"></video>
function begin_playing()
{
    (中略)
};
```

16.4.2 事件介绍

下面介绍一下浏览器在请求媒体数据、下载媒体数据、播放媒体数据一直到播放结束这一系列过程中，到底会触发哪些事件。

☑ loadstart 事件：浏览器开始请求媒介。

☑ progress 事件：浏览器正在获取媒介。

☑ suspend 事件：浏览器非主动获取媒介数据，但没有加载完整媒介资源。

☑ abort 事件：浏览器在完全加载前中止获取媒介数据，但是并不是由错误引起的。

☑ error 事件：获取媒介数据出错。

☑ emptied 事件：媒介元素的网络状态突然变为未初始化；可能引起的原因有两个：① 载入媒体过程中突然发生一个致命错误；② 在浏览器正在选择支持的播放格式时，又调用了 load 方法重新载入媒体。

☑ stalled 事件：浏览器获取媒介数据异常。

☑ play 事件：即将开始播放，当执行了 play 方法时触发，或数据下载后元素被设为 autoplay（自动播放）属性。

☑ pause 事件：暂停播放，当执行了 pause 方法时触发。

☑ loadedmetadata 事件：浏览器获取完媒介资源的时长和字节。

☑ loadeddata 事件：浏览器已加载当前播放位置的媒介数据。

☑ waiting 事件：播放由于下一帧无效（如未加载）而已停止（但浏览器确认下一帧会马上有效）。

☑ playing 事件：已经开始播放。

☑ canplay 事件：浏览器能够开始媒介播放，但估计以当前速率播放不能直接将媒介播放完（播放期间需要缓冲）。

☑ canplaythrough 事件：浏览器估计以当前速率直接播放可以直接播放完整个媒介资源（期间不需要缓冲）。

☑ seeking 事件：浏览器正在请求数据（seeking 属性值为 true）。

☑ seeked 事件：浏览器停止请求数据（seeking 属性值为 false）。

☑ timeupdate 事件：当前播放位置（currentTime 属性）改变，可能是播放过程中的自然改变，也可能是被人为地改变，或由于播放不能连续而发生的跳变。

☑ ended 事件：播放由于媒介结束而停止。

☑ ratechange 事件：默认播放速率（defaultPlaybackRate 属性）改变或播放速率（playbackRate

属性）改变。

☑ durationchange 事件：媒介时长（duration 属性）改变。

☑ volumechange 事件：音量（volume 属性）改变或静音（muted 属性）。

【例 16.8】 本实例主要实现获取多媒体元素在播放事件中的不同状态。(**实例位置：资源包\TM\sl\16\8**)

（1）首先在文件中添加一个多媒体元素<video>，并设置 controls 属性；同时，通过自定义函数绑定多个播放事件。然后在多媒体元素的底部创建两个<span>元素，代码如下。

```
<!DOCTYPE html>
<html>
<head>
<meta charset="utf-8" />
<title>通过 timeupdate 事件动态显示媒体文件播放时间</title>
<link href="../Css/css1.css" rel="stylesheet" type="text/css">
<script type="text/javascript" language="jscript" src="../Js/js4.js">
</script>
</head>
<body>
<div>
  <video id="vdoMain" src="../Video/2.ogv"
         width="360px" height="220px" controls="true"
         onMouseOut="v_move(0)" onMouseOver="v_move(1)"
         onPlaying="v_palying()" onPause="v_pause()"
         onLoadStart="v_loadstart();"
         onEnded="v_ended();"
         onTimeUpdate="v_timeupdate(this)"
         poster="../Images/1.jpg">
         你的浏览器不支持视频
  </video>
  <p id="pTip">
     <span id="spnPlayTip" class="spnL"></span>
     <span id="spnTimeTip" class="spnR"></span>
  </p>
</div>
</body>
</html>
```

（2）创建 js4.js 文件，在文件中创建多个自定义函数，分别响应各个播放事件被触发时的调用，并以动态的方式，将状态内容显示在 ID 为 spnPlayTip 的页面元素中；同时将媒体文件播放的当前时间与总时间显示在 ID 为 spnTimeTip 的页面元素中。js4.js 文件的代码如下。

```
function $$(id) {
    return document.getElementById(id);
}
function v_move(v){
    $$("pTip").style.display=(v)?"block":"none";
```

```
}
function v_loadstart() {
    $$("spnPlayTip").innerHTML="开始加载";
}
function v_palying(){
    $$("spnPlayTip").innerHTML="正在播放";
}
function v_pause(){
    $$("spnPlayTip").innerHTML="已经暂停";
}
function v_ended(){
    $$("spnPlayTip").innerHTML="播放完成";
}
function v_timeupdate(e){
    var strCurTime=RuleTime(Math.floor(e.currentTime/60),2)+":"+
                    RuleTime(Math.floor(e.currentTime%60),2);
        var strEndTime=RuleTime(Math.floor(e.duration/60),2)+":"+
                    RuleTime(Math.floor(e.duration%60),2);
    $$("spnTimeTip").innerHTML=strCurTime+" / "+strEndTime;
}
//转换时间显示格式
function RuleTime(num, n) {
    var len = num.toString().length;
    while(len < n) {
        num = "0" + num;
        len++;
    }
    return num;
}
```

在浏览器中运行本实例，结果如图 16.9 所示。由图可见，文件处于"开始加载"状态。当单击多媒体文件的播放按钮时，将显示文件的"正在播放"状态，运行结果如图 16.10 所示。

图 16.9　页面的初始状态

图 16.10　显示加载视频的播放状态

365

16.4.3　事件示例

【例 16.9】　本节将通过一个实例来讲解一下多媒体元素事件的用法，在本例中将在页面中显示要播放的多媒体文件，同时显示多媒体文件的总时间，当单击"播放"按钮时，将显示当前播放的时间。多媒体文件的总时间与当前时间将以（时：分：秒）的形式显示。（**实例位置：资源包\TM\sl\16\9**）本例实现的步骤如下。

（1）通过 video 标签添加多媒体文件，代码如下。

```
<video >
        <source src="../Video/2.ogv" type="video/ogg" />
</video>
```

（2）在页面中放置一个 1 行 3 列的表格，在 3 个单元格中放置 3 个 div 标签，分别用于放置"播放/暂停"按钮、媒体的总时间、当前播放时间。实现的主要代码如下。

```
<div class="videochrome paused">
    <div class="controls">
      <div class="scrub">
        <table width="150" border="0" cellpadding="0" cellspacing="0">
          <tr>
                <td width="50" scope="row"><button class="play" title="play">播放</button></td>
                <td width="50" align="center"><div class="duration">0:00</div></td>
                <td width="50"align="center"><divclass="loaded"><divclass="buffer"><divclass="playhead">
<span>0:00</span></div></div></div></td>
          </tr>
        </table>
      </div>
    </div>
</div>
```

> **注意**
>
> 在 div 标签中应用了 class，而不是 id，主要是因为 class 用于元素组（类似的元素或者可以理解为某一类元素）；而 id 用于标识单独的唯一的元素。

（3）通过 querySelector 方法获取 div 标签中 class 的值，并赋给变量。其实现的主要代码如下。

```
//通过 querySelector 方法获标签的值并赋给变量
    wrapper = document.querySelector('.videochrome'),
    buffer = document.querySelector('.videochrome .controls .buffer'),
    playhead = buffer.querySelector('.playhead'),
    play = wrapper.querySelector('.play'),
    duration = wrapper.querySelector('.duration'),
    currentTime = playhead.querySelector('span');
```

　　querySelector 方法用来获取一个元素，querySelector 将返回匹配到的第一个元素，如果没有匹配的元素则返回 null。与 querySelector 方法相关的还有一个 querySelectorAll ，该方法返回一个包含匹配到的元素的数组，如果没有匹配的元素则返回的数组为空。

　　（4）使用 video 元素的 addEventListener 方法对 loadeddata 事件进行监听，同时绑定 canplay 函数，在这个函数中调用 initControls 函数，在该函数中用分秒来显示当前播放时间。同时当调用 play 方法时触发 onclick 事件，在这个事件中对播放的进度进行判断，当播放完成后，当前播放为 0，否则通过三位运算符执行播放或者是暂停。其实现的代码如下。

```
video.addEventListener('loadeddata', canplay, false);    //使用事件监听准备播放
function canplay() {                                      //调用 canplay 函数初始化媒体
  initControls();
}
function initControls() {
  duration.innerHTML = asTime(video.duration);            //将播放时间以分和秒的形式输出
  play.onclick = function () {
    if (video.ended) {                                     //如果媒体播放结束，播放时间从 0 开始
      video.currentTime = 0;
    }
    video[video.paused ? 'play' : 'pause']();              //通过三元运算执行播放和暂停
  };
}
```

　　（5）由于 currentTime 和 duration 的时间值，默认的单位是秒，而本例中输出的媒体文件的总时间和当前播放时间是以分和秒的形式输出，这就需要通过转化才能实现。具体的实现方法是：首先，通过 asTime 函数将获取到的时间，利用 Math.round 对获取的时间进行取整。然后，将取整后时间除以 60 转化成分，然后再将分转化成时，最后，对转化时、分后剩余的秒数进行判断，当剩余秒数的位数小于 2 时，将以 0 补位。其具体实现的代码如下。

```
function asTime(t) {
  t = Math.round(t);              //通过 Math.round 函数对获取到时间取整
  var s = t % 60;                 //转化为分
  var m = ~~(t / 60);
  return m + ':' + two(s);        //以分：秒的形式输出时间
}
function two(s) {
  s += "";
  if (s.length < 2) s = "0" + s;  //对秒数的位数进行判断，位数小于 2 时以 0 补位
  return s;
}
```

　　（6）使用 video 元素的 addEventListener 方法对 play、pause、ended 等事件进行监听，同时绑定 playEvent、pausedEvent 函数，在这两个函数中，实现输出播放/暂停按钮的转化。其实现代码如下。

```
video.addEventListener('play', playEvent, false);      //使用事件播放
video.addEventListener('pause', pausedEvent, false);   //播放暂停
```

```
video.addEventListener('ended', function () {          //播放结束后停止播放
  this.pause();                                        //显示暂停播放
}, false);
function playEvent() {
  play.innerHTML = '暂停';
}
function pausedEvent() {
  play.innerHTML = '播放';
}
```

（7）使用 video 元素的 addEventListener 方法对 durationchange、timeupdate 等事件进行监听，同时绑定 updateSeekable、updatePlayhead 函数，在这两个函数中，输出媒体文件的总时间长度以及当前播放时间。实现的代码如下。

```
video.addEventListener('durationchange', updateSeekable, false);   //播放的时长被改变
video.addEventListener('timeupdate', updatePlayhead, false);       //使用事件监听方式捕捉事件
function updateSeekable() {
  duration.innerHTML = asTime(video.duration);                     //媒体文件的总播放时间
}
function updatePlayhead() {
  currentTime.innerHTML = asTime(video.currentTime);               //媒体的当前播放时间
}
```

本例的运行结果如图 16.11 所示。

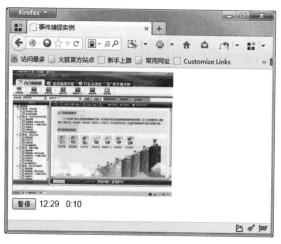

图 16.11　事件捕捉实例

16.5　小　　结

本章介绍了 HTML5 audio 元素和 video 元素的用法，并演示了如何使用它们构建引入 Web 应用。

audio 元素和 video 元素的引入，让 HTML5 应用在对媒体的使用上多了一种选择：不用插件即可播放音频和视频。此外，audio 元素和 video 元素还提供了通用的、集成化的可用脚本控制的 API。

16.6 习　　题

选择题

1. 可以通过（　　）元素来为同一个媒体数据指定多个播放格式与编码方式。
  A．<source>　　　　　B．<video>　　　　　C．<audio>　　　　　D．以上都不是
2. 下面的属性中指定媒体是否在页面加载后自动播放的是（　　）。
  A．loop　　　　　　　B．autoplay　　　　　C．poster　　　　　　D．auto
3. 下面的属性中为读写属性的是（　　）。
  A．error　　　　　　　B．currentTime　　　　C．currentSrc　　　　D．buffered
4. canPlayType 方法是用来（　　）。
  A．播放媒体　　　　　　　　　　　　　　　B．暂停播放
  C．测试浏览器是否支持指定的媒体类型　　　D．以上都不是
5. 用于控制播放媒体音量大小的属性是（　　）。
  A．volume　　　　　　B．muted　　　　　　C．seeking　　　　　D．buffered

判断题

6. startTime 属性用来读取媒体播放的开始时间，通常为 1。（　　）

填空题

7. ＿＿＿属性中指定是否为视频或音频添加浏览器自带的播放用的控制条。

第17章

绘制图形

（📹 视频讲解：1 小时 34 分钟）

本章将介绍 HTML5 中的一个新增元素——canvas 元素以及伴随这个元素而来的一套编程接口——canvas API。使用 canvas API 可以在页面上绘制出任何你想要的，非常漂亮的图形与图像，创造出更加丰富多彩、赏心悦目的 Web 页面。

通过阅读本章，您可以：

▸▸ 掌握 canvas 元素的基本概念

▸▸ 学会如何在页面上放置一个 canvas 元素

▸▸ 学会如何使用 canvas 元素绘制出一个简单矩形

▸▸ 掌握使用路径的方法，能够利用路径绘制出圆形与多边形

▸▸ 掌握渐变图形的绘制方法，学会图形变形、图形缩放、图形组合以及给图形绘制阴影的方法

▸▸ 掌握在 canvas 画布中使用图形的方法

▸▸ 掌握如何在画布中绘制文字，给文字加上边框的方法

▸▸ 掌握如何保存及恢复绘图状态

17.1　canvas 的基础知识

视频讲解

关于 HTML5 canvas 有很多功能，要用一整本书才能介绍完这个主题。这里只介绍 HTML5 中 canvas 的一些基础知识，并展示一些可以使用画布元素实现的实用内容，例如处理来自画布中的一幅图的单个像素。

17.1.1　canvas 的由来

canvas 的概念最初是由苹果公司提出的，用于在 Mac OS X WebKit 中创建控制板部件（dashboard widget）。在 canvas 出现之前，开发人员若要在浏览器中使用绘图 API，只能使用 Adobe 的 Flash 和 SVG（可伸缩矢量图形）插件，或者只有 IE 才支持的 VML（矢量标记语言），以及 JavaScript 中的一些技术。

假设我们要在没有 canvas 元素的条件下绘制一条对角线，此时如果没有一套二维绘图 API 的话，这会是一项相当复杂的工作。HTML5 中的 canvas 就能够提供这样的功能，对浏览器端来说这个功能非常有用，因此 canvas 被纳入了 HTML5 规范。

17.1.2　canvas 是什么

canvas 元素是 HTML5 中新增的一个重要元素，专门用来绘制图形。在页面上放置一个 canvas 元素，就相当于在页面上放置了一块"画布"，可以在其中进行图形的描绘。

但是，在 canvas 元素里进行绘画，并不是指拿鼠标来作画。在网页上使用 canvas 元素时，它会创建一块矩形区域。默认情况下该矩形区域长为 300 像素，宽为 150 像素，用户可以自定义具体的大小或者设置 canvas 元素的其他特性。在页面中加入了 canvas 元素后，便可以通过 JavaScript 来自由地控制它。可以在其中添加图片、线条以及文字，也可以在里面绘图，设置还可以加入高级动画。可放到 HTML 页面中的最基本的 canvas 元素代码如下。

```
<canvas></canvas>
```

使用 canvas 编程，首先要获取其上下文（context），接着在上下文中执行动作，最后将这些动作应用到上下文中。可以将 canvas 的这种编辑方式想象成为数据库事务：开发人员先发起一个事务，然后执行某些操作，最后提交事务。

17.1.3　替代内容

访问页面时，如果浏览器不支持 canvas 元素，或者不支持 HTML5 Canvas API 中的某些特性，那么，开发人员可以通过一张替代图片或者一些说明性的文字告诉访问者，使用最新的浏览器可以获得更佳的浏览效果。当浏览器不支持 canvas 时显示替代文字的代码如下。

```
<canvas>
    您的浏览器不支持 canvas！
</canvas>
```

除了上面代码中的文本以外，还可以使用图片，不论是文本还是图片都会在浏览器不支持 canvas 元素的情况下显示出来。

17.1.4　CSS 和 canvas

和大多数 HTML 元素一样，canvas 元素也可以通过应用 CSS 的方式来增加边框，设置内边距、外边距等样式，而且一些 CSS 属性还可以被 canvas 内的元素继承。比如字体样式，在 canvas 内添加的文字，其样式默认同 canvas 元素本身是一样的。

此外，在 canvas 中为 context 设置属性同样要遵从 CSS 语法。例如，对 context 应用颜色和字体样式，和在任何 HTML 和 CSS 文档中使用的语法都是一样的。

17.1.5　浏览器对 HTML5 Canvas 的支持

现在，几乎所有的主流浏览器都提供了对 HTML5 Canvas 的支持。表 17.1 中列出了不同浏览器对 HTML5 Canvas 的支持情况。

表 17.1　浏览器对 HTML5 Canvas 的支持

浏　览　器	支　持　情　况
Chrome	从 1.0 版本开始支持
Firefox	从 1.5 版本开始支持
Opera	从 9.0 版本开始支持
Safari	从 1.3 版本开始支持
IE	从 9 版本开始支持

由于各个浏览器的不同版本对 canvas 的支持程度有差异，所以最好在使用 API 之前，先测试一下 HTML5 Canvas 是否被支持。

17.1.6　在页面中放置 canvas 元素

首先，来看一下在页面上的 HTML 代码中，应该怎样放置一个 canvas 元素。

在 HTML 页面中插入 canvas 元素是非常直观和简单的，如下面的代码就是一段可以被插入到 HTML 页面中的 canvas 代码。

```
<canvas width="200" height="200"> </canvas>
```

以上代码会在页面上显示出一块 200 像素×200 像素的"隐藏"区域。假如要为其增加一个边框，可以用标准 CSS 边框属性来设置，代码如下。

```
<canvas id="djx" style="border: 1px solid;"  width="200" height="200"> </canvas>
```

在上面的代码中，不但用 CSS 边框属性设置了边框，而且还增加了一个值为 djx 的 id 特性，这么做主要是为了在开发过程中可以通过 id 来快速找到该 canvas 元素。对于任何 canvas 来说，id 都是尤为重要的，这主要是因为对 canvas 元素的所有操作都是通过脚本代码控制的，如果没有 id，想要找到要操作的 canvas 元素会很难。

带边框的 canvas 元素，在浏览器中的运行效果如图 17.1 所示。

【例 17.1】 在图 17.1 中的画布上，绘制一条斜线。（**实例位置：资源包\TM\sl\17\1**）

实现的主要步骤如下。

（1）通过引用特定的 canvas id 值来获取对 canvas 对象的访问权。这里引用的 id 为 djx。接着定义一个 context 变量，调用 canvas 对象的 getContext 方法，同时传入使用的 canvas 类型。这里是通过传入 2d 来获取一个二维上下文，这也是到目前为止唯一可用的上下文。具体代码如下。

```
var canvas = document.getElementById('djx');
var context = canvas.getContext('2d');
```

（2）基于这个上下文执行画线的操作，主要调用了 3 个方法——beginpath、moveTo 和 lineTo，传入了这条线的起点和终点的坐标。具体代码如下。

```
context.beginPath();
context.moveTo(70, 140);
context.lineTo(140, 70);
```

（3）在结束 canvas 操作时，通过调用 context.stroke()方法完成斜线的绘制。具体代码如下。

```
context.stroke();
}
window.addEventListener("load", drawDiagonal, true);
```

在 canvas 中绘制的斜线的效果如图 17.2 所示。

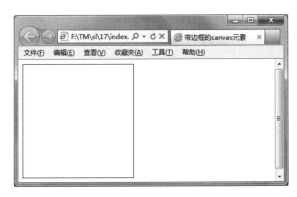

图 17.1　简单的 canvas 元素

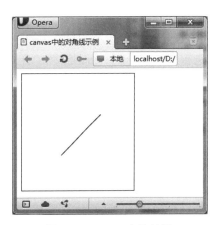

图 17.2　canvas 中的斜线

从上面的代码中可以看出，canvas 中所有的操作都是通过上下文对象来完成的。在以后的 canvas 编程中也一样，因为所有涉及视觉输出效果的功能都只能通过上下文对象而不是画布对象来使用。这种设计使 canvas 拥有了良好的可扩展性，基于从其中抽象出的上下文类型，canvas 将来可以支持多种绘制模型。虽然本章经常提到对 canvas 采取什么样的操作，但读者应该明白，我们实际操作的是画布所提供的上下文对象。

由上面的实例可知，对上下文的很多操作都不会立即反映到页面上。beginPath、moveTo 以及 lineTo 这些方法都不会直接修改 canvas 的显示结果。canvas 中很多用于设置样式和外观的函数也同样不会直接修改显示结果。只有当对路径应用绘制（stroke）或填充（fill）方法时，结果才会显示出来。否则，只有在显示图形、显示文本或者绘制、填充和清除矩形框时，canvas 才会马上更新。

17.1.7　绘制带边框矩形

【例 17.2】　本节中将详细介绍如何在 canvas 画布中绘制一个矩形。在本例中调用了脚本文件中的 draw 函数进行图形描绘。该函数放置在 body 的属性中，使用 onload="draw('canvas');"语句。调用脚本文件中的 draw()函数进行图形描画。在本例中 draw()函数的功能是把 canvas 画布的背景用浅蓝色涂满，然后画出一个绿色正方形，边框为红色。（**实例位置：资源包\TM\sl\17\2**）

用 canvas 元素绘制矩形的具体步骤如下。

（1）document.getElementById 方法取得 canvas 元素，代码如下。

```
var canvas = document.getElementById(id);
```

（2）使用 canvas 对象的 getContext 方法来获得图形上下文。同时传入使用的 canvas 类型，这里传递的仍然是 2d，代码如下。

```
var context = canvas.getContext('2d');
```

（3）填充与绘制边框，用 canvas 元素绘制图形时，有两种方式——填充（fill）与绘制边框（stroke）。填充是指填满图形内部；绘制边框是指不填满图形内部，只绘制图形的外框。canvas 元素结合使用这两种方式来绘制图形。

（4）设定绘图样式（style），在进行图形绘制时，首先要设定好绘图的样式（style），然后调用有关方法进行图形的绘制。所谓绘图的样式，主要是针对图形的颜色而言的，但是并不限于图形的颜色，在后面将会介绍如何设定颜色以外的样式，本例中主要是应用了如下两种样式。

☑　设定填充图形的样式

fillStyle 属性——填充的样式，在该属性中填入填充的颜色值。

☑　设定图形边框的样式

strokeStyle——图形边框的样式。在该属性中填入边框的颜色值。

本例中的样式代码如下。

```
context.fillStyle = "green";
context.strokeStyle = "red";
```

（5）指定线宽，使用图形上下文对象的 lineWidth 属性设置图形边框的宽度。在绘制图形时，任何直线都可以通过 lineWidth 属性来指定直线的宽度。本例中的设置线宽的代码如下。

```
context.lineWidth=1;
```

（6）指定颜色值，绘图时填充的颜色或边框的颜色分别通过 fillStyle 属性与 strokeStyle 属性来指定。颜色值使用的是普通样式表中使用的颜色值。例如 red 与 blue 这种颜色名，或#EEEEFF 这种十六进制的颜色值。

另外，也可以通过 rgb（红色值、绿色值、蓝色值）或 rgba（红色值、绿色值、蓝色值、透明度）函数来指定颜色的值。

本例中指定的颜色的值，如下代码所示。

```
context.fillStyle = "green";
context.strokeStyle = "red";
```

（7）矩形的绘制，分别使用 fillRect 方法与 strokeRect 方法来填充矩形和绘制矩形边框。这两种方法的定义如下。

```
context.fillRect(x,y,width,height);
context.strokeRect(x,y,width,height);
```

这里的 context 指的是图形上下文对象，这两个方法使用同样的参数，x 是指矩形起点的横坐标，y 是指矩形起点的纵坐标，坐标原点为 canvas 画布的最左上角，width 是指矩形的长度，height 是指矩形的宽度——通过这 4 个参数，矩形的大小同时也就被决定了。

本例中绘制矩形的代码如下。

```
context.fillRect(50,50,100,100);
context.strokeRect(50,50,100,100);
```

本例中绘制的矩形效果如图 17.3 所示。

图 17.3　绘制矩形的效果

另外，对于矩形的操作，除了上例中所讲到的两个方法之外，还有一个 clearRect 方法，该方法可以擦除指定区域中的图形，使得矩形区域中的颜色全部变为透明。该方法的定义如下。

> context.clearRect(x,y,width,height)

与绘制矩形的方法一样，该方法也是使用 4 个参数：x 是指矩形起点的横坐标，y 是指矩形起点的纵坐标，坐标原点为 canvas 画布的最左上角，width 是指矩形的长度，height 是指矩形的宽度。

视频讲解

17.2　在画布中使用路径

17.2.1　使用 arc 方法绘制圆形

17.1.7 节已经介绍了如何绘制矩形，下面来看如何绘制矩形以外的图形，例如圆形的绘制。

要想绘制其他图形，需要使用路径。同绘制矩形一样，绘制开始时还是要取得图形上下文，然后需要执行如下步骤。

☑　开始创建路径。

☑　创建图形的路径。

☑　路径创建完成后，关闭路径。

☑　设定绘制样式，调用绘制方法，绘制路径。

从上述步骤，可以看出首先使用路径勾勒图形轮廓，然后设置颜色，进行绘制。

【例 17.3】　下面用一个实例来对路径的使用方法进行介绍。在该实例中同样是调用 draw 函数，来绘制一个红色的圆形。（**实例位置：资源包\TM\sl\17\3**）

下面是本例实现的具体过程。

（1）使用图形上下文对象的 beginPath()方法，该方法的定义如下。

> context.beginPath()

该方法不使用参数。通过调用该方法，开始路径的创建。

（2）创建圆形路径时，需要使用图形上下文对象的 act 方法。该方法的定义如下。

> context.arc(x,y,radius, startAngle, endAngle,anticlockwise)

该方法使用 6 个参数，x 为绘制圆形的起点横坐标，y 为绘制圆形的起点纵坐标，radius 为圆形半径，startAngle 为开始角度，endAngle 为结束角度，anticlockwise 为是否按顺时针方向进行绘制。在 canvas API 中，绘制半径与弧时指定的参数为开始弧度与结束弧度，如果习惯使用角度，请使用如下所示的方法将角度转换为弧度。

> var radians =degrees*math.PI/180

其中，math.PI 表示角度为 180 度，math.PI*2 表示角度为 360 度。

arc 方法不仅可以用来绘制圆形，也可以用来绘制圆弧。因此，使用时必须要指定开始角度与结束角度。因为这两个角度决定了弧度。anticlockwise 参数为一个布尔值的参数，参数值为 true 时，按顺时针方向绘制；参数值为 false 时，按逆时针方向绘制。

本例中绘制圆形的代码如下。

```
context.arc(100, 100, 75, 0, Math.PI * 2, true);
```

（3）关闭路径，路径创建完成后，使用图形上下文对象的 closePath 方法将路径关闭。该方法定义如下。

```
context.closePath();
```

将路径关闭后，路径的创建工作就完成了，但是需要注意的是，这时只是路径创建完毕而已，还没有真正绘制图形。

（4）进行圆形绘制，并设定绘制样式。实现的代码如下。

```
context.fillStyle = 'rgba(255, 0, 0, 0.25)';
context.fill();
```

绘制完成的圆形在浏览器中的效果如图 17.4 所示。

图 17.4　使用路径绘制圆形

另外，还可以在例 17.3 中使用循环，先绘制一个最小的圆，然后不断地把半径扩大，绘制新的半透明圆形。例 17.3 的代码修改如下。

```
function draw(id){
    var canvas = document.getElementById(id);
    if (canvas == null)
        return false;
    var context = canvas.getContext('2d');
    context.fillStyle = "#EEEEFF";
    context.fillRect(0, 0, 400, 300);
    for(i=0;i<10;i++){
        context.beginPath();
```

```
        context.arc(i*25, i*25, i*10, 0, Math.PI * 2, true);
        context.closePath();
        context.fillStyle = 'rgba(255, 0, 0, 0.25)';
        context.fill();
    }
}
```

上述代码在浏览器中的运行效果如图 17.5 所示。

在上例中，如果把开始创建路径与关闭路径这两个语句删除，运行结果就会发生变化，如图 17.6 所示。

图 17.5　使用路径和循环绘制多个圆形

图 17.6　圆形重叠绘制

图 17.6 中的结果表明，在画布中先是绘制一个深红色的半径很小的圆，然后每次绘制的圆在半径变大的同时，圆的颜色仿佛也在逐渐变淡。为什么会这样呢？下面来介绍一下在循环时的具体绘制过程。

（1）创建并且绘制第一个圆。

（2）创建并且绘制第二个圆。这时，因为没有把绘制的第一个圆的路径关闭，所以第一个圆的路径也保留着。绘制第二个圆时，第一个圆会根据该路径重复绘制。此时，第二个圆只绘制一次，而第一个圆绘制了两次。

（3）创建并且绘制第三个圆。绘制时，第三个圆绘制一次，第二个圆绘制两次，第一个圆绘制三次。

（4）以此类推……

根据上面的绘制过程可以知道，如果不关闭路径，已经创建的路径会永远保留着。就算用 fill 方法和 stroke 方法在页面上将图形绘制完毕，路径都不会消失。因此，像上例中那样，如果把"使用路经绘制图形"这个方法进行循环，创建的图形会一次又一次地进行重叠。

所以，如果不仔细对路径进行管理的话，会绘制出意想不到的图形。当然，也可以利用这一特点绘制出有趣的、更加漂亮的图形，重叠绘制也可以得到广泛的应用。因此，在进行绘制时，还是要仔细计算好路经从哪里开始，在哪里关闭才能得到需要的图形。

17.2.2　使用 moveTo 与 lineTo 路径绘制火柴人

接下来看一下除了 arc 方法以外，其他使用路径绘制图形时会使用到的方法。

moveTo(x,y)：不绘制，只是将当前位置移动到新的目标坐标（x, y）。

lineTo(x,y)：不仅将当前位置移动到新的目标坐标（x,y），而且在两个坐标之间画一条线段。

简而言之，上面两个函数的区别在于：moveTo 就像是提起画笔，移动到新位置，而 lineTo 告诉 canvas 用画笔从纸上的旧坐标画条直线到新坐标。需要提醒读者注意的是，不管调用它们哪一个，都不会真正画出图形，因为还没有调用 stroke 或者 fill 函数。目前，只是在定义路径的位置，以便后面绘制时使用。

再来看一个特殊的路径函数叫作 closePath。这个函数的行为和 lineTo 很像，唯一的区别在于 closePath 会将路径的起始坐标自动作为目标坐标。closePath 还会通知 canvas 当前绘制的图形已经闭合或者形成了完全封闭的区域，这对将来的填充和描边都非常有用。

此时，可以在已有的路径中继续创建其他的子路径，或者随时调用 beginPath 重新绘制新路径并完全清除之前的所有路径。

【例 17.4】　下面将应用 canvas 的 arc、moveTo、lineTo 的方法来绘制一个火柴人。（实例位置：资源包\TM\sl\17\4）

具体步骤如下。

（1）通过 document.getElementById 方法取得 canvas 元素，然后使用 canvas 对象的 getContext 方法来获得图形上下文，与此同时传入使用的 2d 的 canvas 类型，代码如下。

```
var canvas = document.getElementById(id);
var context = canvas.getContext('2d');
```

（2）创建一个 300 像素×300 像素，背景为蓝色的画布，代码如下。

```
context.fillStyle = "#0000FF";
context.fillRect(0, 0, 300, 300);
```

（3）使用图形上下文对象的 act 方法，创建"火柴人的头部"路径。这里是一个空心的，边框为 3 的红色圆形。其实现的代码如下。

```
context.beginPath();
context.strokeStyle = '#c00';
context.lineWidth = 3;
context.arc(100, 50, 30, 0, Math.PI*2, true);
context.fill();
context.stroke();
```

（4）火柴人的头部绘制好以后，接下来绘制火柴人的脸部。这里主要是绘制红色的眼睛和嘴巴。当绘制面部时，需要再次使用 beginPath。这主要是为了让脸部的路径与头部的路径分离开。脸部特征中嘴实现的代码如下。

```
context.beginPath();
context.strokeStyle = '#c00';
context.lineWidth = 3;
context.arc(100, 50, 20, 0, Math.PI, false);
context.fill();
context.stroke();
```

（5）接下来再创建一个新的路径来绘制眼睛。先绘制一个左眼，也就是绘制一个圆形并通过 fillStyle 方法为其填充为红色，然后使用 moveTo 方法"抬起"画笔来绘制右眼。其眼睛实现的代码如下。

```
context.beginPath();
context.fillStyle = '#c00';
context.arc(90, 45, 3, 0, Math.PI*2, true);
context.fill();
context.stroke();
context.moveTo(113, 45);
context.arc(110, 45, 3, 0, Math.PI*2, true);
context.fill();
context.stroke();
```

（6）头部绘制完成后，接下来就是绘制身体的部分，主要是上肢和下肢的绘制。在绘制身体的部分时，多次应用了 moveTo 和 lineTo 方法。具体实现的代码如下。

```
context.beginPath();
context.moveTo(100, 80);
context.lineTo(100, 180);
context.lineTo(75, 250);            //绘制左腿
context.moveTo(100, 180);
context.lineTo(125, 250);           //绘制右腿
context.moveTo(100, 90);
context.lineTo(75, 140);            //绘制左胳膊
context.moveTo(100, 90);
context.lineTo(125, 140);           //绘制右胳膊
context.stroke();
```

（7）最后关闭路径，路径创建完成后，使用图形上下文对象的 closePath 方法将路径关闭。因为绘制的火柴人的每一部分都是路径的一个独立的子路径，都能独立绘制。因此只要在结尾处关闭路径即可，无须调用 fill 方法或者 stroke 方法来执行绘制。

绘制的火柴人在浏览器中的效果如图 17.7 所示。

17.2.3 贝塞尔曲线

贝塞尔曲线可以是二次和三次的形式，常用于绘制复杂而有规律的形状。

绘制三次贝塞尔曲线主要使用 bezierCurveTo 方法。该方法可以说是 lineTo 的曲线版，将从当前坐标点到指定坐标点中间的贝塞尔曲线追加到路径中。该方法的定义如下。

图 17.7　使用路径绘制火柴人

```
bezierCurveTo(cp1x, cp1y, cp2x, cp2y, x, y)
```

该方法使用 6 个参数。绘制三次贝塞尔曲线时，需要两个控制点，cp1x 为第一个控制点的横坐标，cp1y 为第一个控制点的纵坐标；cp2x 为第二个控制点的横坐标，cp2y 为第二个控制点的纵坐标；x 为贝塞尔曲线的终点横坐标，y 为贝塞尔曲线的终点纵坐标。

绘制二次贝塞尔曲线，使用的方法是 quadraticCurveTo。该方法的定义如下。

```
quadraticCurveTo(cp1x, cp1y, x, y)
```

参数 x 和 y 是终点坐标，cp1x 和 cp1y 是控制点的横和纵坐标。

两种方法的区别如图 17.8 所示。它们都是一个起点一个终点（见图 17.8 中曲线两端的点），但二次贝塞尔曲线只有一个控制点（见图 17.8 中除端点之外的点），而三次贝塞尔曲线有两个控制点。

【例 17.5】 下面先来看一下使用 bezierCurveTo 方法的实例。本例中使用 bezierCurveTo 方法绘制一个实心的红心。（**实例位置：资源包\TM\sl\17\5**）

实现的主要代码如下。

```
context.beginPath();
context.fillStyle = '#c00';
context.strokeStyle = '#c00';
context.moveTo(75,40);
context.bezierCurveTo(75,37,70,25,50,25);
context.bezierCurveTo(20,25,20,62.5,20,62.5);
context.bezierCurveTo(20,80,40,102,75,120);
context.bezierCurveTo(110,102,130,80,130,62.5);
context.bezierCurveTo(130,62.5,130,25,100,25);
context.bezierCurveTo(85,25,75,37,75,40);
context.fill();
context.stroke();
```

从上面的代码可以看出，红心主要是多次使用了三次贝塞尔曲线绘制的。其运行效果如图 17.9 所示。

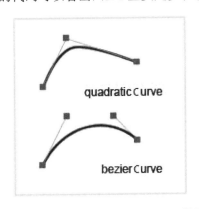
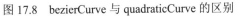

图 17.8　bezierCurve 与 quadraticCurve 的区别

图 17.9　使用三次贝塞尔曲线绘制的红心

【例 17.6】 下面再来看使用 quadraticCurveTo 方法绘制二次贝塞尔曲线的实例。本例主要是绘制了一个用于解释说明的对话框。（**实例位置：资源包\TM\sl\17\6**）

其实现的主要代码如下。

```
context.beginPath();
    context.moveTo(75,25);
    context.strokeStyle = '#c00';
    context.quadraticCurveTo(25,25,25,62.5);
    context.quadraticCurveTo(25,100,50,100);
    context.quadraticCurveTo(50,120,30,125);
    context.quadraticCurveTo(60,120,65,100);
    context.quadraticCurveTo(125,100,125,62.5);
    context.quadraticCurveTo(125,25,75,25);
    context.stroke();
    context.fill();
```

本例在浏览器中实现的效果如图 17.10 所示。

图 17.10　二次贝塞尔曲线绘制的实例

相对来说，二次贝塞尔曲线的绘制比三次贝塞尔曲线的绘制容易一些，因为绘制三次贝塞尔曲线时需要两个控制点，而绘制二次贝塞尔曲线时只需要一个控制点。而且，quadraticCurveTo 方法只需要 4 个参数即可。

视频讲解

17.3　运用样式与颜色

17.3.1　fillStyle 和 strokeStyle 属性

前面的章节里，在绘制图形时只用到默认的线条和填充样式。而在本节中将会探讨 canvas 全部的可选项，来绘制出更加吸引人的内容。如果想要给图形上色，有两个重要的属性可以做到：fillStyle 和 strokeStyle。这两个属性的定义方法如下。

```
fillStyle = color
strokeStyle = color
```

strokeStyle 用于设置图形轮廓的颜色，而 fillStyle 用于设置填充颜色。color 可以是表示 CSS 颜色值的字符串、渐变对象或者图案对象。渐变和图案对象将在后面的章节中进行讲解。默认情况下，线条和填充颜色都是黑色（CSS 颜色值#000000）。这里需要注意的是，如果自定义颜色则应该保证输入符合 CSS 颜色值标准的有效字符串。下面的代码都是符合标准的颜色表示方式，都表示同一种颜色（橙色）。

```
context.fillStyle = "orange";
context.fillStyle = "#FFA500";
context.fillStyle = "rgb(255,165,0)";
context.fillStyle = "rgba(255,165,0,1)";
```

注意

一旦设置了 strokeStyle 或者 fillStyle 的值，那么这个新值就会成为新绘制的图形的默认值。如果想要给每个图形上不同的颜色，就需要重新设置 strokeStyle 或 fillStyle 的值。

【例 17.7】 下面先来看 fillStyle 实例，在本实例里，使用两层 for 循环来绘制方格阵列，每个方格使用不同的颜色。（**实例位置：资源包\TM\sl\17\7**）

效果如图 17.11 所示。

从效果图可以看出色彩很绚丽。但是，实现的代码很简单，只需要两个变量 i 和 j 来为每一个方格产生唯一的 RGB 色彩值，其中仅修改红色和绿色的值，而保持蓝色的值不变。就可以通过修改这些颜色的值来产生各种各样的色板。其实现的主要的代码如下。

```
function draw(id)
{
    var canvas = document.getElementById(id);
    var context = canvas.getContext('2d');
    for (var i=0;i<6;i++){
    for (var j=0;j<6;j++){
    context.fillStyle = 'rgb(' + Math.floor(255-42.5*i) + ',' + Math.floor(255-42.5*j) + ',0)';
      context.fillRect(j*25,i*25,25,25);
      }
    }
}
```

【例 17.8】 下面来看 strokeStyle 实例，这个实例与例 17.7 有点类似，但这次用到的是 strokeStyle 属性，而且画的不是方格，而是用 arc 方法来画圆。（**实例位置：资源包\TM\sl\17\8**）

效果如图 17.12 所示。

其实现的主要代码如下。

```
function draw(id) {
    var context = document.getElementById('canvas').getContext('2d');
    for (var i=0;i<6;i++){
        for (var j=0;j<6;j++){
            context.strokeStyle = 'rgb(0,' + Math.floor(255-42.5*i) + ',' +
                            Math.floor(255-42.5*j) + ')';
        context.beginPath();
        context.arc(12.5+j*25,12.5+i*25,10,0,Math.PI*2,true);
```

```
        context.stroke();
    }
  }
}
```

图 17.12 strokeStyle 实例效果   图 17.11 利用 fillStyle 属性绘制的调色板

17.3.2 透明度 globalAlpha

除了可以绘制实色图形，还可以用 canvas 来绘制半透明的图形。通过设置 globalAlpha 属性或者使用一个半透明颜色作为轮廓或填充的样式来绘制透明或半透明的图形。globalAlpha 属性定义代码如下。

globalAlpha = transparency value

这个属性影响到 canvas 里所有图形的透明度，其有效的值范围是从 0.0（完全透明）到 1.0（完全不透明），默认是 1.0。

globalAlpha 属性在需要绘制大量拥有相同透明度的图形时候相当高效。

【例 17.9】 下面通过一个实例来了解 globalAlpha 属性的应用。（**实例位置：资源包\TM\sl\17\9**）

本例中用四色格作为背景，设置 globalAlpha 为 0.3 后，在上面画一系列半径递增的半透明圆。最终结果是一个径向渐变效果。圆叠加得越多，原先所画的圆的透明度会越低。通过增加循环次数，画更多的圆，背景图的中心部分会完全消失。效果如图 17.13 所示。

图 17.13 通过 globalAlpha 属性绘制的径向渐变效果

其实现的主要代码如下。

```
function draw(id) {
    var context = document.getElementById('canvas').getContext('2d');
    context.fillStyle = '#FD0';
    context.fillRect(0,0,75,75);
    context.fillStyle = '#6C0';
    context.fillRect(75,0,75,75);
```

```
    context.fillStyle = '#09F';
    context.fillRect(0,75,75,75);
    context.fillStyle = '#F30';
    context.fillRect(75,75,75,75);
    context.fillStyle = '#FFF';
    context.globalAlpha = 0.3;
for (var i=0;i<7;i++){
    context.beginPath();
    context.arc(75,75,10+10*i,0,Math.PI*2,true);
    context.fill();
  }
}
```

17.3.3　线型 Line styles

线型包括如下属性。

```
lineWidth = value
lineCap = type
lineJoin = type
miterLimit = value
```

通过这些属性来设置线的样式。下面将结合实例来讲解各属性的应用及应用后的效果。

☑　lineWidth 属性

该属性设置当前绘线的粗细，属性值必须为正数。默认值是 1.0。线宽是指给定路径的中心到两边的粗细。换句话说就是在路径的两边各绘制线宽的一半。因为画布的坐标并不和像素直接对应，当需要获得精确的水平或垂直线时要特别注意。

【例 17.10】　在下面的例子中，用递增的宽度绘制了 10 条线。最左边的线宽 1.0 单位。（**实例位置：资源包\TM\sl\17\10**）

本例实现的主要代码如下。

```
for (var i = 0; i < 10; i++){
    context.lineWidth = 1+i;
    context.beginPath();
    context.strokeStyle = '#c00';
    context.moveTo(5+i*14,5);
    context.lineTo(5+i*14,140);
    context.stroke();
```

本例的运行效果如图 17.14 所示。

☑　lineCap 属性

该属性决定了线段端点显示的样子。它可以为下面的 3 种值之一：butt、round 和 square，默认是 butt。

【例 17.11】　下面的例子中，绘制了 3 条线，分别赋予不同的 lineCap 值。还有两条辅助线，为了可以看清楚它们之间的区别，赋予 lineCap 值的 3 条线的起点终点都落在辅助线上。（**实例位置：资源包\TM\sl\17\11**）

效果如图 17.15 所示。

图 17.14　设置不同值的 lineWidth 效果

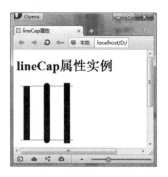

图 17.15　lineCap 属性赋值的 3 种效果

在图 17.15 中，最左边的线用了默认的 butt，可以注意到它是与辅助线齐平的；中间的是 round 的效果，端点处加上了半径为一半线宽的半圆；右边的是 square 的效果，端点处加上了等宽且高度为一半线宽的方块。

其实现的代码如下。

```
context.strokeStyle = '#09f';
    context.beginPath();
    context.moveTo(10,10);
    context.lineTo(140,10);
    context.moveTo(10,140);
    context.lineTo(140,140);
    context.stroke();
    context.strokeStyle = 'black';
  for (var i=0;i<lineCap.length;i++){
    context.lineWidth = 15;
    context.lineCap = lineCap[i];
    context.beginPath();
    context.moveTo(25+i*50,10);
    context.lineTo(25+i*50,140);
    context.stroke();
```

☑　lineJoin 属性

该属性值决定了图形中两线段连接处所显示的样子。它可以是以下 3 种值之一：round、bevel 和 miter。默认是 miter。

【例 17.12】　在下面的实例中同样绘制了 3 条折线，分别设置不同的 lineJoin 值。最上面一条是 round 的效果，边角处被磨圆了，圆的半径等于线宽。中间和最下面一条分别是 bevel 和 miter 的效果。这里需要注意的是，当值是 miter 时，线段会在连接处外侧延伸直至交于一点，延伸效果受到 miterLimit 属性的制约。（**实例位置：资源包\TM\sl\17\12**）

本实例的运行效果如图 17.16 所示。

图 17.16　lineJoin 属性 3 个值的运行效果

从效果图可以看出应用 miter（最下面的一条）的效果，线段的外侧边缘会延伸交汇于一点上。线段之间夹角比较大的，交点不会太远，但当夹角减少时，交点距离会呈指数级增大。miterLimit 属性就是用来设定外延交点与连接点的最大距离，如果交点距离大于此值，连接效果会变成了 bevel。本例实现的主要代码如下。

```
var lineJoin = ['round','bevel','miter'];
    context.strokeStyle = '#09f';
    context.lineWidth = 10;
  for (var i=0;i<lineJoin.length;i++){
    context.lineJoin = lineJoin[i];
    context.beginPath();
    context.moveTo(-5,5+i*40);
    context.lineTo(35,45+i*40);
    context.lineTo(75,5+i*40);
    context.lineTo(115,45+i*40);
    context.lineTo(155,5+i*40);
    context.stroke();
```

17.4 绘制渐变图形

视频讲解

17.4.1 绘制线性渐变

前面讲过，可以使用 fillStyle 方法在填充时指定填充的颜色。使用该方法，除了指定颜色之外，还可以用来指定填充的对象。

渐变是指在填充时从一种颜色慢慢过渡到另外一种颜色。渐变分为几种，先来介绍最简单的两点之间的线性渐变。

绘制线性渐变时，需要使用到 LinearGradient 对象。使用图形上下文对象的 createLinearGradient 方法创建该对象。该方法的定义如下。

context.createLinearGradient(xStart,yStart,xEnd,yEnd)

该方法使用 4 个参数，xStart 为渐变起点的横坐标，yStart 为渐变起点的纵坐标，xEnd 为渐变结束点的横坐标，yEnd 为渐变结束点的纵坐标。

通过使用该方法，创建了一个使用两个坐标点的 LinearGradient 对象。那么，渐变的颜色该怎么设定呢？在 LinearGradient 对象后，使用 addColorStop 方法进行设定，该方法的定义如下。

context. addColorStop(offset,color)

使用这个方法可以追加渐变的颜色。该方法使用两个参数——offset 和 color。offset 为所设定的颜色离开渐变起始点的偏移量。该参数的值是一个范围在 0～1 的浮点值，渐变起始点的偏移量为 0，渐变结束点的偏移量为 1。

【例 17.13】 下面通过一个简单的线性渐变的实例来介绍绘制渐变的步骤和原理，该实例是由上到下，由黑色渐变到白色的线性渐变。（**实例位置：资源包\TM\sl\17\13**）

其具体的实现步骤如下。

（1）创建一个像素为 150 的，由上到下的线性渐变。实现的代码如下。

```
var lingrad = context.createLinearGradient(0,0,0,150);
```

（2）设置了渐变对象后，接下来就是定义渐变的颜色了。一个渐变可以有两种或更多种的色彩变化。沿着渐变方向颜色可以在任何地方变化。要增加一种颜色变化，需要指定它在渐变中的位置。渐变位置可以在 0 和 1 之间任意取值。本例中定义一个渐变，色调从黑到白过渡，实现的代码如下。

```
lingrad.addColorStop(0, 'black');
lingrad.addColorStop(1, 'white');
```

（3）定义了一种渐变后，它只是保存在内存当中，而不会直接在 canvas 上画出任何东西。要让颜色渐变产生实际效果，就需要为这个渐变对象设置图形的 fillStyle 属性，并绘制这个图形，例如画一个矩形或直线。其实现的主要代码如下。

```
context.fillStyle = lingrad;
context.fillRect(10,10,130,130);
```

本例中绘制的线性渐变，运行效果如图 17.17 所示。

17.4.2 绘制径向渐变

使用 canvas API，除了可以绘制线性渐变之外，还可以绘制径向渐变。径向渐变是指沿着圆形的半径方向向外进行扩散的渐变方式。譬如在绘制太阳时，沿着太阳的半径方向向外扩散出去的光晕，就是一种径向渐变。

使用图形上下文对象的 createLinearGradient 方法绘制径向渐变，该方法的定义如下。

图 17.17　由上到下的线性渐变

```
context.createRadialGradient(xStart,yStart,radiusStart,xEnd,yEnd,radiusEnd)
```

该方法使用 6 个参数，xStart 为渐变开始圆的圆心横坐标，yStart 为渐变开始圆的圆心纵坐标，radiusStart 为开始圆的半径，xEnd 为渐变结束圆的圆心横坐标，yEnd 为渐变结束圆的圆心纵坐标，radiusEnd 为结束圆的半径。

在这个方法中，分别指定了两个圆的大小与位置。从第一个圆的圆心处向外进行扩散渐变，一直扩散到第二个圆的外轮廓处。

在设定颜色时，与线性渐变相同，使用的是 addColorStop 方法进行设定。同样是需要设定 0～1 的浮点数来作为渐变转折点的偏移量。

【例 17.14】 下面来看一个绘制径向渐变的例子。本例中定义了 4 个不同的径向渐变，设置起点稍微偏离终点,并且 4 个径向渐变效果的最后一个色标都是透明色,这样就能制造出球状 3D 效果。(**实例位置:资源包\TM\sl\17\14**)

本例的运行效果如图 17.18 所示。

图 17.18　绘制径向渐变产生的类似 3D 效果

实现本例的主要代码如下。

```javascript
function draw(id) {
    var context = document.getElementById('canvas').getContext('2d');
    var radgrad = context.createRadialGradient(45,45,10,52,50,30);
        radgrad.addColorStop(0, '#A7D30C');
        radgrad.addColorStop(0.9, '#019F62');
        radgrad.addColorStop(1, 'rgba(1,159,98,0)');
    var radgrad2 = context.createRadialGradient(105,105,20,112,120,50);
        radgrad2.addColorStop(0, '#FF5F98');
        radgrad2.addColorStop(0.75, '#FF0188');
        radgrad2.addColorStop(1, 'rgba(255,1,136,0)');
    var radgrad3 = context.createRadialGradient(95,15,15,102,20,40);
        radgrad3.addColorStop(0, '#00C9FF');
        radgrad3.addColorStop(0.8, '#00B5E2');
        radgrad3.addColorStop(1, 'rgba(0,201,255,0)');
    var radgrad4 = context.createRadialGradient(0,150,50,0,140,90);
        radgrad4.addColorStop(0, '#F4F201');
        radgrad4.addColorStop(0.8, '#E4C700');
        radgrad4.addColorStop(1, 'rgba(228,199,0,0)');

    context.fillStyle = radgrad4;
    context.fillRect(0,0,150,150);
    context.fillStyle = radgrad3;
    context.fillRect(0,0,150,150);
    context.fillStyle = radgrad2;
    context.fillRect(0,0,150,150);
    context.fillStyle = radgrad;
    context.fillRect(0,0,150,150);
}
```

视频讲解

17.5 绘制变形图形

17.5.1 坐标的变换

绘制图形时，我们可能经常会对绘制的图形进行变化，例如旋转。使用 canvas API 的坐标轴变换处理功能，可以实现这种效果。

如果对坐标使用变换处理，就可以实现图形的变形处理了。对坐标的变换处理，有如下 3 种方式。

☑ 平移

移动图形的绘制主要是通过 translate 方法来实现的，该方法的定义如下。

```
context. translate(x, y);
```

translate 方法使用两个参数——x 表示将坐标轴原点向左移动多少个单位，默认情况下为像素；y 表示将坐标轴原点向下移动多少个单位。

☑ 缩放

使用图形上下文对象的 scale 方法将图形缩放。该方法的定义如下。

```
context.scale(x,y);
```

scale 方法使用两个参数，x 是水平方向的放大倍数，y 是垂直方向的放大倍数。将图形缩小时，将这两个参数设置为 0～1 的小数就可以了，例如 0.5 是指将图形缩小一半。

☑ 旋转

使用图形上下文对象的 rotate 方法将图形进行旋转。该方法的定义如下。

```
context.rotate(angle);
```

rotate 方法接受一个参数 angle，angle 是指旋转的角度，旋转的中心点是坐标的原点。旋转是按顺时针方向进行的，要想按逆时针旋转，将 angle 设定为负数就可以了。

【例 17.15】 下面将通过实例来具体讲解一下如何利用坐标变换的方法绘制变形的图形。本例中首先绘制了一个矩形，然后在一个循环中反复使用平移坐标轴、图形的缩放、图形旋转这 3 个技巧，最后绘制出一个非常漂亮的变形图形。（**实例位置：资源包\TM\sl\17\15**）

运行效果如图 17.19 所示。

实现本例的主要代码如下。

```
function draw(id)
{
    var canvas = document.getElementById(id);
    if (canvas == null)
        return false;
    var context = canvas.getContext('2d');
    context.fillStyle = "#FFF";                              //设置背景色为白色
    context.fillRect(0, 0, 400, 300);                        //创建一个画布
```

```
//图形绘制
context.translate(200,50);
context.fillStyle = 'rgba(255,0,0,0.25)';
for(var i = 0;i < 50;i++)
{
    context.translate(25,25);                    //图形向左，向下各移动 25
    context.scale(0.95,0.95);                    //图形缩放
    context.rotate(Math.PI / 10);                //图形旋转
    context.fillRect(0,0,100,50);
}
}
```

图 17.19　应用图形的平移、缩放、旋转绘制的变形效果

17.5.2　坐标变换与路径的结合

如果要对矩形进行变形，使用坐标变换就可以实现。但是对使用路径绘制出来的图形进行变换，就会有点复杂。因为使用了坐标变换之后，已经创建好的路径就不能用了，必须要重新创建路径。重新创建好路径之后，坐标变换方法又失效了。

要解决这个问题，必须先另外写一个创建路径的函数，然后在坐标变换的同时调用该函数，这样才能解决这个问题。

【例 17.16】　下面是一个将坐标变换与路径结合使用的实例。通过该实例可以绘制一个将五角星一边旋转一边缩小的图形。（实例位置：资源包\TM\sl\17\16）

实现过程如下。

（1）创建一个 star 函数，在该函数中创建一个五角星的路径，然后完成五角星的绘制，最后关闭路径。代码如下。

```
function star(context)
{
    var n = 0;
    var dx = 100;
    var dy = 0;
    var s = 50;
    context.beginPath();                         //创建路径
    context.fillStyle = 'rgba(255,0,0,0.5)';     //设置填充五角星的颜色
    //绘制五角星
```

```
        var x = Math.sin(0);
        var y = Math.cos(0);
        var dig = Math.PI / 5 * 4;
        for(var i = 0;i < 5;i++)
        {
            var x = Math.sin(i * dig);
            var y = Math.cos(i * dig);
            context.lineTo(dx + x * s,dy + y * s);
        }
        context.closePath();                                    //关闭路径
}
```

（2）创建 draw 函数，在 draw 函数中应用 for 循环语句，在 for 循环语句中依次执行 translate、scale 和 rotate 方法，然后执行 star 函数创建路径，最后使用 fill 方法进行填充。代码如下。

```
function draw(id)
{
    var canvas = document.getElementById(id);
    if (canvas == null)
        return false;
    var context = canvas.getContext('2d');
    context.fillStyle = "#FFF";                                 //设置背景色为白色
    context.fillRect(0, 0, 400, 300);                          //创建一个画布
    //图形绘制
    context.translate(200,50);
    for(var i = 0;i < 50;i++)
    {
        context.translate(25,25);                              //图形向左，向下各移动 25
        context.scale(0.95,0.95);                             //图形缩放
        context.rotate(Math.PI / 10);                        //图形旋转
        star(context);                                        //执行 star 函数
        context.fill();
    }
}
```

在 star 函数中，只是创建了一个五角星。在 Canvas 画布中，因坐标轴变换，此五角星会一边缩小一边旋转，这样就产生了一个新的五角星，新的五角星又采用同样的方法进行绘制，最终绘制出来一连串具有变形效果的五角星的图形。其运行效果如图 17.20 所示。

图 17.20　坐标变换与路径相结合

17.5.3　矩阵变换

在 17.5.2 节中，介绍了 Canvas API 中利用坐标变换实现的图形变形技术，当利用坐标变换不能满足需要时，就可以利用矩阵变换的技术。接下来，将介绍利用矩阵变换实现的变形技术。

在介绍矩阵变换之前，首先要介绍一下变换矩阵，这个矩阵是

专门用来实现图形变形的，它与坐标一起配合使用，以达到变形的目的。当图形上下文被创建完毕时，事实上也创建了一个默认的变换矩阵，如果不对这个变换矩阵进行修改，那么接下来绘制的图形将以画布的最左上角的坐标原点绘制图形，绘制出来的图形也经过缩放、变形的处理，但是如果对这个变换矩阵进行修改，那么情况将会是不一样的。

使用图形上下文对象的 transform 方法修改变换矩阵，该方法的定义如下。

```
transform(m11, m12, m21, m22, dx, dy)
```

该方法使用一个新的变换矩阵与当前变换矩阵进行乘法运算，该变换矩阵的形式如下。

```
m11      m21      dx
m12      m22      dy
0        0   1
```

其中，m11、m21、m12、m22 4 个参数用来修改使用这个方法之后绘制图形时的计算方法，以达到变形目的，dx 与 dy 参数移动坐标原点，dx 表示将坐标原点在 x 轴上向右移动 x 个单位，dy 表示将坐标原点在 y 轴上向下移动 y 个单位。默认情况下以像素为单位。

想要了解 m11、m21、m12、m22 这 4 个参数是如何修改变形矩阵以达到变形目的的，就需要掌握矩阵乘法的有关知识，这里由于篇幅有限不具体讲述关于矩阵乘法的有关知识，下面将通过几个实例来介绍矩阵变换的工作原理。

首先，17.5.1 节使用坐标变换进行图形变形的技术中所提到的 3 个方法，实际上都是隐式地修改了变换矩阵，都可以使用 transform 方法来进行代替。

☑ translate(x,y)

可以使用 context.transform(1,0,0,1,x,y)或 context.transform(0,1,1,0,x,y)方法进行代替，若使用这两种方法实现平移，该方法中的前 4 个参数 1,0,0,1 和 0,1,1,0 都表示不对图形进行缩放操作，而后两个参数表示将 dx 设为 x，即将坐标原点向右移动 x 个单位，dy 设为 y 即将坐标原点向下移动 y 个单位。

☑ scale(x,y)

可以使用 context.transform(x,0,0,y,0,0)或 context.transform(0,y,x,0,0,0)方法进行代替，前面 4 个参数 x,0,0,y 和 0,y,x,0 都表示将图形横向扩大 x 倍，纵向扩大 y 倍。dx, dy 为 0 表示不移动坐标原点。

☑ rotate(x,y)

替换方法如下。

```
context.transform(Math.cos(angle*Math.PI/180),
    Math.sin(angle*Math.PI/180),
    Math.sin(angle*Math.PI/180),
    Math.cos(angle*Math.PI/180),0,0);
```

或者

```
context.transform(-Math.sin(angle*Math.PI/180),
    Math.cos(angle*Math.PI/180),
    Math.cos(angle*Math.PI/180),
    Math.sin(angle*Math.PI/180),0,0);
```

其中前面 4 个参数以三角函数的形式结合起来，共同完成图形按 angle 角度的顺时针旋转处理，dx、dy 为 0 表示不移动坐标原点。

【例 17.17】 下面通过实例来看一下 transform 方法的工作原理。在该实例中，用循环的方法绘制了几个圆弧，圆弧的大小与位置均不变，只是使用了 transform 方法让坐标原点每次向下移动 10 个像素，使得绘制出来的圆弧相互重叠，然后对圆弧设置七彩颜色，使这些圆弧的外观达到彩虹的效果。（**实例位置：资源包\TM\sl\17\17**）

运行效果如图 17.21 所示。

其实现的主要代码如下。

```
function draw(id)
{
    var canvas = document.getElementById(id);
    var context = canvas.getContext('2d');
    /*定义颜色*/
    var colors = ["red", "orange", "yellow", "green", "blue", "navy", "purple"];
    /*定义线宽*/
    context.lineWidth = 10;
    context.transform(1, 0, 0, 1, 100,0)
    /*循环绘制圆弧*/
    for( var i=0; i<colors.length; i++ )
    {
        /*定义每次向下移动 10 个像素的变换矩阵*/
        context.transform(1, 0, 0, 1, 0, 10);
        /*设定颜色*/
        context.strokeStyle = colors[i];
        /*绘制圆弧*/
        context.beginPath();
        context.arc(50, 100, 100, 0, Math.PI, true);
        context.stroke();
    }
}
```

使用 transform 方法后，接下来要绘制的图形都会按照移动后的坐标原点与新的变换矩阵相结合的方法进行重置，必要时可以使用 setTransform 方法将变换矩形进行重置，setTransform 方法的定义如下。

```
context.setTransform(m11, m12, m21, m22, dx, dy);
```

setTransform 方法的参数及参数的用法与 transform 相同，事实上，该方法的作用为将画布上的最左上角重置为坐标原点，当图形上下文创建完毕时将所创建的初始变换矩阵设置为当前变换矩阵，然后使用 transform 方法。

【例 17.18】 下面通过实例来了解一下 setTransform 的具体的使用方法。在该实例中首先创建一个红色边框的长方形，然后将该长方形顺时针旋转 45 度，绘制出一个新的长方形，并且绘制其边框为绿色，然后将红色长方形扩大 2.5 倍绘制新的长方形，边框为蓝色，最后在红色长方形右下方绘制同样大小的长方形，边框为灰色。（**实例位置：资源包\TM\sl\17\18**）

其运行效果如图 17.22 所示。

图 17.21 transform 方法实现的彩虹

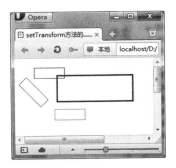

图 17.22 使用 setTransform 方法绘制变形图形

其实现的主要代码如下。

```
function draw(id)
{
    var canvas = document.getElementById(id);
    var context = canvas.getContext('2d');
    /* ------------绘制红色长方形-------- */
    context.strokeStyle = "red";
    context.strokeRect(30, 10, 60, 20);
    /* ------绘制顺时针旋转 45°后的绿色长方形------ */
    var rad = 45 * Math.PI / 180;                          //绘制 45°圆弧
    context.setTransform(Math.cos(rad), Math.sin(rad), -Math.sin(rad),
Math.cos(rad), 0, 0 );                                     //定义顺时针旋转 45°的变换矩阵
    /* -----------绘制图形---- */
    context.strokeStyle = "green";
    context.strokeRect(30, 10, 60, 20);
    /* ------绘制放大 2.5 倍后的蓝色长方形-------- */
    context.setTransform(2.5, 0, 0, 2.5, 0, 0);            //定义放大 2.5 倍的变换矩阵
    /* 绘制图形 */
    context.strokeStyle = "blue";
    context.strokeRect(30, 10, 60, 20);
    /* 将坐标原点向右移动 80 像素，向下移动 80 像素后绘制灰色长方形*/
    context.setTransform(1, 0, 0, 1, 40, 80);   //定义将坐标原点向右移动 40 像素，向下移动 80 像素的矩阵
    /* 绘制图形 */
    context.strokeStyle = "gray";
    context.strokeRect(30, 10, 60, 20);
}
```

17.6 组合多个图形

在前面的实例中，看到使用 Canvas API 可以将一个图形重叠绘制在另一个图形上面，但图形中能够被看到的部分完全取决于以哪种方式进行组合，这时，我们需要使用到 Canvas API 的图形组合技术。

在 HTML5 中，只要用图形上下文对象的 globalCompositeOperation 属性就能自己决定图形的组合方式，使用方法如下。

```
context. globalCompositeOperation = type
```

type 的值必须是下面几种字符串之一（效果见图 17.23～图 17.34）。

下面将以图形组合的方式，来说明 type 值的字符串表现形式。

在下面的图形中，黑色方块是先绘制的，即"已有的 canvas 内容"，灰色圆形是后面绘制的，即"新图形"。

☑ source-over

这是默认设置，表示新图形会覆盖在原有图形之上。效果如图 17.23 所示。

☑ destination-over

表示会在原有图形之下绘制新图形。效果如图 17.24 所示。

☑ source-in

新图形会仅仅出现与原有图形重叠的部分，其他区域都变成透明的。效果如图 17.25 所示。

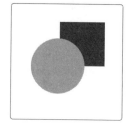
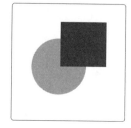
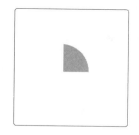

图 17.23 source-over 效果　　图 17.24 destination-over 效果　　图 17.25 source-in 效果

☑ destination-in

原有图形中与新图形重叠的部分会被保留，其他区域都变成透明的。效果如图 17.26 所示。

☑ source-out

结果是只有新图形中与原有内容不重叠的部分会被绘制出来。效果如图 17.27 所示。

☑ destination-out

原有图形中与新图形不重叠的部分会被保留。效果如图 17.28 所示。

图 17.26 destination-in 效果　　图 17.27 source-out 效果　　图 17.28 destination-out 效果

☑ source-atop

只绘制新图形中与原有图形重叠的部分与未被重叠覆盖的原有图形，新图形的其他部分变成透明。效果如图 17.29 所示。

☑ destination-atop

只绘制原有图形中被新图形重叠覆盖的部分与新图形的其他部分，原有图形中的其他部分变成透明，不绘制新图形中与原有图形相重叠的部分。效果如图 17.30 所示。

☑ lighter

两图形中重叠部分做加色处理。效果如图 17.31 所示。

图 17.29 source-atop 效果

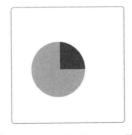

图 17.30 destination-atop 效果

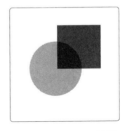

图 17.31 lighter 效果

☑ darker

两图形中重叠的部分做减色处理。效果如图 17.32 所示

☑ xor

重叠的部分会变成透明。效果如图 17.33 所示。

☑ copy

只有新图形会被保留，其他都被清除掉。效果如图 17.34 所示。

图 17.32 darker 效果

图 17.33 xor 效果

图 17.34 copy 效果

【例 17.19】 下面是一个使用 globalCompositeOperation 属性指定图形组合方式的实例。在该实例中，将所有组合方式放在一个数组中，然后通过变量 i 来指定使用哪种组合方式进行显示。（**实例位置：资源包\TM\sl\17\19**）

实现本实例的代码如下。

```
function draw(id)
{
    var canvas = document.getElementById(id);
    if (canvas == null)
        return false;
    var context = canvas.getContext('2d');
    //定义数组
    var arr = new Array(
        "source-over",
        "source-in",
        "source-out",
```

```
            "source-atop",
            "destination-over",
            "destination-in",
            "destination-out",
            "destination-atop",
            "lighter",
            "darker",
            "xor",
            "copy"
        );
        i = 8;
        //绘制原有图形
        context.fillStyle = "#0000FF";
        context.fillRect(10,10,200,200);
        //设置组合方式
        context.globalCompositeOperation = arr[i];
        //设置新图形
        context.beginPath();
        context.fillStyle = "#FF0000";
        context.arc(150,150,100,0,Math.PI*2,false);
        context.fill();
}
```

其运行效果如图 17.35 所示。

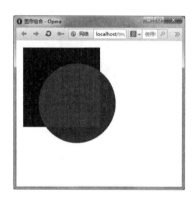

图 17.35　图形组合

17.7　给图形绘制阴影

在 HTML5 中，使用 canvas 元素可以给图形添加阴影效果。添加阴影效果时，只需利用图形上下文对象的几个关于阴影绘制的属性就可以了。

- ☑　shadowOffsetX——阴影的横向位移量。
- ☑　shadowOffsetY——阴影的纵向位移量。
- ☑　shadowBlur——阴影的模糊范围。

☑ shadowColor——阴影的颜色。

shadowOffsetX 和 shadowOffsetY 用来设定阴影在 x 和 y 轴的延伸距离，它们是不受变换矩阵影响的。负值表示阴影会往上或左延伸，正值则表示会往下或右延伸，它们默认都是 0。

shadowBlur 用于设定阴影的模糊程度，它表示图形阴影边缘的模糊范围。如果不希望阴影的边缘太清晰，需要将阴影的边缘模糊化时可以使用该属性。设定该属性值时必须要设定为比 0 大的数字，否则将被忽略。一般设定范围在 0～10，开发时可以根据情况调整这个数值，以达到满意效果。

shadowColor 用于设定阴影效果的延伸，值可以是标准的 CSS 颜色值，默认是全透明的黑色。

【例 17.20】 下面这个实例绘制了带阴影效果的文字。（实例位置：资源包\TM\sl\17\20）

效果如图 17.36 所示。

图 17.36 给文字绘制阴影的效果

本例实现的主要代码如下。

```
function draw(id) {
    var context = document.getElementById('canvas').getContext('2d');
        context.shadowOffsetX = 2;
        context.shadowOffsetY = 2;
        context.shadowBlur = 2;
        context.shadowColor = "rgba(0, 0, 0, 0.5)";

        context.font = "20px Times New Roman";
        context.fillStyle = "Black";
        context.fillText("mingrisoft", 5, 30);
}
```

【例 17.21】 下面是一个绘制五角星阴影的实例。在这个实例中，使用前面介绍的 translate 方法绘制几个呈移动状态的五角星，同时给每个五角星都加上阴影效果。（实例位置：资源包\TM\sl\17\21）

实现本实例的代码如下。

```
function star(context)
{
    var n = 0;
    var dx = 100;
    var dy = 0;
    var s = 50;
    context.beginPath();                        //创建路径
    context.fillStyle = 'rgba(255,0,0,0.5)';    //设置填充五角星的颜色
    //绘制五角星
    var x = Math.sin(0);
    var y = Math.cos(0);
    var dig = Math.PI / 5 * 4;
    for(var i = 0;i < 5;i++)
    {
```

```
            var x = Math.sin(i * dig);
            var y = Math.cos(i * dig);
            context.lineTo(dx + x * s,dy + y * s);
        }
        context.closePath();                                //关闭路径
}
function draw(id)
{
        var canvas = document.getElementById(id);
        if (canvas == null)
                return false;
        var context = canvas.getContext('2d');
        context.fillStyle = "#FFF";                          //设置背景色为白色
        context.fillRect(0, 0, 400, 300);                    //创建一个画布
        context.shadowOffsetX = 10;
        context.shadowOffsetY = 10;
        context.shadowBlur = 6;
        context.shadowColor = "rgba(100, 100, 100, 0.5)";
        //图形绘制
        context.translate(0,50);
        for(var i = 0;i < 4;i++)
        {
                context.translate(50,50);                    //图形向左，向下各移动 50
                star(context);                               //执行 star 函数
                context.fill();
        }
}
```

在绘制阴影时，使用了图形上下文对象的绘制阴影的几个属性，这几个属性与路径是无关的，只要设定一次之后，所有五角星就都具有阴影效果了。其运行效果如图 17.37 所示。

图 17.37　为五角星绘制阴影效果

实际上，能够看见阴影效果，主要是因为使用了 shadowColor 属性设置了颜色。如果想让后面的图形不再具有阴影效果，只要把 shadowColor 属性的值设定为 rgba(0,0,0,0)即可。

17.8 应 用 图 像

视频讲解

17.8.1 绘制图像

在 HTML5 中，不仅可以使用 canvas API 来绘制图形，还可以读取磁盘或网络中的图像文件，然后使用 canvas API 将图像绘制在画布中。

绘制图像时，需要使用 drawImage 方法，该方法的定义如下。

```
drawImage(image, x, y)
drawImage(image, x, y, width, height)
drawImage(image, sx, sy, sWidth, sHeight, dx, dy, dWidth, dHeight)
```

第一种方法只使用 3 个参数，第一个参数可以是一个 img 元素、一个 video 元素，或者一个 JavaScript 中的 image 对象，使用该参数代表的实际对象来装载图像文件。x 与 y 为绘制时该图像在画布中的起始坐标。

第二种方法中前 3 个参数的使用方法与第一种方法中的使用方法一样，width、height 是指绘制时的图像的宽度与高度。使用第一种方法绘制出来的图像与原图大小相同，而使用第二种方法可以用来进行图像缩放。

第三种方法可以用来将画布中已绘制的图像的全部或者局部区域复制到画布中的另一个位置上。该方法使用 9 个参数，image 仍然代表被复制的图像文件，sx 与 sy 分别表示源图像的被复制区域在画布中的起始横坐标与起始纵坐标，sWidth 与 sHeight 表示被复制区域的宽度与高度，dx 与 dy 表示复制后的目标图像在画布中的起始横坐标与起始纵坐标，dWidth 与 dHeight 表示复制后的目标图像的宽度与高度。该方法可以只复制图像的局部，只要将 sx 与 sy 设为局部区域的起始点坐标，将 sWidth 与 sHeight 设为局部区域的宽度与高度就可以了。该方法也可以用来将源图像进行缩放，只要将 dWidth 与 dHeight 设为缩放后的宽度与高度就可以了。

绘制图像时首先使用不带参数的 new 方法创建 image 对象，然后设定该 image 对象的 src 属性为需要绘制的图像文件的路径，具体代码如下。

```
image=new Image();
image.src="image.jpg";                          //设置图像路径
```

然后就可以使用 drawImage 方法绘制该图像文件了。

事实上，即使设定好 Image 对象的 src 属性，也不一定立刻就能把图像绘制完毕，例如有时该图像文件是一个来源于网络的比较大的图像文件，这时用户就要有足够的耐心等待图像全部加载完毕才能看见该图像。

这种情况下，只要使用如下所示的方法，就可以解决这个问题。

```
image.onload=function(){绘制图像的函数}
```

在 image 对象的 onload 事件中同步执行绘制图像的函数，就可以一边加载一边绘制了。

【例 17.22】 下面通过实例来具体看如何应用上述方法加载图像，并绘制图像。在本例中使用与页面同一个目录中的图像文件 imagemr.jpg 进行加载，在一个循环中将同一图像文件绘制在画布的不同位置上。（**实例位置：资源包\TM\sl\17\22**）

运行效果如图 17.38 所示。

要实现本例的代码，首先使用 new Iamge 创建 Iamge 对象，然后指定该 Iamge 对象的图像文件路径，然后使用 onload 方法加载图像，在加载的同时进行绘制。其实现的主要代码如下。

图 17.38　在画布的不同位置加载图像

```
function draw(id)
{
    var canvas = document.getElementById(id);
    var context = canvas.getContext('2d');
    context.fillStyle = "red";
    context.fillRect(0, 0, 400, 300);
    image = new Image();
    image.src = "imagemr.jpg";
    image.onload = function()
    {
        drawImg(context,image);
    };
}
function drawImg(context,image)
{
    for(var i = 0;i < 7;i++)
        context.drawImage(image,0 + i * 50,0 + i * 25,100,100);
}
```

17.8.2　图像的局部放大

加载完图像以后，当想对图像的某一部分进行局部放大时，可以使用如下方法实现。

```
drawImage(image, sx, sy, sWidth, sHeight, dx, dy, dWidth, dHeight)
```

【例 17.23】 下面通过一个实例来具体讲解该方法是如何实现图像的局部放大的。本例中将卡通人物的头部放大。（**实例位置：资源包\TM\sl\17\23**）

运行效果如图 17.39 所示。

本例实现的主要代码如下。

```
function draw(id)
{
    var canvas = document.getElementById(id);
```

```
    if (canvas == null)
        return false;
    var context = canvas.getContext('2d');
    context.fillStyle = "red";
    context.fillRect(0, 0, 400, 300);
    image = new Image();
    image.src = "imagemr.jpg";
    image.onload = function()
    {
        drawImg(context,image);
    };
}
function drawImg(context,image)
{
    var i=0;
    //首先调用该方法绘制原始图像
    context.drawImage(image,0,0,100,100);
    //绘制将局部区域进行放大后的图像
    context.drawImage(image,23,5,57,90,110,0,100,100);
}
```

图 17.39 图像的局部放大效果

17.8.3 图像平铺

在讲到绘制图像时，有一个非常重要的功能，就是图像平铺技术。所谓图像平铺就是用按一定比例缩小后的图像将画布填满，有两种方法可以实现该技术，一种是使用前面所介绍的 drawImage 方法，另一种是使用图形上下文对象的 createPattern 方法，该方法的定义如下。

context.createPattern(image,type);

该方法使用两个参数，image 参数为要平铺的图像，type 参数的值必须是下面的字符串之一。

- ☑ no-repeat：不平铺。
- ☑ repeat-x：横方向平铺。
- ☑ repeat-y：纵方向平铺。

☑ repeat：全方向平铺。

【例 17.24】 下面以相同的实例分别用两种不同的方法来实现图像的平铺，以此来学习两种方法的不同之处。（**实例位置：资源包\TM\sl\17\24**）

先来看使用 drawImage 方法实现的图像平铺，主要代码如下。

```
function draw(id)
{
    var image = new Image();
    var canvas = document.getElementById(id);
    var context = canvas.getContext('2d');
    image.src = "imagemr.jpg";
    image.onload = function()
    {
         drawImg(canvas,context,image);
    };
}
function drawImg(canvas,context,image)
{
    //平铺比例
    var scale=1
    //缩小后图像宽度
    var n1=image.width/scale;
    //缩小后图像高度
    var n2=image.height/scale;
    //平铺横向个数
    var n3=canvas.width/n1;
    //平铺纵向个数
    var n4=canvas.height/n2;
    for(var i=0;i<n3;i++)
        for(var j=0;j<n4;j++)
          context.drawImage(image,i*n1,j*n2,n1,n2);
}
```

从上面的代码中，可以看出使用 drawImage 方法需要使用到几个变量以及循环处理，处理的方法相对来说复杂一些。

接下来看一下使用图形上下文对象的 createPattern 方法，实现的图像平铺的实例代码如下。

```
function draw(id)
{
    var image = new Image();
    var canvas = document.getElementById(id);
    if (canvas == null)
        return false;
    var context = canvas.getContext('2d');
    image.src = "imagemr.jpg";
    image.onload = function()
    {
        //创建填充样式，全方向平铺
```

```
        var ptrn = context.createPattern(image,'repeat');
        //指定填充样式
        context.fillStyle = ptrn;
        //填充画布
        context.fillRect(0,0,400,300);
    };
}
```

从上述代码中可以看出，使用图形上下文对象的 createPattern 方法实现的图像的平铺相对来说比较简单。只需要简单的几步就可以轻松完成图像的平铺，实现步骤如下。

（1）创建 image 对象并指定图像文件后，使用 createPattern 方法创建填充样式。

（2）将该样式指定给图形上下文对象的 fillStyle 属性。

（3）再填充画布，就可以看到重复填充的效果了。

使用 drawImage 方法和使用 createPattern 方法实现本例的运行效果是一致的，运行效果如图 17.40 所示。

图 17.40　图像的平铺实例

17.8.4　图像裁剪

使用 canvas 绘制图像时，有时需要对图像实现裁剪，剪去多余的内容，这时只要使用 canvas API 自带的图像裁剪功能就可以实现图像的裁剪。

canvas API 的图像裁剪功能是指，在画布内使用路径，只绘制该路径所包括区域内的图像，不绘制路径外部的图像。

使用图形上下文对象的不带参数的 clip 方法来实现 canvas 元素的图像裁剪功能。该方法使用路径来对 canvas 画布设置一个裁剪区域。因此，必须先创建好路径。路径创建完成后，调用 clip 方法设置裁剪区域。

【例 17.25】　下面看一个实例，在该实例中，把画布背景绘制完成后，调用 createyuanClip 函数。在函数中，创建一个圆形的路径，然后使用 clip 方法设置裁剪区域。具体过程为先加载图像，然后调用 drawImage 函数，在该函数中调用 createyuanClip 创建路径，设置裁剪区域，然后绘制裁剪后的图像——最终可以绘制出一个圆形范围内的图像。

裁剪区域一旦设置好，后面绘制的所有图形就都可以使用这个裁剪区域，如果想要取消设置好的裁剪区域，就需要使用到 17.10 节中介绍的绘制状态的保存与恢复功能。这两个功能保存与恢复图形上下文的临时状态，在设置图像裁剪区域时，首先调用 save 方法保存图形上下文的当前状态，在绘制完经过裁剪的图像后，再调用 restore 恢复之前保存的图形上下文的状态，通过这种方法，对之后绘制的图形取消裁剪区域。（**实例位置：资源包\TM\sl\17\25**）

本实例的运行效果如图 17.41 所示。

图 17.41　图像裁剪效果

实现本例的主要代码如下。

```
function draw(id)
{
    var canvas = document.getElementById(id);
    var context = canvas.getContext('2d');
    var gr = context.createLinearGradient(0,200,150,0);
    gr.addColorStop(0,'rgb(255,255,0)');
    gr.addColorStop(1,'rgb(0,255,255)');
    context.fillStyle = gr;
    context.fillRect(0, 0, 200, 200);
    image = new Image();
    image.onload = function()
    {
        drawImg(context,image);
    };
    image.src = "imagemr.jpg";
}
function drawImg(context,image)
{
    createyuanClip(context);
    context.drawImage(image,-50,-80,300,300);
}
function createyuanClip(context)
{
    context.beginPath();
        context.arc( 100, 100, 75, 0, Math.PI * 2, true);
        context.closePath();
    context.clip();
}
```

17.8.5　像素的处理

在 HTML5 中使用 canvas API 所能够做到的图像处理技术中，还有一个更让人惊讶的技术就是像素处理技术。使用 canvas API 能够获取图像中的每一个像素，然后得到该像素颜色的 rgb 值或 rgba 值。

使用图形上下文对象的 getImageData 方法来获取图像中的像素，该方法的定义如下。

```
var imagedata = context.getImageData(sx,sy,sw,sh);
```

该方法使用 4 个参数，sx、sy 分别表示所获取区域的起点横坐标、起点纵坐标，sw、sh 分别表示所获取区域的宽度和高度。

Imagedata 变量是一个 CanvasPixelArray 对象，具有 height、width、data 等属性。data 属性是一个保存像素数据的数组，内容类似于[r1,g1,b1,a1, r2,g2,b2,a2, r3,g3,b3,a3,…]，其中，r1,g1,b1,a1 为第一个像素的红色值，绿色值，蓝色值，透明值；r2,g2,b2,a2 为第二个像素的红色值，绿色值，蓝色值，透明值，以此类推。data.length 为所取得像素的数量。

使用 canvas API 获取图像中所有像素的方法如下代码所示。

```
var context = canvas.getContext('2d');
var image = new Image();
image.onload = function()
{
var.imagedata;
context.drawImage(image,0,0);
imagedata = context.getImageData(0,0,image.width,image.height);
};
```

取得了这些像素以后，就可以对这些像素进行处理了，例如可以进行蒙版处理，面部识别等较复杂的图像处理操作。

【例 17.26】　下面给出一个用 canvas API 将图像进行反相操作的示例。（**实例位置：资源包\TM\sl\17\26**）

所谓的反相操作就是调整反转图像中的颜色。在对图像进行反相时，通道中每个像素的亮度值都会转换为 256 级颜色值标度上相反的值。例如，原图像中值为 255 的像素会被转换为 0，值为 5 的像素会被转换为 250。在该实例中得到像素数组后，将该数组中每个像素的颜色进行了反相操作后的图像重新绘制在画布上。该方法的定义如下。

```
context.putImageData(imagedata,dx,dy[,dirtyX,dirtyY,dirtyWidth, dirtyHeight]);
```

该方法使用 7 个参数，imagedata 为前面所述的像素数组，dx、dy 分别表示重绘图像的起点横坐标、起点纵坐标，后面 dirtyX、dirtyY、dirtyWidth、dirtyHeight 这 4 个参数为可选参数，给出一个矩形的起点横坐标、起点纵坐标、宽度与高度，如果加上这 4 个参数，则只绘制像素数组中这个矩形范围内的图像。本例的运行效果如图 17.42 所示。

本例实现的主要代码如下。

```
function draw(id)
{
    var canvas = document.getElementById(id);
    var context = canvas.getContext('2d');
    var image = new Image();
     image.src = "imagemr.jpg";
     image.onload = function()
     {
     context.drawImage(image,0,0);
     var imagedata = context.getImageData(0,0,image.width,image.height);
     for(var i =0, n=imagedata.data.length;i<n;i+=4)
     {
       imagedata.data[i+0]=255-imagedata.data[i+0];      //红色
       imagedata.data[i+1]=255-imagedata.data[i+2];      //绿色
       imagedata.data[i+2]=255-imagedata.data[i+1];      //蓝色
     }
     context.putImageData(imagedata,0,0);
     };
}
```

图 17.42　图像的反相效果

17.9　绘　制　文　字

在 HTML5 中，可以在 canvas 画布中进行文字的绘制，同时也可以指定绘制文字的字体、大小、对齐方式等，还可以进行文字的纹理填充等。

绘制文字时可以使用 fillText 方法或 strokeText 方法。

fillText 方法用填充方式绘制字符串，该方法的定义如下。

```
void fillText(text,x,y,[maxWidth]);
```

该方法接受 4 个参数，第 1 个参数 text 表示要绘制的文字，第 2 个参数 x 表示绘制文字的起点横坐标，第 3 个参数 y 表示绘制文字的起点纵坐标，第 4 个参数 maxWidth 为可选参数，表示显示文字时的最大宽度，可以防止文字溢出。

strokeText 方法用轮廓方式绘制字符串，该方法的定义如下。

```
void stroke text(text,x,y,[maxWidth]);
```

该方法的参数功能与 fillText 方法相同。

在使用 Canvas API 来进行文字的绘制之前，先对该对象的有关文字绘制的属性进行设置，主要有如下几个属性。

- ☑　font 属性：设置文字字体。
- ☑　textAlign 属性：设置文字水平对齐方式，属性值可以为 start、end、left、right、center。默认值为 start。
- ☑　textBaseline 属性：设置文字垂直对齐方式，属性值可以为 top、hanging、middle、alphabetic、ideographic、bottom。默认值为 alphabetic。

【例 17.27】　下面应用 fillText 方法和 strokeText 方法来绘制一句欢迎语，通过对比看一下两种方法设置字体样式的区别。（**实例位置：资源包\TM\sl\17\27**）

本例运行的效果如图 17.43 所示。

图 17.43　应用 fillText 方法和 strokeText 方法绘制文字

实现的代码如下。

```
<script >
function draw(id)
{
    var canvas = document.getElementById(id);
    if (canvas == null)
        return false;
    var context=canvas.getContext('2d');
    context.fillStyle= '#00f';
    context.font= 'italic 30px sans-serif';
    context.textBaseline = 'top';
    //填充字符串
    context.fillText('明日科技欢迎你', 0, 0);
    context.font='bold    30px sans-serif';
    //轮廓字符串
    context.strokeText('明日科技欢迎你', 0, 50);
}

</script>
```

在使用 CSS 样式时，有时会希望能在文字周围制作一个漂亮的边框，在定义边框宽度时，需要首先计算出在这个边框里最长一行的文字的宽度。这时，可以使用图形上下文对象的 measureText 方法来得到文字的宽度，该方法的定义如下。

```
metrics=context.measureText(text);
```

measureText 方法接受一个参数 text，该参数为需要绘制的文字，该方法返回一个 TextMetrics 对象，TextMetrics 对象的 width 属性表示使用当前指定的字体后 text 参数中指定的文字的总文字宽度。

【例 17.28】　下面是一个使用 measureText 方法来得到文字宽度的实例。（**实例位置：资源包\TM\sl\17\28**）

实现本实例的代码如下。

```
function draw(id)
{
    var canvas = document.getElementById(id);
    if (canvas == null)
        return false;
```

```
var context=canvas.getContext('2d');
context.font= 'normal 20px sans-serif';
var text = "字符串的宽度为：";
var tm1 = context.measureText(text);                    //执行 measureText 方法
//绘制文字
context.fillText(text, 10, 30);
context.fillText(tm1.width, tm1.width+10, 30);
context.font='bold   30px sans-serif';
var tm2 = context.measureText(text);                    //执行 measureText 方法
//绘制文字
context.fillText(text, 10, 60);
context.fillText(tm2.width, tm2.width+10, 60);
}
```

其运行效果如图 17.44 所示。

图 17.44　获取文字宽度

17.10　保存与恢复状态

save 和 restore 方法是用来保存和恢复 canvas 状态的，都没有参数。分别保存与恢复图形上下文的当前绘画状态。这里的绘画状态指前面所讲的坐标原点、变形时的变换矩阵，以及图形上下文对象的当前属性值等很多内容。在需要保存与恢复当前状态时，首先调用 save 方法将当前状态保存到栈中，在完成设置的操作后，调用 restore 从栈中取出之前保存的图形上下文的状态进行恢复，通过这种方法，对之后绘制的图形取消裁剪区域。

保存与恢复可以应用到以下场合。

☑　图像或图形变形。

☑　图像裁剪。

☑　改变图形上下文的以下属性时：strokeStyle、fillStyle、globalAlpha、lineWidth、lineCap、lineJoin、miterLimit、shadowOffsetX、shadowOffsetY、shadowBlur、shadowColor、globalCompositeOperation。

17.11　文件的保存

在画布上绘制完成一幅图形或图像后，想要对绘制的作品进行保存时，使用 Canvas API 就可以完成保存了。

Canvas API 保存文件的原理实际上是把当前的绘画状态输出到一个 data URL 地址所指向的数据中的过程，所谓 data URL，是指目前大多数浏览器能够识别的一种 base64 位编码的 URL，主要用于小型的、可以在网页中直接嵌入，而不需要从外部文件嵌入的数据，譬如 img 元素中的图像文件等。data URL 的格式类似于"data:image/png;base64,iVBORw0KGgoAAAANSUhEUgAAAoAAAAK…etc"，它目前得到了大多数浏览器的支持。

Canvas API 使用 toDataURL 方法把绘画状态输出到一个 data URL 中，然后重新装载客户可直接把装载后的文件进行保存。

toDataURL 的使用方法如下。

```
canvas. toDataURL(type);
```

该方法使用一个参数 type，表示要输出数据的 MIME 类型。

【例 17.29】　下面是一个使用 canvas API 将图像输出到 data URL 的实例。(**实例位置：资源包\TM\sl\17\29**)

本例的运行效果如图 17.45 所示。

图 17.45　使用 canvas API 将图像输出到 data URL 的实例

实现的代码如下。

```
function draw(id)
{
    var canvas = document.getElementById(id);
    var context = canvas.getContext('2d');
    context.fillStyle = "rgb(0, 0, 255)";
    context.fillRect(0, 0, canvas.width, canvas.height);
    context.fillStyle = "rgb(0, 255, 0)";
    context.fillRect(10, 20, 50, 50);
    window.location =canvas.toDataURL("image/jpeg");
}
```

视频讲解

17.12 对画布绘制实现动画

由于是用脚本操控 canvas 对象的，这样要实现一些交互动画也是相当容易的。只不过，canvas 从来都不是专门为动画而设计的（不像 Flash），这样难免会有些限制。可能最大的限制就是图形一旦绘制出来，它就是一直保持那样了。如果需要移动它，不得不对所有东西（包括之前的）进行重绘。

对画布绘制实现动画的步骤如下。

（1）预先编写好用来绘图的函数，在该函数中先用 clearRect 方法将画布整体或局部擦除。

（2）使用 setInterval 方法设置动画的间隔时间。

setInterval 方法为 HTML 中固有的方法，该方法接受两个参数，第一个参数表示执行动画的函数，第二个参数为时间间隔，单位为毫秒。

在比较复杂的情况下，也可以在清除与绘制动画中插入当前绘制状态的保存与恢复，变成擦除、保存绘制状态、进行绘制、恢复状态的过程。

【例 17.30】　下面根据上面的步骤通过使用 canvas API 绘制简单动画的示例，该实例中将绘制一个蓝色小方块，使其在画布中从左向右缓慢移动。（实例位置：资源包\TM\sl\17\30）

其运行效果如图 17.46 所示。

其运行的主要代码如下。

图 17.46　在画布上绘制的移动小方块

```
var context;
var width,height;
var i;
function draw(id)
{
    var canvas = document.getElementById(id);
    if (canvas == null)
        return false;
    context = canvas.getContext('2d');
  width=canvas.width;
   height=canvas.height;
    i=0;
    setInterval(rotate,100);              //十分之一秒
}
function rotate()
{
    context.clearRect(0,0,width,height);
    context.fillStyle = "blue";
    context.fillRect(i, 0, 20, 20);
    i=i+20;
}
```

【例 17.31】 下面是一个通过动画来循环显示所有图形组合效果的实例。在该实例中，将所有组合方式放在一个数组中，然后通过 setInterval 方法对各种图形组合效果进行循环显示。（实例位置：资源包\TM\sl\17\31）

实现本实例的代码如下。

```
var globalId;
var i = 0;
function draw(id)
{
    globalId = id;
    setInterval(Composite,1000);
}
function Composite()
{
    var canvas = document.getElementById(globalId);
    if (canvas == null)
        return false;
    var context = canvas.getContext('2d');
    //定义数组
    var arr = new Array(
        "source-over",
        "source-in",
        "source-out",
        "source-atop",
        "destination-over",
        "destination-in",
        "destination-out",
        "destination-atop",
        "lighter",
        "darker",
        "xor",
        "copy"
    );
    if(i>11)
        i = 0;
    context.fillRect(0,0,canvas.width,canvas.height);
    context.save();
    //绘制原有图形
    context.fillStyle = "#0000FF";
    context.fillRect(10,10,200,200);
    //设置组合方式
    context.globalCompositeOperation = arr[i];
    //设置新图形
    context.beginPath();
    context.fillStyle = "#FF0000";
    context.arc(150,150,100,0,Math.PI*2,false);
    context.fill();
    context.restore();
    i++;
}
```

其运行效果如图 17.47 所示。

图 17.47　循环显示各种图形组合效果

视频讲解

17.13　综合实例——桌面时钟

【例 17.32】　本节将综合本章所讲的 canvas API 知识，制作一个桌面时钟。在制作桌面时钟时，应用了图形的路径、变形以及动画制作等。（**实例位置：资源包\TM\sl\17\32**）

下面将对本实例进行逐步讲解。

（1）在 body 的属性中，使用了 onload="time('canvas');"语句。调用脚本文件中的 time 函数进行图形描画。

（2）使用 setInterval 方法设置动画的时间间隔，同时调用 clock 方法，执行动画。代码如下。

```
function time(){
  clock();
  setInterval(clock,1000);                //调用 clock 函数执行动画操作，间隔 1 秒
}
```

（3）在 clock 方法中，首先实例化时间对象。代码如下。

```
var now = new Date();                     //实例化对象
```

（4）用 document.getElementById 方法取得 canvas 对象。代码如下。

```
var context = document.getElementById('canvas').getContext('2d');
```

（5）先对要绘制的操作进行保存，然后使用 clearRect 方法将画布擦除。接着通过变形操作，设置表盘上用于表示显示时间小线段的样式。实现的代码如下。

```
context.save();                           //保存当前状态
context.clearRect(0,0,150,150);           //擦除画布
context.translate(75,75);                 //向左，向下平移 75 个单位
```

```
context.scale(0.4,0.4);                          //图形缩放 0.4
context.rotate(-Math.PI/2);                       //逆时针旋转 90 度
context.strokeStyle = "black";                    //设置图形边框的样式颜色为黑色
context.fillStyle = "white";                      //填充颜色为白色
context.lineWidth = 8;                            //设置线宽为 8
context.lineCap = "round";                        //线段端为默认的圆形
```

（6）通过 for 循环设置表示时间段的循环绘制，创建绘制的路径，按照设定的角度绘制表示小时时间段的线段。实现的代码如下。

```
context.save();                                   //保存当前状态
  for (var i=0;i<12;i++){                          //通过 for 循环设置表盘的小时间隔
    context.beginPath();                          //创建设置小时的路径
    context.rotate(Math.PI/6);                    //顺时针旋转 30 度
    context.moveTo(100,0);                        //将当前位置移动到指定的位置
    context.lineTo(120,0);
    context.stroke();                             //绘制时钟小时的时间间隔
  }
```

（7）通过 for 循环设置表示时间段的循环绘制，创建绘制的路径，按照设定的角度绘制分的时间间隔线段。实现的代码如下。

```
context.save();
  context.lineWidth = 5;
  for (i=0;i<60;i++){                             //通过 for 循环设置表盘的分钟间隔
    if (i%5!=0) {                                 //通过 if 语句判断结果，如果相除结果不为 0，则继续执行循环
      context.beginPath();                        //创建设置分钟的路径
      context.moveTo(117,0);
      context.lineTo(120,0);
      context.stroke();
    }
    context.rotate(Math.PI/30);                   //顺时针旋转 6 度
  }
  context.restore();
```

（8）设置秒钟、分钟、小时的时间变量，同时利用三元运算符，判断小时数，如果小时大于 12，进行 hr-12 的运算，实现的代码如下。

```
var sec = now.getSeconds();                       //设置秒钟时间变量
var min = now.getMinutes();                       //设置分钟时间变量
var hr   = now.getHours();                        //设置小时时间变量
hr = hr>=12 ? hr-12 : hr;
```

（9）下面开始绘制表盘上的指针，首先绘制时针的指针，实现的代码如下。

```
context.save();
context.rotate( hr*(Math.PI/6) + (Math.PI/360)*min + (Math.PI/21600)*sec )
context.lineWidth = 14;
context.beginPath();
```

415

```
context.moveTo(-20,0);
context.lineTo(80,0);
context.stroke();
context.restore();
```

（10）绘制表盘上分针的指针，代码如下。

```
context.save();
context.rotate( (Math.PI/30)*min + (Math.PI/1800)*sec )
context.lineWidth = 10;
context.beginPath();
context.moveTo(-28,0);
context.lineTo(112,0);
context.stroke();
context.restore();
```

（11）绘制表盘上秒针的指针，代码如下。

```
context.save();
context.rotate(sec * Math.PI/30);
context.strokeStyle = "#D40000";
context.fillStyle = "#D40000";
context.lineWidth = 6;
context.beginPath();
context.moveTo(-30,0);
context.lineTo(83,0);
context.stroke();
context.restore();
```

（12）当表盘的时间段和指针绘制完成以后，最后在表盘的外面绘制一个圆形的边框。代码如下。

```
context.beginPath();
context.lineWidth = 14;
context.strokeStyle = '#325FA2';
context.arc(0,0,142,0,Math.PI*2,true);
context.stroke();
context.restore();
```

桌面时钟的运行效果如图 17.48 所示。

图 17.48　桌面时钟

17.14　小　　结

本章重点讲解了 HTML5 新增的画布——canvas 功能以及伴随这个元素而来的一套编程接口——canvas API。详细讲解了如何使用 canvas API 绘制各种图形，并在讲解实例的同时对绘制中应用到的各种属性进行了详细的阐述。在讲解完绘制图形以后，继续讲解了如何在画布中使用图像。希望读者能了解并熟练掌握 HTML5 新增的 canvas 元素，以此来创造出更加丰富多彩、赏心悦目的 Web 页面。

17.15　习　　题

选择题

1. 下面用于设定填充图形的样式的是（　　）。
   A．fillStyles　　　　B．strokeStyle　　　　C．fillStyle　　　　D．以上都可以
2. 下面用于设定图形边框的样式的是（　　）。
   A．fillStyle　　　　B．strokeStyle　　　　C．header　　　　D．以上都是
3. 下面的颜色值表示错误的是（　　）。
   A．red　　　　B．rgb　　　　C．#EEEEFF　　　　D．rcbg
4. 开始创建路径的方法是（　　）。
   A．act　　　　B．head　　　　C．beginPath　　　　D．command
5. 下面的代码中，表示绘制的是一个顺时针的圆的是（　　）。
   A．context.arc(100, 100, 75, 0, Math.PI * 2, false);
   B．context.arc(100, 100, 75, 0, Math.PI * 2, true);
   C．context.fillStyle='rgba(255, 0, 0, 0.25)';
   D．以上都不正确

判断题

6. context.rotate(Math.PI/10)表示的是旋转 180 度。（　　）
7. source-in 表示的是会在原有图形之下绘制新图形。（　　）

填空题

8. 绘制图形应用的方法是_____和_____。
9. math.PI*2 表示角度为_____度。
10. 使用_____可以绘制三次贝塞尔曲线。

第18章

SVG 的使用

（ 📹 视频讲解：**1 小时 15 分钟**）

SVG 意为可缩放矢量图形（Scalable Vector Graphics），它是基于可扩展标记语言（XML）来描述二维矢量图形的一种图形格式。由于其诸多优势，目前 SVG 在网页设计中越来越受到用户的喜爱，而大多数浏览器也已支持 SVG。本章主要介绍 SVG 的相关知识。

通过阅读本章，您可以：

▶▶ 了解什么是 SVG

▶▶ 学会在 HTML5 中添加 SVG 元素

▶▶ 掌握在 HTML5 中使用 SVG 绘制基本图形

▶▶ 了解 SVG 中滤镜和动画的使用

▶▶ 学会使用 SVG 中的渐变美化页面

视频讲解

18.1　SVG 基础

SVG 指可伸缩矢量图形，是定义用于网络的基于矢量的图形，并且 SVG 图像不会因为放大或改变尺寸而有所失真。与其他图形相比，SVG 图像有着诸多优势，下面将具体介绍。

18.1.1　为什么使用 SVG

SVG 是一种和图像分辨率无关的矢量图形格式，其能得到广大编程者的青睐，自然是有着"过人之处"，其主要优点如下。

（1）高质量：由于 SVG 图像不依赖于分辨率，所以当放大或改变图像尺寸时，图像的清晰度不会被破坏。

（2）交互性和动态性：与其他图像格式相比，动态性和交互性是 SVG 较典型的一个特性。SVG 是基于 XML 的，它提供强大的交互性，用户可以在 SVG 中嵌入动画元素，或通过脚本定义来达到高亮、声效、动画等特效。

（3）颜色控制：SVG 提供一个 1600 万种颜色的调色板，支持 ICC 颜色描述文件描述文件标准、RGB、线性填充、渐变和蒙版。

（4）文本独立性：SVG 图像中的文字独立于图像，换句话说，就是 SVG 中的图像是可选的，所以 SVG 图像中的文字是可以被搜索的。

（5）源文件更小：与 JPEG 和 GIF 格式的图像相比，SVG 格式源文件的尺寸更小，且可压缩性更强。

（6）基于 XML：SVG 是基于 XML 的，这意味着 SVG 通过 XML 表达信息和传递数据时，不仅可以跨平台，还可以跨控件甚至跨越设备。

18.1.2　如何使用 SVG

在 HTML 中使用 SVG 文件时，可以通过<embed>元素、<object>元素或者<ifream>元素，当然，SVG 代码也可以直接嵌入 HTML 页面中。下面具体介绍这 4 种 SVG 的使用方法。

1．使用<embed>

使用<embed>标签的优点是，<embed>标签得到所有主流浏览器支持，并且允许使用脚本；但是其缺点是在 XHTML 和 HTML4 中不推荐使用<embed>标签。其语法如下。

```
<embed src="demo.svg" type="image/svg+xml">
```

2．使用<object>

<object>标签是 HTML4 中的标签，所以在 XHTML、HTML4 以及 HTML5 中都可以使用该标签，并且同样被所有主流浏览器支持，但是使用该标签的缺点就是不允许使用脚本。其语法如下：

```
<object data="rect" type="image/svg+xml"></object>
```

3．使用<iframe>

<iframe>标签被大部分浏览器支持，并且允许使用脚本，其缺点就是在 XHTML 和 HTML4 中不推荐使用该标签。其语法如下。

```
< iframe src="rect" ></ iframe >
```

4．通过<a>标签链接到 SVG 文件

除以上各标签外，还可以使用链接标签<a>来引入一个 SVG 文件。具体语法如下。

```
<a href="demo.svg">打开 svg 文件</a>
```

5．在 HTML 中直接添加 SVG 代码

在 Firefox、IE9、谷歌 chrome 以及 Safari 中，可以直接在 HTML 嵌入 SVG 代码。本章主要通过直接嵌入 SVG 代码的方式讲解 SVG 相关知识。其具体方法如下。

```
<svg xmlns="http://www.w3.org/2000/svg" version="1.1"></svg>
```

视频讲解

18.2　SVG 绘制基本形状

SVG 有一些预定义的形状元素，可用于绘制各种形状，包括矩形、圆形、椭圆形、曲线、路径以及文本，下面将具体介绍。

18.2.1　绘制矩形

绘制矩形可以使用<rect>元素，其语法如下。

```
<rect rx="5" ry="5" x="50" y="20" width="150" height="70" fill="#FF5722" stroke="#00ffff" "stroke-width="5"></rect>
```

语法解释

该语法中，各属性的含义如表 18.1 所示。

表 18.1　rect 元素中各属性的解释

属　　性	表示的含义
width	必须属性。定义矩形的长度
height	必须属性。定义矩形的宽度
x	可选属性。定义矩形 x 方向的起始位置
y	可选属性。定义矩形 y 方向的起始位置
rx	可选属性。x 轴的圆角半径
ry	可选属性。y 轴的圆角半径
fill	可选属性。矩形的填充样式，若不进行设置，则默认为黑色
stroke	可选属性。矩形的边框样式，若不进行设置，则默认为无边框
stroke-width	可选属性。矩形的边框宽度

420

> **说明**
>
> 　　上述语法中，fill 属性、stroke 属性以及 stroke-width 属性并不是<rect>属性所特有的，即其他标签也可以使用该属性，当然，读者也可以使用 style 来设置其填充样式和边框样式等，若使用 style 则上述语法应该与以下语法相同。
>
> ```
> <rect rx="5" ry="5" x="50" y="20" width="150" height="70" style="fill:#ff5722;stroke:#00ffff;stroke-width:
> 5"></rect>
> ```

【例 18.1】　通过一个实例来具体介绍如何绘制矩形。（**实例位置：资源包\TM\sl\18\1**）

在页面中嵌入 SVG 标签，然后在 SVG 标签中，通过<rect>元素添加矩形，并且设置矩形的颜色为橙色（#ff5277），具体代码如下。

```html
<!DOCTYPE html>
<html lang="en">
<head>
    <meta charset="UTF-8">
    <title>svg 绘制矩形</title>
</head>
<body>
<svg xmlns="http://www.w3.org/2000/svg" version="1.1">
    <rect x="50" y="20" width="150" height="70" fill="#ff5722"></rect>
</svg>
</body>
</html>
```

其运行效果如图 18.1 所示。

图 18.1　SVG 绘制的矩形

18.2.2　绘制圆形

SVG 中绘制圆形可以使用<circle>元素，其语法如下。

```
<circle cx="20" cy="30" r="10"/>
```

参数解释：

- ☑ cx 属性：定义圆心的 x 坐标。
- ☑ cy 属性：定义圆心的 y 坐标。
- ☑ r 属性：定义圆的半径。

【例 18.2】 在网页中使用 SVG 绘制一个圆形。（**实例位置：资源包\TM\sl\18\2**）

在 HTML 中添加 SVG 标签，然后在 SVG 标签中添加 circle 标签，然后在 circle 标签中设置圆形的圆心、半径以及设置圆形的颜色和边框颜色等，具体代码如下。

```html
<!DOCTYPE html>
<html lang="en">
<head>
    <meta charset="UTF-8">
    <title>svg 绘制圆形</title>
</head>
<body>
<svg xmlns="http://www.w3.org/2000/svg" version="1.1">
    <circle cx="140" cy="80" r="50" fill="#9acdb4" stroke="#db7093" stroke-width="5"/>
</svg>
</body>
</html>
```

具体运行效果如图 18.2 所示。

图 18.2　SVG 绘制圆形

18.2.3　绘制椭圆

绘制椭圆需要使用<ellipse>标签，其原理与圆相似，其不同之处在于椭圆有不同的 x 半径和 y 半径，而圆形的 x 半径和 y 半径是相同的，其具体语法如下。

```html
<ellipse cx="140" cy="80" rx="50" ry="30"/>
```

参数解释：

- ☑ cx 属性：定义椭圆中心的 x 坐标。
- ☑ cy 属性：定义椭圆中心的 y 坐标。
- ☑ rx 属性：定义椭圆的水平半径。

☑　ry 属性：定义椭圆的垂直半径。

【例 18.3】　在网页中使用 SVG 绘制一个椭圆。(实例位置：资源包\TM\sl\18\3)

在网页中绘制一个椭圆，并且设置椭圆的填充颜色和边框颜色，具体代码如下。

```
<!DOCTYPE html>
<html lang="en">
<head>
    <meta charset="UTF-8">
    <title>svg 绘制椭圆</title>
</head>
<body>
<svg xmlns="http://www.w3.org/2000/svg" version="1.1">
    <ellipse cx="140" cy="80" rx="50" ry="30" fill="#a5d9ff" stroke="#ff4d7d" stroke-width="5"/>
</svg>
</body>
</html>
```

其运行效果如图 18.3 所示。

图 18.3　SVG 绘制椭圆

18.2.4　绘制多边形

SVG 中绘制直线可以使用<line>元素，具体语法如下。

```
<polygon points="90,10 130,10 150,45"/>
```

该语法中，points 属性是必须属性，该属性用于按顺时针或逆时针顺序依次定义多边形定点，各顶点使用逗号或空格间隔开都可以。

【例 18.4】　在网页中使用 SVG 绘制一个多边形。(实例位置：资源包\TM\sl\18\4)

本实例中 6 条首尾相连的直线使其形成一个六边形，具体代码如下。

```
<!DOCTYPE html>
<html lang="en">
<head>
    <meta charset="UTF-8">
    <title>svg 绘制多边形</title>
```

```
</head>
<body>
<svg xmlns="http://www.w3.org/2000/svg" version="1.1">
    <polygon points="90,10 130,10 150,45 130,80 90,80 70,45"
    fill="#fdb5ff" stroke="#6cde1b" stroke-width="6"/>
</svg>
</body>
</html>
```

其运行效果如图 18.4 所示。

图18.4　SVG绘制六边形

18.2.5　绘制直线

SVG 中绘制直线可以使用<line>元素，具体语法如下。

```
<line x1="0" y1="0" x2="50" y2="50" />
```

参数解释:
- ☑　x1 属性：定义线条起点的 x 坐标。
- ☑　y1 属性：定义线条起点的 y 坐标。
- ☑　x2 属性：定义线条终点的 x 坐标。
- ☑　y2 属性：定义线条终点的 y 坐标。

【例 18.5】　在网页中使用 SVG 绘制一个五角星。（**实例位置：资源包\TM\sl\18\5**）
本实例中通过绘制 5 条首尾相连的直线使其形成一个五角星，具体代码如下。

```
<!DOCTYPE html>
<html lang="en">
<head>
    <meta charset="UTF-8">
    <title>svg 绘制五角星</title>
</head>
<body>
<svg xmlns="http://www.w3.org/2000/svg" version="1.1" width="300" height="200">
    <line x1="50" y1="60" x2="250" y2="60" stroke="#00ff4c" stroke-width="5"/>
    <line x1="250" y1="60" x2="100" y2="180" stroke="#00ff4c" stroke-width="5"/>
    <line x1="100" y1="180" x2="150" y2="0" stroke="#00ff4c" stroke-width="5"/>
```

424

```
    <line x1="150" y1="0" x2="220" y2="180" stroke="#00ff4c" stroke-width="5"/>
    <line x1="220" y1="180" x2="50" y2="60" stroke="#00ff4c" stroke-width="5"/>
</svg>
</body>
</html>
```

其运行效果如图 18.5 所示。

图18.5　SVG绘制五角星

18.2.6　绘制曲线

SVG 中绘制曲线使用<polyline>元素绘制曲线,但是该元素只能绘制只有直线的曲线,其语法如下。

```
<polyline points="30,30 55 70 ,80 30, 105 70,130 30 "style="fill:none;stroke:#00ff4c;stroke-width: 5"/>
```

同绘制多边形一样,绘制曲线时,需要按顺时针或者逆时针的顺序依次定义各个定点,各定点坐标以空格或逗号间隔都可以。例如该语法中绘制的是字母"W",如图 18.6 所示。

【例 18.6】　在网页中使用 SVG 绘制一个矩形旋涡。(实例位置:资源包\TM\sl\18\6)

具体代码如下。

```
<!DOCTYPE html>
<html lang="en">
<head>
    <meta charset="UTF-8">
    <title>svg 绘制曲线</title>
</head>
<body>
<svg xmlns="http://www.w3.org/2000/svg" version="1.1" width="300" height="300">
    <polyline points="30,30 240 ,30 240,240 60,240 60,60 210,60 210,210 90,210 90,90 180,90,
180,180 120,180   120,120, 150,120 150,150"   style="fill:none;stroke:#ff67fa;stroke-width: 5"/>
</svg>
</body>
</html>
```

其具体运行效果如图 18.7 所示。

图 18.6　绘制字母 "W"

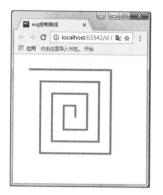

图 18.7　SVG 绘制矩形旋涡

18.2.7　绘制路径

SVG 中绘制路径使用的是<path>标签，而通过 path 标签中的 d 属性定义路径。其语法如下。

```
<path d="M30,30 L240 ,30 "/>
```

在使用该语法定义路径时，可以使用表 18.2 所示的命令指定路径的相关数据。

表 18.2　<path>标签中的命令

命　　令	表示的含义
M	Moveto，路径的起点
L	lineto，将路径的上一个定点与该定点连接
H	horizontal lineto，绘制水平线
V	vertical lineto，绘制垂直线
C	curveto，曲线连接
S	smooth curveto，平滑的曲线连接
Q	quadratic Bézier curve，二次贝塞尔曲线
T	smooth quadratic Bézier curve，平滑的二次贝塞尔曲线
A	elloptical Arc，椭圆的弧线
Z	closepath，将路径的起点与终点连接

注意

表 18.2 中所有命令大小写字母均可，若为大写字母表示绝对定位，反之若为小写字母则表示相对定位。

如下所示的代码可以绘制一条贝塞尔曲线，具体如图 18.8 所示，曲线的起点 A（70,50），终点 B（180,50），而其控制点为 C（120,130），换句话说，Q 命令设置的是二次贝塞尔曲线的控制点和终点，而曲线的起点是 Q 命令的前一个顶点。

```
<path d="M70,50 Q120,130,180,50" fill="none" stroke-width="3" stroke="blue"></path>
```

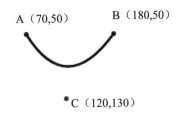

图 18.8　绘制一条贝塞尔曲线

【例 18.7】　在网页中使用 SVG 绘制微信会话框。（实例位置：资源包\TM\sl\18\7）

本实例绘制会话框时，从起点开始按逆时针方向开始绘制，为方便理解，本实例会话框的圆角处的曲线为二次贝塞尔曲线。具体代码如下。

```
<!DOCTYPE html>
<html lang="en">
<head>
    <meta charset="UTF-8">
    <title>svg 绘制路径</title>
</head>
<body>
<svg xmlns="http://www.w3.org/2000/svg" version="1.1" width="300">
    <!--M200,30 为起点-->
    <!--Q200 10,190 10 绘制第一段贝塞尔曲线-->
    <!--Q60,10 65,30 绘制第二段贝塞尔曲线-->
    <!--Q65,65 85,62 绘制第三段贝塞尔曲线-->
    <!--Q200,62 200,45 绘制第四段贝塞尔曲线-->
    <path d="M200,30L200,20Q200 10,190 10 L80 10 Q60,10 65,30 L65,45Q65,65,85,62
    L185,62Q200,62 200,45L 210,38Z" fill="RGB(158,234,106)" stroke-width="3"/>
</svg>
</body>
</html>
```

具体运行效果如图 18.9 所示。

图 18.9　SVG 绘制微信会话框

18.2.8　绘制文本

绘制文本需要使用<text>元素，其使用语法如下。

```
<text x="10" y="10">绘制文字</text>
```

上述语法中，x 表示绘制文字的起始横坐标，y 表示绘制文字的起始纵坐标。

【例 18.8】　在网页中使用 SVG 显示一段文字。（**实例位置：资源包\TM\sl\18\8**）

具体代码如下。

```
<!DOCTYPE html>
<html lang="en">
<head>
    <meta charset="UTF-8">
    <title>svg 绘制文字</title>
</head>
<body>
<svg xmlns="http://www.w3.org/2000/svg" version="1.1">
    <text x="0" y="15" fill="rgb(1,79,249)">心怀不惧，方能翱翔于天际</text>
</svg>
</body>
</html>
```

具体的运行效果如图 18.10 所示。

图 18.10　SVG 绘制文字

SVG 还可以绘制变形文字，绘制变形文字时，需要使用 transform 属性，具体语法如下。

```
<text x="0" y="20" fill="rgb(1,79,249)" transform="rotate(30 40,40)">时间不等人</text>
```

该语法中，transform 属性提供以下 4 种变形。

- ☑　rotate(totate-angle cx cy)：该属性值表示旋转，该属性值提供 3 个参数，分别是旋转中心点和旋转角度。例如，上面语法表示将文字围绕坐标（40,40）顺时针旋转 30 度。
- ☑　translate(tx,ty)：该属性值表示将文字进行平移，当 tx 和 ty 为正值时，分别表示将文字水平向右和垂直向下平移，反之，若 tx 和 ty 为负数时，分别表示水平向左和垂直向上平移。
- ☑　scale(sx,sy)：该属性值表示将文字进行水平和垂直方向进行缩放，其值不能为负，若 sx 或 sy 的值大于 1，则表示将文字放大；若值的范围为 0～1，则表示将文字缩小；若只提供一个值，则表示 sx=sy。

☑　skew：该属性值表示将文字倾斜，具体有两个属性值，即 skewX()和 skewY()，其中 skewX()
表示沿 x 轴倾斜，skewY()表示沿 y 轴倾斜

【例 18.9】　在网页中使用 SVG 绘制变形文字。(**实例位置：资源包\TM\sl\18\9**)

```html
<!DOCTYPE html>
<html lang="en">
<head>
    <meta charset="UTF-8">
    <title>svg 绘制变形文字</title>
</head>
<body>
<svg xmlns="http://www.w3.org/2000/svg" version="1.1">
    <!--设置旋转中心点为（40,100），然后将文字顺时针旋转 30 度，然后放大 2.5 倍-->
    <text x="0" y="20" fill="rgb(1,79,249)" transform="rotate(30 40,100) scale(2.5)">时间不等人</text>
</svg>
</body>
</html>
```

具体运行效果如图 18.11 所示。

图 18.11　绘制变形文字

视频讲解

18.3　SVG 中的滤镜

18.3.1　SVG 实现模糊效果

SVG 中还提供了多种滤镜，来对图像或颜色进行处理，由于滤镜较多，这里简单介绍，具体滤镜
如下。

☑　feBlend：该滤镜可以把两个对象组合在一起，使它们受特定的混合模式控制。类似于图像编
辑软件中混合两个图层。该模式由属性 mode 定义。

☑　feColorMatrix：该滤镜基于转换矩阵对颜色进行变换。每一像素的颜色值都经过矩阵乘法计
算出新的颜色。

☑ feComponentTransfer：该滤镜会对每个像素执行颜色分量的数据重映射。它允许像素亮度、对比度以及色彩平衡或阈值的操作。

☑ feComposite：该滤镜会执行两个输入图像的智能像素组合，在图像空间中使用 over、in、atop、xor 合成操作之一。另外，还可以应用智能组件 arithmetic 操作。

☑ feConvolveMatrix：该元素应用矩阵卷积效果。一个卷积在输入图像中把像素与邻近像素组合起来制作出结果图像。通过卷积可以合成模糊、边缘检测，锐化、压花和斜角等效果。

☑ feDiffuseLighting：滤镜光照一个图像，使用 alpha 通道作为隆起映射。结果图像，是一个 RGBA 不透明图像，取决于光的颜色、位置以及隆起映射的表面几何形状。

☑ feDisplacementMap：映射置换滤镜，该滤镜用来自图像中从 in2 到空间的像素值置换图像从 in 到空间的置换值。

☑ feFlood：该滤镜用 flood-color 元素定义的颜色和 flood-opacity 元素定义的不透明填充了滤镜子区域。

☑ feGaussianBlur：该滤镜对图像进行高斯模糊。StdDeviation 属性中指定的数量定义了钟形。

☑ feImage：该滤镜从外部来源获取图像数据，并提供像素数据作为输出。这意味着如果外部来源是一个 SVG 图像，这个图像将被栅格化。

☑ feMerge：该滤镜允许同时应用滤镜效果而不是按顺序应用滤镜效果。利用 result 存储别的滤镜输出可以实现这一点，然后在一个<feMergeNode>子元素中访问它。

☑ feMergeNode：拿另一个滤镜的结果，其父元素为<feMerge>。

☑ feMorphology：该滤镜用于侵蚀或扩张输入的图像，在增肥或瘦身效果中特别有用。

☑ feOffset：该图像作为一个整体，在属性 dx 和 dy 中指定它的偏移量。

☑ feSpecularLighting：该滤镜照亮一个源图形，使用 alpha 通道作为隆起映射，该结果图像是一个基于光色的 RGBA 图像。

☑ feTile：输入图像是平铺的，结果用于填充目标，其效果类似于一个<pattern>图案对象。

☑ feTurbulence：该滤镜利用 perlin 噪声函数创建了一个对象，它实现了人造纹理比如云纹、大理石纹的合成。

☑ feDistantLight：该滤镜定义了一个距离光源，可以用在灯光滤镜<feDiffuseLighting>或<feSpecularLighting>内部。

☑ fePointLight：该元素实现了 SVGFEPointElement 接口。

☑ feSpotLight：该滤镜是一种光源元素，用于 SVG 文件。

18.3.2　SVG 实现马赛克效果

18.3.1 节介绍了 SVG 中的滤镜，本节以 feGaussianBlur 为例，介绍 SVG 的使用，使用高斯滤镜需要通过 feGaussianBlur 标签来实现，其使用语法如下。

```
<feGaussianBlur in="SourceGaraphic" stdDeviation="3" id="blur"/>
```

上述语法中，in="SourceGaraphic"定义了为整个图形创建效果，而 stdDeviation 定义了模糊量。需要说明的是，SVG 中使用滤镜时，需要将所使用的滤镜效果放置在滤镜容器（filter）中。

【例 18.10】　下面通过一个实例来了解一下 feGaussianBlur 的应用。（**实例位置：资源包\TM\sl\18\10**）

具体代码如下。

```
<!DOCTYPE html>
<html lang="en">
<head>
    <meta charset="UTF-8">
    <title>svg 高斯滤镜</title>
</head>
<body>
<svg xmlns="http://www.w3.org/2000/svg" version="1.1" width="800" height="320">
    <g>
        <image xlink:href="images/flower.jpg" x="0" y="0" width="400"></image>
        <text x="80" y="200" fill="blue" transform="scale(1.5)">使用滤镜前</text>
    </g>
    <g>
        <image xlink:href="images/flower.jpg" x="450" y="0" width="400" filter="url(#filter)"></image>
        <text x="380" y="200" fill="blue" transform="scale(1.5)">使用滤镜后</text>
        <defs>
            <filter id="filter">
                <feGaussianBlur in="SourceGaraphic" stdDeviation="3" id="blur"/>
            </filter>
        </defs>
    </g>
</svg>
</body>
</html>
```

具体实现效果如图 18.12 所示。

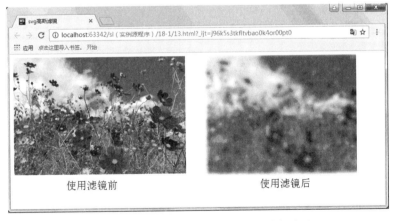

图 18.12　使用 SVG 中的滤镜实现模糊效果

18.3.3 SVG 实现文字阴影

前面介绍如何使用滤镜，本节通过实现文字阴影效果来介绍如何为同一元素使用多个滤镜效果。

【例 18.11】 实现文字阴影效果，本实例中使用了 feGaussianBlur 滤镜和 feOffset 滤镜，然后通过 feBlend 将这两种效果组合到一起。具体实现效果如图 18.13 所示。（**实例位置：资源包\TM\sl\18\11**）

实现本实例的代码如下。

图 18.13　文字阴影效果

```html
<!doctype html>
<html>
<head>
    <meta charset="utf-8">
    <title>文字阴影效果</title>
</head>
<body>
<svg xmlns="http://www.w3.org/2000/svg" version="1.1">
    <defs>
        <!--滤镜容器-->
        <filter id="Filter" width="150%" height="150%">
            <!--创建阴影效果-->
            <feOffset result="offOut" in="SourceGraphic" dx="6" dy="6" />
            <!--创建高斯模糊-->
            <feGaussianBlur result="blurOut" in="offOut" stdDeviation="3" />
            <!--将上面两个效果组合到一起-->
            <feBlend in="SourceGraphic" in2="blurOut" mode="normal" />
        </filter>
    </defs>
    <text x="0" y="20" filter="url(#Filter)" fill="#fb6c97" style="font-weight: bolder;" transform="scale(1.5)">心怀不惧，方能翱翔于天际</text>
</svg>
</body>
</html>
```

视频讲解

18.4　SVG 实现动画

SVG 不仅可以绘制各种形状，还可以为所绘制的形状添加各种动画，SVG 中添加动画可以使用 animate 标签、animateMotion 标签、animateTransform 标签和 animateColor 标签，但是在 SVG1.1 第二版本中，animateColor 属性已经被废弃，所以本书中不对该元素做介绍，下面将具体介绍前 3 种动画标签。

18.4.1　animate

animate 属性用于定义元素随时间动态改变某属性，其具体语法如下。

```
<animate attributeType="xml" attributeName="x" from="-100" to="120" dur="10s" repeatCount="infinite"/>
```

该语法中，其属性及其含义如表 18.3 所示。

表 18.3　animate 标签的属性及其含义

属　　性	含　　义
attributeName	目标属性的名称，即参与动画的属性
from	目标属性的起始值
to	目标属性的结束值
dur	目标动画持续的时间
repeatCount	动画播放的次数

【例 18.12】　在网页中添加滚动文字。（**实例位置：资源包\TM\sl\18\12**）

具体代码如下。

```
<!DOCTYPE html>
<html lang="en">
<head>
    <meta charset="UTF-8">
    <title>svg 绘制动画</title>
</head>
<body>
<svg xmlns="http://www.w3.org/2000/svg" version="1.1" width="500">
    <text x="30" y="20" fill="blue" transform="scale(1.5)">纵有疾风起
        <!--设置第一行文字水平向右移动-->
        <animate attributeType="xml" attributeName="x" from="0" to="220" dur="10s" repeatCount="infinite"/>
    </text>
    <text x="30" y="60" fill="red" transform="scale(1.5)">人生不言弃
        <!--设置第二行文字水平向左移动-->
        <animate attributeType="xml" attributeName="x" from="220" to="0" dur="10s" repeatCount="infinite"/>
    </text>
</svg>
</body>
</html>
```

具体的运行效果如图 18.14 所示。

图 18.14　SVG 绘制滚动文字

18.4.2　animateMotion

animateMotion 用于定义路径动画。其具体使用语法如下。

```
<animateMotion calcMode="" path="" keyPoints="" keyTimes="" rotate="" xlink:href=""></animateMotion>
```

该语法中，具体各属性及其含义如表 18.4 所示。

表 18.4　animateMotion 标签的属性及其含义

属　　性	含　　义
calcMode	动画的插补模式。其值可以是 discrete（规定每个片段的平均划分动画时间，但是没有动画效果，而是顺势完成）；linear（默认值，规定每一个动画片段都匀速进行）；paced（规定动画始终匀速进行，该属性设置 keyTime 无效）；spline（自定义动画效果，使用 keySplines 属性定义各动画过渡效果）
path	目标元素的运动路径
keyPoints	动画对象目前时间应移动多远
keyTimes	动画对象目前动画片段的持续时间
rotate	应用旋转变换
xlink:href	应用动画路径的对象

　　【例 18.13】　使用 animateMotion 实现一个小方块沿着矩形旋涡移动的动画。（**实例位置：资源包\TM\sl\18\13**）

具体代码如下。

```
<!DOCTYPE html>
<html lang="en">
<head>
    <meta charset="UTF-8">
    <title>animateMotion 绘制动画</title>
</head>
<body>
<svg xmlns="http://www.w3.org/2000/svg" version="1.1" width="300" height="250">
    <path id="path1" d="M30,30 L240 ,30 L240,240 L60,240 L60,60 L210,60 L210,210 L90,210 L90,90
```

```
L180,90,L180,180 L120,180    L120,120, L150,120 L150,150" fill="none" stroke="#a5d9ff" stroke-width="2"/>
    <rect x="-10" y="-10" width="20" height="20" fill="#fd4b7b" id="rect"/>
    <animateMotion dur="15s" repeatCount="indefinite" fill="remove" xlink:href="#rect" calcMode="linear">
        <mpath xlink:href="#path1"/>
    </animateMotion>
</svg>
</body>
</html>
```

本例的运行效果如图 18.15 所示。

图 18.15　实现小方块沿矩形旋涡运动动画

18.4.3　animateTransform

animateTransform 用于设置动画对象的变形动画，其语法如下。

```
<animateMotion by="" from="" to="" type=""/>
```

该语法中，各属性含义解释如下。

☑　by：相对偏移值。

☑　from：动画的起始值。

☑　to：动画的结束值。

☑　type：随时间进行变形的动画类型，例如 translate、scale、rotate 等。

【例 18.14】　设置文字逐个下降至页面中的动画。（实例位置：资源包\TM\sl\18\14）

具体代码如下。

```
<!DOCTYPE html>
<html lang="en">
<head>
    <meta charset="UTF-8">
    <title>animateTransform 绘制动画</title>
```

```
</head>
<body>
<svg xmlns="http://www.w3.org/2000/svg" version="1.1" width="800" height="200">
    <text x="20" y="-10" fill="red" style="font: bold 40px/20px "" id="txt1">愿</text>
    <text x="60" y="-10" fill="red" style="font: bold 40px/20px "" id="txt2">你</text>
    <text x="100" y="-10" fill="red" style="font: bold 40px/20px "" id="txt3">的</text>
    <text x="140" y="-10" fill="red" style="font: bold 40px/20px "" id="txt4">青</text>
    <text x="180" y="-10" fill="red" style="font: bold 40px/20px "" id="txt5">春</text>
    <text x="220" y="-10" fill="red" style="font: bold 40px/20px "" id="txt6">不</text>
    <text x="260" y="-10" fill="red" style="font: bold 40px/20px "" id="txt7">负</text>
    <text x="300" y="-10" fill="red" style="font: bold 40px/20px "" id="txt8">梦</text>
    <text x="340" y="-10" fill="red" style="font: bold 40px/20px "" id="txt9">想</text>
    <animateTransform dur="0.5s" attributeName="transform" begin="0s" xlink:href="#txt1"
                    type="translate" from="20,-10" to="20 150" repeatCount="1" fill="freeze"/>
    <animateTransform dur="0.5s" attributeName="transform" begin="1s" xlink:href="#txt2"
                    type="translate" from="60,-10" to="60 150" repeatCount="1" fill="freeze"/>
    <animateTransform dur="0.5s" attributeName="transform" begin="1.5s" xlink:href="#txt3"
                    type="translate" from="100,-10" to="100 150" repeatCount="1" fill="freeze"/>
    <animateTransform dur="0.5s" attributeName="transform" begin="2s" xlink:href="#txt4"
                    type="translate" from="140,-10" to="140 150" repeatCount="1" fill="freeze"/>
    <animateTransform dur="0.5s" attributeName="transform" begin="2.5s" xlink:href="#txt5"
                    type="translate" from="180,-10" to="180 150" repeatCount="1" fill="freeze"/>
    <animateTransform dur="0.5s" attributeName="transform" begin="3s" xlink:href="#txt6"
                    type="translate" from="220,-10" to="220 150" repeatCount="1" fill="freeze"/>
    <animateTransform dur="0.5s" attributeName="transform" begin="3.5s" xlink:href="#txt7"
                    type="translate" from="260,-10" to="260 150" repeatCount="1" fill="freeze"/>
    <animateTransform dur="0.5s" attributeName="transform" begin="4s" xlink:href="#txt8"
                    type="translate" from="300,-10" to="300 150" repeatCount="1" fill="freeze"/>
    <animateTransform dur="0.5s" attributeName="transform" begin="4.5s" xlink:href="#txt9"
                    type="translate" from="340,-10" to="340 150" repeatCount="1" fill="freeze"/>
</svg>
</body>
</html>
```

具体运行效果如图 18.16 所示。

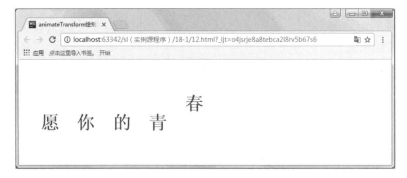

图 18.16　实现文字逐个下降的动画

视频讲解

18.5　SVG 中的渐变

渐变指的是由一种颜色逐渐过渡到另一种颜色，常见的渐变分为两种，分别是线性渐变和径向渐变，SVG 中也是如此。下面具体介绍 SVG 中这两种渐变方式的使用。

18.5.1　线性渐变

线性渐变指的是，沿着一根轴线，从起点到终点从一种颜色渐变至另一种颜色。实现线性渐变需要使用 lineargradient 标签。其具体使用语法如下。

```
<defs>
    <linearGradient id="g1" x1="0" y1="1" x2= "1" y2="1" >
        <stop offset="0%" stop-color="#fff" stop-opacity="1"/>
        <stop offset="100%" stop-color="#00f" stop-opacity="1"/>
    </linearGradient>
</defs>
```

上述语法中，<defs>标签，读者可以理解为一个容器，在使用渐变时，必须将使用的渐变标签"放置"在该容器内，而<linearGradient>标签表示引用线性渐变，在线性渐变标签内部，通过<stop>标签添加渐变点的相关属性。

在<linearGradient>标签中，为了方便目标元素引用该渐变颜色，为其设置唯一 ID 属性，而 x1 和 y1 指定渐变的起点坐标，x2 和 y2 指定渐变的终点坐标，这 4 个值均为 0～1 的小数，通过起点和终点，可以设置渐变的方向。

<stop>标签中的 offset 指定渐变点的位置；stop-color 表示设置渐变点的颜色，而 stop-opacity 则指定渐变点颜色的透明度。

【例 18.15】　使用 SVG 绘制一个矩形，并且设置矩形的颜色从左到右依次从白色过渡至红色、绿色最终为蓝色。（实例位置：资源包\TM\sl\18\15）

具体代码如下。

```
<!doctype html>
<html>
<head>
    <meta charset="utf-8">
    <title>svg 中的线性渐变</title>
</head>
<body>
<svg xmlns="http://www.w3.org/2000/svg" version="1.1">
    <defs>
        <linearGradient id="g1" x1="">
            <stop offset="0%" stop-color="#fff" stop-opacity="1"/>
            <stop offset="33.3%" stop-color="#f00" stop-opacity="1"/>
```

```
            <stop offset="67%" stop-color="#0f0" stop-opacity="1"/>
            <stop offset="100%" stop-color="#00f" stop-opacity="1"/>
        </linearGradient>
    </defs>
    <rect x="40" y="40" width="200" height="100" fill="url(#g1)"></rect>
</svg>
</body>
</html>
```

其实现效果如图 18.17 所示。

图18.17　绘制渐变的矩形

18.5.2　径向渐变

径向渐变，也称为放射性渐变，指的是从起点到终点进行圆形渐变。SVG 中实现径向渐变使用的是<radialGradient>，使用该渐变的语法如下。

```
<defs>
    <radialGradient id="g1"cx="50%" cy="50%" r="50%" fx="50%" fy="50%">
        <stop offset="0%" stop-color="#fff" stop-opacity="1"/>
        <stop offset="100%" stop-color="rgb(252,239,169)" stop-opacity="1"/>
    </radialGradient>
</defs>
```

该语法的嵌套方式与使用线性渐变的语法类似，所不同的是使用放射性渐变使用的标签为 radialGradient，其属性值 cx、cy 和 r 定义了渐变的最外层圆，而 fx 和 fy 则定义了渐变的焦点，同样，这 5 个值的范围都是 0～1。

【**例 18.16**】　绘制一个圆形，要求圆形的颜色从白色向四周渐变成粉色，最后渐变为米黄色。（**实例位置：资源包\TM\sl\18\16**）

本实例的代码如下。

```
<!doctype html>
<html>
<head>
    <meta charset="utf-8">
    <title>svg 中的径向渐变</title>
```

```
</head>
<body>
<svg xmlns="http://www.w3.org/2000/svg" version="1.1" height="220">
    <defs>
        <radialGradient id="g1">
            <stop offset="0%" stop-color="#fff" stop-opacity="1"/>
            <stop offset="80%" stop-color="rgb(255,128,192)" stop-opacity="1"/>
            <stop offset="100%" stop-color="rgb(252,239,169)" stop-opacity="1"/>
        </radialGradient>
    </defs>
    <circle cx="120" cy="120" r="100" fill="url(#g1)"/>
</svg>
</body>
</html>
```

其实现效果如图 18.18 所示。

图 18.18　绘制径向渐变的圆形

18.6　小　　结

本章介绍了 SVG 的基本使用，包括 svg 中如何绘制规则和不规则的图形、如何添加滤镜以及动画等基础应用，但是 SVG 的强大之处不止于此，合理地应用 SVG 中的路径，可以实现更多炫美的效果。学完本章以后，希望读者能在掌握 SVG 基础的同时，能够灵活应用 SVG 中的知识，以创造出更加丰富多彩的页面效果。

18.7　习　　题

选择题

1. 下面说法正确的是（　　　）。

   A．SVG 是一种可伸缩矢量图形

B．SVG 格式的图形的分辨率越高，图像越清晰

C．使用 SVG 绘制多边形时，可以不按顺序定义多边形的各顶点

D．以上说法都正确

2．使用 SVG 可以绘制以下（　　　）图形。

    A．矩形　　　　　　　B．圆形　　　　　　　C．三角形　　　　　　　D．以上都是

3．使用 SVG 绘制一个矩形，要求矩形的长为 70，宽为 50 并且边框颜色为红色，填充色为绿色，下面代码正确的是（　　　）。

    A．<rect x="0" y="0" width="70" height="50" stroke="red" fill="green"/>

    B．<rect x="0" y="0" width="50" height="70" stroke="red" fill="green"/>

    C．<rect x="0" y="0" width="50" height="70" stroke="green" fill="red"/>

    D．<rect x="0" y="0" width="70" height="50" stroke="green" fill="red"/>

4．下列说法正确的是（　　　）。

    A．使用 SVG 中的滤镜时，需要将所使用滤镜嵌套在 filter 标签内部

    B．SVG 中添加动画必须使用 animate 标签

    C．SVG 实现的渐变分为线性渐变和放射性渐变

    D．A、B、C 都正确

5．关于 SVG 中的路径，下列说法正确的是（　　　）。

    A．绘制路径需要使用 path 标签

    B．定义路径中的各个顶点坐标时，横纵坐标可以使用逗号或空格间隔

    C．可以使用相关指令定义路径

    D．A、B、C 都正确

判断题

6．SVG 中可以对同一个目标元素添加多个滤镜。（　　　）

7．在 HTML 中添加 SVG，必须使用<embed>或<object>标签。（　　　）

填空题

8．如下代码中绘制的形状是_____，图形的大小是_____，对其进行的变形效果是_____。

```
<rect x="0" y="0" width="50" height="70"fill="red" transform="rotate(60,25,35)"/>
```

9．SVG 中，transform=" rotate(50,60,70)"表示_____。

第*19*章

数据存储

（ 📹 视频讲解：**49** 分钟 ）

本章介绍 HTML5 中与数据存储相关的两个重要内容——Web Storage 与本地数据库。其中，Web Storage 存储机制是对 HTML4 中 Cookies 存储机制的一个改善。由于 Cookies 存储机制有很多缺点，HTML5 中不再使用它，转而使用改良后的 Web Storage 存储机制。本地数据库是 HTML5 中新增的一个功能，使用它可以在客户端本地建立一个数据库——原本必须要保存在服务器端数据库中的内容现在可以直接保存在客户端本地了，这大大减轻了服务器端的负担，同时也加快了访问数据的速度。

通过阅读本章，您可以：

▶▶ 掌握 Web Storage 的基本概念

▶▶ 了解 sessionStorage 和 localStorage，以及两者之间的区别

▶▶ 掌握 sessionStorage 和 localStorage 的使用方法

▶▶ 掌握使用 sessionStorage 和 localStorage 进行复杂数据的存储

▶▶ 使用 sessionStorage 和 localStorage 进行 JavaScript 对象的存储

▶▶ 掌握本地数据库的基本概念以及使用 openDatabase 方法创建与打开数据库

▶▶ 能够使用 transaction 方法进行事务的处理

▶▶ 结合使用 transaction 方法与 executeSql 方法来实现数据在本地数据库中的增加、删除、查询、修改

视频讲解

19.1 初识 Web Storage

19.1.1 Web Storage 是什么

在 HTML5 中，除了 Canvas 元素之外，另一个新增的非常重要的功能是可以在客户端本地保存数据的 Web Storage 功能。Web 应用的发展，使得客户端存储使用得也越来越多，而实现客户端存储的方式则是多种多样。最简单而且兼容性最佳的方案是 Cookie，但是作为真正的客户端存储，Cookie 还是有些不足。

☑ 大小：Cookies 的大小被限制在 4KB。

☑ 带宽：Cookies 是随 HTTP 事物一起发送的，因此会浪费一部分发送 Cookies 时使用的带宽。

☑ 复杂性：Cookies 操作起来比较麻烦；所有的信息要被拼到一个长字符串里面。

☑ 对 Cookies 来说，在相同的站点与多事务处理保持联系不是很容易。

在这种情况下，在 HTML5 中重新提供了一种在客户端本地保存数据的功能，它就是 Web Storage 功能。

Web Storage 功能，顾名思义，就是在 Web 上存储数据的功能，而这里的存储，是针对客户端本地而言的。它包含两种不同的存储类型：Session Storage 和 Local Storage。不管是 Session Storage 还是 Local Storage，它们都能支持在同域下存储 5MB 数据，这相比 Cookies 有着明显的优势。

☑ sessionStorage

将数据保存在 session 对象中。所谓 session，是指用户在浏览某个网站时，从进入网站到浏览器关闭所经过的这段时间，也就是用户浏览这个网站所花费的时间。session 对象可以用来保存在这段时间内所要求保存的任何数据。

☑ localStorage

将数据保存在客户端本地的硬件设备中，即使浏览器被关闭了，该数据仍然存在，下次打开浏览器访问网站时仍然可以继续使用。

这两种不同的存储类型区别在于，sessionStorage 为临时保存，而 localStorage 为永久保存。

19.1.2 使用 Web Storage 中的 API

下面讲解如何使用 Web Storage 的 API。目前 Web Storage 的 API 有如下这些。

☑ Length：获得当前 Web Storage 中的数目。

☑ key(n)：返回 Web Storage 中的第 n 个存储条目。

☑ getItem(key)：返回指定 key 的存储内容，如果不存在则返回 null。注意，返回的类型是 String 字符串类型。

☑ setItem(key, value)：设置指定 key 的内容的值为 value。

☑　removeItem(key)：根据指定的 key，删除键值为 key 的内容。

☑　clear：清空 Web Storate 的内容。

可以看到，Web Storage API 的操作机制实际上是对键值对进行的操作。下面是一些相关的应用。

1. 数据的存储与获取

☑　sessionStorage

在 sessionStorage 中设置键值对数据可以应用 setItem()，代码如下。

```
sessionStorage.setItem("key", "value);
```

获取数据可以应用 getItem()，代码如下：

```
var val = sessionStorage.getItem("key");
```

当然也可以直接使用 sessionStorage 的 key 方法，而不使用 setItem 和 getItem 方法，代码如下。

```
sessionStorage.key = "value";
var val = sessionStorage.key;
```

HTML5 存储是基于键值对（key/value）的形式存储的，每个键值对称为一个项（item）。

存储和检索数据都是通过指定的键名，键名的类型是字符串类型。值可以是包括字符串、布尔值、整数，或者浮点数在内的任意 JavaScript 支持的类型。但是，最终数据是以字符串类型存储的。

调用结果是将字符串 value 设置到 sessionStorage 中，这些数据随后可以通过键 key 获取。调用 setItem()时，如果指定的键名已经存在，那么新传入的数据会覆盖原先的数据。调用 getItem()时，如果传入的键名不存在，那么会返回 null，而不会抛出异常。

【例 19.1】　下面是一个使用 sessionStorage 对象保存与读取临时数据的实例。（**实例位置：资源包\TM\sl\19\1**）

本例实现的具体过程如下。

（1）创建 index.html 文件，在文件中创建一个文本框和一个"读取"按钮，并设置当文本框触发 onChange 事件时执行 txt_change()函数；当按钮触发 onClick 事件时执行 btn_click()函数。代码如下。

```
<!DOCTYPE html>
<html>
<head>
<meta charset="utf-8" />
<title>使用 sessionStorage 对象保存与读取临时数</title>
</head>
<body>
<fieldset>
  <legend>sessionStorage 对象保存与读取临时数据</legend>
  <input type="text" class="inputtxt" onChange="txt_change(this);" size="30px">
  <input type="button" class="inputbtn" onClick="btn_click();" value="读取">
  <p id="pStatus"></p>
</fieldset>
</body>
</html>
```

（2）在页面中编写 JavaScript 代码，首先定义 txt_change()函数，该函数首先通过变量 strName 获取输入的文本框内容，然后通过调用 sessionStorage 对象中的 setItem()方法，将该内容保存至 session 对象中，键名为 strName，对应键值为已获取内容的变量 strName。保存完成后，再通过调用 sessionStorage 对象中的 getItem()方法，根据保存的键名，将对应的键值通过 ID 号为 pStatus 的<p>元素显示在页面中。然后定义 btn_click()函数，该函数在单击"读取"按钮时调用。具体代码如下。

```
<script type="text/javascript">
function $$(id){
    return document.getElementById(id);
}
//输入文本框内容并失去焦点时调用的函数
function txt_change(v){
    var strName=v.value;
    sessionStorage.setItem("strName",strName);
    $$("pStatus").style.display="block";
    $$("pStatus").innerHTML=sessionStorage.getItem("strName");
}
//单击"读取"按扭时调用的函数
function btn_click(){
    $$("pStatus").style.display="block";
    $$("pStatus").innerHTML=sessionStorage.getItem("strName");
}
</script>
```

在 Opera 浏览器中运行本实例，当用户在文本框中输入内容并使文本框失去焦点时，通过 sessionStorage 对象会保存文本框输入的内容，并即时显示在页面中；当单击"读取"按钮时，将直接读取被保存的临时数据，结果如图 19.1 所示。

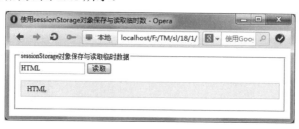

图 19.1　sessionStorage 保存并读取临时数据

☑　localStorage

在 localStorage 中设置键值对数据可以应用 setItem()，代码如下。

```
localStorage.setItem("key", "value);
```

获取数据可以应用 getItem()，代码如下。

```
var val = localStorage.getItem("key");
```

当然也可以直接使用 localStorage 的 key 方法，而不使用 setItem 和 getItem 方法，代码如下。

```
localStorage.key = "value";
var val = localStorage.key;
```

2. 数据的删除和清空

removeItem()用于从 Storage 列表删除数据代码如下。

```
var val = sessionStorage.removeItem(key);
```

也可以通过传入数据项的 key 从而删除对应的存储数据代码如下。

```
var val = sessionStorage.removeItem(1);
```

说明

数字 1 会被转换为 string，因为 key 的类型就是字符串。

clear()方法用于清空整个列表的所有数据，代码如下。

```
sessionStorage.clear();
```

同时可以通过使用 length 属性获取 Storage 中存储的键值对的个数。

```
var val = sessionStorage.length;
```

注意

removeItem 可以清除给定的 key 所对应的项，如果 key 不存在，则"什么都不做"；clear 会清除所有的项，如果列表本来就是空的就"什么都不做"。

【例 19.2】 下面是一个使用 localStorage 对象保存与读取登录用户名的实例。（**实例位置：资源包\TM\sl\19\2**）

本例实现的具体过程如下。

（1）创建 index.html 文件，在文件中创建"登录"表单，并设置当"登录"按钮触发 onClick 事件时执行 btn_click()函数，同时设置当页面加载时执行 pageload()函数。代码如下。

```
<!DOCTYPE html>
<html>
<head>
<meta charset="utf-8" />
<title>保存与读取登录用户名</title>
<link href="../Css/css1.css" rel="stylesheet" type="text/css">
<script type="text/javascript" src="Js/js1.js">
</script>
</head>
<body onLoad="pageload();">
<form id="frmLogin" action="#">
<fieldset>
  <legend>登录</legend>
  <ul>
```

```
        <li class="li_top1"><span id="spnStatus"></span></li><br>
        <li>用户名：<input id="txtName" c1ass="inputtxt" type="text"></li>
        <li>密  码：<input id="txtPass" class="inputtxt" type="password"></li>
        <li><input id="chkSave" type="checkbox">是否保存密码</li>
        <li class="li_bot">
          <input name="btn" class="inputbtn" value="登录" type="button" onClick="btn_click();">
           <input name="rst" class="inputbtn" type="reset" value="取消">
        </li>
    </ul>
</fieldset>
</form>
</body>
</html>
```

（2）创建 js1.js 文件，在文件中编写 JavaScript 代码，定义 btn_click()函数，该函数首先分别通过两个变量保存在文本框中输出的用户名与密码，然后调用 localStorage 对象中的 setItem()方法，将用户名作为键名 keyName 的键值进行保存。如果选择了"是否保存密码"选项，则将密码作为键名 keyPass 的键值进行保存；否则，将调用 localStorage 对象中的 removeItem()方法删除键名为 keyPass 的记录。最后定义 pageload()函数，在该函数中，先通过 localStorage 对象中的 getItem()方法获取指定键名的键值，并保存在变量中。如果不为空，则将该变量值赋值于对应的文本框，用户下次登录时不用再次输入，以方便用户的操作。js1.js 文件的具体代码如下。

```
function $$(id) {
    return document.getElementById(id);
}
//页面加载时调用的函数
function pageload(){
    var strName=localStorage.getItem("keyName");
    var strPass=localStorage.getItem("keyPass");
    if(strName){
        $$("txtName").value=strName;
    }
    if(strPass){
        $$("txtPass").value=strPass;
    }
}
//单击"登录"按钮后调用的函数
function btn_click(){
    var strName=$$("txtName").value;
    var strPass=$$("txtPass").value;
    localStorage.setItem("keyName",strName);
    if($$("chkSave").checked){
        localStorage.setItem("keyPass",strPass);
    }else{
        localStorage.removeItem("keyPass");
    }
    $$("spnStatus").className="status";
    $$("spnStatus").innerHTML="登录成功!";
}
```

在 Opera 浏览器中运行本实例，用户在文本框中输入用户名与密码，单击"登录"按钮后，将使用 localStorage 对象保存登录时的用户名。如果选中"是否保存密码"复选框，将保存登录时的密码，否则，将清空原先保存的密码。当重新在浏览器中打开该页面时，经过保存的用户名和密码数据将分别显示在相应的文本框中。结果如图 19.2 所示。

图 19.2　localStorage 保存与读取登录用户名

19.1.3　sessionStorage 和 localStorage 的实例——计数器

【例 19.3】　本节将通过一个实例来具体看一下 sessionStorage 和 localStorage 的区别。本例主要是通过 sessionStorage 和 localStorage 对页面的访问量进行计数。当在文本框内输入数据后，分别可以单击"session 保存"按钮和"local 保存"按钮对数据进行保存，还可以通过"session 读取"按钮和"local 读取"按钮对数据进行读取。但是两种方法对数据的处理方式不一样，使用 sessionStorage 方法时，如果关闭了浏览器，这个数据就丢失了，下一次打开浏览器并单击读取数据按钮时，读取不到任何数据。使用 localStorage 方法时，即使浏览器关闭了，下次打开浏览器时仍然能够读取保存的数据。但是，数据保存是按不同的浏览器分别进行的，也就是说，如果打开其他浏览器，是读取不到在这个浏览器中保存的数据的。（**实例位置：资源包\TM\sl\19\3**）

实现本例的具体步骤如下。

（1）准备一个用来保存数据的网页。在本例网页中，在页面上放置的控件如表 19.1 所示。

表 19.1　Web Storage 示例的页面中元素

元　素	id	用　途
input type="text"	text-1	输入数据
p	msg_1	显示数据
button	btn-1	session 保存
button	btn-2	session 读取
button	btn-3	local 保存
button	btn-4	local 读取
span	session_count	session 计数
span	local_count	local 计数

该实例的 HTML 页面代码如下。

```
<p class="msg" id="msg_1"> </p>
<p class="form_item">
<label for="">要保存的数据：</label>
<input type="text" name="text-1" value="" id="text-1"/></p>
<p class="form_item">
<input type="button" name="btn-1" value="session 保存" id="btn-1"/>
<input type="button" name="btn-2" value="session 读取" id="btn-2"/>
</p>
<p class="form_item">
 <input type="button" name="btn-3" value="local 保存" id="btn-3"/>
 <input type="button" name="btn-4" value="local 读取" id="btn-4"/>
 </p>
     <p class="count_wrap">
     session 计数：<span class="count" id='session_count'></span>  
     local 计数：<span class="count" id='local_count'></span></p>
```

（2）在 JavaScript 脚本中分别使用了 sessionStorage 和 localStorage 两种方法。这两种方法都是当用户在 input 文本框中输入内容时"session 保存"按钮和"local 保存"按钮对数据进行保存，通过"session 读取"按钮和"local 读取"按钮对数据进行读取。实现的代码如下。

```
function getE(ele){                              //自定义一个 getE()函数
    return document.getElementById(ele);         //返回并调用 document 对象的 getElementById 方法输出变量
         }
         var text_1 = getE('text-1'),            //声明变量并为其赋值
             mag = getE('msg_1'),
             btn_1 = getE('btn-1'),
             btn_2 = getE('btn-2'),
             btn_3 = getE('btn-3'),
             btn_4 = getE('btn-4');
     btn_1.onclick = saveSessionStorage;
     btn_2.onclick = loadSessionStorage;
     btn_3.onclick = saveLocalStorage;
     btn_4.onclick = loadLocalStorage;

     function saveSessionStorage(){
         sessionStorage.setItem('msg',text_1.value + 'session');
     }
     function loadSessionStorage(){
         mag.innerHTML = sessionStorage.getItem('msg');
     }
     function saveLocalStorage(){
         localStorage.setItem('msg',text_1.value + 'local');
     }
     function loadLocalStorage(){
         mag.innerHTML = localStorage.getItem('msg');
     }
```

在保存数据时，如果使用 sessionStorage 读取或保存数据，则需要使用 sessionStorage 对象并调用

该对象的读写方法；如果使用 localStorage 读写或保存数据，则需要使用 localStorage 对象并调用该对象的读写方法。

在读取数据时，不管是哪个对象，都会使用 getItem 方法来读取数据，使用 setItem 方法来保存数据。保存数据时按"键名/键值"的形式进行保存。使用 getItem 方法读取数据时，将参数指定为键名，返回键值。使用 setItem 方法保存数据时，将第一个参数指定为键名，将第二个参数指定为键值。

（3）通过三元运算符来定义记录页面的次数，然后通过 setItem 方法对数据进行保存，代码如下。

```
var local_count = localStorage.getItem('a_count')?localStorage.getItem('a_count'):0;
getE('local_count').innerHTML = local_count;
localStorage.setItem('a_count',+local_count+1);

var session_count = sessionStorage.getItem('a_count')?sessionStorage.getItem('a_count'):0;
getE('session_count').innerHTML = session_count;
sessionStorage.setItem('a_count',+session_count+1);
```

本例在 Opera 10 浏览器中的运行结果如图 19.3 所示。

图 19.3　Opera 10 浏览器中的 Web Storage 示例

19.1.4　Web Storage 综合实例——留言本

【例 19.4】　在本节中，来看一个简单 Web 留言本的示例。使用一个多行文本框输入数据，单击按钮时将文本框中的数据保存到 localStorage 中，在表单下部放置一个 p 元素来显示保存后的数据。

如果只保存文本框中的内容，并不能知道该内容是什么时候写好的，所以保存该内容的同时，也保存了当前日期和时间，并将该日期和时间一并显示在 p 元素中。

利用 Web Storage 保存数据时，数据必须是"键名/键值"的格式，所以将文本框的内容作为键值，保存时的日期和时间作为键名来进行保存，计算机中对于日期和时间的值是以时间戳的形式进行管理的，所以保存时不可能存在重复的键名。（实例位置：资源包\TM\sl\19\4）

本例实现的主要过程如下。

（1）编写显示页面用的 HTML 代码部分。在该页面中，除了输入数据用的文本框与显示数据用的 p 元素之外，还放置了"添加"按钮与"全部清除"按钮，单击"添加"按钮来保存数据，单击"全部清除"按钮来消除全部数据，实现的代码如下。

```
<h1>简单 Web 留言本</h1>
<textarea id="memo" cols="60" rows="10"></textarea><br>
<input type="button" value="添加" onclick="saveStorage('memo');">
<input type="button" value="全部清除" onclick="clearStorage('msg');">
<hr>
<p id="msg"></p>
```

（2）接下来在 JavaScript 脚本中，编写单击"添加"按钮时调用的 saveStorage 函数，在这个函数中使用 new Date().getTime()语句得到了当前的日期和时间戳，然后调用 localStorage.setItem 方法，将得到的时间戳作为键值，并将文本框中的数据作为键名进行保存。保存完毕后，重新调用脚本中的 loadStorage 函数在页面上重新显示保存后的数据。实现的代码如下。

```
function saveStorage(id)
{
    var data = document.getElementById(id).value;
    var time = new Date().getTime();
    localStorage.setItem(time,data);
    alert("数据已保存。");
    loadStorage('msg');
}
```

（3）在添加完数据后，数据将以表格的形式进行显示。取得全部数据时，需要用到 loadStorage 两个比较重要的属性。

- ☑ loadStorage.length——所有保存在 loadStorage 中的数据的条数。
- ☑ loadStorage.key(index)——将想要得到数据的索引号作为 index 参数传入，可以得到 loadStorage 中与这个索引号对应的数据。例如想要得到第 6 条数据，传入的 index 为 5（index 是从 0 开始计算的）。

在本例中获取保存数据主要是先用 loadStorage.length 属性获取保存数据的条数，然后做一个循环，在循环内用一个变量，从 0 开始将该变量作为 index 参数传入 loadStorage.key(index)属性，每次循环时该变量加 1，以此取得保存在 loadStorage 中的所有数据。实现的代码如下。

```
function loadStorage(id)
{
    var result = '<table border="1">';
    for(var i = 0;i < localStorage.length;i++)
    {
        var key = localStorage.key(i);
        var value = localStorage.getItem(key);
        var date = new Date();
        date.setTime(key);
        var datestr = date.toGMTString();
        result += '<tr><td>' + value + '</td><td>' + datestr + '</td></tr>';
```

```
    }
    result += '</table>';
    var target = document.getElementById(id);
    target.innerHTML = result;
}
```

（4）单击"全部清除"按钮时，调用 clearStorage 函数对数据进行全部清除，在这个函数中只有一句语句 localStorage.clear()，调用 localStorage 的 clear 方法时，所有保存在 localStorage 中的数据会全部被清除，实现代码如下。

```
function clearStorage()
{
    localStorage.clear();
    alert("全部数据被清除。");
    loadStorage('msg');
}
```

该实例在 Opera 浏览器中的运行结果如图 19.4 所示。

图 19.4　Opera 浏览器中的简单 Web 留言本示例

19.1.5　JSON 对象的存储实例——用户信息卡

虽然 HTML5 Web Storage 规范允许将任意类型的对象保存为键值对形式，实际情况却是一些浏览器将数据限定为文本字符串类型。不过，既然现代浏览器原生支持 JSON，这就解决了这个问题。JSON 格式是 JavaScript Object Notation 的缩写，是将 JavaScript 中的对象作为文本形式来保存时使用的一种格式。

JSON 是一种将对象与字符串可以相互表示的数据转换标准。JSON 一直是通过 HTTP 将对象从浏览器传送到服务器一种常用格式。现在，可以通过序列化复杂对象将 JSON 数据保存在 Storage 中，以实现复杂数据类型的持久化。

【例 19.5】　下面是一个用户信息卡的实例，在该实例中将用户的信息使用 JSON 格式进行保存。使用 JSON 的格式作为文本保存来保存对象，获取该对象时再通过 JSON 格式来获取，就可以保存和读取具有复杂结构的数据了。(**实例位置：资源包\TM\sl\19\5**)

本例实现的具体过程如下。

（1）编写显示页面用的 HTML 代码部分。在该页面中，除了输入数据用的文本框与显示数据用的 p 元素之外，还放置了"保存"与"按姓名查询"按钮，单击"保存"按钮来保存数据，单击"按姓名查询"按钮来查询用户信息，实现的代码如下。

```
<table>
    <tr><td align="right">姓名:</td><td><input type="text" id="name"></td></tr>
    <tr><td align="right">E-mail:</td><td><input type="text" id="email"></td></tr>
    <tr><td align="right">电话号码:</td><td><input type="text" id="tel"></td></tr>
    <tr><td align="right">备注:</td><td><input type="text" id="memo"></td></tr>
    <tr>
        <td colspan="2" align="center"><input type="button" value="保存" onclick="saveStorage();"></td>
    </tr>
</table>
<hr>
<p>查询:
<input type="text" id="find">
<input type="button" value="按姓名查询" onclick="findStorage('msg');">
</p>
<p id="msg"></p>
```

（2）在 HTML 页面中调用 saveStorage 函数来对数据实现保存，在这个函数中首先从各输入文本框中获取数据，然后创建对象，将获取的数据作为对象的属性进行保存。为了将数据保存在一个对象中，使用 new Object 语句创建了一个对象，将各种数据保存在该对象的各个属性中，为了将对象转换成 JSON 格式的文本数据，使用了 JSON 对象的 stringify 方法。该方法的使用方法如下。

```
var str = JSON.stringify(data);
```

该方法接受一个参数 data，该参数表示要转换成 JSON 格式文本数据的对象。这个方法的作用是将对象转换成 JSON 格式的文本数据，并将其返回。

最后将文本数据保存在 localStorage 中。实现的代码如下。

```
function saveStorage()
{
    var data = new Object;
    data.name = document.getElementById('name').value;
    data.email = document.getElementById('email').value;
    data.tel = document.getElementById('tel').value;
    data.memo = document.getElementById('memo').value;
    var str = JSON.stringify(data);
    localStorage.setItem(data.name,str);
    alert("数据已保存。");
}
```

（3）在 HTML 页面中调用 findStorage 函数，对数据进行查询。在该函数中，首先从 localStorage 中，将查询用的姓名作为键值，获取对应的数据。将获取的数据转换成 JSON 对象。该函数的关键是使用 JSON 对象的 parse 方法，将从 localStorage 中获取的数据转换成 JSON 对象。该方法的使用方法如下。

```
var data =JSON.parse(str);
```

该方法接受一个参数 str，此参数表示从 localStorage 中取得的数据，该方法的作用是将传入的数据转换为 JSON 对象，并且将该对象返回。

在取得 JSON 对象的各个属性值之后，创建要输出的内容，最后将要输出的内容在页面上输出。实现的代码如下。

```
function findStorage(id)
{
    var find = document.getElementById('find').value;
    var str = localStorage.getItem(find);
    var data =   JSON.parse(str);
    var result = "姓名: " + data.name + '<br>';
    result += "E-mail: " + data.email + '<br>';
    result += "电话号码: " + data.tel   + '<br>';
    result += "备注: " + data.memo + '<br>';
    var target = document.getElementById(id);
    target.innerHTML = result;
}
```

用户信息卡分为姓名、E-mail 地址、电话号码、备注这几列，把它们保存在 localStorage 中。在查询中以用户的姓名进行检索，可以获取这个用户的所有联系信息。用户信息卡的运行效果如图 19.5 所示。

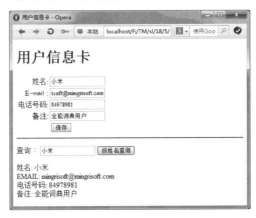

图 19.5 使用 JSON 对象实现的用户信息卡

19.2 本地数据库

19.2.1 Web SQL 数据库简介

Web SQL 数据库是存储和访问数据的另一种方式。从其名称可以看出，这是一个真正的数据库，可以查询和加入结果。在 HTML5 中，大大丰富了客户端本地可以存储的内容，添加了很多功能来将原本必须要保存在服务器上的数据转为保存在客户端本地，从而大大提高了 Web 应用程序的性能，减轻了服务器端的负担。

在这其中，一项非常重要的功能就是数据库的本地存储功能。在 HTML5 中内置了一个可以通过 SQL 语言来访问数据库。在 HTML4 中，数据库只能放在服务器端，只能通过服务器来访问数据库，但是在 HTML5 中，可以就像访问本地文件那样轻松地对内置数据库进行直接访问了。

现在，像这种不需要存储在服务器上的，被称为 SQLLite 的文件型 SQL 数据库已经得到了很广泛的利用，所以 HTML5 中也采用了这种数据库来作为本地数据库。因此，如果先掌握了 SQLLite 数据库的基本知识，接着再学如何使用 HTML5 的数据库也就不是很难了。

19.2.2 使用 Web SQL Database API

典型的数据库 API 的用法，涉及打开数据库，然后执行一些 SQL。但是需要注意的是，如果使用服务器端的一个数据库的话，通常还要关闭数据库连接。

1. 打开和创建数据库

通过初次打开一个数据库，就会创建数据库。在任何时间，在该域上只能拥有指定数据库的一个版本，因此如果用户创建了版本 1.0，那么应用程序在没有特定地改变数据库的版本时，将无法打开 1.1。

打开和创建数据库必须使用 openDatabase 方法来创建一个访问数据库的对象。该方法的使用方法如下。

```
var db=openDatabase( 'db', '1.0' , 'first database',2*1024*1024);
```

该方法使用 4 个参数，第 1 个参数为数据库名，第 2 个参数为版本号，第 3 个参数为数据库的描述，第 4 个参数为数据库的大小。该方法返回创建后的数据库访问对象，如果该数据库不存在，则创建该数据库。

为了确保应用程序有效，并且检测对 Web SQL 数据库 API 的支持，还应该测试浏览器对数据库的支持，所以要进行测试，测试代码如下。

```
var db;
if(window.openDatabase){
    db = openDatabase('mydb', '1.0' , 'My first database',2*1024*1024);
}
```

【例 19.6】 下面是一个使用 openDatabase 方法创建数据库的实例。（实例位置：资源包\TM\sl\19\6）本例实现的具体过程如下。

（1）创建 index.html 文件，首先在文件中创建两个按钮，一个用于创建数据库，另一个用于检测创建的数据库连接是否正常；然后创建一个 p 元素，用于显示函数的执行结果。代码如下。

```
<!DOCTYPE html>
<html>
<head>
<meta charset="utf-8" />
```

```
<title>使用 openDatabase 创建数据库</title>
</head>
<body>
<input id="CreateDb" type="button" value="创建数据库" class="inputbtn" onClick="CreateDb_Click();">
<input id="TestConn" type="button" value="测试连接" class="inputbtn" onClick="TestConn_Click();">
<p id="pStatus"></p>
</body>
</html>
```

（2）在页面中创建两个自定义函数，分别在单击"创建数据库"与"测试连接"按钮时调用。首先定义了一个全局性变量 db，用于保存打开的数据库对象。当用户单击"创建数据库"按钮时，调用自定义函数 CreateDb_Click()，在该函数中，创建一个名为 mydb，版本号为 1.0 的 2MB 的数据库对象；如果创建成功，则执行回调函数，在回调函数中显示执行成功的提示信息。单击"测试连接"按钮时，调用另一个自定义函数 TestConn_Click()，在该函数中，直接根据全局变量 db 的状态，显示数据库连接是否成功的提示信息。代码如下。

```
<script type="text/javascript">
function $$(id){
    return document.getElementById(id);
}
var db;
//单击"创建数据库"按扭时调用
function CreateDb_Click(){
    db=openDatabase('mydb','1.0','my database',2*1024*1024,
    function(){
        $$("pStatus").style.display="block";
        $$("pStatus").innerHTML="数据库创建成功！";
    });
}
//单击"测试连接"按扭时调用
function TestConn_Click(){
    if(db){
        $$("pStatus").style.display="block";
        $$("pStatus").innerHTML="数据库连接成功!";
    }
}
</script>
```

在 Opera 浏览器中运行本实例，当单击"创建数据库"和"测试连接"这两个按钮时，将在页面中显示执行过程中的相应状态。结果如图 19.6 所示。

图 19.6　数据库连接成功

2．创建数据表

实际访问数据库时，还需要使用 transaction 方法，用来执行事务处理。使用事务处理，可以防止在对数据库进行访问及执行有关操作时受到外界的打扰。因为在 Web 上，同时会有许多人都在对页面进行访问。如果在访问数据库的过程中，正在操作的数据被别的用户给修改掉的话，会引起很多意想不到的后果。因此，可以使用事务来达到在操作完了之前，阻止别的用户访问数据库的目的。

transaction 方法的使用方法如下。

```
db.transaction(function(tx)){
    tx.executeSql('CREATE TABLE tweets(id,date,tweet)');
});
```

transaction 方法使用一个回调函数为参数。在这个函数中，执行访问数据库的语句。

要创建数据表（以及数据库上的任何其他事务），必须启动一个数据库"事务"，并且在回调中创建该表。事务回调接受一个参数，其中包含了事务对象，这就是允许运行 SQL 语句并且运行 executeSql 方法（在下面的例子中，就是 tx）的内容。这通过使用从 openDatabase 返回的数据库对象来完成，并且像下面这种调用事物的方法如下。

```
var db;
if(window.openDatabase){
    db = openDatabase('mydb', '1.0' , 'My first database',2*1024*1024);
    db.transaction(function(tx)){
    tx.executeSql('CREATE TABLE tweets(id,date,tweet)');
    });
}
```

【例 19.7】 下面是一个在 Web SQL 数据库中创建数据表的实例。（实例位置：资源包\TM\sl\19\7）本例实现的具体过程如下。

（1）创建 index.html 文件，首先在文件中定义一个"创建数据表"按钮；然后创建一个 p 元素，用于显示函数的执行结果。代码如下。

```
<!DOCTYPE html>
<html>
<head>
<meta charset="utf-8" />
<title>使用 transaction 方法创建数据表</title>
</head>
<body>
<input id="CreateTrans" type="button" value="创建数据表" class="inputbtn" onClick="CreateTrans_Click();">
<p id="pStatus"></p>
</body>
</html>
```

（2）在页面中编写 JavaScript 代码，创建自定义函数 CreateTrans_Click()，在该函数中，首先使用 openDatabase 方法打开或创建一个名为 Student 的数据库，如果成功，则定义一个 SQL 语句，通过字符串变量 strSQL 保存。该 SQL 语句的功能是：如果数据表不存在，则新建一个名为 StuInfo 的表，并定义表中 4 个字段及其类型。然后，使用 transaction() 方法创建数据表，在该方法的第一个参数中获取变量 strSQL 的值，调用 executeSql 方法执行对应的 SQL 语句。最后，将执行结果通过 transaction 方法中第二个与第三个回调函数显示在页面中。代码如下。

```javascript
<script type="text/javascript">
function $$(id){
    return document.getElementById(id);
}
var db;
//单击"创建数据表"按钮时执行
function CreateTrans_Click(){
    //创建/打开数据库
    db=openDatabase('Student','1.0','StuManage',2*1024*1024);
    if(db){
        var strSQL="create table if not exists StuInfo";
        strSQL+="(StuID unique,Name text,Sex text,Score int)";
        db.transaction(function(tx){
            tx.executeSql(strSQL);
        },
        function(){
            Status_Handle("创建数据表出错！");
        },
        function(){
            Status_Handle("创建数据表成功！");
        })
    }
}
//自定义显示执行过程中状态的函数
function Status_Handle(message){
    $$("pStatus").style.display="block";
    $$("pStatus").innerHTML=message;
}
</script>
```

在 Opera 浏览器中运行本实例，当用户单击"创建数据表"按钮时，将在页面中显示创建数据表的结果信息，结果如图 19.7 所示。

图 19.7　sessionStorage 保存并读取临时数据

3．插入和查询数据

接下来，我们来看一下在 transaction 的回调函数内，到底是怎样访问数据库的。这里，使用了作为参数传递给回调函数的 transaction 对象的 executeSql 方法。

executeSql 方法的完整定义如下。

```
transaction.executeSql(sqlquery,[],dataHandler,errorHandler);
```

该方法使用 4 个参数，第 1 个参数为需要执行的 SQL 语句。

第 2 个参数为 SQL 语句中所有使用到的参数的数组。在 executeSql 方法中，将 SQL 语句中所要使用到的参数先用 "?" 代替，然后依次将这些参数组成数组放在第 2 个参数中，如下所示。

```
transaction.executeSql("UPDATE user set age=? where name=?;",[age,name]);
```

第 3 个参数为执行 sql 语句成功时调用的回调函数。该回调函数的传递方法如下。

```
function dataHandler(transaction,results){//执行 SQL 语句成功时的处理};
```

该回调函数使用两个参数，第 1 个参数为 transaction 对象，第 2 个参数为执行查询操作时返回的查询到的结果数据集对象。

第 4 个参数为执行 SQL 语句出错时调用的回调函数。该回调函数的传递方法如下。

```
function errorHandler(transaction,errmsg){//执行 SQL 语句出错时的处理};
```

该回调函数使用两个参数，第 1 个参数为 transaction 对象，第 2 个参数为执行发生错误时的错误信息文字。

下面来看一下，当执行查询操作时，如何从查询到的结果数据集中，依次把数据取出到页面上来，最简单的方法是使用 for 语句循环。结果数据集对象有一个 rows 属性，其中保存了查询到的每条记录，记录的条数可以用 rows.length 来获取。可以用 for 循环，用 row[index]或 rows.Item([index])的形式来依次取出每条数据。在 JavaScript 脚本中，一般采用 row[index]的形式。这里需要注意的是在 Google Chrome5 浏览器中，不支持 rows.Item([index])的形式。

19.2.3　本地数据库实例——用户登录

【例 19.8】　在本节中，我们用户登录界面作为实例，来看一下具体如何对本地数据库进行简单操作。在页面中输入用户名和密码单击"登录"按钮，登录成功后，用户名、密码以及登录时间将显示在页面上，单击"注销"按钮，将清除已经登录的用户名、密码以及登录时间。（**实例位置：资源包\TM\sl\19\8**）

本例的运行效果如图 19.8 所示。

图 19.8　用户登录界面

注意

本例要用 Chrome 最新浏览器运行，否则用户登录的时间不能正常地显示。

本例实现的主要过程如下。

（1）首先，来看一下这个实例的界面。界面中，存在一个输入用户名的文本框，一个输入密码的密码框，以及两个按钮，分别是"登录"按钮和"注销"按钮。分别为"登录"按钮设置 id 为 save；"注销"按钮设置 id 为 clear。实现的代码如下。

```
<form action="#" method="get" accept-charset="utf-8">
<p class="form_item">
用户名：<input type="text" name="" value="" id="name" required/>
</p>
<p class="form_item">
密码：<input type="password" name="" value="" id="msg" required></textarea>
</p>
<p class="form_item">
<input type="submit" id="save" value="登录"/>
<input type="submit" id="clear" value="注销"/>
</p>
<hr>
</form>
```

（2）打开数据库，代码如下。

```
var db = openDatabase('myData','1.0','test database',1024*1024);
```

db 变量代表使用 openDatabase 方法创建的数据库访问对象。在这个实例中，创建了 MyData 这个数据库并对其进行访问。

（3）创建数据表，代码如下。

```
db.transaction(function(tx){
        tx.executeSql('CREATE TABLE IF NOT EXISTS MsgData(name TEXT,msg TEXT,time INTEGER)',[]);
```

这条语句的作用是在数据库中创建一张数据表。在本例中，在数据库里创建了一个带有 3 个字段的数据表 MsgData：第一个字段为 TEXT 类型的 name 字段，第二个字段为 TEXT 类型的 msg 字段，第三个字段为 INTEGER 类型的 time 字段。需要注意的是，如果已经存在了数据表，重复创建该数据表时会引发错误，所以前面必须要加上"IF NOT EXISTS"条件判断语句。这样，当想创建的表在数据库中已经存在时，就不会重复创建了。

（4）调用两个按钮的 id，分别为这两个 id 添加 onclick 事件，"注销"按钮是调用 transaction 方法实现数据表中数据的清除，而"登录"按钮时调用 saveData()函数来实现数据的保存。实现的代码如下。

```
getE('clear').onclick = function()
{
  db.transaction(function(tx){
```

```
        tx.executeSql('DROP TABLE MsgData',[]);
    })
showAllData()
}
 getE('save').onclick = function(){
     saveData();
     return false;
}
```

（5）调用 removeAllData 函数，清除当前显示的数据，以便重新读取数据，代码如下。

```
function removeAllData()
{
    for (var i = datalist.children.length-1; i >= 0; i--){
        datalist.removeChild(datalist.children[i]);
    }
}
```

（6）调用 showData 函数，该函数使用一个 row 参数。该参数表示从数据库中读取到的一行数据。将读取后的数据输出到页面中，代码如下。

```
function showData(row){
    var dt = document.createElement('dt');
dt.innerHTML = row.name;
var dd = document.createElement('dd');
    dd.innerHTML = row.msg;
var tt = document.createElement('tt');
var t = new Date();
t.setTime(row.time);
    tt.innerHTML =t.toLocaleDateString()+" "+ t.toLocaleTimeString();
    datalist.appendChild(dt);
    datalist.appendChild(dd);
    datalist.appendChild(tt);
}
```

（7）调用 showAllData 函数，该函数中使用 transaction 方法，在该方法的回调函数中执行 executeSql 方法获取全部数据。获取到数据之后，首先调用 removeAllData 函数初始化页面，将页面中的数据清除后，执行循环，将获取到的所有数据都以 result.rows.item(i)的形式作为参数传入 showData 函数中进行显示。result.rows 代表了获取到的数据的所有行，而 result.rows.item(i)则代表了第 i 行中的数据，这些数据都以属性和属性值的形式存放在 result.rows.item(i)对象中，并通过访问属性的方法来获取每个字段的内容。本例中通过 result.rows.item(i).name、result.rows.item(i).lengh、result.rows.item(i).time 这 3 个属性来获取每行数据的 name 字段、lengh 字段、time 字段中的内容。实现的代码如下。

```
function showAllData()
    {
        db.transaction(function(tx)
        {
```

```
        tx.executeSql('CREATE  TABLE  IF  NOT  EXISTS  MsgData(name  TEXT,msg  TEXT,time
INTEGER)',[]);
        tx.executeSql('SELECT * FROM MsgData',[],function(tx,result){
            removeAllData();
            for(var i=0; i < result.rows.length; i++){
                showData(result.rows.item(i));
            }
        });
    });
}
```

（8）调用 addData 函数，在这个函数中使用 transaction 方法，在该方法的回调函数中执行 executeSql 方法，将作为参数传入进来的数据保存在数据库中。代码如下。

```
function addData(name,msg,time)
    {
        db.transaction(function(tx)
        {
            tx.executeSql('INSERT INTO MsgData VALUES(?,?,?)',[name,msg,time],function(tx,result)
            {
            alert("登录成功");
            },
            function(tx,error)
            {
                alert(error.source + ':' + error.message);
            });
        });
    }
```

（9）调用 saveData 函数，在该函数中首先调用 addData 函数追加数据，然后调用 showAllData 函数重新显示页面中的全部数据。代码如下。

```
function saveData()
    {
        var name =getE('name').value;
        var msg = getE('msg').value;
        var time = new Date().getTime();
        addData(name,msg,time);
        showAllData();
    }
```

19.3 小 结

本章主要介绍了关于数据存储相关的两个重要内容——Web Storage 与本地数据库。本地数据库是

HTML5 新增的一个功能。本章主要讲解了本地数据库的创建与各种操作。并通过多个实例，来具体讲解各种操作。学完本章，读者会对本地数据库有一个全面的了解。

19.4 习 题

选择题

1. 下面支持本地数据库的浏览器的是（　　）。

    A．IE8　　　　　　　　　　　B．Firefox3.0

    C．Chrome　　　　　　　　　　D．以上都支持

2. 在 Google Chrome5 浏览器中不支持的格式为（　　）。

    A．row[index]　　　　　　　　B．rows.([index])

    C．rows.Item([index])　　　　　D．command

3. 下面的代码中，打开和创建本地数据库的是（　　）。

    A．context.arc(100, 100, 75, 0, Math.PI * 2, false);

    B．var db=openDatabase('db', '1.0' , 'first database',2*1024*1024);

    C．tx.executeSql('CREATE TABLE tweets(id,date,tweet)');

    D．以上都不正确

判断题

4. sessionStorage 为永久保存。（　　）

填空题

5. Web Storage 分为＿＿＿＿＿和＿＿＿＿＿两种。

6. ＿＿＿＿＿格式是 JavaScript Object Notation 的缩写，是将 JavaScript 中的对象作为文本形式来保存时使用的一种格式。

第20章

离线应用程序

（ 🎬 视频讲解：13 分钟）

在 HTML5 中，提供了一个供本地缓存使用的 API。使用这个 API 可以实现离线 Web 应用程序的开发，离线 Web 应用程序是指：当客户端本地与 Web 应用程序的服务器没有建立连接时，也能正常在客户端本地使用该 Web 应用程序进行有关操作，本章将对这个 API 做一个详细介绍。

通过阅读本章，您可以：

▶▶ 掌握离线 Web 应用程序的基本概念

▶▶ 掌握什么是 manifest 文件

▶▶ 掌握怎么在 manifest 文件中指定哪些内容需要进行本地缓存，哪些不需要

▶▶ 掌握进行本地缓存时所使用到的 applicationCache 对象

▶▶ 掌握浏览器与服务器的交互过程

20.1　HTML5 离线 Web 应用概述

20.1.1　离线 Web 应用概述

在 Web 应用中使用缓存的原因之一是为了支持离线应用。在全球互联的时代，离线应用仍有其实用价值。当无法上网时，你会做什么呢？你可能会说如今网络无处不在，而且非常稳定，不存在没有网络的情况。但事实果真如此吗？下面这些问题，你考虑到了吗？

- ☑ 我们乘坐火车过隧道的时候信号好吗？
- ☑ 我们使用移动网络设备的信号好吗？
- ☑ 我们要去给客户做演示的时候，一定能有信号吗？

越来越多的应用移植到了 Web 上，我们倾向于认为用户拥有 24 小时不间断的网络连接。但事实上，网络连接中断时有发生，例如在乘坐飞机的情况下，可预见的中断时间一次就可能达到好几个小时。

间断性的网络连接一直是网络计算系统致命的弱点。如果应用程序依赖于与远程主机的通信，而这些主机又无法连接，用户就无法正常使用应用程序了。不过当网络连接正常时，Web 应用程序可以保证及时更新，因为用户每次使用，应用程序都会从远程位置更新加载相关数据。

如果应用程序只需要偶尔进行网络通信，那么只要在本地存储了应用资源，无论是否连接网络它都可用。随着完全依赖于浏览器的设备的出现，Web 应用程序在不稳定的网络状态下还能够持续工作就变得更加重要。在这方面，不需要持续连接网络的桌面应用程序历来被认为比 Web 应用程序更有优势。

HTML5 的缓存控制机制综合了 Web 应用和桌面应用两者的优势：基于 Web 技术构建的 Web 应用程序，可在浏览器中运行并在线更新，也可在脱机情况下使用。然而，因为目前的 Web 服务器不为脱机应用程序提供任何默认的缓存行为，所以要想使用这一新的离线应用功能，你必须在应用中明确声明。

HTML5 的离线应用缓存使得在无网络连接状态下运行应用程序成为可能。这类应用程序用处很多，比如在书写电子邮件草稿时就无须连接互联网。HTML5 中引入了离线应用缓存，有了它 Web 应用程序就可以在没有网络连接的情况下运行。

应用程序开发人员可以指定 HTML5 应用程序中，具体哪些资源（HTML、CSS、JavaScript 和图像）脱机时可用。离线应用的适用场景很多，例如：

- ☑ 阅读和撰写电子邮件。
- ☑ 编辑文档。
- ☑ 编辑和显示演示文档。
- ☑ 创建待办事宜列表。

使用离线存储，避免了加载应用程序时所需的常规网络请求。如果缓存清单文件是最新的，浏览器就知道自己无须检查其他资源是否最新。大部分应用程序可以非常迅速地从本地应用缓存中加载完成。此外，从缓存中加载资源（而不必用多个 HTTP 请求确定资源是否已经更新）可节省带宽，这对于移除 Web 应用是至关重要的。

缓存清单文件中标识的资源构成了应用缓存（Application Cache），它是浏览器持久性存储资源的地方，通常在硬盘上。有些浏览器向用户提供了查看应用程序缓存中数据的方法。例如，在最新版本的 Firefox 浏览器中，about:cache 页面会显示应用程序缓存的详细信息，提供了查看缓存中的每个文件的办法，如图 20.1 所示。

图 20.1　在 Firefox 中查看离线缓存

20.1.2　本地缓存与浏览器网页缓存的区别

Web 应用程序的本地缓存与浏览器网页缓存在许多方面都存在在明显的区别。

（1）本地缓存是为整个 Web 应用程序服务的，而浏览器的网页缓存只服务于单个网页。任何网页都具有网页缓存，而本地缓存只缓存那些用户指定缓存的网页。

（2）网页缓存也是不安全、不可靠的，因为不知道在网站中到底缓存了哪些网页，以及缓存了网页上的哪些资源。而本地缓存是可靠的，用户可以控制对哪些内容进行缓存，不对哪些内容进行缓存，开发人员还可以用编程的手段来控制缓存的更新，缓存对象的各种属性、状态和事件来开发出更强大的离线应用程序。

20.2　创建 HTML5 离线应用

视频讲解

20.2.1　缓存清单（manifest）

Web 应用程序的本地缓存是通过每个页面的 manifest 文件来管理的。manifest 文件是一个简单文本文件，在该文件中以清单的形式列举了需要被缓存或不需要被缓存的资源文件的文件名称，以及这些资源文件的访问路径。用户可以每一个页面单独指定一个 manifest 文件，也可以对整个 Web 应用程序指定一个总的 manifest 文件。下面为 manifest 文件的一个示例，该文件为 mr.html 网页的 manifest 文件，通过这个示例来对 manifest 文件做一个详细介绍。

```
CACHE MANIFEST
#文件的开头必须要书写 CACHE MANIFEST
#这个 manifest 文件的版本号
#version 9
CACHE：
other.html
mr.js
images/mrphoto.jpg
NETWORK：
http://202.168.1.96:82/mr
mr.php
*
FALLBACK：
online.js locale.js
CACHE：
newmr.html
newmr.js
```

在 manifest 文件中，第一行必须是"CACHE MANIFEST"文字，以把本文件的作用告知浏览器，即对本地缓存中的资源文件进行具体设置。

在 manifest 文件中，可以加上注释来进行一些必要的说明或解释，注释行以"#"文字开头。注释前面可以有空格，但是必须是单独的一行。

在 manifest 文件中最好加上一个版本号，以表示这个 manifest 文件的版本。版本号可以是任何形式，如"version 201011211108"，更新 manifest 文件时一般也会对这个版本号进行更新。

接下来，指定资源文件，文件路径可以是相对路径，也可以是绝对路径。指定时每个资源文件为一行。

在指定资源文件时，可以把资源文件分为 3 类，分别是 CACHE、NETWORK 和 FALLBACK。

☑ 在 CACHE 类别中指定需要被缓存在本地的资源文件。为某个页面指定需要本地缓存的资源文件时，不需要把这个页面本身指定在 CACHE 类别中，因为如果一个页面具有 manifest 文件，浏览器会自动对这个页面进行本地缓存。

☑ NETWORK 类别为显示指定不进行本地缓存的资源文件，这些资源文件只有当客户端与服务器建立连接时才能访问。这些资源文件只有当客户端与服务器端建立连接时才能访问。本示例该类别中的"*"为通配符，表示没有在本 manifest 文件中指定的资源文件都不进行本地缓存。

☑ FALLBACK 类别中的每行中指定两个资源文件，第一个资源文件为能够在线访问时使用的资源文件，第二个资源文件为不能在线访问时使用的备用资源文件。

每个类别都是可选的。但是如果文件开头没有指定类别而直接书写资源文件，浏览器把这些资源文件视为 CACHE 类别，直到看见文件中第一个被书写出来的类别为止。例如在下面的清单中，浏览器会把 NETWORK 类别之前的文件都视为 CACHE 类别。

```
CACHE MANIFEST
#此处没有写明 CACHE 类别
other.html
mr.js
images/mrphoto.jpg
NETWORK：
http://202.168.1.96:82/mr
mr.php
```

允许在同一个 manifest 文件中重复书写同一类别，如下面的 manifest 清单。

```
CACHE MANIFEST
CACHE：
other.html
mr.js
NETWORK：
http://202.168.1.96:82/mr
mr.php
#追加 CACHE 类别中的内容
CACHE：
images/mrphoto.jpg
```

20.2.2　配置 IIS 服务器

在应用程序完全离线之前，还有最后一步。需要正确地提供清单文件。清单文件必须有扩展名.manifest 和正确的 mime-type。

如果使用 Apache 这样的通用 Web 服务器，需要找到在 AppServ/Apache2.2/conf 文件夹中的 mine.types 文件并向其添加 "text/cache-manifest manifest" 内容。

这确保当用户请求任何扩展名为.manifest 的文件时，Apache 将发送 text/cache-manifest 文件头部。

在微软的 IIS 服务器中的步骤如下。

（1）右击默认网站或需要添加类型的网站，弹出属性对话框。

（2）选择 "HTTP 头" 标签。

（3）在 MIME 映射下，单击文件类型按钮。

（4）在打开的 MIME 类型对话框中单击新建按钮。

（5）在关联扩展名文本框中输入 "manifest"，在内容类型文本框中输入 "text/cache-manifest"，然后单击 "确定" 按钮。

20.2.3　浏览 manifest 清单

为了让浏览器能够正常阅读该文本文件，需要在 Web 应用程序页面上的 html 标签的 manifest 属性中指定 manifest 文件的 URL 地址。指定方法如下。

```
<!--可以为每个页面单独指定一个 manifest 文件--!>
<html manifest="mr.manifest">
...
</html>
<!--也可以为整个 Web 应用程序指定一个总的 manifest 文件--!>
<html manifest="mrsoft.manifest">
...
</html>
```

通过这 3 个小节的介绍，将资源文件保存到本地缓存区的基本操作就完成了。当要对本地缓存区的内容进行修改时，只要修改 manifest 文件就可以了。文件被修改后，浏览器可以自动检查 manifest 文件，并自动更新本地缓存区中的内容。

【例 20.1】 本实例将开发一个简单的离线应用，将当前时间动态显示在页面中；当中断与服务器的连接再次浏览该页面时，仍然可以在页面中动态地显示时间。（**实例位置：资源包\TM\sl\20\1**）

（1）创建 index.html 文件，首先定义一个 id 属性值为 time 的 output 元素，用于动态显示当前时间，然后通过 html 元素的 manifest 属性绑定一个 manifest 类型的文件 time.manifest，并在页面中导入 CSS 文件和 JavaScript 文件，代码如下。

```
<!DOCTYPE HTML>
<html manifest="time.manifest">
<head>
<meta charset="UTF-8">
<title>一个简单的离线应用</title>
<link href="../Css/css1.css" rel="stylesheet" type="text/css">
<script type="text/javascript" src="../Js/js1.js"></script>
</head>
<body>
  <fieldset>
    <legend>简单离线示例</legend>
    <output id="time">正在获取时间...</output>
  </fieldset>
</body>
</html>
```

（2）创建 JavaScript 文件 jsl.js，编写自定义函数 getCurTime()，用于获取系统当前时间，并通过 setInterval 方法每隔 1 秒钟调用一次该函数。代码如下。

```
function $$(id) {
    return document.getElementById(id);
}
//获取当前格式化后的时间并显示在页面上
function getCurTime(){
    var dt=new Date();
    var nowtime=dt.getHours()+"时"+dt.getMinutes()+"分"+dt.getSeconds()+"秒";
```

```
    var strHTML="当前时间是："+nowtime;
    $$("time").value=strHTML;
}
//定时执行
setInterval(getCurTime,1000);
```

（3）创建 CSS 文件 cssl.css，编写 CSS 代码用于控制将获取的时间显示在页面中的样式。代码如下。

```
body{
    font-size:12px;
}
fieldset{
    padding:lOpx;
    width:285px;
    float:left;
}
output{
    font-size:14px;
    padding-left:72px;
}
```

（4）创建 manifest 文件 time.manifest，在文件中列举服务器需要缓存至本地的文件清单。代码如下。

```
CACHE MANIFEST
#version 0.0.1
CACHE:
../Js/js1.js
../Css/css1.css
```

本例的运行效果如图 20.2 所示。

图 20.2　动态获取当前时间

20.3　浏览器与服务器的交互过程

当使用离线应用程序时，理解浏览器和服务器之间的通信过程很有用。例如一个 http://localhost:82/mr/ 网站，以 index.html 为主页，该主页使用 index. manifest 文件为 manifest 文件，在该文件中请求本地缓存 index.html、mr.js、mr1.jpg、mr2.jpg 这几个资源文件。首次访问 http://localhost:82/mr/网站时，它们的交互过程如下。

469

（1）浏览器：请求访问 http://localhost:82/mr/。

（2）服务器：返回 index.html 网页。

（3）浏览器：解析 index.html 网页，请求页面中所有资源，包括 HTML 文件、图像文件、CSS 文件、JavaScript 脚本文件，以及清单文件。

（4）服务器：返回所有请求的资源。

（5）浏览器：处理清单并请求清单中的所有项，包括 index.html 页面本身，即使刚才已经请求过这些文件。如果用户要求本地缓存所有文件，这也将是一个比较大的重复的请求过程。

（6）服务器：返回所有要求本地缓存的文件。

（7）浏览器：对本地缓存进行更新，存入包括页面本身在内的所有要求本地缓存的资源文件，并且触发一个事件，通知本地缓存被更新。

现在，浏览器使用清单中列出的文件完全载入了缓存。如果再次打开浏览器访问 http://localhost:82/mr/ 网站，而且 manifest 文件没有被修改过，它们的交互过程如下。

（1）浏览器：再次请求访问 http://localhost:82/mr/。

（2）浏览器：发现这个页面被本地缓存，于是使用本地缓存中 index.html 页面。

（3）浏览器：解析 index.html 网页，使用所有本地缓存中的资源文件。

（4）浏览器：向服务器请求 manifest 文件。

（5）服务器返回一个 304 代码，通知浏览器 manifest 没有发生变化。

只要页面上的资源文件被本地缓存过，下次浏览器打开这个页面时，总是先使用本地缓存中的资源，然后请求 manifest 文件。

如果再次打开浏览器时 manifest 文件已经被更新过了，那么浏览器与服务器之间的交互过程如下。

（1）浏览器：再次请求访问 http://localhost:82/mr/。

（2）浏览器：发现这个页面被本地缓存，于是使用本地缓存中 index.html 页面。

（3）浏览器：解析 index.html 网页，使用所有本地缓存中的资源文件。

（4）浏览器：向服务器请求 manifest 文件。

（5）服务器：返回更新过的 manifest 文件。

（6）浏览器处理 manifest 文件，发现该文件已被更新，于是请求所有要求进行本地缓存的资源文件，包括 index.html 页面本身。

（7）浏览器返回要求进行本地缓存的资源文件。

（8）浏览器对本地缓存进行更新，存入所有新的资源文件，并且触发一个事件，通过本地缓存被更新。

需要注意的是，即使资源文件被修改过了，任何之前载入的资源都不会变化。例如，图像不会突然改变，旧的 JavaScript 函数不会改变。这就是说，这时更新过后的本地缓存中的内容还不能被使用，只有重新打开这个页面时才会使用更新过后的资源文件。另外，如果用户不想修改 manifest 文件中对于资源文件的设置，但是对服务器上请求缓存的资源文件进行了修改，那么用户可以通过修改版本号的方式来让浏览器认为 manifest 文件已经被更新过了，以便重新下载修改过的资源文件。

在 20.4 节中，将介绍如何利用 applicationCache 对象手工进行本地缓存的更新。

20.4　判断在线状态

为了判断浏览器的在线状态，HTML5 提供了两种方法来检测是否在线。

（1）onLine 属性：通过 navigator 对象的 onLine 属性可返回当前是否在线。如果返回 true，则表示在线；如果返回 false，则表示离线。当网络状态发生变化时，navigator.onLine 的值也随之变化。开发者可以通过读取它的值获取网络状态。

（2）online/offline 事件：如果开发者需要在网络状态发生变化时立刻得到通知，则可以通过 HTML5 提供的 online/offline 事件来检测。当在线/离线状态切换时，body 元素上的 online/offline 事件将会被触发，并沿着 document.body、document 和 window 触发。因此，开发者可以通过它们的 online/offline 事件来检测网络状态的变化。

【例 20.2】　　在使用网络工作时，有的时候会因为网络的信号或者是故障出现离线的情况，而往往因为工作的繁忙，我们不能第一时间知道网络的连接情况，所以使用程序来判断网络的连接情况是十分必要的。本实例将通过 onLine 属性检测网络的当前状态。（**实例位置：资源包\TM\sl\20\2**）

（1）创建 index.html 文件，首先定义一个 id 属性值为 pStatus 的 p 元素，用于显示当前的网络状态，并在页面中导入 CSS 文件和 JavaScript 文件，代码如下。

```
<!DOCTYPE html>
<html manifest="online.manifest">
<head>
<meta charset="utf-8" />
<title>使用属性 onLine 检测网络的当前状态</title>
<link href="../Css/css2.css" rel="stylesheet" type="text/css">
<script type="text/javascript" language="jscript" src="../Js/js2.js"/>
</script>
</head>
<body onLoad="pageload();">
  <fieldset>
    <legend>使用属性 onLine 检测网络的当前状态</legend>
      <p id="pStatus"></p>
  </fieldset>
</body>
</html>
```

（2）创建 JavaScript 文件 js2.js，编写自定义函数 pageload()和 Status_Handle()，在 pageload()函数中通过调用 navigator 对象的 onLine 属性来检测当前的网络状态，并通过 Status_Handle()函数将检测结果显示在页面中。代码如下。

```
function $$(id) {
    return document.getElementById(id);
}
//自定义页面加载时调用的函数
```

```
function pageload() {
    if (navigator.onLine) {
        Status_Handle("在线");
    } else {
        Status_Handle("离线");
    }
}
//自定义显示执行过程中状态的函数
function Status_Handle(message) {
    $$("pStatus").style.display = "block";
    $$("pStatus").innerHTML = message;
}
```

本例的运行效果如图 20.3 所示。

图 20.3　通过 onLine 属性检测网络的当前状态

【例 20.3】　本实例将开发一个离线留言板。利用离线 Web 应用程序，来对数据进行控制，将要发表的信息内容进行发表，使填入留言板中的数据显示在页面上。（**实例位置：资源包\TM\sl\20\3**）

（1）创建 index.html 文件，首先定义一个 id 属性值为 mm 的 ul 元素，用于显示留言列表，再定义一个 p 元素，在该元素内部创建一个文本域和一个"发表"按钮，并设置当单击该按钮时调用 click1() 函数，然后在<body>标签中定义当页面载入时调用 localdata()函数，最后在页面中导入 CSS 文件和 JavaScript 文件，代码如下。

```
<!DOCTYPE html>
<html manifest="board.manifest">
<head>
<meta charset="utf-8" />
<title>离线留言数据交互应用</title>
<link href="../Css/css3.css" rel="stylesheet" type="text/css">
<script type="text/javascript" language="jscript" src="../Js/js3.js"/>
</script>
</head>
<body onLoad="localdata();">
    <ul id="mm">
        正在读取数据...
    </ul>
    <p class="pp">
        <textarea id="tc" class="tt" cols="37" rows="5"></textarea><br>
        <input id="btnAdd" type="button" value="发表" class="bb" onClick="click1();">
    </p>
```

```
</body>
</html>
```

（2）创建 JavaScript 文件 js3.js，在文件中首先编写自定义函数 click1()，该函数用来将用户的留言信息保存在本地；然后编写自定义函数 localdata()，该函数用来获取保存数据并将其显示在页面中；接着编写自定义函数 RetRndNum()，该函数用来生成指定长度的随机数；最后编写自定义函数 AddServerData()，该函数用于在线时向服务器添加数据。具体代码如下。

```javascript
function $$(id) {
    return document.getElementById(id);
}
//单击"发表"按钮时调用
function click1() {
    //获取文本框中的内容
    var strContent = $$("tc").value;
    //如果不为空，则保存
    if (strContent.length > 0) {
        var strKey = RetRndNum(4);
        var strVal = strContent;
        if (navigator.onLine) {
            //如果在线向服务器端增加数据
            AddServerData(strKey, strVal);
        }
        localStorage.setItem(strKey, strVal);
    }
    //重新加载
    localdata();
    //清空原先内容
    $$("tc").value = "";
}
//获取保存数据并显示在页面中
function localdata() {
    //标题部分
    var strHTML = "<li class='li_h'>";
    strHTML += "<span class='spn_a'>ID</span>";
    strHTML += "<span class='spn_b'>内容</span>";
    strHTML += "</li>";
    //内容部分
    for (var intI = 0; intI < localStorage.length; intI++) {
        //获取 Key 值
        var strKey = localStorage.key(intI);
        //过滤键名内容
        var strVal = localStorage.getItem(strKey);
        strHTML += "<li class='li_c'>";
        strHTML += "<span class='spn_a'>" + strKey + "</span>";
        strHTML += "<span class='spn_b'>" + strVal + "</span>";
        strHTML += "</li>";
        if (navigator.onLine) {
```

```
            //如果在线向服务端增加数据
            AddServerData(strKey, strVal);
        }
    }
    $$("mm").innerHTML = strHTML;
}
//生成指定长度的随机数
function RetRndNum(n) {
    var strRnd = "";
    for (var intl = 0; intl < n; intl++) {
        strRnd += Math.floor(Math.random() * 10);
    }
    return strRnd;
}
//向服务器同步点评数据
function AddServerData(id, val) {
    //根据 ID 号与内容，向服务器端数据库增加记录
    //例如"/Cache/Data/?id="+id+"&val="+val;
}
```

运行本实例，在输入框中输入留言内容，然后单击"发表"按钮，留言板中的数据将会显示在页面上。结果如图 20.4 所示。

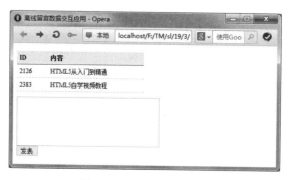

图 20.4　开发离线留言板

视频讲解

20.5　applicationCache 对象

applicationCache 对象代表了本地缓存，可以用它来通知用户本地缓存已经被更新，也允许用户手工更新本地缓存。只有在清单已经修改时，applicationCache 才会接受一个事件表明它已经更新。

在前面讲到的浏览器与服务器的交互过程中，一旦浏览器使用清单中的文件完成了缓存的载入，就在 applicationCache 上触发更新事件。开发人员可以使用这个事件来告诉用户，他们正在使用的应用程序已经升级，并且他们应该重新载入浏览器窗口以获得应用程序的最新、最好的版本。这部分代码如下。

```
applicationCache.onUpdateReady = function(){
//本地缓存已被更新，通知用户
alert("本地缓存已被更新，您可以刷新页面来得到本程序的最新版本。");
};
```

【例 20.4】　下面是一个监测 updateready 事件触发的实例。在本实例中，当与页面绑定的服务端 manifest 文件 updateready.manifest 内容发生改变时将会触发本地缓存的更新。如果本地缓存更新完成，将触发设置好的 updateready 事件，显示"正在触发 updateready 事件..."字样。（**实例位置：资源包\ TM\sl\20\4**）

（1）创建 index.html 文件，首先定义一个 id 属性值为 pStatus 的 p 元素，用于显示触发事件后的结果，然后通过 html 元素的 manifest 属性绑定文件 updateready.manifest，并在页面中导入 CSS 文件和 JavaScript 文件。代码如下。

```
<!DOCTYPE HTML>
<html manifest="updateready.manifest">
<head>
<meta charset="UTF-8">
<title>监测 updateready 事件触发</title>
<link href="../Css/css4.css" rel="stylesheet" type="text/css">
<script type="text/javascript" src="../Js/js4.js"></script>
</head>
<body onLoad="pageload();">
  <fieldset>
    <legend>监测 updateready 事件触发过程</legend>
    <p id="pStatus"></p>
  </fieldset>
</body>
</html>
```

（2）创建 JavaScript 文件 js4.js，编写自定义函数 pageload()，在函数中为 applicationCache 对象添加一个 updateready 事件，用于监测本地缓存是否发生改变。代码如下。

```
function $$(id) {
    return document.getElementById(id);
}
//页面加载时调用的函数
function pageload(){
    applicationCache.addEventListener("updateready",function(){
        $$("pStatus").style.display="block";
        $$("pStatus").innerHTML="正在触发 updateready 事件...";
    },true);
}
```

（3）创建 CSS 文件 css4.css，编写 CSS 代码用于控制页面的显示样式。代码如下。

```
body{
    font-size:12px;
```

```
}
fieldset{
    padding:lOpx;
    width:285px;
    float:left;
}
#pStatus{
    display:none;
    border:lpx #ccc solid;
    width:158px;
    background-color:#eee;
    padding:6px 12px 6px 12px;
    margin-left:2px;
}
```

（4）创建 manifest 文件 updateready.manifest，在文件中列举服务器需要缓存至本地的文件清单。代码如下。

```
CACHE MANIFEST
#version 0.0.2
CACHE:
../Js/js4.js
../Css/css4.css
```

本例的运行效果如图 20.5 所示。

图 20.5 本地缓存被更新时触发 updateready 事件

另外，可以通过 applicationCache 的 swapCache 方法来控制如何进行本地缓存的更新及更新的时机。

20.5.1 swapCache 方法

swapCache 方法用来手工执行本地缓存的更新，它只能在 applicationCache 对象的 updateReady 事件被触发时调用，updateReady 事件只有服务器上的 manifest 文件被更新，并且把 manifest 文件中所要求的资源文件下载到本地后触发。顾名思义，这个事件的含义是"本地缓存准备被更新"。当这个事件被触发后，可以用 swapCache 方法来手工进行本地缓存的更新。接下来看在什么场合应用该方法。

首先，如果本地缓存的容量非常大，本地缓存的更新工作将需要相对较长的时间，而且还会把浏览器锁住。这时，我们就需要一个提示，告诉用户正在进行本地缓存的更新，该部分代码如下。

```
applicationCache.onUpdateReady = function(){
//本地缓存已被更新，通知用户
alert("正在更新本地缓存");
applicationCache.swapCache();
alert("本地缓存已被更新，您可以刷新页面来得到本程序的最新版本。");
};
```

在上面的代码中，如果不调用 swapCache 方法也能实现更新，但是，更新的时间不一样。不调用 swapCache 方法，本地缓存将在下一次打开本页面时被更新；如果调用 swapCache 方法，本地缓存将会被立刻更新。因此，可以使用 confirm 方法让用户自己选择更新的时间——是立刻更新，还是在下次打开页面时再更新。

需要注意的是，尽管使用 swapCache 方法立刻更新了本地缓存，但是并不意味着页面上的图像和脚本文件也会被立刻更新，它们都是在重新打开本页面时才会生效。

【例 20.5】　下面来看一个完整的使用 swapCache 方法的实例。在该实例中，使用到了 applicationCache 对象的另一个方法 applicationCache.update，该方法的作用是检查服务器上的 manifest 文件是否有更新。在打开页面时设定了 3 秒钟执行一次该方法，检查服务器上的 manifest 文件是否有更新。如果有更新，浏览器会自动下载 manifest 文件中所有请求本地缓存的资源文件，当这些资源文件下载完毕时，会触发 updateReady 事件，询问用户是否立刻刷新页面以使用最新版本的应用程序，如果用户选择立刻刷新，则调用 swapCache 方法手工更新本地缓存，更新完毕后刷新页面。（**实例位置：资源包\TM\sl\20\5**）

其中页面的 HTML 代码如下。

```
<!DOCTYPE HTML>
<html manifest="swapCache.manifest">
<head>
<meta charset="UTF-8">
<title> swapCache 方法示例</title>
<script src="script.js"></script>
</head>
<body onload="init()">
<p>swapCache 方法示例</p>
</body>
</html>
```

该 HTML 中嵌入了一个 script.js 脚本文件，在这个脚本中的函数 init 内编写手工检查更新的代码。该脚本文件中的代码如下。

```
function init() {
    setInterval(function()
    {
        applicationCache.update();                  //手工检查是否有更新
    }, 3000);
    applicationCache.addEventListener("updateready", function(){
        if(confirm("本地缓存已被更新,需要刷新页面来获取应用程序最新版本，是否刷新？")){
            applicationCache.swapCache();          //手工更新本地缓存
            location.reload();                      //重载页面
```

```
        }
    }, true);
}
```

该实例中使用的 swapCache.manifest 文件内容比较简单，代码如下。

```
CACHE MANIFEST
#version 7.20
CACHE:
script.js
```

本例的运行效果如图 20.6 所示。

图 20.6　swapCache 方法实例运行效果

20.5.2　applicationCache 对象的事件

applicationCache 对象除了具有 update 方法与 swapCache 方法之外，还具有一系列的事件，再通过前面讲过的浏览器与服务器的交互过程来看一下在这个过程中这些事件是如何被触发的。

首次访问 http://localhost:82/mr/网站。

（1）浏览器：请求访问 http://localhost:82/mr/。

（2）服务器：返回 index.html 网页。

（3）浏览器：发现该网页具有 manifest 属性，触发 checking 事件，检查 manifest 文件是否存在。不存在时，触发 error 事件，表示 manifest 文件未找到，同时也不执行步骤（6）开始的交互过程。

（4）浏览器：解析 inde.html 网页，请求页面上所有资源文件。

（5）服务器：返回所有资源文件。

（6）浏览器：处理 manifest 文件，请求 manifest 中所有要求本地缓存的文件，包括 index.html 页面本身，即使刚才已经请求过该文件。如果要求本地缓存所有文件，这将是一个比较大的重复的请求过程。

（7）服务器：返回所有要求本地缓存的文件。

（8）浏览器：触发 downloading 事件，然后开始下载这些资源。在下载的同时，周期性地触发 progress 事件，开发人员可以用编程的手段获取多少文件已被下载，多少文件仍然处于下载队列等信息。

（9）下载结束后触发 cached 事件，表示首次缓存成功，存入所有要求本地缓存的资源文件。

再次访问 http://localhost:82/mr/网站，步骤（1）～步骤（5）同上，在步骤（5）执行完之后，浏览器将核对 manifest 文件是否被更新，若没有被更新，触发 noupdate 事件，步骤（6）开始的交互过程不会被执行。如果被更新了，将继续执行后面的步骤，在步骤（9）中不触发 cached 事件，而是触发 updateReady 事件，这表示下载结束，可以通过刷新页面来使用更新后的本地缓存，或调用 swapCache 方法来立刻使用更新后的本地缓存。

另外，在访问缓存名单时如果返回一个 HTTP404 错误（页面未找到），或者 410 错误（永久消失），则触发 obsolete 事件。

在整个过程中，如果任何与本地缓存有关的处理中发生错误的话，都会触发 error 事件。可能会触发 error 事件的情况分为以下几种。

☑　缓存名单返回一个 HTTP404 错误（页面未找到），或者 410 错误（永久消失）。

☑　缓存名单被找到且没有更改，但引用缓存名单的 HTML 页面不能正确下载。

☑　缓存名单被找到且被更改，但浏览器不能下载某个缓存名单中列出的资源。

☑　开始更新本地缓存时，缓存名单再次被更改。

【例 20.6】　为了说明这个事件流程，在下面的代码中，将浏览器与服务器在交互过程中所触发的一系列事件用文字的形式显示在页面上，这个页面中可以看出这些事件发生的先后顺序。（实例位置：资源包\TM\sl\20\6）

其主要代码如下。

```
<!DOCTYPE HTML>
<html manifest="applicationCacheEvent.manifest">
<head>
<meta charset="UTF-8">
<title>applicationCache 事件流程示例</title>
<script>
function drow()
{
    var msg=document.getElementById("mr");
    applicationCache.addEventListener("checking", function() {
        mr.innerHTML+="checking<br/>";
    }, true);
    applicationCache.addEventListener("noupdate", function() {
        mr.innerHTML+="noupdate<br/>";
    }, true);
    applicationCache.addEventListener("downloading", function() {
        mr.innerHTML+="downloading<br/>";
    }, true);
    applicationCache.addEventListener("progress", function() {
        mr.innerHTML+="progress<br/>";
```

```
    }, true);
    applicationCache.addEventListener("updateready", function() {
        mr.innerHTML+="updateready<br/>";
    }, true);
    applicationCache.addEventListener("cached", function() {
        mr.innerHTML+="cached<br/>";
    }, true);
    applicationCache.addEventListener("error", function() {
        mr.innerHTML+="error<br/>";
    }, true);
}
</script>
</head>
<body onload="drow()">
<h1>applicationCache 事件流程示例</h1>
<p id="mr"></p>
</body>
</html>
```

这段代码运行结果分为以下 3 种情况。

在 Opera 10 浏览器中首次打开网页时的页面如图 20.7 所示。

在 Opera 10 浏览器中再次打开网页（且 manifest 文件没有更新时）的页面如图 20.8 所示。

图 20.7　applicationCache 事件流程（首次打开网页时）

图 20.8　applicationCache 事件流程（再次打开网页且 manifest 文件没有更新时）

在 Opera 10 浏览器中再次打开网页（且 manifest 文件已被更新时）的页面如图 20.9 所示。

图 20.9　applicationCache 事件流程（再次打开网页且 manifest 文件已被更新时）

20.6　小　　结

以前,当用户没有连接到 Internet 时,Web 站点往往无法工作。如今浏览器已经开始支持离线操作,本章展示了如何让 Web 应用程序在没有 Web 时也能工作。读者通过本章的学习能详细地了解离线的应用,并以实例的形式演示了离线应用以此加深对离线的理解。

20.7　习　　题

选择题

1. 在 manifest 文件中,第一行必须是（　　）。
　 A. 空的　　　　　　　　　　　　　 B. CACHE
　 C. NETWORK　　　　　　　　　　 D. CACHE　MANIFEST
2. 在 HTML5 中规定 manifest 文件的 MIME 类型是（　　）。
　 A. text/cache-text　　　　　　　　 B. text/cache-manifest
　 C. text/cache-types　　　　　　　　 D. 以上都可
3. 在 manifest 文件中,可以加上注释来进行一些必要的说明或解释,注释行以（　　）文字开头。
　 A. #　　　　　　　　　　　　　　 B. *
　 C. //　　　　　　　　　　　　　　 D. 以上都不是
4. 在（　　）类别中指定需要被缓存在本地的资源文件。
　 A. NETWORK　　　　　　　　　　 B. CACHE
　 C. CACHE MANIFEST　　　　　　　 D. FALLBACK

判断题

5. 可以为每一个页面单独指定一个 manifest 文件,也可以对整个 Web 应用程序指定一个总的 manifest 文件。（　　）

第**21**章

使用 Web Workers 处理线程

（ 📹 视频讲解：20 分钟 ）

使用 Web Workers 来实现 Web 平台上的多线程处理功能。通过 Web Workers，用户可以创建一个不会影响前台处理的后台线程，并且在这个后台线程中创建多个子线程。通过 Web Workers，可以将耗时较长的处理交给后台线程去运行，从而解决了 HTML5 之前因为某个处理耗时过长而跳出一个提升用户脚本运行时间过长，导致用户不得不结束这个处理的尴尬状况。

通过阅读本章，您可以：

▶▶ 掌握 Web Workers 的基本知识

▶▶ 能够使用 Web Workers 在 Web 网站创建一个后台线程

▶▶ 能够在应用程序中创建一个后台线程

▶▶ 掌握在前台页面与后台线程进行数据交互时所使用到的方法与事件

▶▶ 能够在 JavaScript 脚本中实现前台页面与后台线程之间的数据交互

▶▶ 掌握在主线程之间嵌套子线程的方法

▶▶ 能够利用 JavaScript 脚本在主线程之中创建一个或多个子线程

▶▶ 能够实现主线程与子线程、子线程与子线程之间的数据传递

▶▶ 了解在后台线程中可以使用的 JavaScript 脚本中的对象、方法与事件

视频讲解

21.1　Web Workers 概述

21.1.1　创建和使用 Worker

Web Workers 是在 HTML5 中新增的，用来在 Web 应用程序中实现后台处理的一项技术。使用这个 API，用户可以很容易地创建在后台运行的线程（在 HTML5 中称为 worker），如果将可能耗费较长时间的处理交给后台去执行，对用户在前台页面中执行的操作就完全没有影响了。

创建后台线程的步骤很简单。只要在 Worker 类的构造器中，将需要在后台线程中执行的脚本文件的 URL 作为参数，然后创建 Worker 对象就可以了，代码如下。

```
var worker = new Worker("worker.js");
```

注意

> 在后台线程中是不能访问页面或窗口对象的。如果在后台线程的脚本文件中使用到 window 对象或 document 对象，则会引起错误的发生。

另外，可以通过发送和接收消息来与后台线程互相传递数据。通过对 Worker 对象的 onmessage 事件句柄的获取可以在后台线程之中接收消息，使用方法如下。

```
worker. onmessage=function(event)
{
//处理接收的消息
}, false);
```

使用 Worker 对象的 postMessage()方法来对后台线程发送消息，发送的消息是文本数据，但也可以是任何 JavaScript 对象（需要通过 JSON 对象的 stringify()方法将其转换成文本数据）。Worker 对象的 postMessage()使用方法如下。

```
worker.postMessage(message);
```

另外，同样可以通过获取 Worker 对象的 onmessage 事件句柄及 Worker 对象的 postMessage()方法在后台线程内部进行消息的接收和发送。

Web Worker 简单的操作流程图如图 21.1 所示。

【例 21.1】　在页面加载时创建一个 Worker 后台线程，该线程将返回给前台页面一个 JSON 对象，前台获取该 JSON 对象，使用遍历的方式显示对象中的全部内容。（**实例位置：资源包\TM\sl\21\1**）

本例实现的具体过程如下。

（1）首先定义一个 p 元素，用于显示返回的 JSON 对象中的数据，然后在<body>标签中定义当页面载入时调用 jiazai()

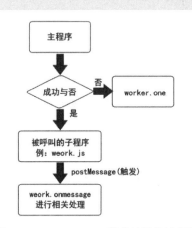

图 21.1　Web Workers 简单的操作流程图

函数，最后在页面中导入 CSS 文件和 JavaScript 文件。代码如下。

```html
<html>
<head>
<meta charset="utf-8" />
<title>使用线程传递 JSON 对象</title>
<link href="../Css/css1.css" rel="stylesheet" type="text/css">
<script type="text/javascript" language="jscript"
         src="../Js/js1.js"/>
</script>
</head>
<body onLoad="jiazai();">
 <fieldset>
   <legend>线程传递 JSON 对象</legend>
   <p id="p"></p>
 </fieldset>
</body>
</html>
```

（2）创建 JavaScript 文件 js1.js，在文件中创建一个 Worker 后台线程；然后编写自定义函数 jiazai()，在该函数中添加一个 message 事件，用来获取后台线程返回的数据。具体代码如下。

```javascript
function $$(id) {
    return document.getElementById(id);
}
var objWorker = new Worker("../Js/js1_1.js");
//自定义页面加载时调用的函数
function jiazai() {
    objWorker.addEventListener('message',
    function(event) {
        var strHTML = "";
        var ev = event.data;
        for (var i in ev) {
            strHTML +="<span>"+ i + " :";
            strHTML +="<b> " + ev[i] + " </b></span><br>";
        }
        $$("p").style.display = "block";
        $$("p").innerHTML = strHTML;
    },
    false);
    objWorker.postMessage("");
}
```

（3）把线程单独书写在 js1_1.js 文件，在该文件中先自定义一个 JSON 对象 json，然后通过 message 事件监测前台页面请求后，调用方法 self.postMessage()向前台传递 JSON 对象，并使用 close 语句关闭后台线程。代码如下。

484

```
var json = {
    公司名称: "吉林省明日科技有限公司",
    书名: "HTML5 从入门到精通",
    邮箱: "mingrisoft@mingrisoft.com",
    作者: "明日科技"
};
self.onmessage = function(event) {
    self.postMessage(json);
    close();
}
```

本例的运行结果如图 21.2 所示。

图 21.2　使用线程传递 JSON 对象

21.1.2　Web Workers 应用实例——求和运算

【例 21.2】　在本节中，来看一个使用后台线程的示例。在该示例中，放置了两个文本框即初始文本框与终极文本框，当用户在这两个文本框中输入数字，然后单击旁边的"计算"按钮时，在后台将计算从初始文本框中输入的值到终极文本框中输入的值之间的所有数值的和。假如在初始文本框中输入数字 2，在终极文本框中输入数字 4，则执行的运算就是 2+3+4 的运算。当在初始文本框中输入的值大于终极文本框中的值时，则弹出"提交的运算不符合要求"的提示。(**实例位置：资源包\TM\sl\21\2**)

本例实现的具体过程如下。

（1）该实例中的 HTML 代码如下。

```
< html>
<head>
</head>
<body>
<h1>对给定 2 个数字之间所有数值的计算</h1>
<hr color="#FF0000"><br>
初始数值:<input type="text1" id="num1"><br><br>
终极数值:<input type="text" id="num"><br><br>
<button onclick="kwb()">计算</button>
</body>
```

上述代码主要是：在该页面中添加了两个文本框用于输出要计算的数字，以及一个"计算"按钮，并为"计算"按钮添加 onclick 事件，当单击"计算"按钮时，将触发该事件，同时调用自定义 kwb() 函数。

（2）接下来创建后台线程，实现代码如下。

```
var worker = new Worker("kwb.js");
```

（3）通过 Worker 对象的 onmessage 事件句柄来获取在后台线程之中接收信息并输出，代码如下。

```
worker.onmessage = function(event)
{
    //消息文本放置在 data 属性中，可以是任何 JavaScript 对象
    alert("合计值为" + event.data + "。");
};
```

（4）调用 kwb()函数，首先在这个函数中对两个文本框中输入的值进行解析，以此保证从文本框输入到后台线程的值是数字，如果输入的数据是非数字，单击"计算"按钮，显示的运算结果为 0。然后判断输入初始文本框中的值是否小于输入终极文本框中的值；如果输入初始文本框中的值大于输入终极文本框中的值，将弹出"提交的运算不符合要求"，最后使用 Worker 对象的 postMessage 方法来对后台线程发送信息，代码如下。

```
function kwb()
{
    //获取文本框的值
    var num1 = parseInt(document.getElementById("num1").value);
    var num = parseInt(document.getElementById("num").value);
    //对 2 个文本框提交的值进行判断
    if(num<num1){
        alert('提交的运算不符合要求');
        return false;
    }
    //将获取的文本框的值用@拼接成字符串
    var subs=num1+'@'+num;
    //将数值传给线程
    worker.postMessage(subs);
}
```

（5）把对于给定两个值之间的求和运算的处理放到了线程中单独执行，并且把线程代码单独书写在 kwb.js 这个脚本文件中，kwb.js 代码如下。

```
onmessage = function(event){
    var num = event.data;
    var intarray=num.split('@');                              //返回字符串中数字分隔符为@
    var result = 0;
    for (var i = parseInt(intarray[0]); i <= intarray[1]; i++) {        //执行求和运算
    result += i;
    }
    postMessage( result);                                    //返回运算结果拼接成的字符串
}
```

本例的运行结果如图 21.3 所示。

图 21.3　应用 Web Workers 实现的求和运算

21.1.3　与线程进行数据的交互

前面介绍过使用后台线程时不能访问页面或窗口对象，但是并不代表后台线程不能与页面之间进行数据交互。接下来看一个后台线程与前台页面进行数据交互的示例。在该示例中页面上随机生成了一个整数的数组，然后将该整数数组传入线程，挑选出该数组中可以被 5 整除的数字，然后显示在页面的表格中，如果能够把数组显示在页面的表格中，那么就能够把字符串、数组、列表中的数据都采取同样的方法显示在页面的表格、表单控件甚至于统计图中了。

【例 21.3】　通过后台线程与前台页面进行数据交互实现从随机生成的数字中抽取 5 的倍数并显示在页面中。（实例位置：资源包\TM\sl\21\3）

本例实现的具体过程如下。

（1）创建前台页面 index.html，在该页面中创建一个空白表格，在前台脚本中随机生成整数数组，然后送到后台线程挑选出能够被 5 整除的数字，再传回前台脚本，在前台脚本中根据挑选结果动态创建表格中的行、列，并将挑选出来的数字显示在表格中。代码如下。

```
<!DOCTYPE html>
<head>
<meta charset="UTF-8">
<title>与线程进行数据交互</title>
<script type="text/javascript">
var intArray=new Array(100);                        //随机数组
var intStr="";
//生成 100 个随机数
for(var i=0;i<100;i++){
    intArray[i]=parseInt(Math.random() * 100);
    if(i!=0)
        intStr+=";";                                //用分号作为随机数组的分隔符
    intStr+=intArray[i];
}
var worker = new Worker("script.js");               //创建线程
worker.postMessage(intStr);                         //向后台线程提交随机数组
```

```
//从线程中取得计算结果
worker.onmessage = function(event) {
    if(event.data!="")
    {
        var j;                                          //行号
        var k;                                          //列号
        var tr;
        var td;
        var intArray=event.data.split(";");
        var table=document.getElementById("table");
        for(var i=0;i<intArray.length;i++)
        {
            j=parseInt(i/10,0);
            k=i%10;
            if(k==0)                                    //该行不存在
            {
                //添加行
                tr=document.createElement("tr");
                tr.id="tr"+j;
                tr.style.backgroundColor="orange";
                table.appendChild(tr);
            }
            else                                        //该行已存在
            {
                tr=document.getElementById("tr"+j);
            }
            //添加列
            td=document.createElement("td");
            tr.appendChild(td);
            //设置该列内容
            td.innerHTML=intArray[j*10+k];
            if((intArray[j*10+k])%2==0){
            //设置该列背景色
                td.style.backgroundColor="red";
            }
            //设置该列字体颜色
            td.style.color="black";
            //设置列宽
            td.width="30";
        }
    }
};
</script>
</head>
<body>
<h1>从随机生成的数字中抽取 5 的倍数并显示示例</h1>
<table id="table">
</table>
```

```
</body>
```

（2）接下来创建后台线程脚本文件 script.js，实现代码如下。

```
onmessage = function(event) {
    var data=event.data;
    var returnStr;
    var intArray=data.split(";");
    returnStr="";
    for(var i=0;i<intArray.length;i++)
    {
        //能否被 5 整除
        if(parseInt(intArray[i])%5==0)
        {
            if(returnStr!="")
                returnStr+=";";
            //将能被 5 整除的数字拼接成字符串
            returnStr+=intArray[i];
        }
    }
    //返回拼接字符串
    postMessage(returnStr);
}
```

本例的运行结果如图 21.4 所示。

图 21.4　与线程进行数据交互

21.2　在 Worker 内部能做什么

我们先来总体看一下在线程中应用的 JavaScript 脚本文件中所有可用的变量、函数与类，具体内容如下。

☑　self：self 关键词用来表示本线程范围内的作用域。

☑　postMessage(message)：向创建线程的源窗口发送消息。

☑　onmessage：获取接收消息的事件句柄。

489

☑ importScripts(urls)：导入其他 JavaScript 脚本文件。参数为该脚本文件的 URL 地址，可以导入多个脚本文件，如下所示。

```
importScripts('script1.js','scripts\script2.js','scripts\script3.js');
```

注意

导入的脚本文件必须与使用该线程文件的页面在同一个域中，并在同一个端口中。

☑ navigator 对象：与 window.navigator 对象类似，具有 appName、platform、userAgent、appVersion 等属性。

☑ sessionStorage、localStorage：可以在线程中使用 Web Storage。

☑ XMLHttpRequest：可以在线程中处理 Ajax 请求。

☑ Web Workers：可以在线程中嵌套线程。

☑ setTimeout()、setInterval()：可以在线程中实现定时处理。

☑ close()：结束本线程。

☑ eval()、isNaN()、escape() 等：可以使用所有 JavaScript 核心函数。

☑ object：可以创建和使用本地对象。

☑ WebSockets：可以使用 WebSockets API 来向服务器发送和接收信息。

21.3 多个 JavaScript 文件的加载与执行

对于由多个 JavaScript 文件组成的应用程序来说，可以通过包含 <script> 元素的方式，在页面加载时同步加载 JavaScript 文件。然而，由于 Web Workers 没有访问 document 对象的权限，所以在 Worker 中必须使用另外一种方法导入其他的 JavaScript 文件——importScripts，使用方法如下。

```
importScripts("mr.js");
```

导入的 JavaScript 文件只会在某一个已有的 Workers 中加载和执行。多个脚本的导入同样也可以使用 importScripts 函数，它们会按顺序执行，代码如下。

```
importScripts("mr.js","mrsoft.js");
```

视频讲解

21.4 线 程 嵌 套

线程中可以嵌套子线程，这样的话我们可以把一个较大的后台线程切分成几个子线程，在每个子线程中各自完成相对独立的一部分工作。

21.4.1　单层嵌套

【**例 21.4**】　　下面通过一个实例来演示单层嵌套，在该实例中随机生成一个整数的数组，并把生成随机数组的工作也放到后台线程中，然后使用一个子线程在随机数组中挑选可以被 5 整除的数字。最后，在一个表格中输出可以被 5 整除的数字，并且把输出既能被 5 整除也能被 2 整除的数字的单元格在表格中进行描红处理。同时本实例中对于数组的传递以及挑选结果的传递均采用 JSON 对象来进行转换，以验证是否能在线程之间进行 JavaScript 对象的传递工作。（**实例位置：资源包\TM\sl\21\4**）

本实例的具体实现步骤如下。

（1）在 HTML5 页面中将符合要求的数字以表格的形式进行输出，具体代码如 index.html 代码所示。

```
<!DOCTYPE html>
<head>
<meta charset="UTF-8">
<script type="text/javascript">
var worker = new Worker("script.js");
worker.postMessage("");
worker.onmessage = function(event) {                    //从线程中取得计算结果
    if(event.data!="")
    {
        var j;                                          //行号
        var k;                                          //列号
        var tr;
        var td;
        var intArray=event.data.split(";");
        var table=document.getElementById("table");
        for(var i=0;i<intArray.length;i++)
        {
            j=parseInt(i/10,0);
            k=i%10;
            if(k==0)                                     //该行不存在
            {
                tr=document.createElement("tr");         //添加行
                tr.id="tr"+j;
                tr.style.backgroundColor="orange";
                table.appendChild(tr);
            }
            else                                         //该行已存在
            {
                tr=document.getElementById("tr"+j);
            }
                td=document.createElement("td");         //添加列
            tr.appendChild(td);
            td.innerHTML=intArray[j*10+k];               //设置该列内容
        if((intArray[j*10+k])%2==0){                     //如果所选的整数既能被 5 整除也能被 2 整除
```

```
                td.style.backgroundColor="red";           //输出该整数的列背景色为红色
            }
                td.style.color="black ";                  //设置该列字体颜色
                td.width="30";                            //设置列宽
            }
        }
};
</script>
</head>
<body>
<h1>从随机生成的数字中抽取 5 的倍数并显示示例</h1>
<table id="table">
</table>
</body>
```

（2）看一下该实例的后台线程的主线程代码部分，在主线程中随机生成 100 个整数构成的数组，然后把这个数组提交到子线程，在子线程中把可以被 5 整除的数字挑选出来，然后送回主线程，主线程再把挑选结果送回页面进行显示。其实现的 script.js 代码如下。

```
onmessage=function(event){
    var intArray=new Array(100);                          //随机数组
        for(var i=0;i<100;i++)                            //生成 100 个随机数
        intArray[i]=parseInt(Math.random()*100);
    var worker;
    worker=new Worker("worker.js");                       //创建子线程
    worker.postMessage(JSON.stringify(intArray));         //把随机数组提交给子线程进行挑选工作
    worker.onmessage = function(event) {
        postMessage(event.data);                          //把挑选结果返回主页面
    }
}
```

（3）再来看一下该实例中子线程部分的代码，子线程在接收到的随机数组中挑选能被 5 整除的数字，然后拼接成字符串并返回。其实现 worker.js 的主要代码如下。

```
onmessage = function(event) {
    var intArray= JSON.parse(event.data);                 //还原整数数组
    var returnStr;
    returnStr="";
    for(var i=0;i<intArray.length;i++)
    {
        if(parseInt(intArray[i])%5==0)                    //能否被 5 整除
        {
            if(returnStr!="")
                returnStr+=";";
            returnStr+=intArray[i];                       //将能被 5 整除的数字拼接成字符串
        }
    }
    postMessage(returnStr);                               //返回拼接字符串
```

```
        close();                                        //关闭子线程
}
```

本例的运行效果如图 21.5 所示。

图 21.5　使用线程的单层嵌套的实例

21.4.2　在多个子线程中进行数据的交互

本节将介绍当主线程使用到多个子线程时，多个子线程之间如何实现数据的交互。要实现子线程与子线程之间的数据交互，大致需要如下几个步骤。

☑　先创建发送数据的子线程。

☑　执行子线程中的任务，然后把要传递的数据发送给主线程。

☑　在主线程接收到子线程传回来的消息时，创建接收数据的子线程，然后把发送数据的子线程中返回的消息传递给接收数据的子线程。

☑　执行接收数据子线程中的代码。

【例 21.5】　接下来看一个在多个子线程中进行数据交互的实例，本例与 21.4.1 节中实现的效果相同，同样是随机生成了一个整数的数组，把数组中能被 5 整除的数字以表格形式输出，并且把输出既能被 5 整除也能被 2 整除的数字的单元格进行描红处理。（**实例位置：资源包\TM\sl\21\5**）

本例实现的主要步骤如下。

（1）将创建随机数组的工作放到一个单独的子线程（即发送数据子线程）中，在该线程中创建随机数组，其实现 worker1.js 文件的主要代码如下。

```
onmessage = function(event) {
var intArray=new Array(100);                        //随机数组
for(var i=0;i<100;i++)
    intArray[i]=parseInt(Math.random()*100);
postMessage(JSON.stringify(intArray));              //发送回随机数组
close();                                            //关闭子线程
}
```

（2）创建本例的主要线程（主线程），在主线程接收到子线程传回来的消息时，创建接收数据的子线程，然后把发送数据的子线程中返回的消息传递给接收数据的子线程，主线程 script.js 文件的主要代码如下。

```
onmessage=function(event){
    var worker;
    worker=new Worker("worker1.js");              //创建发送数据的子线程
    worker.postMessage("");
    worker.onmessage = function(event) {
        var data=event.data;                       //接收子线程中的数据，本示例中为创建好的随机数组
        worker=new Worker("worker2.js");           //创建接收数据子线程
        worker.postMessage(data);                  //把从发送数据子线程中发回消息传递给接收数据的子线程
    worker.onmessage = function(event) {
        var data=event.data;                       //获取接收数据子线程中传回数据，本示例中为挑选结果
        postMessage(data);                         //把挑选结果发送回主页面
        }
    }
}
```

（3）再创建一个子线程（接收数据的子线程），在该线程中进行能够被 5 整除的数字挑选工作，最后把挑选结果传递回主页面进行显示。实现该线程 worker2.js 文件的主要代码如下。

```
onmessage = function(event) {
    var intArray= JSON.parse(event.data);         //还原整数数组
    var returnStr;
    returnStr="";
    for(var i=0;i<intArray.length;i++)
    {
        if(parseInt(intArray[i])%5==0)            //能否被 5 整除
        {
            if(returnStr!="")
                returnStr+=";";
            returnStr+=intArray[i];               //将能被 5 整除的数字拼接成字符串
        }
    }
    postMessage(returnStr);                        //返回拼接字符串
    close();                                       //关闭子线程
}
```

（4）在主页面中将挑选的结果以表格的形式显示在页面中，其实现的 index.html 代码如下。

```
<!DOCTYPE html>
<head>
<meta charset="UTF-8">
<script type="text/javascript">
var worker = new Worker("script.js");
worker.postMessage("");
worker.onmessage = function(event) {              //从线程中取得计算结果
    if(event.data!="")
    {
        var j;                                     //行号
        var k;                                     //列号
        var tr;
        var td;
```

```
        var intArray=event.data.split(";");
        var table=document.getElementById("table");
        for(var i=0;i<intArray.length;i++)
        {
            j=parseInt(i/10,0);
            k=i%10;
            if(k==0)                                    //该行不存在
            {
                tr=document.createElement("tr");        //添加行
                tr.id="tr"+j;
                tr.style.backgroundColor="orange";
                table.appendChild(tr);
            }
            else                                        //该行已存在
            {
                tr=document.getElementById("tr"+j);
            }
                td=document.createElement("td");        //添加列
            tr.appendChild(td);
            td.innerHTML=intArray[j*10+k];              //设置该列内容
          if((intArray[j*10+k])%2==0){                  //如果所选的整数既能被 5 整除也能被 2 整除
              td.style.backgroundColor="red";           //输出该整数的列背景色为红色
          }
            td.style.color="black ";                    //设置该列字体颜色
            td.width="30";                              //设置列宽
        }
    }
};
</script>
</head>
<body>
<h1>从随机生成的数字中抽取 5 的倍数并显示示例</h1>
<table id="table">
</table>
</body>
```

本例的运行效果如图 21.6 所示。

图 21.6　使用多线程进行数据的交互

21.5 小　　结

本章主要讲解了如何使用 Web Workers 搭建具有后台处理能力的 Web 应用程序。首先，介绍了 Web Workers 的工作机制，然后介绍了如何使用 API 创建 Worker，以及如何实现多个子线程之间的交互。本章主要是以实例的形式阐述了 Web Workers 的工作原理。希望读者能细细地揣摩，争取做到举一反三，开发出更多的 Web 应用程序。

21.6 习　　题

选择题

1. 在后台线程的脚本文件中使用到（　　）对象或（　　）对象，则会引起错误的发生。
   - A．worker，onmessage
   - B．alert，onclick
   - C．window，document
   - D．以上都可以

2. 通过对 worker 对象的（　　）事件句柄的获取可以在后台线程之中接收消息。
   - A．postMessage
   - B．onmessage
   - C．stringify
   - D．以上都可

3. 可以导入多个脚本文件的函数是（　　）。
   - A．importScripts
   - B．stringify
   - C．postMessage
   - D．以上都不是

4. 可以在线程中处理 Ajax 的函数是（　　）。
   - A．eval()
   - B．XMLHttpRequest
   - C．setTimeout()
   - D．setInterval()

判断题

5. 在后台线程中是不能访问页面或窗口对象的。（　　）

填空题

6. 可以通过_____和_____消息来与后台线程互相传递数据。

第22章

通信 API

(▶ 视频讲解：3 分钟)

　　本章介绍 HTML5 中新增的与通信相关的两个功能——跨文档消息传输功能与使用 Web Sockets API 来通过 socket 端口传递数据的功能。跨文档消息传输可以在不同网页文档、不同端口、不同域之间进行消息的传递。Web Sockets 是 HTML5 中最强大的通信功能，它定义了一个全双工通信信道，仅通过 Web 上的一个 Socket 即可进行通信。Web Sockets 不仅仅是对常规 HTTP 通信的另一种增量加强，它更代表着一次巨大的进步，对实时的、事件驱动的 Web 应用程序而言更是如此。

　　通过阅读本章，您可以：

▶▶　掌握跨文档消息传输的基本概念

▶▶　掌握怎样实现不同页面、不同端口、不同域之间的消息传递

▶▶　掌握 Web Sockets 通信技术的基本知识

视频讲解

22.1 跨文档消息通信

先来介绍 Messaging API，因为 Web Workers 和 Web Sockets 都使用这一共同的通信方法，所以将此作为通信的基本知识。

HTML5 提供了在网页文档之间互相接收与发送信息的功能。使用这个功能，只要获取到网页所在窗口对象的实例，不仅同源（域+端口号）的 Web 网页之间可以互相通信，甚至可以实现跨域通信。

22.1.1 使用 postMessageAPI

要想接收从其他窗口中发过来的信息，就必须对窗口对象的 message 时间进行监视，代码如下。

```
window.addEventListener("message",function(){...},false);
```

使用 window 对象的 postMessage 方法向其他窗口发送信息，该方法的定义如下。

```
otherWindow.postMessage(message,targetOrigin);
```

该方法使用两个参数；第一个参数为所发送的消息文本，但也可以是任何 JavaScript 对象（通过 JSON 转换对象为文本）；第二个参数为接收信息的对象窗口的 URL 地址（例如 http://localhost:8080/）。可以在 URL 地址字符串中使用通配符 "*" 指定全部地址，不过，建议使用准确的 URL 地址。otherWindow 为要发送窗口对象的引用，可以通过 window.open 返回该对象，或通过对 window.iframes 数组指定序号（index）或名字的方式来返回单个 iframe 所属的窗口对象。

22.1.2 跨文档消息传输

【例 22.1】 HTML5 提供了在网页文档之间互相接收与发送信息的功能。为了让读者更好地理解跨文档消息传输，下面编写一个示例，实现主页面与子页面中框架之间的相互通信，实现跨文档传输数据的功能。（实例位置：资源包\TM\sl\22\1）

（1）创建 index.html 文件，在文件中创建一个文本框和一个 "请求" 按钮，然后添加一个<iframe>标记，并通过 src 属性导入一个名称为 message.html 的子页面；接着设置当页面加载时调用 pageload()函数；最后在页面头部载入 CSS 文件和 JavaScript 文件。具体代码如下。

```
<html>
<head>
<meta charset="utf-8" />
<title>跨文档传输数据</title>
<link href="../Css/css1.css" rel="stylesheet" type="text/css">
<script type="text/javascript" language="jscript" src="../Js/js1.js"/>
</script>
```

```
</head>
<body onLoad="pageload();">
  <fieldset>
    <legend>跨文档传输数据</legend>
    <p id="pStatus"></p>
    <input id="txtNum" type="text" class="inputtxt">
    <input id="btnAdd" type="button" value="请求" class="inputbtn" onClick="btnSend_Click();">
    <iframe id="ifrA" src="message.html" width="0px" height="0px" frameborder="0"/>
  </fieldset>
</body>
</html>
```

（2）创建 message.html 文件，设置当页面加载时调用 PageLoadForMessage()函数，在页面头部载入 CSS 文件和 JavaScript 文件。具体代码如下。

```
<html>
<head>
<meta charset="utf-8" />
<title></title>
<link href="../Css/css1.css" rel="stylesheet" type="text/css">
<script type="text/javascript" language="jscript" src="../Js/js1.js"/>
</script>
</head>
<body onLoad="PageLoadForMessage();">
</body>
</html>
```

（3）创建 js1.js 文件，在文件中编写自定义函数，分别在主、子页面加载与单击"请求"按钮时调用。具体代码如下。

```
function $$(id) {
    return document.getElementById(id);
}
var strOrigin="http://localhost";
//自定义页面加载函数
function pageload(){
    window.addEventListener('message',
    function(event){
        if(event.origin==strOrigin){
            $$("pStatus").style.display="block";
            $$("pStatus").innerHTML+=event.data;
        }
    },false);
}
//单击"请求"按钮时调用的函数
function btnSend_Click(){
    //获取发送内容
    var strTxtValue=$$("txtNum").value;
```

```
        if(strTxtValue.length>0){
            var targetOrigin=strOrigin;
            $$("ifrA").contentWindow.postMessage(strTxtValue,targetOrigin);
            $$("txtNum").value="";
        }
    }
    //iframe 中子页面加载时调用的函数
    function PageLoadForMessage(){
        window.addEventListener('message',
        function(event){
            if(event.origin==strOrigin){
                var strRetHTML="<span><b>";
                strRetHTML+=event.data+"</b>位随机数为：<b>";
                strRetHTML+=RetRndNum(event.data);
                strRetHTML+="</b></span><br>";
                event.source.postMessage(strRetHTML,event.origin);
            }
        },false);
    }
    //生成指定长度的随机数
    function RetRndNum(n){
        var strRnd="";
        for(var i=0;i<n;i++){
            strRnd+=Math.floor(Math.random()*10);
        }
        return strRnd;
    }
```

在 Opera 浏览器中运行本实例，在主页面的文本框中输入生成随机数的位数，并单击"请求"按钮后，子页面将接收该位数信息，并向主页面返回根据该位数生成的随机数。主页面接收指定位数的随机数，并显示在页面中，其运行效果如图 22.1 所示。

图 22.1　生成指定位数的随机数

22.1.3　跨域通信

【例 22.2】　　下面编写一个跨域通信的示例。其基本思路是：首先，创建主页面向 iframe 子页面发送消息，iframe 子页面接收消息，显示在本页面中，然后向主页面返回消息。最后，主页面接收并输出消息。（实例位置：资源包\TM\sl\22\2）

注意

要完成这个示例，必须先建立两个虚拟的网站，将主页面与子页面分别放置于不同的网站中，才能够达到跨域通信的效果。

这里介绍一种在 Apache 服务器下创建虚拟主机的方法，并且将主页面和子页面分别存储于这两个虚拟主机下，以此完成跨域通信的示例。

（1）安装配置 Apache 服务器（建议采用 AppServ 集成化安装包来搭建一个 PHP 的开发环境，通过其中的 Apache 服务器来测试程序）。

（2）定位到 Apache2.2\conf\httpd.conf 文件，打开该文件，并在其最后的位置添加如下内容，完成虚拟主机的配置。其代码如下。

```
<VirtualHost *:80>
    ServerAdmin any@any.com
    DocumentRoot "F:\wamp\webpage\cxkfzyk\html"
    ServerName 192.168.1.59
    ErrorLog "logs/phpchina1.com-error.log"
    CustomLog "logs/phpchina1.com-access.log" common
</VirtualHost>
```

第 1 行，定义虚拟服务器的标签，指定端口号。

第 2 行，指定一个邮箱地址，可以随意指定。

第 3 行，定义要访问的项目在 Apache 服务器中的具体路径。

第 4 行，指定服务器的访问名称，即与项目绑定的域名。

第 5、6 行，定义 Apache 中日志文件的存储位置。

第 7 行，定义虚拟服务器的结束标签。

上述 7 行代码即完成一个虚拟服务器的配置操作，如果存在多个域名，并且需要绑定 Apache 服务器下的多个项目，那么就以此类推，重复上述操作，为每个域名绑定不同的项目文件即可。即修改 DocumentRoot 和 ServerName 指定的值。

（3）在完成虚拟主机的配置之后，需要保存 httpd.conf 文件，重新启动 Apache 服务器。

（4）编写示例内容，首先创建一个 index.html 文件，其代码如下。

```
<!DOCTYPE html>
<html>
<head>
<meta charset="UTF-8">
<title>跨域通信示例</title>
<script type="text/javascript">
//监听 message 事件
window.addEventListener("message", function(ev) {
```

501

```
    //忽略指定 URL 地址之外的页面传过来的消息
    if(ev.origin != "http://192.168.1.189") {
        return;
    }
    //显示消息
    alert("从"+ev.origin + "那里传过来的消息:\n\"" + ev.data + "\"");
}, false);
function hello(){
    var iframe = window.frames[0];
    //传递消息
    iframe.postMessage("您好！ ", "http://192.168.1.189");
}
</script>
</head>
<body>
<h1>跨域通信示例</h1>
<iframe width="400" src="http://192.168.1.189" onload="hello()">
</iframe>
</body>
</html>
```

将其存储于服务器的访问名称为 192.168.1.59 的虚拟主机下，具体位置由 DocumentRoot 的值决定。

（5）在 IP 为 192.168.1.189 的主机下，重新创建一个虚拟主机，设置其服务器访问地址为 192.168.1.189，将子页面 2.html 存储于该服务器指定的位置。2.html 的完整代码如下。

```
<!DOCTYPE html>
<html>
<head>
<meta charset="UTF-8">
<script type="text/javascript">
window.addEventListener("message", function(ev){
    if(ev.origin != "http://192.168.1.59"){
        return;
    }
    document.body.innerHTML = "从"+ev.origin + "那里传来的消息。<br>\""+ ev.data + "\"";
    //向主页面发送消息
    ev.source.postMessage("明日科技欢迎您！ 这里是" + this.location, ev.origin);
}, false);
</script>
</head>
<body></body>
</html>
```

（6）至此，已经完成虚拟主机的配置和跨域通信示例内容的创建，下面可以通过指定的浏览器访问主页面（http://192.168.1.59/），其运行效果如图 22.2 所示。

图 22.2　跨域通信示例

22.2　小　　　结

　　本章主要讲解了如何使用 postMessage 方法来实现跨文档的消息传输。使用跨文档消息传输功能，可以在不同网页文档、不同端口、不同域之间进行消息的传递。

第23章

获取地理位置信息

(▣ 视频讲解：12分钟)

  地理位置特性能够识别出你所在的地理位置并且在你允许的情况下，把位置信息分享给别人。识别地理位置的方法有很多——通过 IP 地址、利用基站获取手机网络的接入位置、通过利用卫星定位获得经纬度信息的 GPS 设备。

  通过阅读本章，您可以：

▶▶ 掌握 Geolocation API 的基本知识

▶▶ 掌握 Geolocation 属性的 3 个方法

▶▶ 掌握 position 对象存在哪些属性

▶▶ 熟悉使用 getCurrentPosition 方法来取得存放在 position 对象内的当前用户的地理位置信息

▶▶ 熟悉字符串的转义及还原

▶▶ 掌握在页面上使用谷歌地图的基本方法

▶▶ 能够在页面上正确显示谷歌地图，并且把用户当前所在的地理位置在地图上正确标注出来

视频讲解

23.1 Geolocation API 的概述

在 HTML5 中，为 window.navigator 对象新增了一个 Geolocation 属性，可以使用 Geolocation API 来对该属性进行访问。window.navigator 对象的 Geolocation 属性存在以下 3 个方法。

23.1.1 使用 getCurrentPosition 获取当前地理位置

可以使用 getCurrentPosition 方法来取得用户当前的地理位置信息，该方法的定义如下。

```
void getCurrentPosition(onSuccess,onError,options);
```

其中第一个参数为获取当前地理位置信息成功时所执行的回调函数；第二个参数为获取当前地理位置信息失败时所执行的回调函数；第三个参数为一些可选属性的列表。其中第二、三个参数为可选属性。

getCurrentPosition 方法中的第一个参数为获取当前地理位置信息成功时所执行的回调函数。该参数的使用方法如下。

```
navigator.geolocation.getCurrentPosition(function(position)){
//获取成功时的处理
}
```

在获取地理位置信息成功时执行的回调函数中，用到了一个参数 position，它代表的是一个 position 对象，我们将在第 23.2 节中对这个对象进行具体介绍。

getCurrentPosition 方法中的第二个参数为获取当前地理位置信息失败时所执行的回调函数。如果获取地理位置信息失败，用户可以通过该回调函数把错误信息提示给用户。当在浏览器中打开使用了 Geolocation API 来获得用户当前位置信息的页面时，浏览器会询问用户是否共享位置信息，如图 23.1 所示。

图 23.1 在 Opera 10 浏览器询问用户是否共享位置信息

如果在该画面中拒绝共享的话，也会引起错误的发生。

该回调函数使用一个 error 对象作为参数，该对象具有以下两个属性。

☑ code 属性

code 属性有以下属性值。

➢ PERMISSION_DENIED(1)：用户单击了信息条上的"不共享"按钮或者直接拒绝被获取

位置信息。

- ➢ POSITION_UNAVAILABLE(2)：网络不可用或者无法连接到获取位置信息的卫星。
- ➢ TIMEOUT(3)：网络可用但是在计算用户的位置上花了太长时间。
- ➢ UNKNOWN_ERROR(0)：发生其他未知错误。

☑ message 属性

message 属性为一个字符串，在该字符串中包含了错误信息，这个错误信息在开发和调试时将很有用。但是需要注意的是，有些浏览器是不支持 message 属性，如 Firefox3.6 以上。

在 getCurrentPosition 方法中使用第二个参数来捕获错误信息的具体使用方法如下。

```
navigator.geolocation.getCurrentPosition(
    function(position)){
        var coords = position.coords;
        showMap(coords.latitude,coords.longitude,coords.accuracy);
    },
    //捕获错误信息
    function(error){
        var errorTypes = {
            1:'位置服务被拒绝',
            2:'获取不到位置信息',
            3:'获取信息超时'
        };
        alert(errorTypes[error.code]+":,不能确定你的当前地理位置");
    }
};
```

getCurrentPosition 方法中的第三个参数可以省略，它是一些可选属性的列表，这些可选属性如下。

- ☑ enableHighAccuracy（布尔型，默认为 false）：是否要求高精度的地理位置信息，这个参数在很多设备上设置了都没用，因为使用在设备上时需要结合设备电量、具体地理情况来综合考虑。因此，多数情况下把该属性设为默认，由设备自身来调整。
- ☑ timeout（单位为毫秒，默认值为 infinity/0）：对地理位置信息的获取操作做一个超时限制（单位为毫秒）。如果在该时间内未获取到地理位置信息，则返回错误。
- ☑ maximumAge（单位为毫秒，默认值为 0）：对地理位置信息进行缓存的有效时间（单位为毫秒）。例如 maximumAge：120000（1 分钟是 60000 毫秒）。如果 11 点整的时候获取过一次地理位置信息，11:01 的时候，再次调用 navigator.geolocation.getCurrentPosition 重新获取地理位置信息，则返回的依然为 11:00 时的数据（因为设置的缓存有效时间为 2 分钟）。超过这个时间后缓存的地理位置信息被废弃，尝试重新获取地理位置信息。如果该值被指定为 0，则无条件重新获取新的地理位置信息。

对于这些可选属性的具体设置方法如下。

```
navigator.geolocation.getCurrentPosition(
    function(position)){
        //获取地理位置信息成功时所做处理
```

```
    },
    function(error){
        //获取地理位置信息失败时所做处理
    },
        //以下为可选属性
    {
        //设置缓存有效时间为 2 分钟
        maximumAge:60*1000*2,
        //5 秒钟内获取到地理位置信息则返回错误
        timeout:5000
    }
};
```

23.1.2 持续监视当前地理位置的信息

使用 watchPosition 方法来持续获取用户的当前地理位置信息，它会定期地自动获取，该方法定义如下。

```
int watchCurrentPosition(onSuccess,onError,options);
```

该方法 3 个参数的说明与使用方法与 getCurrentPosition 方法的参数说明与使用方法相同。该方法返回一个数字，这个数字的使用方法与 JavaScript 脚本中 setInterval 方法的返回参数的使用方法类似，可以被 clearWatch 方法使用，停止对当前地理位置信息的监视。

23.1.3 停止获取当前用户的地理位置信息

使用该方法可以停止对当前用户的地理位置信息的监视。该方法定义如下。

```
void clearWatch(watchId);
```

该方法的参数为调用 watchCurrentPosition 方法监视地理位置信息时的返回参数。

23.2 position 对象

如果获取地理位置信息成功,则可以在获取成功后的回调函数中通过访问 position 对象的属性来得到这些地理位置信息。position 对象具有如下这些属性。

☑ latitude
当前地理位置的纬度。

☑ longitude
当前地理位置的经度。

☑ altitude

当前地理位置的海拔高度（不能获取时为 null）。

☑ accuracy

获取到的纬度或经度的精度（以米为单位）。

☑ altitudeAccurancy

获取到的海拔高度的精度（以米为单位）。

☑ heading

设备的前进方向。用面朝正北方向的顺时针旋转角度来表示（不能获取时为 null）。

☑ speed

设备的前进速度（以米/秒为单位，不能获取时为 null）。

☑ timestamp

获取地理位置信息时的时间。

【例 23.1】　　在本例中使用 getCurrentPosition 方法获取当前位置的地理信息，并且在页面中显示 position 对象中当前地理位置的纬度和经度。（**实例位置：资源包\TM\sl\23\1**）

其实现的主要代码如下。

```html
<!DOCTYPE html>
<html>
<head>
<meta charset="utf-8">
<title>获取地理位置的经度和纬度</title>
</head>
<body>
<p id="geo_loc"><p>
<script>
    function getElem(id) {
        return typeof id === 'string' ? document.getElementById(id) : id;
    }
    function show_it(lat, lon) {
        var str = '您当前的位置，纬度：' + lat + '，经度：' + lon;
        getElem('geo_loc').innerHTML = str;
    }
    if (navigator.geolocation) {
            navigator.geolocation.getCurrentPosition
            (function(position) {
                show_it(position.coords.latitude, position.coords.longitude); },
            function(err) {
                getElem('geo_loc').innerHTML = err.code + "\n" + err.message; });
    } else {
        getElem('geo_loc').innerHTML = "您当前使用的浏览器不支持 Geolocation 服务";    }
</script>
</body>
</html>
```

这段代码在 Opera 10 浏览器中的运行结果如图 23.2 所示。另外，这个运行结果在不同设备的浏览器上也各不相同，具体运行结果取决于运行浏览器的设备。

图 23.2　Opera 10 浏览器中获取地理位置信息的示例

【例 23.2】　在本实例中将使用 getCurrentPosition 方法在页面中显示当前的详细位置信息，主要包括当前地理位置的经度、纬度、海拔高度以及设备的前进方向和前进速度等信息。(**实例位置：资源包\TM\sl\23\2**)

创建 index.html 文件，在文件中编写 JavaScript 代码，通过 getCurrentPosition 方法取得当前的地理位置信息，并把获取到的信息输出在创建好的表格中。具体代码如下。

```html
<!DOCTYPE html>
<html>
<head>
<script type="text/javascript">
    function body_onLoad() {
        if (navigator.geolocation) {
            navigator.geolocation.getCurrentPosition(geo_onSuccess, geo_onError);
        } else {
            geo_onError();
        }
    }
    function geo_onSuccess(pos) {
        document.getElementById("timestamp").innerHTML = new Date().toLocaleString();
        document.getElementById("accuracySpan").innerHTML = pos.coords.accuracy;
        document.getElementById("altitudeSpan").innerHTML = pos.coords.aktitude;
        document.getElementById("altitudeAccuracySpan").innerHTML = pos.coords.altitudeAccuracy;
        document.getElementById("headingSpan").innerHTML = pos.coords.heading;
        document.getElementById("latitudeSpan").innerHTML = pos.coords.latitude;
        document.getElementById("longitudeSpan").innerHTML = pos.coords.longitude;
        document.getElementById("speedSpan").innerHTML = pos.coords.speed;
    }
    function geo_onError() {
        alert("您当前使用的浏览器不支持 Geolocation 服务");
    }
</script>
</head>
<body onLoad="body_onLoad();">
    <h1>当前地理位置信息</h1>
    <table>
    <tr>
        <th>accuracy:</th>
        <td><span id="accuracySpan"></span></td>
    </tr>
```

```
<tr>
    <th>altitude:</th>
    <td><span id="altitudeSpan"></span></td>
</tr>
<tr>
    <th>altitudeAccuracy:</th>
    <td><span id="altitudeAccuracySpan"></span></td>
</tr>
<tr>
    <th>heading:</th>
    <td><span id="headingSpan"></span></td>
</tr>
<tr>
    <th>latitude:</th>
    <td><span id="latitudeSpan"></span></td>
</tr>
<tr>
    <th>longitude:</th>
    <td><span id="longitudeSpan"></span></td>
</tr>
<tr>
    <th>speed:</th>
    <td><span id="speedSpan"></span></td>
</tr>
</table>
<p id="timestamp"/>
</body>
</html>
```

这段代码在 Opera 10 浏览器中的运行结果如图 23.3 所示。另外，这个运行结果在不同设备的浏览器上也各不相同，具体运行结果取决于运行浏览器的设备。

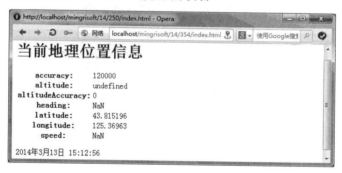

图 23.3　获取详细地理位置信息

视频讲解

23.3　在谷歌地图上显示"我在这里"

【例 23.3】　本节通过实例来看一下如何在页面上显示一幅谷歌地图，并且把用户的当前地理位置标注在地图上。如果用户的位置发生改变，将把之前在地图上的标记自动更新到新的位置上。（**实例位置：资源包\TM\sl\23\3**）

实现的具体步骤如下。

（1）要在页面中使用谷歌地图，需要使用到 Google Map API。使用时在页面中导入 Google Map API 的脚本文件，导入方法如下。

```
<script type="text/javascript" src=http://maps.google.com/maps/api/js?sensor=false></script>
```

（2）设定地图的参数，设定的方法如下。

```
//设定地图参数，将用户的当前位置的纬度、经度设定为地图的中心点
var latlng = new google.maps.LatLng(coords.latitude, coords.longitude);
var myOptions = {
zoom: 14,
    center: latlng,
    mapTypeId: google.maps.MapTypeId.ROADMAP
};
```

在本例中，将用户当前位置的纬度、经度设定为页面打开时谷歌地图的中心点。

（3）创建地图，并让其在页面中显示，代码如下。

```
//创建地图并在"map"div 中显示
var map1;
map1= new google.maps.Map(document.getElementById("map"), myOptions);
```

本例中将地图显示在"map"的 div 元素中。

（4）在地图上创建标记，方法如下。

```
//在地图上创建标记
var marker = new google.maps.Marker({
position: latlng,                            //将前面指定的坐标点标注出来
map: map1                                     //设置在 map1 变量代表的地图中标注
});
```

（5）设置标注窗口并指定标注窗口中注释文字，如下所示。

```
//设定标注窗口，并指定该窗口中的注释文字
var infowindow = new google.maps.InfoWindow({
content: "我在这里!"
});
```

（6）打开标注窗口，如下所示。

```
//打开标注窗口
infowindow.open(map1, marker);
```

该程序的运行结果如图 23.4 所示。

图 23.4　页面上使用谷歌地图的实例

23.4　利用 HTML5 和百度地图实现定位处理

通过 Baidu Map API 与 getCurrentPosition()方法相结合，也可以实现当前地理位置信息的输出和定位处理。

【例 23.4】　本节中的这个实例不是用的谷歌地图，而是用的百度地图，通过 HTML5 和百度地图实现当前的地理位置定位。（**实例位置：资源包\TM\sl\23\4**）

创建 index.html 文件，在文件中首先定义一个 id 值为 geo_loc 的 p 元素，在该元素中用于显示当前地埋位置信息，再定义一个 id 值为 dituContent 的 div 元素，在该元素中用于显示创建的地图；然后导入 Baidu Map API 的脚本文件；接着编写 JavaScript 代码，通过 getCurrentPosition 方法取得当前的地理位置信息，并创建自定义函数 createMap()，在函数中使用 Baidu Map API 完成地图的创建。具体代码如下。

```
<html>
<head>
<meta charset="uft-8">
<meta name="viewport" content="initial-scale=1.0, user-scalable=no" />
<title>利用 HTML5 和百度地图实现位置定位</title>
<script src="http://api.map.baidu.com/api?v=1.3" type="text/javascript"></script>
</head>
<body>
<h1>明日科技
```

```
        <a title="明日科技" href="http://www.mrbccd.com" target="_blank">http://www.mrbccd.com</a>
</h1>
<p id="geo_loc"></p>
<div style="width:700px;height:550px;border:#ccc solid 1px;" id="dituContent"></div>
<script>
if(navigator.geolocation){
        navigator.geolocation.getCurrentPosition(
            function(p){
                document.getElementById('geo_loc').innerHTML=" 纬 度 "+p.coords.latitude+" 经 度
"+p.coords. longitude;
                createMap(p.coords.latitude,p.coords.longitude);
            },
            function(err){
                document.getElementById('geo_loc').innerHTML=err.code+"\n"+err.message;
            }
        );
}else{
        document.getElementById('geo_loc').innerHTML="您的浏览器不支持地图定位";
}
function createMap(a,b){
        var map=new BMap.Map("dituContent");
        var point=new BMap.Point(b,a);
        map.centerAndZoom(point,15);
    map.enableScrollWheelZoom();
        window.map=map;
}
</script>
</body>
</html>
```

该程序的运行结果如图 23.5 所示。

图 23.5　利用 HTML5 和百度地图实现位置定位

23.5　小　　结

本章讨论了 HTML5 Geolocation，讲述了 HTML5 Geolocation 的位置信息——纬度、经度和其他特性，以及获取它们的途径。最后通过实例的形式讲解了如何在页面上使用谷歌地图的基本方法，能够在页面上正确显示谷歌地图，并且标注用户当前所在的地理位置等。希望读者能好好理解和揣摩 HTML5 Geolocation 的特性。

23.6　习　　题

选择题

1．下面哪一项不是 code 的属性（　　　）。

    A．用户拒绝了位置服务　　　　　　　　B．获取不到位置信息

    C．获取信息超时错误　　　　　　　　　D．浏览器不支持

2．getCurrentPosition 属性中第三个参数，可用列表中 timeout 属性的作用是（　　　）。

    A．是否要求高精度的地理位置信息

    B．对地理位置信息的获取操作做一个超时限制（单位为毫秒）

    C．对地理位置信息进行缓存的有效时间（单位为毫秒）

    D．以上都不是

3．持续获取用户的当前地理位置的方法是（　　　）。

    A．watchPosition　　　　　　　　　　B．clearWatch

    C．updatePosition　　　　　　　　　　D．以上都不是

4．下面属性中哪一个不是 position 对象（　　　）。

    A．altitude　　　　　　　　　　　　　B．ongitude

    C．setTimeout　　　　　　　　　　　　D．heading

判断题

5．message 属性为一个字符串。（　　　）

填空题

6．在 HTML5 中，为 window.navigator 对象新增了一个＿＿＿＿＿＿属性。

第24章

响应式网页设计

（ 🎥 视频讲解：36分钟 ）

响应式网页设计（Responsive Web design）指的是，网页设计应根据设备环境（屏幕尺寸、屏幕定向、系统平台等）以及用户行为（改变窗口大小等）进行相应的响应和调整。具体的实践方式由多方面组成，包括弹性网格和布局、图片和CSS媒体查询的使用等。无论用户正在使用台式电脑还是智能手机，无论屏幕是大屏还是小屏，网页都应该能自动响应式布局，适应不同设备，为用户提供良好使用体验。

通过阅读本章，您可以：

▶▶ 掌握响应式网页设计的概念、优势和原理

▶▶ 了解屏幕分辨率、设备像素和CSS像素的概念

▶▶ 理解常用的网页布局类型和布局实现方式

▶▶ 掌握响应式布局的常用方法和技巧

▶▶ 掌握使用媒体查询的技巧

▶▶ 能够根据不同的需求，灵活使用第三方插件

视频讲解

24.1　响应式概述

所谓响应式网页设计就是页面的设计与开发能根据用户的行为以及设备环境即系统平台、屏幕尺寸等进行相应的响应和调整。下面具体介绍响应式相关基础知识。

24.1.1　响应式网页设计的概念

响应式网页设计是目前流行的一种网页设计形式，主要特色是页面布局能根据不同设备（平板电脑、台式电脑或智能手机）下能让内容适应性的展示，从而让用户在不同设备都能够友好地浏览网页内容。

响应式设计针对 PC、iPhone、Android 和 iPad，实现了在智能手机和平板电脑等多种智能移动终端浏览效果的流畅，防止页面变形，能够使页面自动切换分辨率、图片尺寸及相关脚本功能等，以适应不同设备，并可在不同浏览终端进行网站数据的同步更新，可以为不同终端的用户提供更加舒适的界面友好的用户体验。例如图 24.1 和图 24.2 分别为 PC 端和手机端的明日学院的主页。

图 24.1　PC 端明日学院主页

图 24.2　手机端明日学院主页

24.1.2　响应式设计的技术原理

（1）<meta>标签。位于文档的头部，不包含任何内容，<meta>标签是对网站发展非常重要的标签，它可以用于鉴别作者，设定页面格式，标注内容提要和关键字以及刷新页面等，它回应给浏览器一些有用的信息，以帮助正确和精确地显示网页内容。

（2）使用媒体查询（也称媒介查询）适配对应样式。通过不同的媒体类型和条件定义样式表规则，获取的值可以设置设备的手持方向，水平还是垂直，设备的分辨率等。

（3）使用第三方框架。比如使用 Bootstrap 框架，更快捷地实现网页的响应式设计。

24.1.3　响应式设计的优缺点

响应式网页设计是最近几年流行的前端技术。提升用户使用体验的同时，也有自身的不足。下面简单介绍一下。

1．优点

（1）对用户友好。响应式设计可以向用户提供友好的网页界面，可以适应几乎所有设备的屏幕。

（2）后台数据库统一。即在电脑 PC 端编辑了网站内容后，手机和平板等智能移动浏览终端能够同步显示修改之后的内容，网站数据的管理能够更加及时和便捷。

（3）方便维护。如果开发一个独立的移动端网站和 PC 端网站，无疑增加更多的网站维护工作。但如果只设计一个响应式网站，维护的成本将会很小。

2．缺点

（1）增加加载时间。在响应式网页设计中，增加了很多检测设备特性的代码，如设备的宽度、分辨率和设备类型等内容。同样也增加了页面读取代码的加载时间。

（2）时间花费。比起开发一个仅适配 PC 端的网站，开发响应式网站的确是一项耗时的工作。因为考虑设计的因素会更多，比如各个设备中网页布局的设计，图片在不同终端中大小的处理等。

24.2　响应式相关概念

视频讲解

响应式设计的关键是适配不同类型的终端显示设备。在讲解响应式设计技术之前，了解物理设备中关于屏幕适配的常用术语，如像素、屏幕分辨率、设备像素（device-width）和 CSS 像素（width）等，有助于理解响应式设计的实现过程。

24.2.1　像素和屏幕分辨率

1．像素和屏幕分辨率

大家都知道，十字绣是由一个个小方格组成的，如果把一幅图像比喻成一幅十字绣，那么一像素就是十字绣上的一个小方格。像素是数字图像中的一个最小单位。像素是尺寸单位，而不是画质单位。对一张数字图片放大数倍，会发现图像都是由许多色彩相近的小方点所组成的。

屏幕分辨率，就是屏幕上显示的像素个数。以水平分辨率和垂直分辨率来衡量大小。屏幕分辨率低时（例如 640×480），在屏幕上显示的像素少，但尺寸比较大。屏幕分辨率高时（例如 1600×1200），在屏幕上显示的像素多，但尺寸比较小。分辨率 1600×1200 的意思是水平方向含有像素数为 1600 个，垂直方向像素数 1200 个。屏幕尺寸一样的情况下，分辨率越高，显示效果就越精细和细腻。

2. 设备像素

设备像素是物理概念，指的是设备中使用的物理像素，如 iPhone 5 的屏幕分辨率为 640px×1136px。衡量一个物理设备的屏幕分辨率高低，使用 ppi，即像素密度。表示每英寸所拥有的像素数目。ppi 的数值越高，代表屏幕能以更高的密度显示图像。1 英寸等于 2.54 厘米，iPad 的宽度为 9.7 英寸，则可以大致想象 1 英寸的大小了。表 24.1 列出了常见机型的设备参数信息。

表 24.1　常见机型的设备参数

设　　备	屏幕大小（英寸）	屏幕分辨率（像素）	像素密度（ppi）
MacBook	13.3	800×1280	113
华硕 R405	14	768×1366	113
iPad	9.7	768×1024	132
iPhone XS	5.8	1125×2436	458
OPPO R17	6.4	1080×2440	402
华为 P20	5.8	1080×2244	428

3. CSS 像素

CSS 像素是网页编程的概念，指的是 CSS 样式代码中使用的逻辑像素。在 CSS 规范中，长度单位可以分为两类，即绝对（absolute）单位和相对（relative）单位。px 是一个相对单位，相对的是设备像素（device pixel）。

设备像素和 CSS 像素的换算是通过设备像素比来完成的，设备像素比即缩放比例，获得设备像素比后，便可得知设备像素与 CSS 像素之间的比例。当这个比率为 1∶1 时，使用 1 个设备像素显示 1 个 CSS 像素。当这个比率为 2∶1 时，使用 4 个设备像素显示 1 个 CSS 像素，当这个比率为 3∶1 时，使用 9（3×3）个设备像素显示 1 个 CSS 像素。

关于设计师和前端工程师之间的协同工作，一般由设计师按照设备像素为单位制作设计稿。前端工程师，参照相关的设备像素比，进行换算以及编码。

24.2.2　视口

1. 视口

☑　桌面浏览器中的视口

视口的概念，在桌面浏览器中，等于浏览器中 Window 窗口的概念。视口中的像素指的是 CSS 像素，视口大小决定了页面布局的可用宽度。视口的坐标是逻辑坐标，与设备无关。视口的界面如图 24.3 所示。

图 24.3　桌面浏览器中的视口概念

☑　移动浏览器中的视口

移动浏览器中的视口分为可见视口和布局视口。由于移动浏览器的宽度限制，在有限的宽度内可见部分（可见视口）装不下所有内容（布局视口），因此移动浏览器中通过<meta>元标签，引入 viewport 属性，处理可见视口与布局视口的关系。引入代码形式如下。

```
<meta name="viewport" content="width=device-width, initial-scale=1.0>
```

2．视口的常见属性

viewport 属性表示设备屏幕上能用来显示网页区域，具体而言，就是移动浏览器上用来显示网页的区域，但 viewport 属性又不局限于浏览器可视区域的大小，它可能比浏览器的可视区域要大，也可能比浏览器的可视区域要小。表 24.2 列出了常见设备上浏览器的默认 viewport 的宽度。

表 24.2　常见设备上浏览器的 viewport 宽度

设　　备	宽度（px）
iPhone	980
iPad	980
Android HTC	980
Chrome	980
IE	1024

<meta>标签中 viewport 属性首先是由苹果公司在 Safari 浏览器中引入的，目的就是解决移动设备的

viewport 问题。后来安卓以及各大浏览器厂商也都纷纷效仿，引入了对 viewport 属性的支持。事实证明，viewport 属性对于响应式设计起了重要作用。表 24.3 列出了 viewport 属性中常用的属性值及含义。

表 24.3　viewport 属性中常用的属性值及含义

属 性 值	含 义
width	设定布局视口宽度
height	设定布局视口高度
initial-scale	设定页面初始缩放比例（0～10）
user-scalable	设定用户是否可以缩放（yes/no）
minimum-scale	设定最小缩小比例（0～10）
maximum-scale	设定最大放大比例（0～10）

24.2.3　常见的网页布局类型

以网站的列数划分网页布局类型，可以分成单列布局和多列布局。其中，多列布局又可由均分多列布局和不均分多列布局组成。下面详细介绍。

- ☑ 单列布局。适合内容较少的网站布局，一般由顶部的 Logo 和菜单（一行）、中间的内容区（一行）和底部的网站相关信息（一行）共 3 行组成。单列布局的效果如图 24.4 所示。
- ☑ 均分多列布局。列数大于等于 2 列的布局类型。每列宽度相同，列与列间距相同，适合商品或图片的列表展示。效果如图 24.5 所示。

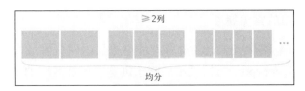

图 24.4　单列布局　　　　　　　　　图 24.5　均分多列布局

- ☑ 不均分多列布局。列数大于等于 2 列的布局类型。每列宽度不同，列与列间距不同，适合博客类文章内容页面的布局，一列布局文章内容，一列布局广告链接等内容。效果如图 24.6 所示。

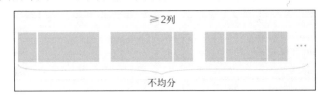

图 24.6　不均分多列布局

24.2.4　布局的常见实现方式

不同的布局设计，有不同的实现方式。以页面的宽度单位（像素或百分比）来划分，可以分为单一式固定布局、响应式固定布局和响应式弹性布局 3 种实现方式。下面具体介绍。

- ☑　单一式固定布局。以像素作为页面的基本单位，不考虑多种设备屏幕及浏览器宽度，只设计一套固定宽度的页面布局。技术简单，但适配性差。适合在单一终端中的网站布局，比如以安全为首位的某些政府机关事业单位，则可以仅设计制作适配指定浏览器和设备终端的布局。效果如图 24.7 所示。
- ☑　响应式固定布局。同样以像素作为页面单位，参考主流设备尺寸，设计几套不同宽度的布局。通过媒体查询技术识别不同屏幕或浏览器的宽度，选择符合条件的宽度布局。效果如图 24.8 所示。

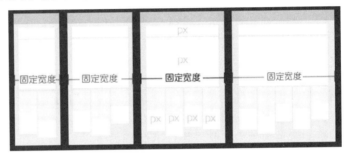

图 24.7　单一式固定布局　　　　　　　　图 24.8　响应式固定布局

- ☑　响应式弹性布局。以百分比作为页面的基本单位，可以适应一定范围内所有设备屏幕及浏览器的宽度，并能完美利用有效空间展现最佳效果。效果如图 24.9 所示。

图 24.9　响应式弹性布局

响应式固定布局和响应式弹性布局都是目前可被采用的响应式布局方式；其中响应式固定布局的实现成本最低，但拓展性比较差；响应式弹性布局是比较理想的响应式布局实现方式。只是对于不同类型的页面排版布局实现响应式设计，需要采用不同的实现方式。

　说明

除了响应式固定布局和响应式弹性布局外，业界还有许多其他的响应式布局方式。建议从网络资料中继续深入学习响应式布局的知识。

视频讲解

24.3 响应式设计的实现

前面介绍了响应式相关理论知识，本节主要通过两个实例来介绍常用的实现响应式网页制作的两种方法。

24.3.1 通过 CSS 实现响应式设计

使用 CSS3 实现响应式设计，主要使用的是 CSS3 中的媒体查询（media），针对不同的屏幕尺寸定义各元素的样式。其使用语法如下。

```
@media screen and (min-width:800px){
css 样式代码
}
```

上面语法中，指定了媒体类型为 screen，其含义为用于电脑屏幕、平板电脑以及智能手机等；而 min-width:800px 指的是当屏幕宽度大于 800 像素时，应用样式。例如，设置浏览器的屏幕宽度小于 640 像素时，网页的背景颜色为红色，其 CSS 代码如下。

```
@media screen and (max-width: 640px) {
body {
    background: red;
    }
}
```

说明

各主流浏览器的版本中，除 IE6～IE8 以及 Firefox2～FireFox3 版本不支持媒体查询以外，其他浏览器以及版本都支持媒体查询。

【例 24.1】 通过制作一个响应式导航来介绍如何使用 CSS3 实现响应式网页设计。页面效果分别如图 24.10 和 24.11 所示。（**实例位置：资源包\TM\sl\24\1**）

（1）在 HTML 页面中引入 CSS 文件，并且在正文中添加无序列表以及导航下方的广告图，具体代码如下。

```
<!DOCTYPE html>
<html lang="en">
<head>
<meta charset="UTF-8">
<meta name="viewport" content="width=device-width, initial-scale=1.0">
<meta http-equiv="X-UA-Compatible" content="ie=edge">
<title>CSS 实现响应式导航菜单</title>
```

```
        <link rel="stylesheet" href="css/style.css" type="text/css">
</head>
<body>
<nav>
        <ul class="nav-list">
                <li>家用电器</li>
                <li>手机数码</li>
                <li>百货超市</li>
                <li>时尚穿搭</li>
                <li>美妆护理</li>
                <li>户外运动</li>
                <li>果蔬生鲜</li>
                <li>特价秒杀</li>
        </ul>
</nav>
<img src="images/ban.jpg" alt="玩好编程，才能用好编程" title="玩转 c 语言" class="img">
</body>
</html>
```

图 24.10　PC 端导航效果

图 24.11　手机端导航效果

（2）在 CSS 文件中添加样式代码，设置响应式网页时，先编写所有屏幕尺寸都适用的样式。具体代码如下。

```
    * {                            /*清除所有元素的默认样式*/
    padding: 0;
    margin: 0;
}
nav {                          /*设置导航盒子的宽度和背景颜色*/
    width: 100%;
    background: #ffb4bd;
}
nav ul {                       /*设置导航的大小和位置*/
    width: 80%;
    margin: 0 auto;
    height: 40px;
```

```
}
li {                            /*设置导航项的样式*/
    width: 12.5%;
    line-height: 40px;
    text-align: center;
    height: 40px;
    display: block;
    float: left;
    margin: 0 auto;
    list-style: none;
}
.img {                          /*设置图片大小和位置*/
    width: 90%;
    margin-left: 5%;
}
li:hover {                      /*设置鼠标放置在导航上的样式*/
    background: #aadadb;
    color: #fff;
}
```

（3）通过媒体查询，分别设置各屏幕尺寸下的导航样式，本实例中，设置屏幕尺寸小于 1020 像素时，导航项之间的间距以及导航项的宽度变小，当屏幕尺寸小于 640 像素时，将横向导航变为竖向导航，同时导航下方的广告图隐藏，具体代码如下。

```
@media screen and (max-width: 1020px) {
    /*设置浏览器屏幕尺寸小于 1020 像素时的样式*/
    nav ul {
        width: 100%;
    }
    .img {
        width: 80%;
        margin-left: 10%;
    }
    nav li {
        font-size: 12px;
    }
    nav {
        width: 100%;
        margin: 0 auto;
    }
}
@media screen and (max-width: 420px) {
    /*设置浏览器屏幕尺寸小于 420 像素时的样式*/
    nav {
        width: 40%;
        margin: 0 auto;
```

```
    }
    .img {
        display: none;
    }
    nav ul {
        width: 100%;
        height: 320px;
    }
    nav li {
        float: none;
        width: 100%;
        font-size: 16px;
    }
}
```

说明

本实例中，第一段 CSS 代码为所有屏幕尺寸都遵循的网页样式，即当浏览器不支持媒体查询，或者没有与当前屏幕尺寸匹配样式规则时，网页中显示的样式遵循第一段 CSS 样式规则。

24.3.2　通过第三方插件实现响应式网页设计

通过例 24.1，读者应该明白，使用 CSS 实现响应式网页设计，这种方法简单，也受到广大程序员的喜爱，但是这种方式有一个弊端，即代码比较多，为了简化代码，读者可以下载使用第三方插件实现响应式网页设计，但是在使用这些插件时，需要参照官方提供的帮助文档和实例等来学习和使用插件。

【例 24.2】　通过第三方插件实现响应式轮播图功能。实现效果如图 24.12 所示。（**实例位置：资源包\TM\sl\24\2**）

图 24.12　响应式轮播图

本实例中使用了 jQuery 和 Bootstrap 轮播（Carousel）插件，使用时，需要将下载插件到本地，然后在 HTML 页面中引入插件文件，然后在网页正文中，参照 Bootstrap 插件的帮助文档，编写实例代码，本实例的代码如下。

```html
<!DOCTYPE html>
<html lang="en">
<head>
    <meta charset="UTF-8">
    <meta name="viewport" content="width=device-width, initial-scale=1.0">
    <title>第三方插件实现轮播图效果</title>
    <link href="css/bootstrap.min.css" type="text/css" rel="stylesheet">
    <script type="text/javascript" src="js/jQuery-v3.4.0.js"></script>
    <script type="text/javascript" src="js/bootstrap.min.js"></script>
    <style type="text/css">
        img, .carousel-inner > .item > img {
            width: 100%;
        }
    </style>
</head>
<body>
<div id="myCarousel" class="carousel slide">
    <!-- 轮播（Carousel）指标 -->
    <ol class="carousel-indicators">
        <li data-target="#myCarousel" data-slide-to="0" class="active"></li>
        <li data-target="#myCarousel" data-slide-to="1"></li>
        <li data-target="#myCarousel" data-slide-to="2"></li>
        <li data-target="#myCarousel" data-slide-to="3"></li>
        <li data-target="#myCarousel" data-slide-to="4"></li>
    </ol>
    <!-- 轮播（Carousel）项目 -->
    <div class="carousel-inner">
        <div class="item active"><img src="images/size1.jpg" alt="First slide"></div>
        <div class="item"><img src="images/size2.jpg" alt="Second slide"></div>
        <div class="item"><img src="images/size4.jpg" alt="Third slide"></div>
        <div class="item"><img src="images/size5.jpg" alt="Third slide"></div>
        <div class="item"><img src="images/size6.jpg" alt="Third slide"></div>
    </div>
    <!-- 轮播（Carousel）导航 -->
    <a class="left carousel-control" href="#myCarousel" role="button" data-slide="prev">
        <span class="glyphicon glyphicon-chevron-left" aria-hidden="true"></span>
        <span class="sr-only">Previous</span>
    </a>
    <a class="right carousel-control" href="#myCarousel" role="button" data-slide="next">
        <span class="glyphicon glyphicon-chevron-right" aria-hidden="true"></span>
        <span class="sr-only">Next</span>
    </a>
```

```
</div>
</body>
</html>
```

24.4　小　　结

本章介绍响应式网页设计的概念、优缺点和技术原理，说明移动设备中一些容易混淆的概念（像素、屏幕分辨率、设备像素和 CSS 像素）。最后通过两个实例介绍常用的实现响应式网页设计的两种方式。

24.5　习　　题

选择题

1．响应式网页设计针对的终端有（　　　）。

　　A．PC　　　　　　　　　　　　　B．Android

　　C．iPhone　　　　　　　　　　　D．A、B、C 都正确

2．常用布局的实现方式有（　　　）。

　　A．单一式固定布局　　　　　　　B．响应式固定布局

　　C．响应式弹性布局　　　　　　　D．A、B、C 都正确

3．关于下面的代码，说法正确的是（　　　）。

```
<meta name="viewport content="width=device-width,initial-scale=1,maximum-scale=1,user-scalable=no"/>
```

　　A．width=device-width 表示设定度等于当前设备的宽度

　　B．initial-scale=1，表示允许用户缩放到得最小比例（默认为 1）

　　C．user-scalable=no，表示允许用户手动缩放

　　D．A、B、C 都正确

4．使用 CSS 媒体查询的关键字是（　　　）。

　　A．style　　　　　　　　　　　　B．!important

　　C．@media　　　　　　　　　　　D．screen

5．关于像素和屏幕分辨率，下列说法不正确的是（　　　）。

　　A．像素，全称为图像元素，表示数字图像中的一个最小单位

　　B．屏幕分辨率，就是屏幕上显示的像素个数。以水平分辨率和垂直分辨率来衡量大小

　　C．屏幕尺寸一样的情况下，屏幕分辨率越高，显示效果就越精细和细腻

　　D．像素是画质单位，而不是尺寸单位

527

判断题

6．<meta>标签中 viewport 属性的作用是设定视口布局的宽度。（　　　）

7．媒体查询的关键字是!important。（　　　）

填空题

8．在响应式网页设计中，将常用的页面功能（如图片集、列表、菜单和表格等功能），编码实现后共同封装在一起的组件称为_____。

9．常见的布局类型有_____、_____、_____。

HTML5 项目实战

▶▶ 第 25 章　旅游信息网前台页面

　　本篇详细讲解了如何在一个用 HTML5 语言编写而成的网页中，综合运用
HTML5 中新增的各种结构元素，以及如何对这些结构元素综合使用 CSS 样式。

第 **25** 章

旅游信息网前台页面

（ 视频讲解：22 分钟 ）

本章以一个旅游信息网为例来讲解如何综合运用 HTML5 中的结构元素，具体讲解时，会将实现页面的 HTML5 及 CSS 样式代码一起讲解，以便让读者在学习的同时，既能掌握 HTML5 的结构元素在网页设计中所起的作用，又能了解在 HTML5 实现的网页中如何使用 CSS 样式来对页面中的元素进行页面布局视觉美化。

通过阅读本章，您可以：

▶▶ 熟悉如何设计一个网站

▶▶ 掌握如何设计网站的 header 及 footer

▶▶ 掌握如何在网页中显示文字及图片

▶▶ 掌握如何设计网页导航

▶▶ 掌握如何在网站播放音乐

▶▶ 掌握添加留言功能的实现过程

25.1　概　　述

本项目所设计的旅游信息网是关于长春的旅游介绍网站，该网站主要包括主页、自然风光页、人文气息页、美食页、旅游景点页、名校简介页及留下足迹页等页面。

25.2　网 站 预 览

视频讲解

旅游信息网由多个网页构成，下面看一下旅游信息网中主要页面的运行效果。

说明

由于每个子页中的 header 部分和 footer 部分都是相同的，所以在下面浏览各子页面的效果时，主要演示其主体部分的运行效果。

主页主要显示旅游信息网的介绍及相关图片，其运行效果如图 25.1 所示。

图 25.1　应用 HTML5 制作的旅游信息网的主页

自然风光页主要是介绍长春的一些自然风光，如气候、地理环境等，运行效果如图 25.2 所示。

图 25.2　自然风光页

人文气息页主要是对长春市民的生活和学习的环境进行介绍，其运行效果如图 25.3 所示。

图 25.3　人文气息页

美食页主要是介绍长春的一些特色美食，其运行效果如图 25.4 所示。

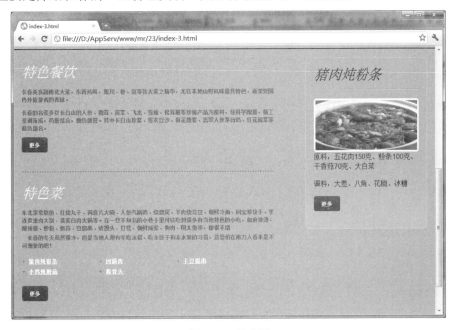

图 25.4　美食页

旅游景点页主要是介绍长春的一些旅游景点，其运行效果如图 25.5 所示。

图 25.5　旅游景点页

名校简介页主要是介绍长春的名校，其运行效果如图 25.6 所示。

图 25.6　名校简介页

　　留下足迹页主要是添加了一张 .gif 格式的图片，并在其下方载入一段音频文件，当打开本页面时，音频文件自动播放；另外，在该页的右侧栏添加了一张留言的表单，以便访客留言所用。留下足迹页主体运行效果如图 25.7 所示。

图 25.7　留下足迹页

视频讲解

25.3　关　键　技　术

25.3.1　网站主体结构设计

旅游信息网网页的主体结构如图 25.8 所示。

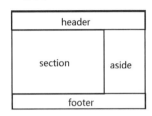

图 25.8　旅游信息网所有页面主体结构图

这些网页中有几个主要的 HTML5 结构，分别是 header 元素、aside 元素、section 元素及 footer 元素。

25.3.2　HTML5 结构元素的使用

在设计旅游信息网前台页面时，主要用到了 HTML5 的一些主体结构元素，分别是 header 结构元素、aside 结构元素、section 结构元素和 footer 结构元素，在大型网站中，一个网页通常都由以下几个结构元素组成。

☑　header 结构元素：通常用来展示网站的标题、企业或公司的 logo 图片、广告（Flash 等格式）、网站导航条等。

☑　aside 结构元素：通常用来展示与当前网页或整个网站相关的一些辅助信息。例如，在博客网站中，可以用来显示博主的文章列表和浏览者的评论信息等；在购物网站中，可以用来显示商品清单、用户信息、用户购买历史等；在企业网站中，可以用来显示产品信息、企业联系方式、友情链接等。aside 结构元素可以有多种形式，其中最常见的形式是侧边栏。

☑　section 结构元素：一个网页中要显示的主体内容通常被放置在 section 结构元素中，每个 section 结构元素都应该有一个标题来显示当前展示的主要内容的标题信息。每个 section 结构元素中通常还应该包括一个或多个 section 元素或 article 元素，用来显示网页主体内容中每一个相对独立的部分。

☑　footer 结构元素：通常，每一个网页中都具有 footer 结构元素，用来放置网站的版权声明和备案信息等与法律相关的信息，也可以放置企业的联系电话和传真等联系信息。

具体设计时，在还没有加入任何实际内容之前，这些网页代码如下。

```
<!DOCTYPE html>
<head>
```

```
    <title>我爱长春</title>
    <meta charset="utf-8">
    <link rel="stylesheet" href="css/reset.css" type="text/css" media="all">
    <link rel="stylesheet" href="css/grid.css" type="text/css" media="all">
    <link rel="stylesheet" href="css/style.css" type="text/css" media="all">
</head>
<body>
    <header> </header>
    <section id="content">
        <article></article>
    </section>
    <aside></aside>
<footer></footer>
</body>
</html>
```

说明

上面代码中，页面开头使用了 HTML5 中的 "<!DOCTYPE html>" 语句来声明页面中将使用 HTML5。在 head 标签中，除了 meta 标签中使用了更简洁的编码指定方式之外，其他代码均与 HTML4 中的 head 标签中的代码完全一致。此页面中使用了很多结构元素，用来替代 HTML4 中的 div 元素，因为 div 元素没有任何语义性，而 HTML5 中推荐使用具有语义性的结构元素，这样做的好处就是可以让整个网页结构更加清晰，浏览器、屏幕阅读器以及其他阅读此代码的人也可以直接从这些元素上分析出网页中什么位置放置了什么内容。

视频讲解

25.4　网站公共部分设计

在本网站的网页中，有两个公共的部分，分别是 header 元素中的内容和 footer 元素中的内容。这两部分是本站每个网页中都包含的内容，下面具体介绍一下这两个公共部分的主要内容。

25.4.1　设计网站公共 header

header 元素是一个具有引导和导航作用的结构元素，很多企业网站中都有一个非常重要的 header 元素，一般位于网页的开头，用来显示企业名称、企业 logo 图片、整个网站的导航条，以及 Flash 形式的广告条等。

在本网站中，header 元素中的内容包括网站的 logo 图片、网站的导航以及通过 jQuery 技术来循环显示的特色图片，同时还为这些图片添加了说明性关键字。header 元素中的内容在浏览器中的显示结果如图 25.9 所示。

图 25.9　旅游信息网 header 元素在浏览器中的显示

网站公共部分的 header 元素的结构示意图如图 25.10 所示。

1．header 元素中显示网站名称的代码分析

在 div 中存放网站的名称及 logo 图片，它在浏览器中的页面显示如图 25.11 所示。

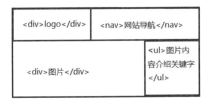

图 25.10　公共部分 header 元素的结构示意图

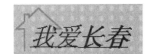

图 25.11　网站 logo 及名称的显示

div 元素主要是显示页面左边的 logo 图片，同时通过<h2></h2>显示网站的名称"我爱长春"，并通过<strong>属性对"长春"两个字进行了加粗。其实现的代码如下。（**实例位置：资源包\TM\sl\25\index.html**）

```
<div class="logo">
    <h2>我爱<strong>长春</strong> </h2>
</div>
```

接下来看一下对网站 logo 实现 CSS 样式的设计，代码如下。（**实例位置：资源包\TM\sl\25\css\style.css**）

```
header .logo {
position:absolute;
left:45px;
top:70px;
background:url(../images/logo.png) no-repeat 0 0;
padding:20px 0 0 20px;
width: 156px;
}
header .logo h1 {
font-size:38px;
```

```
line-height:1.2em;
color:#c3c3c3;
font-weight:normal;
font-style:italic;
letter-spacing:-1px;
}
header .logo h1 a {
    color:#c3c3c3;
    text-decoration:none;
    }
    header .logo h1 a strong {
        color:#fff;
            }
```

上述 CSS 代码的主要作用如下。

☑ 对 header 元素中 logo 整体样式的设计，其中包括添加 logo 的图片、设置补白像素值、设置 logo 显示的宽度。

☑ 设置网站名称的字体大小、字体风格为斜体、字体加粗、字体颜色等。

2．header 元素中 nav 元素的代码分析

nav 元素是一个可以用作页面导航的连接组，其中的导航元素链接到其他页面或当前页面的其他部分。nav 元素可以被放置在 header 元素中，作为整个网站的导航条来使用。nav 元素中可以存放列表或导航地图，或其他任何可以放置一组超链接的元素。在本网站中，网站标题部分的 nav 元素中放置了一个导航地图，如图 25.12 所示。

图 25.12　应用 nav 元素实现的网站导航条

header 元素中应用到的 nav 元素的代码如下。（**实例位置：资源包\TM\sl\25\index.html**）

```
<nav>
  <ul>
    <li><a href="index.html" class="current">主页</a></li>
    <li><a href="index-1.html">自然风光</a></li>
    <li><a href="index-2.html">人文气息</a></li>
    <li><a href="index-3.html">美食</a></li>
    <li><a href="index-4.html">旅游景点</a></li>
    <li><a href="index-5.html">名校简介</a></li>
    <li><a href="index-6.html">留下足迹</a></li>
  </ul>
</nav>
```

接下来看一下，nav 元素所使用到的样式代码，代码如下。（**实例位置：资源包\TM\sl\25\css\style.css**）

```
header nav {
position:absolute;                              //采用绝对定位来设定浏览器定位 HTML 元素
right:25px;
```

```
top:97px;
}
header nav ul li {
    float:left;
    padding-left:6px;                                              //右侧补白值为 6 像素
    }
    header nav ul li a {
        float:left;                                                //让内容右包围一个元素
        color:#fff;
        text-decoration:none;                                      //文本不加任何下画线、上画线和删除线
        width:80px;
        text-align:center;                                         //文本居中对齐
        line-height:31px;                                          //文本的行高设置为 31 像素
        font-size:14px;                                            //将字体大小设置成 14 像素
        }
    header nav ul li a:hover,
    header nav ul li a.current {
        background:url(../images/nav-bg.gif) 0 0 repeat-x;         //设置导航条的背景图片，并水平平铺
        border-radius:5px;
        -moz-border-radius:5px;
        -webkit-border-radius:5px;
    }
```

上面的 CSS 代码的主要作用如下。

☑ 设定 HTML 元素在浏览器的定位采用的是绝对定位,同时设定导航距上边距与左边距的位置。

☑ 对导航的列表块进行设置。其主要是对右侧进行补白。

☑ 对列表内导航文字进行设置，主要是设置字体的大小、颜色、文字的对齐方式等。

☑ 添加导航的背景图片，并水平平铺显示。

3. header 元素中显示宣传图片代码分析

接下来，看一下在 header 元素中显示宣传图片，这些宣传图片被放置在 div 元素中，该元素中放置 3 张图片，并通过 jQuery 技术循环播放这 3 张图片；同时，在宣传图片的右侧显示对应的说明性文字，这些文字显示时是以列表形式出现的。宣传图片在浏览器中显示的结果如图 25.13 所示。

图 25.13　通过 jQuery 技术在 header 元素中实现图片的循环播放

实现的主要代码如下。（**实例位置：资源包\TM\sl\25\index.html**）

```
<div class="rap">
    <a href="#"><img src="images/big-img1.jpg" alt="" width="571" height="398"></a>
    <a href="#"><img src="images/big-img2.jpg" alt="" width="571" height="398"></a>
    <a href="#"><img src="images/big-img3.jpg" alt="" width="571" height="398"></a>
</div>
    <ul class="pagination">
    <li>
        <a href="#" rel="0">
            <img src="images/f_thumb1.png" alt="">
            <span class="left">
                北国风光<br />
                万里雪飘<br />
            </span>
            <span class="right">
                堆雪人<br />
                溜爬犁<br />
            </span>
        </a>
    </li>
    <li>
        <a href="#" rel="1">
            <img src="images/f_thumb2.png" alt="">
            <span class="left">
                净月潭<br />
                33568 平方米<br />
                樟子松
            </span>
            <span class="right">
                夏避暑<br />
                秋赏叶<br />
                冬玩雪
            </span>
        </a>
    </li>
    <li>
        <a href="#" rel="2">
            <img src="images/f_thumb3.png" alt="">
            <span class="left">
                伪满洲国<br />
                红色旅游<br />
                跑马场
            </span>
            <span class="right">
                中和门<br />
                同德殿<br />
                怀远楼
```

```
            </span>
          </a>
        </li>
      </ul>
```

宣传图片所使用的样式代码如下。（**实例位置：资源包\TM\sl\25\css\style.css**）

```
#faded {
      position:absolute;
      left:0;
      top:161px;
      padding-bottom:20px;
      }
#faded .rap {
      background:url(../images/img-wrapper-bg.jpg) no-repeat 50% 0 #d92500;
      border:1px solid #e46b00;
      width:589px;
      height:416px;
      border-radius:8px;
      -moz-border-radius:8px;
      -webkit-border-radius:8px;
      box-shadow:-2px 8px 5px rgba(0, 0, 0, .6);
      -moz-box-shadow:-2px 8px 5px rgba(0, 0, 0, .6);
      -webkit-box-shadow:-2px 8px 5px rgba(0, 0, 0, .6);
      z-index:10;
      overflow:hidden;
      }
      #faded .rap img {
          margin:9px 0 0 9px;
          }

#faded ul.pagination {
      position:absolute;
      left:537px;
      top:10px;
      background:url(../images/pagination-splash.gif) no-repeat 0 0 #2a2a2a;
      border:1px solid #3a3a3a;
      border-radius:8px;
      -moz-border-radius:8px;
      -webkit-border-radius:8px;
      box-shadow:-2px 8px 5px rgba(0, 0, 0, .4);
      -moz-box-shadow:-2px 8px 5px rgba(0, 0, 0, .4);
      -webkit-box-shadow:-2px 8px 5px rgba(0, 0, 0, .4);
      z-index:9;
      padding:25px 0 25px 0;
      }
      #faded ul.pagination li {
          width:429px;
```

```
        position:relative;
        background:url(../images/line-bot.gif) no-repeat 77px 100%;
        padding-bottom:1px;
        height:1%;
        }
#faded ul.pagination li:last-child {
        background:none;
        }
#faded ul.pagination li a {
        display:block;
        padding:16px 40px 14px 77px;
        overflow:hidden;
        color:#7f7f7f;
        text-decoration:none;
        font-size:13px;
        line-height:28px;
        height:1%;
        cursor:pointer;
        -moz-transition: all 0.3s ease-out;    /* FF3.7+ */
        -o-transition: all 0.3s ease-out;    /* Opera 10.5 */
        -webkit-transition: all 0.3s ease-out;    /* Saf3.2+, Chrome */
        }
#faded ul.pagination li a:hover, #faded ul.pagination li.current a {
        background-color:#1d1d1d;
        color:#fff;
        }
#faded ul.pagination li a img {
        float:left;
        margin-right:28px;
        }
#faded ul.pagination li a span.left {
        float:left;
        width:100px;
        }
#faded ul.pagination li a span.right {
        float:left;
        width:80px;
        }
```

上面的 CSS 代码的主要作用如下。

☑ 设置放置图片位置，距上边框 161 像素，并在底部进行补白。

☑ 设置图片的背景色为红色、设置图片的边框为 1 像素、设置图片的宽度与高度、将图片的层叠顺序属性设为整数 10，表示图片覆盖其背景、将图片超出背景的部分隐藏。

☑ 设置这个列表的样式包括列表的背景图像、列表的宽度、列表的层叠顺序属性设为整数 9，表示列表与图片重叠部分将被图片覆盖。

542

☑ 设置列表项的样式，将列表项的定位方式设置为 relative，表示采用相对定位，对象不可层叠，
但是将依据 left、right、top、bottom 等属性设置在页面中的偏移位置。

☑ 设置列表项内文字和缩小图片的样式，首先将 display 的属性设置为 block，表示块对象的默
认值。将对象强制作为块对象呈递，为对象之后添加新行。设置新行的填充像素、设置列表
项内文字的大小及样式。设置缩小图片与文字排列的位置。

25.4.2　设计网站公共 footer

footer 元素专门用来显示网站、网页或内容区块的脚注信息，在企业网站中的 footer 结构元素通常
用来显示版权声明、备案信息、企业联系电话及网站制作单位等内容。

本章中，网站页面的 footer 元素在浏览器中的显示结果如图 25.14 所示。

版权所有: 吉林省明日科技有限公司　地址: 长春市二道区东盛大街89号亚泰广场C座2205室　电话: 400-675-1066

图 25.14　通过 footer 元素实现的网站版权说明

footer 元素中的内容相对来说比较简单，它存放了两个 div 元素，其中上面的 div 元素仅用来设置
footer 的样式的类名为 container_16，第二个 div 元素中存放版权信息、公司地址、公司电话等。其实
现的主要代码如下。（**实例位置：资源包\TM\sl\25\index.html**）

```
<footer>
  <div class="container_16">
    <div id="main">
        版权所有：<strong>吉林省明日科技有限公司</strong>   
        地址：长春市二道区东盛大街 89 号亚泰广场 C 座 2205 室   
        电话：400-675-1066
    </div>
  </div>
</footer>
```

footer 元素所使用的 CSS 样式代码如下。（**实例位置：资源包\TM\sl\25\css\style.css**）

```
footer .container_16 {
font-size:.625em;
}
footer .copy {
}
footer .copy span {
    text-transform:uppercase;
    color:#e1e1e1;
    }
footer .copy a {
    color:#777;
    }
```

视频讲解

25.5 网站主页设计

25.4 节中，介绍了旅游信息网的公共部分，本节将对如何使用 HTML5 结构元素设置网站主页进行详细讲解。

25.5.1 显示网站介绍及相关图片

在 HTML5 网站中，每个网页所展示的主体内容通常都存放在 section 结构元素中，而且通常带有一个标题元素 header。在主页中，网站介绍及相关图片的显示结果如图 25.15 所示。

图 25.15　网站介绍及相关图片的显示

在主页中，页面主体 section 元素中显示了长春的简介，以及一些美丽的图片，其结构相对来说比较简单，主要是通过 aside 元素组成的。主页中的 section 元素内容的代码如下。（**实例位置：资源包\TM\sl\25\index.html**）

```
<section id="mainContent" class="grid_10">
        <article>
        <h2>长春欢迎你</h2>
        <h3>长春，吉林省省会，全省政治、经济、文化和交通中心，中国最大的汽车工业城市，有"东方
```

底特律"之称。中国建成区面积和建成区人口第九大城市。中国特大城市之一。</h3>
       <h4>长春地处东北平原中央，是东北地区天然地理中心，东北亚几何中心，东北亚十字经济走廊核心。总面积 20604 平方公里。</h4>
       <p>新的长春，宛若一颗镶嵌在中国东北平原腹地的明珠，在二百余年近代城市历史的发展变化中，以其年轻而美丽跻身于国内特大城市之列！而已经湮没的长春古代历史又相似饱经风霜的老者，讲述这里曾经的跌跌撞撞、大起大落、大喜大悲。从古都到新城，悠远和年轻这两种不同的力量，都注定了长春必定辉煌！</p>
       <a href="#" class="button">更多</a>
     </article>
     <article class="last">
       <h2>魅力长春</h2>
       <h5> 长春素有"汽车城""电影城""光电之城""科技文化城""大学之城""森林城""雕塑城"的美誉，是中国汽车、电影、光学、生物制药、轨道客车等行业的发源地。</h5>
       <ul class="img-list clearfix">
        <li><a href="#"><img src="images/thumb1.jpg" alt=""></a></li>
        <li><a href="#"><img src="images/thumb2.jpg" alt=""></a></li>
        <li><a href="#"><img src="images/thumb3.jpg" alt=""></a></li>
        <li><a href="#"><img src="images/thumb4.jpg" alt=""></a></li>
        <li><a href="#"><img src="images/thumb5.jpg" alt=""></a></li>
        <li><a href="#"><img src="images/thumb6.jpg" alt=""></a></li>
        <li><a href="#"><img src="images/thumb7.jpg" alt=""></a></li>
        <li><a href="#"><img src="images/thumb8.jpg" alt=""></a></li>
        <li><a href="#"><img src="images/thumb9.jpg" alt=""></a></li>
       </ul>
       <a href="#" class="button">更多</a>
     </article>
   </section>

第一个<article>显示了关于长春的介绍性文字，其主要是通过标题文字标记的使用，来达到文字的层次效果。第二个<article>显示了关于长春的荣誉称号，并通过列表的形式来展示图片，使得文字内容更有说服力，页面显示效果更加美观。

上面 section 元素所使用的 CSS 样式代码如下。（**实例位置：资源包\TM\sl\25\css\style.css**）

```css
#mainContent article {
    padding:0 0 32px 0;
    margin-bottom:30px;
    border-bottom:1px dashed #323232;
    }
#mainContent article.last {
    padding-bottom:0;
    margin-bottom:0;
    border:none;
    }
```

25.5.2　主页左侧导航的实现

aside 元素用来显示当前网页主体内容之外的、与当前网页显示内容相关的一些辅助信息。例如，

545

可以是一些关于网站的宣传语，或者是网站管理者认为比较重要的信息。aside 元素的显示形式可以是多种多样的，其中最常用的形式是侧边栏的形式。在主页中的 aside 元素内应用到两个 article 元素，一个 article 元素用以显示对长春一些特点的概述，当单击这些概述的文字时，将以定义列表的形式，对这些概述的文字进行解释；另外一个 article 元素显示一张长春区域的地图，并在图片的下方对各区的名称进行链接。主页左侧导航在浏览器中的效果如图 25.16 所示。

图 25.16　主页左侧导航

主页中的 aside 元素的代码如下。（**实例位置：资源包\TM\sl\25\index.html**）

```
<aside class="grid_6">
        <div class="prefix_1">
        <article>
            <div class="box">
                <h2>长春美誉</h2>
                <dl class="accordion">
                    <dt><img src="images/icon1.gif" alt=""><a href="#">汽车城</a></dt>
                    <dd>中国第一汽车集团公司是中国最大的汽车工业科研生产基地，汽车产量占全国总产量的
五分之一</dd>
                    <dt><img src="images/icon2.gif" alt=""><a href="#">电影城</a></dt>
                    <dd>长春电影制片厂是新中国电影事业的"摇篮"，为弘扬电影文化，长春市政府自九二年
以来，每两年举办一届长春电影节，邀请国内外电影界知名人士和电影厂商汇聚长春，共创电影辉煌</dd>
                    <dt><img src="images/icon3.gif" alt=""><a href="#">光电城</a></dt>
                    <dd>在光学电子、激光技术、高分子材料、生物工程等方面的研究居全国领先地位，有的已
经达到国际先进水平</dd>
                    <dt><img src="images/icon4.gif" alt=""><a href="#">雕塑城</a></dt>
                    <dd>长春雕塑公园</dd>
                    <dt><img src="images/icon5.gif" alt=""><a href="#">森林城</a></dt>
```

```
            <dd>著名的净月潭森林旅游区总面积 478.7 平方公里，有亚洲最大的人工森林</dd>
        </dl>
    </div>
</article>
<article class="last">
    <h2>长春地图</h2>
    <p><img src="images/map.jpg" alt=""></p>
    <div class="wrapper">
        <ul class="list1 grid_3 alpha">
            <li><a href="#">农安市</a></li>
            <li><a href="#">德惠市</a></li>
            <li><a href="#">九台市</a></li>
        </ul>
        <ul class="list1 grid_2 omega">
            <li><a href="#">长春市区</a></li>
            <li><a href="#">榆树市</a></li>
        </ul>
    </div>
</article>
    </div>
</aside>
```

其中，对目录列表实现的下拉式显示，是通过 JavaScript 脚本与 jQuery 脚本实现的，具体的实现代码如下。（**实例位置：资源包\TM\sl\25\index.html**）

```
<script type="text/javascript">
    $(function(){
        $(".accordion dt").toggle(function(){
            $(this).next().slideDown();
        }, function(){
            $(this).next().slideUp();
        });
    })
</script>
<script type="text/javascript"> Cufon.now(); </script>
```

下面，再来看一下主页中 aside 元素所使用的样式，其实现代码如下。（**实例位置：资源包\TM\sl\25\css\style.css**）

```
aside article {
    padding-bottom:0;
    margin-bottom:35px;
    }
aside article.last {
    margin-bottom:0;
    }
/* Accordion */
.accordion dt {
    font-size:16px;
```

```
        line-height:1.2em;
        color:#000;
        position:relative;
        padding:10px 0 5px 40px;
        height:1%;
        }
    .accordion dt img {
            position:absolute;
            left:0;
            top:10px;
            }
    .accordion dt a {
            color:#000;
            }
.accordion dd {
    display:none;
    padding:0 0 0 40px;
    }
/* Lists */
.list1 li {
    background:url(../images/arrow1.gif) no-repeat 0 7px;
    padding:0 0 6px 15px;
    font-size:13px;
    zoom:1;
    }
    .list1 li a {
            color:#fff;
            font-weight:bold;
            }
```

上面 CSS 代码的主要作用如下。

☑   对 aside 元素中的 article 元素样式进行设置，其主要是设置其边距和填充的像素。

☑   设置定义列表项的样式，主要是设置列表项的字体、高度、颜色、定位方式以及列表项前面的图标等。

视频讲解

25.6   "留下足迹"页面设计

在"留下足迹"页面中，除了添加了公共部分的 header 和 footer 外，借助 section 元素和 aside 元素实现了播放音乐及添加留言的功能。本节就对如何设计并实现"留下足迹"页面进行详细讲解。

25.6.1   播放音乐

"留下足迹"页面的主体内容相对来说比较简单，主要是添加了一张 gif 格式的图片，选择添加

gif 格式的图片，是因为其能"闪动"，从而使整个页面增加一些生机。在该图片的下方，通过 audio 标签，加载了一段音频，并将其设置为自动播放，这样当进入这个网页时，不但可以看到美丽的画面，还可以听到一首好听的歌曲。当然，这里读者也可以通过设置背景音乐的形式，达到以上效果。但是为了显示 HTML5 的强大功能，这里使用了 audio 标签来加载音频。更好的办法是直接通过 video 标签，加载一段视频，这样整个页面的效果会更绚丽。"留下足迹"页面中的播放音乐功能的效果如图 25.17所示。

图 25.17　"留下足迹"页面的播放音乐功能

播放音乐功能的实现代码如下。（**实例位置：资源包\TM\sl\25\index-6.html**）

```
<section id="mainContent" class="grid_10">
    <article>
        <h2>雪景</h2>
        <img src="images/7page-img1.gif" alt="" width="600">
        <h2>听一首关于雪的歌曲</h2>
        <audio src="music/xr.mp3" controls="controls"    autoplay="autoplay" ></audio>
    </article>
</section>
```

25.6.2　添加留言功能的实现

在"留下足迹"页面中，使用 aside 元素实现了添加留言的功能，其运行效果如图 25.18 所示。使用 aside 元素实现添加留言功能的主要代码如下。（**实例位置：资源包\TM\sl\25\index-6.html**）

```
<form action="" id="contacts-form">
        <label><span>姓名：</span><input type="text" /></label>
        <label><span>E-mail：</span><input type="text" /></label>
        <span>留言：</span><textarea></textarea></div>
        <a href="#" onclick="document.getElementById('contacts-form').submit()" class="button">提交</a>
```

```
<a href="#" onclick="document.getElementById('contacts-form').submit()" class="button">重置</a></div>
</form>
```

图 25.18 添加留言功能

下面再来看一下对表单样式设计的代码。（**实例位置：资源包\TM\sl\25\css\style.css**）

```css
#contacts-form fieldset {
    border:none;
}
#contacts-form label {
    display:block;
    height:26px;
    overflow:hidden;
}
#contacts-form span {
    float:left;
    width:66px;
    }
#contacts-form input {
    float:left;
    background:#1e1e1e;
    border:1px solid #a4a4a4;
    width:210px;
```

```
    padding:1px 5px 1px 5px;
    color:#fff;
}
#contacts-form textarea {
    float:left;
    width:210px;
    padding:1px 5px 1px 5px;
    height:195px;
    background:#1e1e1e;
    border:1px solid #a4a4a4;
    overflow:auto;
    color:#fff;
}
#contacts-form .button {
    float:right;
    margin-left:16px;
    margin-top:14px;
    }
```

说明

请使用最新的谷歌浏览器运行本章的旅游信息网，该网站只是一个前台展示页面，故所有的链接都为空链接。读者可以自行开发本站的后台程序，最终实现前台与后台的交互。

25.7　小　　结

本章使用 HTML5 结合 CSS 样式文件制作了一个旅游信息网，通过对本章的学习，读者应该能够掌握常用的 HTML5 结构元素的使用，并能够使用这些结构元素，结合 CSS 样式文件制作简单的前台网页。

附录　习题参考答案

第 1 章　HTML 基础

答案与解析

1. A　　　2. D　　　3. A　　　4. C　　　5. B
6. √　　　7. √　　　8. `<title></title>`　　　9. `<html>`、`</html>`　　　10. html

第 2 章　HTML 文件基本标记

答案与解析

1. C　　　2. A　　　3. B　　　4. A　　　5. D　　　6. A
7. √　　　8. ×　　　9. 以`<head>`为开始标记，以`</head>`为结束标记的　　　10. meta

第 3 章　设计网页文本内容

答案与解析

1. B　　　2. C　　　3. D　　　4. B　　　5. D
6. B　　　7. √　　　8. √　　　9. ×　　　10. `<hr size=1>`

第 4 章　使用列表

答案与解析

1. A　　　2. C　　　3. B　　　4. C　　　5. C

第5章　超　链　接

答案与解析

1．A　　　2．C　　　3．D　　　4．D　　　　5．B
6．D　　　7．D　　　8．√　　　9．×

第6章　使　用　图　像

答案与解析

1．B　　　2．C　　　3．B　　　4．B　　　5．D　　　　6．B
7．√　　　8．×　　　9．Source　　10．Vspace、hspace

第7章　表格的应用

答案与解析

1．D　　　2．B　　　3．A　　　4．B　　　5．B
6．B　　　7．C　　　8．×　　　9．√　　　　10．像素

第8章　层——<div>标签

答案与解析

1．C　　　2．D　　　3．D　　　4．C　　　5．A
6．也可以　7．层、层　8．重叠或嵌套　　　9．即 Z-index 的值　　　10．DIV

第9章　编　辑　表　单

答案与解析

1．A　　　2．A　　　3．C　　　4．×　　　5．×　　　6．×　　　7．Text/plai

8．Name、method、post、action　　　9．浏览器、服务器　　　10．Web 页、表单处理程序

第 10 章　多媒体页面

答案与解析

1．D　　　2．C　　　3．D　　　4．√　　　5．√　　　6．×

7．Embed　　8．\<bgsound src=bg.mid loop=3>　　　9．\<marqueen>　　　10．control

第 12 章　HTML5 与 HTML4 的区别

答案与解析

1．C　　　2．B　　　3．D　　　4．C　　　5．D

6．×　　　7．×　　　8．UTF-8　　9．article　　10．video、audio

第 13 章　HTML5 的结构

答案与解析

1．C　　　2．B　　　3．D　　　4．√　　　5．√　　　6．T

第 14 章　HTML5 中的表单

答案与解析

1．C　　2．B　　3．B　　4．√　　5．√

第 15 章　HTML5 中的文件与拖放

答案与解析

1．B　　　2．C　　　3．B　　　4．×　　　5．√　　　6．Name、lastModifiedDate

第 16 章 多媒体播放

答案与解析

1. A   2. B   3. B   4. C   5. A   6. ×   7. controls

第 17 章 绘 制 图 形

答案与解析

1. C   2. B   3. D   4. C   5. B
6. ×   7. ×   8. fillRect、strokeRect   9. 360   10. bezierCurveTo

第 18 章 SVG 的使用

答案与解析

1. A   2. D   3. A   4. D   5. D   6. √   7. ×
8. 矩形，宽 50 高 70，围绕坐标（25,35）旋转 60°   9. 围绕坐标（60,70）旋转 50°

第 19 章 数 据 存 储

答案与解析

1. C   2. C   3. B   4. ×   5. SessionStorage、localStorage   6. JSON

第 20 章 离线应用程序

答案与解析

1. D   2. B   3. A   4. B   5. √

第 21 章　使用 Web Workers 处理线程

答案与解析

1. C　　2. B　　3. A　　4. B　　5. √　　6. 发送、接收

第 23 章　获取地理位置信息

答案与解析

1. D　　2. B　　3. A　　4. C　　5. √　　6. geolocation

第 24 章　响应式网页设计

答案与解析

1. D　　2. D　　3. D　　4. C　　5. D　　6. ×　　7. √

8. 响应式组件　　9. 单一布局、均分多列布局、不均分多列布局